教育部高等学校地质类专业教学指导委员会推荐教材

 国家级一流本科课程教材 ｜ 国家精品课程教材

# 工程地质学基础

### 第 2 版

● 唐辉明　主编

化学工业出版社

·北京·

## 内 容 简 介

《工程地质学基础》(第2版)传承中国地质大学(武汉)70年工程地质学教育教学体系,聚焦基础知识、基本理论和基本方法,融合工程地质学科最新发展,同时介绍高新技术在工程地质中的应用。

本教材以工程动力地质学为重点,系统全面地介绍工程地质学的基本理论、方法和技术。全书共分三篇十五章。第一篇为工程地质学基本理论,包括工程地质条件成因演化论、区域稳定性理论和岩体结构控制论。第二篇为工程地质问题研究,包括活断层与地震、斜坡工程、地下工程、岩溶、泥石流、地面沉降和渗透变形等。第三篇为工程地质技术与方法,包括工程地质模拟与评价、工程地质勘察、工程地质测试与试验、工程地质监测与预测和工程地质信息技术等。

本教材配套重难点讲解视频,可扫描二维码在线学习。

本教材体系完整,深入浅出,可作为高等学校地质工程、土木工程、环境工程、建筑工程等专业的教材,亦可作为从事相关专业科技人员的参考用书。

**图书在版编目(CIP)数据**

工程地质学基础/唐辉明主编. —2版. —北京:
化学工业出版社,2023.3(2024.2重印)
ISBN 978-7-122-42634-5

Ⅰ.①工… Ⅱ.①唐… Ⅲ.①工程地质-高等学校-
教材 Ⅳ.①P642

中国版本图书馆CIP数据核字(2022)第229058号

审图号:GS京(2023)0234号

---

责任编辑:陶艳玲　　　　　　　　　　　　装帧设计:韩　飞
责任校对:边　涛

---

出版发行:化学工业出版社(北京市东城区青年湖南街13号　邮政编码100011)
印　　装:大厂聚鑫印刷有限责任公司
787mm×1092mm　1/16　印张22¾　字数589千字　2024年2月北京第2版第2次印刷

---

购书咨询:010-64518888　　　　　　售后服务:010-64518899
网　　址:http://www.cip.com.cn
凡购买本书,如有缺损质量问题,本社销售中心负责调换。

---

定　　价:69.00元　　　　　　　　　　　　版权所有　违者必究

# 前　言

"工程地质学基础"是工程地质学的重要组成部分，是高等学校地质工程专业和土木工程（岩土）专业的主干必修课程。

"工程地质学基础"课程具有悠久的历史。1952 年，中国地质大学的前身北京地质学院，首次开设"工程动力地质学"课程。经过几代人的共同努力，中国地质大学（武汉）"工程地质学基础"课程不断发展和完善，成为地质工程专业的重要品牌课程，2007 年、2014 年和 2020 年分别入选国家精品课程、国家精品资源共享课和国家级一流本科课程。与本课程密切相关的"地质灾害预测与防治""地质类专业导论"分别于 2013 年和 2016 年入选国家精品视频公开课。2009 年工程地质学教学团队获批国家级教学团队。2019 年以"工程地质学基础"课程作为核心组成部分的中国地质大学（武汉）地质工程专业获批国家级一流本科专业建设点。

"工程地质学基础"课程教材传承中国地质大学 70 年工程地质学教育教学体系，并不断融合工程地质学科最新发展。教材第 1 次由张咸恭、沈孝宇等编写，1963 年由中国工业出版社出版；第 2 次由李智毅、杨裕云、王智济主编，1999 年由中国地质大学出版社出版；第 3 次由唐辉明主编，2008 年由化学工业出版社出版，由以工程动力地质作用为主线转变为依据工程地质学体系为主线，构建课程教材内容体系，形成了集基本理论、工程地质问题、工程地质技术与方法于一体的新体系。实际意义上，本书是对教材的第 4 次修改出版，在融合工程地质学最新发展的基础上，注重课程思政，展示中国工程地质工作者的奋斗历程和重大成就，激发学生努力学习、报效祖国的热情；本书同时注重传统教材与数字信息媒体技术的结合，配套重难点讲解视频，可扫描二维码观看。本书内容征求了有关单位和专家的意见，并得到教育部高等学校地质类专业教学指导委员会专家们的指导。

本教材以工程动力地质学为重点，系统全面地介绍工程地质学的基础知识、基本理论和基本方法，共分三篇十五章。第一篇为工程地质学基本理论，重点包括工程地质条件成因演化论、区域稳定性理论和岩体结构控制论；第二篇为工程地质问题研究，包括活断层与地震、斜坡工程、地下工程、岩溶、泥石流、地面沉降和渗透变形等；第三篇介绍工程地质技术与方法，主要包括工程地质模拟与评价、工程地质勘察、工程地质测试与试验、工程地质监测与预测和工程地质信息技术。

本书由唐辉明主编，编写分工如下：绪论，第1、3、6章，唐辉明；第2、4、5、8、12章，晏鄂川；第7、14、15章，胡新丽；第9章，王亮清；第10章，吴琼；第11章，唐辉明、晏鄂川；第13章，王亮清。全书由唐辉明统一定稿。作者团队力图做到体系严谨、合理，基本概念清楚、明确，知识内容重点突出，使本科生易于掌握，学以致用。

本书编写过程中，得到中国地质大学（武汉）工程学院、湖北巴东地质灾害国家野外科学观测研究站教师和研究人员的支持和帮助，谨向他们致以衷心的感谢！

书中不妥之处，恳望指正。

编　者

2022 年 8 月于武昌

重难点讲解视频

# 第1版前言

"工程地质学基础"是高等学校地质工程和土木工程（岩土）专业的主干课程，也是环境工程、水利水电工程及水利科学与工程等专业的重要必修课。

中国地质大学的前身——北京地质学院创立于1952年，并在我国首次创立水文地质工程地质系，"工程地质学基础"是学校创立之初就开设的主干课程之一。经过几代人的共同努力，我校工程地质学科体系从无到有，不断发展、完善。我校"工程地质学基础"课程一直拥有优秀的教学传统、先进的教学方法和优良的教学环境，为优秀人才的培养创造了优越的条件。该课程是中国地质大学（武汉）的品牌课程之一，自20世纪50年代以来，我校的"工程地质学基础"（工程动力地质学）课程在全国一直占有重要地位。

本书作者们在50多年教学、科研积累的基础上，总结自己多年的教学经验，编写了本教材。本书以工程动力地质学为重点，系统全面地介绍工程地质学的基础知识、基本理论和基本方法，同时反映本学科最新科研成果和技术方法。

本教材是按80学时编写的。全书共分三篇15章。第一篇为工程地质学基本理论，重点包括工程地质条件成因演化论、区域稳定性理论和岩体结构控制论。第二篇为工程地质问题研究，包括活断层与地震、斜坡工程、地下工程、岩溶、泥石流、地面沉降和渗透变形等。第三篇介绍工程地质技术与方法，主要包括工程地质模拟与评价、工程地质勘察、工程地质测试与试验、工程地质监测与预测和工程地质信息技术。

通过本课程的学习，要求学生全面掌握内、外动力及人类活动引起的有关物理地质现象方面的基本知识，以及从工程地质角度去研究动力地质现象（问题）的基本方法，初步具备解决重大工程地质实际问题的能力，为今后从事生产实际工作和科学研究打好基础。在工程地质课程教学中，通过基本概念、基本理论、基本方法的教学，培养学生发现问题、分析问题和解决工程地质问题的能力。课程以讲授为主，辅以必要的习题、作业，配有一定的实践性教学内容，注重理论与实践相结合。考虑到授课学时的限制，第一篇可选修，第三篇可自学或选修，也可列为专题讲座。工程地质勘察有专门课程介绍。

本书由唐辉明主编，编写分工如下：绪论，第1、3、6章，唐辉明；第2、

4、5、8、12 章，晏鄂川；第 7、14、15 章，胡新丽；第 9 章，王亮清；第 10 章，杨裕云；第 11 章，唐辉明、晏鄂川；第 13 章，刘佑荣。作者们力图做到体系严谨、合理，基本概念清楚、明确，知识内容重点突出，使本科生易于掌握，学以致用。

本书编写大纲曾征求了有关单位和专家的意见，并得到教育部高等学校地质工程教学指导分委员会专家们的指导。初稿完成后，编者们进行了互审，并提出了修改意见。之后编者们进行了认真修改。最后由唐辉明统一定稿。

本书作为国家精品课程"工程地质学基础"的配套教材，其相关的电子课件等教学资源可前往国家精品课程网站查看。

在本书编写过程中，得到中国地质大学（武汉）工程学院、工程地质与岩土工程系老师们的支持和帮助。谨向他们致以衷心的感谢！

书中缺点和不妥之处在所难免，恳望读者指正。

编　者

2007 年 9 月于武昌

# 目 录

## 第一篇　工程地质学基本理论

## 第二篇 工程地质问题研究

## 第三篇 工程地质技术与方法

# 绪　论

## 0.1　工程地质学的研究对象与任务

工程地质学（engineering geology）是地质学的分支学科，它研究与工程建设有关的地质问题、为工程建设服务，属于应用地质学的范畴。各种工程建筑的规划、设计、施工和运行只有通过工程地质研究，才能使工程建筑与地质环境相互协调，既保证工程建筑安全可靠、经济合理、运行正常，又保证地质环境不会因工程的兴建而恶化。

地球上一切工程建筑物都建造于地壳表层一定的地质环境中。地质环境以一定的作用，影响建筑物的安全、经济和正常使用；而建筑物的兴建又反馈作用于地质环境，使自然地质条件发生变化，最终又影响到建筑物本身。二者处于既相互联系，又相互制约的矛盾之中。工程地质学研究地质环境与工程建筑物之间的关系，促使二者之间的矛盾转化和解决。这一整套研究的核心是工程建筑与地质环境二者之间的相互制约和相互作用，这就是工程地质学的研究对象。

工程地质学运用地球科学的原理与方法，结合环境科学和工程科学知识，分析和解决人类工程活动与地质环境相互作用过程中所产生的一系列工程地质问题，提出人地有效协调模式、理论、技术与方法，实现人类工程活动的社会效益、经济效益和环境效益的和谐统一，促进人类社会经济的可持续发展。

工程地质学为工程建设服务是通过工程地质勘察来实现的。通过勘察和分析研究，阐明建筑地区的工程地质条件，指出并评价存在的工程地质问题，为建筑物的设计、施工和使用提供所需的地质资料。

工程地质学的主要任务是：①查明工程地质条件，分析和评价工程地质问题，为工程建设提供地质安全保障；②减少或控制工程活动对地质环境的不良影响，保证工程可持续安全和人居安全；③研究内外动力作用下地质灾害的孕育、形成、演化和风险防控，减轻和防范地质灾害对人类活动的影响。

可见，工程地质是工程建设的基础工作。工程地质学的战略主题是地球动力地质作用和人类工程活动影响下的地质安全、生态安全和人居安全；工程地质学科目标是解决人类社会生存发展面临的重大地质环境和灾害问题，实现社会经济可持续发展和人地协调，服务国家重大需求和生态文明建设。

### 0.1.1　工程建筑对地质环境的作用

工程建筑的类型很多，如工业民用建筑、铁路、公路、水运建筑、水利水电建筑、矿山建筑、海港工程和近海石油开采工程以及国防工程等。每一类型的建筑又由一系列建筑物群体组成，如高楼大厦、工业厂房、道路、桥梁、隧道、地铁、运河、海港、堤坝、电站、矿井、巷道、油库、飞机场等。这些建筑物有的位于地面上，有的埋于地下，都脱离不开地壳，无不与地质环境息息相关。它们的形式不同、规模各异，对地质环境的适应性以及对地质环境的作用也均不一样。随着科学技术的发展，工程建筑物向着高、深、大、精变化，与地质环境的相互作用也愈来愈强烈，愈来愈复杂。

工程建筑对地质环境的作用，主要是通过应力变化和地下水动力特征变化而表现出来的。建筑物自身重量对地基岩土体施加的载荷、坝体所受库水的水平推力、开挖边坡和基坑形成的卸荷效应、地下洞室开挖对围岩应力的影响，都会引起岩土体内的应力状况发生变化，使岩土体产生变形甚至破坏。一定量值的变形是允许的，过量的变形甚至破坏就会使建筑物失稳。建筑物的施工和建成经常引起地下水的变化，从而给工程和环境带来危害，如产生岩土的软化和泥化、地基砂土液化、道路冻害、水库浸没、坝基渗透变形、隧道涌水、矿区地面塌陷等。

显然，工程建筑物对地质环境作用的性质和强度，取决于建筑物的类型、规模和结构，同时也取决于场地的工程地质条件，而工程地质条件往往起决定性的作用。

## 0.1.2　工程地质条件

工程地质条件（engineering geological condition）是指与工程建筑有关的地质因素的综合。地质因素包括岩土类型及其工程性质、地质结构、地貌、水文地质、工程动力地质作用和天然建筑材料等方面，它是一个综合概念。其中的某一因素不能概括为工程地质条件，而只是工程地质条件的某一方面。兴建任何一类建筑物，首要的任务就是要查明和认识建筑场区的工程地质条件。由于不同地域的地质环境不同，因此工程地质条件不同，对工程建筑物有影响的地质因素的主次也不相同。

工程地质条件是在自然地质历史发展演化过程中形成的，它反映地质发展过程及后生变化，即内外动力地质作用的性质和强度。工程地质条件的形成受大地构造、地形地势、气候、水文、植被等自然因素的控制。各地的自然因素不同、地质发展过程不同，其工程地质条件也就不同。工程地质条件各要素之间是相互联系、相互制约的，这是因为它们受着同一地质发展历史的控制，形成一定的组合模式。例如，平原区必然是碎屑物质的堆积场所，土层较厚，基岩出露较少，地质结构比较简单，物理地质现象也不很发育，地下水以孔隙水为主，天然建筑材料土料丰富、石料缺乏。不同的组合模式对建筑的适宜性相差甚远，存在的工程地质问题也不一致。

由上述可知，认识工程地质条件必须从基础地质入手，了解研究地区的地质发展历史，各要素的特征及其组合的规律性。

工程地质条件的优劣取决于其各个要素是否对工程有利。首先是岩土类型及其性质。坚硬完整的岩石如花岗岩、厚层石英砂岩等，强度高，性质良好；页岩、黏土岩、碳质岩及泥质胶结的砂砾岩和遇水膨胀、易溶解的岩类，软弱易变，性质不良；断层岩和构造破碎岩更软弱，这类岩石都不利于地基稳定。岩土性质的优劣对建筑物的安全、经济具有重要意义，大型建筑物一般要建在性质优良的岩土体上，软弱不良的岩土体常导致工程事故不断、地质灾害多发。地形地貌条件对建筑场地的选择，特别是对线性建筑，如铁路、公路、运河渠道等的线路方案的选择意义重大。如能合理利用地形地貌条件，不但能大量节省挖填方量，节约大量投资，而且对建筑物群体的合理布局、结构型式、规模以及施工条件等也有直接影响。

地质结构包含了地质构造、岩体结构、土体结构及地应力等，含义较广。它是一项具有控制性意义的要素，对岩体尤为重要。地质构造控制了一个地区的构造格架、地貌特征和岩土分布。断层，尤其是活断层，常给建筑带来较大危害。在选择建筑物场地时，必须注意断层的规模、产状及其活动性。土体结构主要是指不同土层的组合关系、厚度及其空间变化。岩体结构除构造外，更主要的是各种结构面的类型、特征和分布规律。不同结构类型的岩体其力学性质和变形破坏的力学机制各不相同。结构面愈发育，特别是含有软弱结构面的岩体，其工程性质愈差。

水文地质条件是决定工程地质条件优劣的重要因素。地下水位较高，一般对工程不利，地基土含水量大，黏性土处于塑态甚至流态，容许承载力降低，道路易发生冻害、水库常造成浸没、隧洞及基坑开挖需进行排水。地质灾害的发生多与地下水的参与有关，甚至起主导作用。

物理地质现象是指对建筑物有影响的自然地质作用与现象。地壳表层经常受到内动力地质作用和外动力地质作用的影响，这对建筑物的安全造成很大威胁，所造成的破坏往往是大规模的，甚至是区域性的。例如，地震的破坏性很大；滑坡、泥石流的发生常给工程和环境带来灾难。通常只考虑工程本身的坚固性是不行的，必须充分注意其周围存在哪些物理地质现象，对工程的安全有何影响，并研究其发生、发展的规律，及时采取防治措施。

天然建筑材料是指供建筑用的土料和石料。天然建筑材料的有无，对工程造价有较大的影响，其类型、质量、数量以及开采运输条件，往往成为选择场地，拟定工程结构类型的重要条件。

### 0.1.3　工程地质问题

工程地质问题（engineering geological problem）是指工程地质条件与建筑物之间所存在的矛盾。

优良的工程地质条件能适应建筑物的安全、经济和正常使用的要求，其矛盾不会激化到对建筑物造成危害；然而工程地质条件往往有一定的缺陷，而对建筑物产生严重的，甚至是灾难性的危害。所以，一定要将矛盾的两个方面联系起来进行分析。由于工程建筑的类型、结构型式和规模不同，对地质环境的要求不同，所以工程地质问题复杂多样。例如，工业与民用建筑的主要工程地质问题是地基承载力和沉降问题；地下硐室的主要工程地质问题是围岩稳定性和突水涌水问题；露天采矿场的主要工程地质问题是采坑边坡稳定性问题；水利水电工程中，土石坝最需注意的是坝基渗透变形和渗漏问题，混凝土重力坝是坝基抗滑稳定问题，拱坝则是坝肩抗滑稳定问题。工程地质问题的分析、评价，是工程地质工程师的重点任务。

工程地质问题分析一方面要了解工程意图，即工程设计人员对建筑物的结构和规模的构想，以便了解工程的要求；另一方面要充分分析工程地质条件，深入了解哪些因素是有利的，哪些是不利的，充分认识客观情况。工程地质问题分析还能够起到指导勘察的作用，为合理选用勘察手段、布置勘察工作量提供依据。

由于工程地质问题而导致的建筑事故不乏其例。

**例 1**　美国加利福尼亚州圣弗朗西斯坝为一高 70m 的混凝土坝，修成蓄水后两年，于 1928 年被冲垮。原因是坝基部分存在泥质胶结，并含有石膏脉的砾岩，遇水受溶蚀崩解，成为坝基岩体的软弱部位。如果做好地质工作，查清隐患，工程地质问题是能够予以妥善处理的。

**例 2**　意大利瓦依昂水库总库容 1.69 亿立方米，坝高 265.5m，为混凝土双曲拱坝。水库左岸为潜在滑移区，施工中已发现岸坡不稳定，并做过一些稳定性研究工作，发现有蠕变现象，蓄水后又出现了局部崩塌，滑坡征兆明显。但研究人员认识不足，而且作了错误的判断，未能及时采取有效对策和措施。水库蓄水三年后的 1963 年 10 月，左岸 2.7 亿～3.0 亿立方米岩体突然下滑，巨大的滑体速度极快，冲力极大，落入水库激起的涌浪，超过坝顶 100m，水流溢过坝面一泻而下，冲毁了下游的 5 个村镇，死亡近 3000 人，酿成了震惊世界的地质灾害。水库被滑坡体填满，成为石库，水库完全失效报废，举世最高的混凝土拱坝则屹立无恙。究其原因还是由于工程地质工作没有做好。

## 0.2 工程地质学的研究内容

工程地质学的任务决定了它的研究内容,归纳起来主要有以下几个方面。

(1)岩土工程性质的研究

地球上任何建筑物均离不开岩土体,无论是分析工程地质条件,还是评价工程地质问题,首先要对岩土的工程性质进行研究。研究内容包括岩土的工程地质性质及其形成变化规律,各项参数的测试技术和方法,岩土体的类型和分布规律,以及对其不良性质进行改善等。有关这方面的研究,是由工程地质学的分支学科工程岩土学来进行的。

(2)工程动力地质作用的研究

地壳表层由于受到各种自然营力,包括地球内力和外力的作用,还有人类的工程-经济活动,影响建筑物的稳定和正常使用。这种对工程建筑有影响的地质作用,即工程动力地质作用。习惯上将由于自然营力引起的各种地质现象叫做物理地质现象,由于人类工程-经济活动引起的地质现象叫做工程地质现象。研究工程动力地质作用(现象)的形成机制、规模、分布、发展演化的规律,所产生的有关工程地质问题,对它们进行定性和定量的评价,以及有效地进行防治、改造,是工程地质学的另一分支学科工程动力地质学的研究内容。

(3)工程地质勘察理论和技术方法的研究

为了查明建筑场区的工程地质条件,论证工程地质问题,正确地作出工程地质评价,以提供建筑物设计、施工和使用所需的地质资料,就需进行工程地质勘察。不同类型、结构和规模的建筑物,对工程地质条件的要求以及所产生的工程地质问题各不相同,因而勘察方法的选择、工作的布置原则以及工作量也不相同。为了保证各类建筑物的安全和正常使用,首先必须详细而深入地研究可能产生的工程地质问题,在此基础上安排勘察工作。应制订适用于不同类型工程建筑的各种勘察规范或工作手册,作为勘察工作的指南,以保证工程地质勘察的质量和精度。有关这方面的研究,是专门由工程地质学这一分支学科来进行的。

(4)区域工程地质的研究

不同地域由于自然地质条件不同,因而工程地质条件各异。认识并掌握广大地域工程地质条件的形成和分布规律,预测这些条件在人类工程-经济活动影响下的变化规律,并按工程地质条件进行区划,做出工程地质区划图,就是区域工程地质研究的内容。区域工程地质学即为这方面研究的分支学科。

可见,工程地质学是一门应用性很强的学科。它在工程建设中的地位十分重要,服务对象非常广泛,所研究的内容十分丰富。

## 0.3 工程地质学的研究方法及其与其它学科的关系

### 0.3.1 研究方法

工程地质学的研究方法是与它的研究内容相适应的,主要有自然历史分析法、数学力学分析法、模型模拟试验法和工程地质类比法等。

### 0.3.1.1　自然历史分析法

自然历史分析法是工程地质学最基本的一种研究方法。工程地质学所研究的对象——地质体和各种地质现象，是在自然地质历史过程中形成的，而且随着所处条件的变化，还在不断地发展演化着。所以对动力地质作用或建筑场地进行工程地质研究时，首先就要做好基础地质工作，查明自然地质条件和各种地质现象以及它们之间的关系，预测其发展演化的趋势。只有这样，才能真正查明所研究地区的工程地质条件，并作为进一步研究工程地质问题的基础。

例如，对斜坡变形与破坏问题进行研究时，要从形态研究入手，确定斜坡变形与破坏的类型、规模及边界条件，分析斜坡变形、破坏的机制及各影响、控制因素，以展现其空间分布格局，进而分析其形成、发展演化过程和发育阶段。从空间分布和时间序列上揭示其内在的规律；预测其在人类工程-经济活动下的变化，为深入进行斜坡稳定性工程地质评价奠定基础。

又如研究坝基抗滑稳定性问题时，首先必须查明坝基岩体的地层岩性特点、地质结构及地下水活动条件，尤其要注意研究软弱泥化夹层的存在和岩体中其它各种破裂结构面的分布及其组合关系，找出可能的滑移面和切割面以及它们与工程作用力的关系，研究滑移面的工程地质习性，以作为进一步研究坝基抗滑稳定的基础。

然而，仅有地质学的方法是不能完全满足工程地质评价的要求的，因为它终究属于定性研究的范畴。要深入研究某一工程地质问题时，还必须采用定量研究的方法。数学力学分析法、模型模拟试验法即定量研究的方法。

### 0.3.1.2　数学力学分析法

数学力学分析法是在自然历史分析的基础上开展的。对某一工程地质问题或工程动力地质现象，根据所确定的边界条件和计算参数，运用理论公式或经验公式进行定量计算。例如，在斜坡稳定性计算中通常采用的刚体极限平衡理论法，就是在假定斜坡岩土体为刚体的前提下，将各种作用力以滑动力和抗滑力的形式集中作用于可能的滑移破坏面上，求出该面上的稳定性系数，作为定量评价的依据。为了搞清边界条件和合理地选用各项计算参数，就需要进行工程地质勘探、试验，有时需要耗费巨大的资金和人力。所以除大型或重要的建筑物外，一般建筑物往往采用经验数据类比进行计算。

由于自然地质条件比较复杂，在计算时常需要把条件适当简化，并将空间问题简化为平面问题来处理。一般的情况是，先建立地质模型，随后抽象为力学、数学模型，代入各项计算参数进行计算。当前由于现代计算技术的发展，各种数学、力学计算模型愈来愈多地运用于工程地质领域中。

### 0.3.1.3　模型模拟试验法

模型模拟试验法在工程地质研究中也常被采用，它可以帮助我们探索自然地质作用的规律，揭示工程动力地质作用或工程地质问题产生的力学机制、发展演化的全过程，以便我们作出正确的工程地质评价。有些自然规律或建筑物与地质环境相互作用的关系可以用简单的数学表达式来表示，而有些数学表达式则十分复杂而难解，甚至因不易发现其作用的规律而无法用数学表达式来表示，此时，模型模拟试验就十分有效。

进行模型模拟试验必须要有理论作指导，除了工程力学、岩体力学、土力学、水力学、地下水动力学等理论外，还必须遵循量纲原理和相似原理。

模型试验与模拟试验的区别在于试验所依据的基础规律是否与实际作用的基础规律一致。例如，用渗流槽进行坝基渗漏试验，属于模型试验，因为试验所依据的是达西定律，与实际控制坝基渗漏的基础规律相同。若用电网络法进行这种试验，则属于模拟试验，因为试验是以电学中的欧姆定律为依据的；欧姆定律与达西定律形式上虽然相似，而本质则根本不同。

在工程地质中常见的模型试验有地表流水和地下水渗流作用、斜坡稳定性、地基稳定性、水工建筑物抗滑稳定性以及地下硐室围岩稳定性等试验。常用的模拟试验有光测弹性和光测塑性模拟试验以及模拟地下水渗流的电网络模拟试验等。

#### 0.3.1.4　工程地质类比法

工程地质类比法是另一种常用的工程地质研究方法，可用于定性评价，也可作半定量评价。它是将已建建筑物工程地质问题的评价经验运用到自然地质条件大致相同的拟建的同类建筑物中去。显然，这种方法的基础是相似性，即自然地质条件、建筑物的工作方式、所预测的工程地质问题都应大致相同或近似。它往往受研究者的经验所限制。由于自然地质条件等不可能完全相同，类比时又往往把条件加以简化，所以这种方法是较为粗略的，一般适用于小型工程或初步评价。在斜坡稳定性评价中，目前常用的"标准边坡数据法"即属此法。

上述四种研究方法各有特点，应互为补充，综合应用。其中自然历史分析法是最重要和最根本的研究方法，是其它研究方法的基础。

### 0.3.2　工程地质学与其它学科的关系

由上述可知，工程地质学所涉及的知识范围是很广泛的，它必须有许多学科的知识作为理论基础。

地质学的分支学科，如动力地质学、矿物学、岩石学、构造地质学、地史学、第四纪地质学、地貌学和水文地质学等，都与工程地质学关系密切。工程地质研究没有上述各学科的知识，是无法进行的。在工程地质研究中，各地质学分支学科的理论和方法常为之所用。但是，工程地质学是为工程建设服务的，其研究目的性非常明确，所以在研究的目的和方法上与地质学的其它分支学科有所不同。例如，动力地质作用是动力地质学和工程地质学研究的对象，但前者主要是定性地研究其形态、分布、产生条件等，而后者不但要进行定性的研究，而且还要更深入地研究其形成机制，定量地研究其发生、发展演化的规律和对工程建筑物的影响程度以及有效的防治措施等。

为定量评价工程地质问题，工程地质学需要以数学和力学知识作为它的基础。所以，高等数学、应用数学、工程力学、弹性力学、土力学和岩体力学等都与工程地质学有着十分密切的关系。工程地质学中的大量计算问题，实际上也是土力学和岩体力学中所研究的课题。在广义的工程地质概念中，多将土力学和岩体力学包含进去。土力学和岩体力学从力学的观点研究土体和岩体工程地质问题，属于力学分支学科。

工程地质学还以物理学、普通化学、物理化学和胶体化学等基础学科作为自己的基础。此外，工程地质学还与工程建筑学、环境学、生态学及其它应用技术学科有密切的联系。

# 0.4　工程地质学的发展与成就

### 0.4.1　工程地质学的发展

中国古代许多巨大的工程建设，初步具有一些工程地质的知识和经验。例如，公元前250年修建的四川都江堰分水灌溉工程，地形的利用十分巧妙，并能按照河流侵蚀堆积的规律制定"深淘滩、低作堰"的治理法则，又使用当时最先进的技术方法，针对岩体结构特征，开凿出了宝瓶口输水渠段，引岷江水灌溉川西平原，造福人民。公元前200多年在广西兴安县修建的灵渠，沟通了湘江和漓江，是连接长江和珠江的跨流域工程，2000多年以来航运不断，这一工程在地质地貌的利用方面符合工程地质原理。长城选择了山脊分水岭，利用坚硬岩石作为地基，既雄伟又稳固。大运河线路选择别具匠心，把江河湖泊和平原洼地连接起来，减少挖方量，水体沟通，成为贯穿南北的大动脉。古代许多桥梁、宫殿、庙宇、楼阁、院塔的修建，更是考虑到地震和地下水的问题，选定了良好的地基，进行了合适的加固处理，采用了各种坚固美观的石料，使这些建筑物坚实稳定，历经千百年而依然屹立。

在国际上，工程地质学作为地质学的分支学科，独立成为一门学科，仅有大约 100 年的历史。工程地质学的创立与发展大体上经历了四个阶段。

（1）萌生时期

人们在工程建设活动中，自觉或不自觉地应用地质知识，使建筑物与地质环境相适应，以保证建筑物发挥预期的作用。17 世纪以前，许多国家成功地建成了至今仍享有盛名的伟大建筑物，但人们在建筑实践中对地质环境的考虑，主要依赖于感性认识。17 世纪以后，由于产业革命和工程建设的发展，逐渐积累了关于地质环境对建筑物影响的认识。

中国地质学家把地质知识应用于工程活动始于 20 世纪初。20 世纪 20 年代丁文江开展了建筑材料的地质调查。1933 年北方大港筹备委员会首次开展了港址地质勘察。与此同时，我国开展了对甘新、滇缅、川滇公路和宝天铁路地质调查，林文英总结发表了《公路地质学之初步研究》和《中国公路地质概论》。1937 年李学清等开展了长江三峡和四川龙溪河坝址的地质调查。20 世纪 40 年代中后期，进行了岷江、大渡河、漓江、台湾大甲溪、黄河和其它水系的地质考察工作。1946 年侯德封等会同美国水利工程学家萨凡奇考察三峡，开展了三峡坝区的地质调查。同年，在中央地质调查所成立了以叶连俊为主任的工程地质研究室。这一时期，在土木工程专业中开始讲授一些地质、工程地质知识。

（2）创立阶段

国际上最早的工程地质学专著是 1880 年英国著名地质学家 William Henry Penning 编写的《工程地质学》。1914 年，美国第一部《工程地质学》由 Heinrich Ries 和 Thomas Leonard Watson 共同编写。第一次世界大战结束后，各国开始了大规模建设，工程的规划、设计、施工和运营亟须地质基础资料，从而推动了工程地质学的形成。不列颠哥伦比亚大学（UBC）于 1921 年招收了第一届地质工程本科生与研究生。1929 年地质工程师卡尔·太沙基出版了《工程地质学》。

苏联工程地质学始于 20 世纪 20 年代，著名工程地质学家萨瓦连斯基、卡明斯基、波波夫等在工程岩土学、工程地质学等方面做了大量的理论与应用工作。苏联第一个工程地质系于 1929 年在列宁格勒矿业学院成立，莫斯科地质勘探学院工程地质教研室于 1932 年成立。1937 年萨瓦连斯基出版了苏联第一部《工程地质学》教材。这部《工程地质学》较全面系统地阐述了工程地质学的原理和方法。

第二次世界大战结束后，随着工程建设的蓬勃开展，对地质体的扰动日益严重，促进了工程地质的发展。欧洲一些水利工程陆续发生了重大事故，人们发现这些事故与地质问题密切相关，更加认识到工程地质的重要性。在此背景下，国际工程地质与环境协会（IAEG）于 1964 年应运而生。该协会在开展工程地质学术交流、探讨工程地质发展方向等方面发挥了重要作用，是工程地质学科快速发展的标志。

我国工程地质学科始于 20 世纪 50 年代初。新中国成立以后，百废俱兴，国家大规模经济建设迫切需要工程地质学科提供理论、方法和技术的支撑。地质学家一方面把地质学知识应用于工程实践，另一方面引进并学习苏联工程地质学知识。在广泛的工程实践中，工程地质工作者艰苦奋斗，为一大批工程项目的顺利建成与安全运行做出了卓越的贡献，如治淮水利工程、黄河三门峡工程、官厅和密云水库工程；宝成铁路、武汉长江大桥、南京长江大桥、成昆铁路、贵昆铁路、襄渝铁路、湘黔铁路和川藏公路、青藏公路等道路工程；大治、抚顺、唐山、金川、攀枝花、白云鄂博等矿山工程；塘沽、湛江等港口工程和大量的工业民用建筑。

1952年成立的北京地质学院、长春地质学院分别组建了水文地质工程地质系和工程地质教研室，1956年成都地质学院成立并组建水文地质工程地质系。此时，在南京大学、同济大学、唐山铁道学院也先后设立了工程地质专业。自1952年开始煤炭、建工、水利电力、铁道、交通、冶金、机械工业、化工、军工等相关部门陆续建立了工程勘测设计机构。1955年地质部设立水文地质工程地质局。1956年中国科学院地质研究所和地质部地质科学研究院分别组建水文地质工程地质研究室、所，相关部门先后设立了专业性研究机构。一支由生产、教学和研究共同组成的，团结协作的队伍迅速形成。

20世纪60年代早期，北京地质学院、长春地质学院和成都地质学院，组织力量编写了工程地质专业课教材：张咸恭等编写的《工程地质学》、张倬元等编写的《工程动力地质学》和刘国昌编写的《中国区域工程地质学》分别出版问世，初步构建了以工程地质条件研究为基础，以工程地质问题分析为核心，以工程地质评价为目的，以工程地质勘察为手段的理论框架。1962年以谷德振为首的30多位工程地质专家，对全国120多个单项工程的地质资料进行总结研究，1965年完成了《水利水电工程地质》，构建了工程地质力学解决问题的基本途径。1979年谷德振《岩体工程地质力学基础》专著出版，开拓了岩体工程地质力学理论体系。

（3）快速发展阶段

20世纪下半叶，随着各类工程建设的规模和复杂程度越来越大，社会经济发展对工程地质学科提出更高的要求，工程地质的研究和应用领域不断拓展。1965年，IAEG第一次定义工程地质为：地质学在工程、规划、建设、勘探、测试和相关材料方面的应用。IAEG四年召开一次国际工程地质大会，还不定期地举行专题学术讨论会，研讨的专题有：岩土体的工程特性，特殊岩土的工程地质研究，区域规划与城市区工程地质，工程建设区的工程地质问题和场址选择的工程地质评价，重大环境工程地质问题，地质灾害评价、预测和防治，工程地质勘察技术等。1992年，IAEG第二次定义工程地质是从事人类工程活动及其引起的环境问题的调查、研究和评价的学科，是从事地质灾害预测与防治的学科。

20世纪70年代末至80年代初，随着改革开放的不断深入，中国工程地质事业进入了快速发展阶段。国内外学术交流与合作十分活跃，富有中国区域特色的学术成果不断涌现，国际学术交流也促进了中国工程地质学的发展。工程地质学和地球科学各分支学科不断交叉渗透，现代观测、探测、试验技术与信息、计算机技术在工程地质领域得到广泛应用。随着全球性环境问题的日益凸显和可持续发展理念的深入人心，中国工程地质学在理论、方法和技术方面均得到长足的发展。

围绕矿山工程及其采掘技术、城建工程及其高层建筑与地下空间利用、高坝大库与高边坡工程、快速交通路网及其长隧道与施工技术以及海洋工程和防护工程的建设，中国工程地质学形成了较系统的理论、方法和技术。工程地质工作者解决了一系列重大工程难题，如葛洲坝水电工程、二滩水电站、龙羊峡水电站、天生桥水电站、长江三峡水利枢纽、黄河小浪底水利枢纽、秦山核电站、大亚湾核电站；南昆铁路、京九铁路、军都山隧道、大瑶山隧道、黄浦江大桥和过江隧道；一批平原和山区的高速公路和高性能机场；金川矿山、攀枝花矿山、兖州煤矿、抚顺西露天矿和江西的一批有色金属矿山；北京地铁和一大批城市高层建筑；海上石油平台和滨海港口码头工程等。

这一阶段显著的标志是环境工程地质学的兴起和快速发展。环境工程地质学以人－地相互作用为研究核心，服务人与自然可持续发展。环境工程地质学主要涉及与人类活动相关的能源与资源开发、交通建设、城镇建设、废弃物处置以及地下水资源等研究领域。在这个阶段，区域地壳稳定性理论、地质灾害预测与防治理论也得到了长足发展。

（4）不断成熟与创新阶段

20世纪90年代后期以来，随着科技进步以及社会需求的不断增长，在工业化、城市化的快速进程中，工程建设呈现出前所未有的新景象。

复杂条件下的工程勘测、设计、施工和运行不仅需要不同时空尺度的地质知识与技术，而且需要发展长时间的质量控制的监测技术、预报技术和评价方法。对复杂自然过程和工程地质过程的认识，不仅依赖于地球科学和工程技术科学最新研究成果的支持及其知识的交叉融合，而且还需要不断吸收环境、生态科学知识，并将现代数学、力学成就和有关非线性理论、系统论、控制论融入工程地质学。

协调人与自然的关系已成为工程地质的基本出发点。人类工程活动深刻地改变着自然环境，忽视地质条件与建筑技术之间的因果关系，违背人与自然和谐发展的规则，将会造成严重的经济损失和付出高昂的环境代价。地球系统科学和全球可持续发展观必将促进人们加深对人-地作用的理解，实现人与自然和谐共生。

以工程地质演化为出发点，加强监测和试验研究，重视模拟、预测和调控是工程地质的重要共识。现代大型工程建设项目规模大，功能多样，常常建设在地质条件复杂、地质环境脆弱地段。这就要求我们不断加强对工程地质体演化过程的认识、对工程地质问题的准确预测和对地质过程的有效调控与管理。加强多学科交叉融合，充分吸收地球科学最新研究成果，加强勘测、监测、试验与关键核心技术的一体化发展，是工程地质学科的必由之路。

## 0.4.2　我国工程地质学的成就

我国广大的工程地质工作者艰苦奋斗，努力攻关，为工程地质学的发展做出了巨大的贡献，取得了大量的成果，建立和发展了具有中国特色的工程地质学。

中国工程地质在重大工程实践的过程中，勇于创新，形成了工程地质三大理论体系。

岩体工程地质力学理论：岩体常常是重大工程地质问题研究的关键对象。新中国成立初期，水利水电建筑、矿山开采及山区铁路工程等面临一系列岩体工程地质力学问题的挑战。中国科学院地质所谷德振院士、王思敬院士、孙玉科研究员等人创立了岩体工程地质力学基础理论，提出"岩体结构控制岩体稳定性"的论断，建立了自己的岩体理论体系，成为中国工程地质学的特色之一，推动了中国工程地质的发展，是中国工程地质学科发展的重要里程碑。

区域稳定性工程地质理论：区域稳定性是工程地质重要分支领域。随着我国大型工程区域地质条件和地质环境论证的不断深入，发展了具有中国特色的区域稳定性工程地质理论。刘国昌教授和胡海涛院士是这个领域的主要开拓者。刘国昌《区域稳定工程地质》、胡海涛《广东核电站规划选址区域稳定性分析与评价》从不同方面阐述了区域稳定性研究的基本理论。

成因演化及地质过程分析理论：从工程地质在我国起步，中国工程地质工作者就自觉与不自觉地运用成因演化论去认识与分析地质现象与岩土体特征，创立了工程地质条件成因演化论。张咸恭先生编写了《工程地质学》，张倬元先生等编写了《工程地质分析原理》，系统体现了岩体工程地质成因演化论的思想。晏同珍先生提出了山区铁路选线工程地质理论、滑坡易滑地层理论和地质成因分区方法，丰富了工程地质成因演化理论。

在我国工程地质工作者的共同努力下，我国已形成了新的工程地质特色研究领域：①松散层大变形理论与灾害防控，以长安大学彭建兵院士为代表，主要研究单位包括兰州大学、西北大学、西安交通大学等。②工程高陡边坡稳定性与滑坡预警，以成都理工大学为代表，研究单位包括中国地质大学（武汉）、西南交通大学、中科院地质与地球物理研究所、吉林大学等。③山地灾害与环境，以中国科学院水利部成都山地灾害与环境研究所崔鹏院士为代表，研究单位包括成都理工大学、四川大学等。④地质灾害演化过程与控制理论，以中国地质大学（武汉）为代表，研究单位包括中科院武汉岩土力学研究所、武汉大学、长江科学院、成都理工大学等。⑤地质灾害预警与防治关键技术，以自然资源部地质灾害应急技术指导中心为代表，研究单位包括中国地质大学（武汉）、长安大学、成都理工大学等。⑥工程地质智能监测与试验关键技术，以南京大学、中国科学院地质与地球物理研究所为代表，研究单位包括长安大学、中国地质大学（武汉）、成都理工大学等。⑦岩土体工程地质，以中科院地质与地球物理研究所、吉林大学为代表，研究单位包括同济大学和中科院武汉岩土力学研究所等。

# 0.5　中国工程地质杰出代表人物

**谷德振**（1914～1982），地质学家，工程地质学家，中国科学院学部委员（院士）。谷德振先生是我国工程地质学奠基人之一，中国地质学会工程地质专业委员会首届主任委员。从治淮工程、三峡工程到葛洲坝工程，从西南铁路建设、金川矿山到二滩水电工程，新中国成立以来的许多大型建设工程都曾留下过谷德振先生的身影和足迹。经多年实践，谷德振先生开创了具有我国特色的、新的分支学科——"岩体工程地质力学"，有力推动了中国工程地质的发展。1962年谷德振在梅山水库库区岩体的调查与研究过程中，逐步形成了"岩体结构及其对工程岩体稳定性影响"的思想。1964年编著的《水利水电工程地质》提出"岩体结构控制岩体失稳"的科学思想。1972年春在《中国科学》发表《岩体工程地质力学的原理和方法》一文，标志着"岩体工程地质力学"的诞生。

**张咸恭**（1919～2015），地质学家，工程地质学家，工程地质教育家，中国地质大学教授。张咸恭先生是我国工程地质学的奠基人之一。他出版了我国第一本工程地质专著及教材，创建了我国第一个工程地质教研室，培养了大批的工程地质工作者。他参与了三峡工程、成昆铁路等大量工程建设项目，将一生奉献给了中国的工程地质事业，是中国工程地质界的一代宗师。他充分吸收国际先进科学技术成就，在我国建立起以"成因演化论"为基础的工程地质学理论体系。张咸恭先生和沈孝宇教授共同编写了我国首部《工程地质学》统编教材上、下册。20世纪80年代，张咸恭先生编著了《工程地质学》，形成了以工程地质条件的研究为基础，以工程地质问题分析为核心，以工程地质评价和决策为目的，以工程地质勘察为手段的工程地质学理论体系。

**王思敬**（1934～　），中国工程院院士，工程地质学家、岩体力学学家。他曾任中国岩石力学与工程学会（CSRME）、地球学家促进国际发展协会（AGID）、国际工程地质与环境协会等协会主席和理事。王思敬院士长期致力于地质与力学、地质与工程相结合的研究，在岩体结构理论、工程地质力学领域中做出了重大贡献。在工程岩体变形破坏机制研究的基础上，发展了岩石工程稳定性分析原理和方法。他提出了人类工程活动与地质环境依存关系和相互作用的理论，率先开展了工程建设和地质环境相互影响和制约的研究，开拓环境工程地质领域，为工程和城市建设地质环境研究提供理论基础。王思敬院士将理论研究与工程建设实践紧密结合。指导和参与了一大批重大水利水电工程的研究和论证，为解决关键地质问题做出了重大贡献。

**刘国昌**（1912～1992），工程地质学家、地质教育家。长春地质学院、长安大学教授，中国地质学会工程地质专业委员会首届副主任委员之一。刘国昌先生筹建和发展了长春地质学院水文与工程地质系，后来又为西安地质学院水文与工程地质系的发展作出了重大贡献。20 世纪 50 年代末 60 年代初，刘国昌先生为发展中国区域工程地质学做了大量工作，后出版了《中国区域工程地质学》；60 年代初，刘国昌先生从事区域稳定工程地质理论和方法的研究，发表了《区域稳定概论》；60 年代末，刘国昌先生把地质力学与水文地质、工程地质紧密结合，出版了《地质力学及其在水文地质工程地质方面的应用》。

胡海涛（1923~1998），中国工程院院士，工程地质与环境地质专家。20 世纪 50 年代，胡海涛先生负责进行三峡工程坝区、坝段、比选工程地质勘察，提出《长江三峡水利工程枢纽初步设计要点阶段工程地质勘察报告》，推荐三斗坪坝址为三峡工程设计坝址。参与撰写《长江三峡工程地质地震论证报告》。60 年代中期，主持青藏铁路选线及站场供水的水文工程地质调查。80 年代初，负责广东核电站规划选址的区域稳定性研究。90 年代，主持并参与黄河大柳树坝址工程地质论证研究。胡海涛先生继承发展了李四光先生的"安全岛"学术思想，建立了区域地壳稳定性的理论和方法；并提出了"地下水网络"学说。

张倬元（1926~2022），工程地质学家，工程地质教育家，成都理工大学教授，中国地质学会工程地质专业委员会第二届主任委员。数十年来，张倬元先生深入西南、西北各大水利水电工程实际，解决了一系列重大技术难题，取得一批重大研究成果。在斜坡岩体变形破坏模式、稳定性评价及崩塌、滑坡等地质灾害的形成机制、运动机制、危险性评价、失稳时空预报及地质灾害防治等方面，倡导系统工程地质分析和全过程动态演化研究，形成了"地质过程机制分析与定量评价"的学术思想体系和理论方法体系。主编了《工程地质分析原理》等著作。张倬元先生在成都理工大学创建了我国第一个工程地质国家级重点学科和地质灾害防治与地质环境保护国家专业实验室。

晏同珍（1924~2000），工程地质学家，工程地质教育家，中国地质大学教授。晏同珍先生出版的《水文工程地质与环境保护》《宝兰铁路黄土路基变形与防治》《全球环境变化与工程地质》（英文）等学术专著丰富和发展了工程地质学的理论和方法。在我国，晏同珍先生最早采用信息量方法开展滑坡空间预测制图，并在全国推广应用。他倡导运用非线性理论开展工程地质预测，在理论和实践中取得了重要进展。晏同珍先生提出的山区铁路选线工程地质理论和滑坡易滑地层理论，是对工程地质成因演化理论的重大贡献。晏同珍先生的滑坡防治研究成果 1978 年获全国科学大会奖，滑坡地质环境与形成规律研究成果 1982 年获国家自然科学奖三等奖。

刘广润（1929~2007），中国工程院院士，工程地质专家。长期从事工程地质、环境地质工作。是我国 20 世纪五六十年代长江三峡工程地质勘察的技术负责人，三斗坪坝址的主要推荐者；八九十年代任三峡工程科技攻关"长江三峡工程重大地质与地震问题研究"课题专家组长，指导完成坝区地壳稳定性、水库岸坡稳定性、水库诱发地震等专题研究，为三峡工程的决策和优化设计提供了科学依据；主持完成了成昆、襄渝两条铁路地质复杂路段的地质勘察；指导和实施了三峡库区及全国数百处崩塌、滑坡、泥石流、岩溶塌陷等地质灾害的防治工作。曾获"有重大贡献的地质工作者"称号和李四光地质科学奖。主编了《长江三峡工程重大地质与地震问题研究》《山区铁路工程地质》《工程地质与环境地质概论》等著作。

## 0.6 本课程主要内容

本书力图较全面地介绍工程地质学的基本知识、基本理论和基本方法，重点介绍与工程建设有关的一些主要的工程动力地质作用和现象，包括它们的特征、形成机制、发生和发展演化规律、影响因素、分析评价和预测预报方法以及防治措施等。课程还介绍工程地质分析评价方法与技术。

第一篇介绍工程地质学基本理论，重点包括工程地质条件成因演化论、区域稳定性理论和岩体结构控制论。

第二篇工程地质问题研究是本课程的重点内容，包括活断层与地震、斜坡工程、地下工程、岩溶、泥石流、地面沉降和渗透变形。该篇以工程动力学分析为主线展开论述。

第三篇介绍工程地质技术与方法，主要包括工程地质模拟与评价、工程地质勘察、工程地质测试与试验、工程地质监测与预测和工程地质信息技术。

通过本课程的学习，要求掌握对各种工程动力地质作用分析研究的思路和方法，以便在今后工作中能运用来解决实际问题。课程以讲授为主，辅以必要的习题、作业。

考虑到授课学时的限制，第三篇可自学、选修，也可列为专题讲座。工程地质勘察有专门课程介绍。

# 思考题

1. 为什么说中国工程地质发展史是一部工程地质工作者在党领导下的艰苦奋斗史？

2. 工程地质在国家经济建设、生态环境保护和防灾减灾中有什么重大作用？我们如何增强专业自豪感、历史责任感和职业精神？

3. 我们应该如何刻苦学习，加强学科交叉融合，努力培养工程地质系统演化观、人地协调观和工程伦理观？

4. 工程地质领域杰出代表人物作出了哪些突出贡献？他们的人生给我们怎样的启迪？如何向他们学习？

5. 工程地质工作的主要任务是什么？

6. 什么是工程地质条件？什么是工程地质问题？两者之间有什么关系？

7. 工程地质学的主要内容是什么？

8. 工程地质学有哪些主要研究方法？

9. 中国工程地质有哪些重大成就？

10. 本课程与本专业其它课程有怎样的关系？

11. 工程地质学是一门集理论创新、技术发展与实践应用三位一体的学科。对此您有何看法？

# 参考文献

[1] 北京地质学院工程地质教研室. 工程地质学 [M]. 北京：中国工业出版社，1963.
[2] 张咸恭，王思敬，张倬元. 中国工程地质学 [M]. 北京：科学出版社，2000.
[3] 王思敬，黄鼎成. 中国工程地质世纪成就 [M]. 北京：地质出版社，2004.
[4] 李智毅，杨裕云，王智济. 工程地质学基础 [M]. 武汉：中国地质大学出版社，1990.
[5] 李智毅，杨裕云. 工程地质学概论 [M]. 武汉：中国地质大学出版社，1994.
[6] 张倬元，王士天，王兰生. 工程地质分析原理 [M]. 北京：地质出版社，1981.
[7] 彭建兵，等. 汾渭盆地地裂缝灾害 [M]. 北京：科学出版社，2017.

[8]　罗国煜，等. 工程地质学基础 [M]. 南京：南京大学出版社，1990.

[9]　《工程地质手册》编委会. 工程地质手册 [M]. 北京：中国建筑工业出版社，1992.

[10]　《岩土工程手册》编委会. 岩土工程手册 [M]. 北京：中国建筑工业出版社，1995.

[11]　李智毅，唐辉明. 岩土工程勘察 [M]. 武汉：中国地质大学出版社，2000.

[12]　晏同珍，等. 滑坡学 [M]. 武汉：中国地质大学出版社，2000.

[13]　唐辉明，等，斜坡地质灾害预测与防治的工程地质研究 [M]. 北京：科学出版社，2015.

[14]　纪万斌. 工程塌陷与治理 [M]. 北京：地震出版社，1998.

[15]　国家地震局. 中国诱发地震 [M]. 北京：地震出版社，1984.

[16]　刘颖，等. 砂土震动液化 [M]. 北京：地震出版社，1984.

[17]　胡聿贤. 地震工程学 [M]. 北京：地震出版社，1988.

[18]　黄润秋，祁生文. 工程地质：十年回顾与展望 [J]. 工程地质学报，2017，25（2）：257-276.

[19]　王思敬，黄鼎成. 中国工程地质世纪成就 [M]. 地质出版社，2004.

[20]　E. M. 谢尔盖耶夫. 岩土工程地质研究方法手册 [M]. 北京：地质出版社，1990.

[21]　谷德振. 中国工程地质学的发展 [J]. 地质论评，1982，02：180-183.

[22]　中国地质学会工程地质专业委员会. 中国工程地质五十年 [M].//张咸恭. 中国工程地质教育五十年. 北京：地震出版社，2000.

[23]　彭建兵，崔鹏. 川藏铁路对工程地质提出的挑战 [J]. 岩石力学与工程学报，2020，39（12）：2377-2389.

[24]　Yan tongzhen，Tang Huiming. Global Environmental Changes and Engineering Geology [M]. Wuhan：China University of Geosciences Press，1999.

# 第一篇

## 工程地质学基本理论

# 第1章 工程地质条件成因演化论

## 1.1 概 述

工程地质条件的组合有其特有的规律性。

在高山峡谷地带，地质结构往往很复杂，多断层，甚至有活动断层。河谷深切，沟谷发育，地势高耸，斜坡陡峭。地下水往往为埋藏较深的基岩裂隙水，富水程度较低，但地下水交替强烈，水质多为低矿化而不具侵蚀性的淡水，但如遇有可溶性碳酸盐岩或大的断层破碎带，则往往为强富水带，崩塌、滑坡、泥石流广泛发育。天然建筑材料以石料、粗骨料丰富，细骨料、土料贫乏为特征。

在冲积平原地带，距地表一定深度内广泛分布的是由各种砾、砂、黏性土互层组成的松软土体，强度低，易于变形。地质结构简单，主要形成各类土层的组合关系。地表开阔、平坦，往往有各种形式河流阶地或埋藏古河床。地下水多为埋藏浅的孔隙潜水或层间水，粗砂、砾石层中富水，且水质良好，可作为良好的供水水质，但过量抽取会产生地面沉降。除阶地斜坡有小型滑坡发育外，崩塌、滑坡、泥石流等外生地质灾害不发育，如有埋藏型碳酸盐岩，可伴有地面塌陷；若有隐伏活动断裂，则易有地震活动。天然建筑材料则以土料及细骨料丰富，粗骨料贫乏、缺乏石料为特征。

工程地质条件特定组合规律及空间分布规律是长期自然地质历史发展演化形成的。自然地质历史发展演化有区域性规律，因而作为地质历史发展演化产物的工程地质条件及其空间分布也有其区域规律性。

工程地质条件成因演化论揭示了工程地质条件的形成和演化的本质因素，是工程地质工作者在理论研究和工程实践中的系统总结。张倬元教授在《中国工程地质学》一书中对工程地质条件成因演化论进行了系统全面的归纳总结。

## 1.2 工程地质条件形成的控制因素

工程地质条件是长期地质历史发展演化的结果，而促使其发展演化的是不断进行着的内动力地质作用和外动力地质作用。

内动力地质作用包括构造运动、岩浆作用和变质作用，岩浆作用和变质作用伴随构造运动而产生。

板块构造理论认为，构造运动起因于地球内部放射性热能积累引起的地幔热对流。对流引起地球表层地壳或岩石圈产生大规模的水平运动，大陆因张裂而出现裂谷，裂谷扩展形成洋盆，海底扩张使洋盆与陆壳汇聚，在大陆边缘产生俯冲消减，大陆边缘沉积物经受强烈挤压而褶皱，形成褶皱造山带。大陆边缘岛弧可与大陆叠接，陆壳增生，洋盆消失；洋盆消失后，两大陆地块碰撞挤压，使陆壳增厚，从而又引发了褶皱造山带和高原的隆升。全球的洋底张裂体系和古地中海及环太平洋挤压、碰撞造山体系共同构成了现今的地球表面主要构造格局，形成了地球表层的最大构造地貌形态，包括褶皱山系、隆起高原、陷落裂谷和海洋盆地。

外动力地质作用起源于地球外部能，表现为岩石圈表层与大气圈、水圈和生物圈的相互作用。太阳辐射能引起大气环流、地表水循环，产生了生物，而运动的气流、循环的水流和生物作用于岩石圈表层，通过风化作用、剥蚀作用、搬运作用和堆积作用，使地表突出的山体、高原被剥蚀、夷平，山间、山前断陷盆地被各种未固结松散沉积物所填充，裂谷盆地被厚层松散沉积物掩埋，大陆边缘则为巨厚的大陆边缘沉积物所覆盖而形成大陆架。

在内、外动力的联合作用下，年轻隆起的高原边缘或近代褶皱山系，由于河流的强烈下切而形成高山峡谷；在山间断陷，由于河流或湖泊的沉积作用而形成山间盆地；在近期只有轻微隆起的古老褶皱山系或稳定地台，由于河流的剥蚀、夷平和沉积作用而形成准平原及冲积平原；在河口地带，由于下陷和迅速沉积而形成河口三角洲；在滨岸地带，则由于海陆交互沉积作用而形成滨海平原。它们各有其特有的工程地质条件组合，其空间分布也各具规律性。

可见，大地构造环境和自然地理环境对工程地质条件形成起关键作用。内、外动力地质作用是工程地质条件形成的主导因素。内、外动力地质作用不断演变，工程地质条件也随之变化。

## 1.2.1　大地构造

不同的大地构造环境内动力地质作用强度不同。内动力地质作用最微弱的是固化最早的陆核或地盾刚性地块，其次是地台或地块，因为它们固化于前寒武纪，所以刚性较强，内动力地质作用也较弱。不同时期的褶皱山系形成于古生代到新生代初期，褶皱造山时代愈新，固化愈弱，其内动力地质作用愈强。内动力地质作用最强的是大陆边缘，特别是活动大陆边缘和大陆裂谷。在活动大陆边缘，由于洋壳向陆壳的俯冲，挤压褶皱、逆冲断裂、岩浆作用和地震作用都最为强烈。

内动力地质作用对外动力地质作用的性质和强度有控制作用。年轻褶皱山系的强烈隆起，必然使得在这一山系带以强烈剥蚀作用为主，隆起愈强，剥蚀愈强，如有地表水系，河流必然深切侵蚀。在裂谷或断陷盆地地带，外动力地质作用必然以堆积作用为主，下陷愈深，堆积作用愈强，所形成的堆积体愈厚。

在特定的大地构造剥蚀环境中，由于较长时期的大陆剥蚀，地台上的盖层被剥蚀净尽，古老的变质岩系出露地表；对于较老的褶皱山系，长期的剥蚀作用也可使褶皱造山同期侵入的岩浆岩系列出露地表。

在一定的大地构造沉积环境中，在漫长的地质历史时期，形成一定的沉积岩石共生组合体。如在稳定地台区内的内陆开阔盆地，可形成河湖相砂泥质沉积层。在被动大陆边缘形成滨、浅海碳酸盐岩组合。在活动大陆边缘则形成半深海、砂泥质复理石组合或岛弧海碎屑、碳酸盐岩及火山喷发岩组合等。

构造运动使大陆地壳在地表分布格局发生重要变化。如在古陆核周边形成稳定地台；各大陆地台及相邻地块产生大规模水平位移和旋转，大陆边缘经破碎移离而形成岛弧边缘海，再经俯冲、叠接又与母体大陆拼合，形成地台边缘不同时期的褶皱带和不同时期的大陆对接碰撞带，并在地球表面形成联合古陆；联合古陆中的部分超级大陆又相互离散，使大西洋、印度洋开启，出现全球性的洋盆张裂体系；古地中海则因挤压而不断缩小，最后印度和非洲地块与欧亚大陆连接碰撞，形成阿尔卑斯-喜马拉雅褶皱山系；太平洋盆周缘则发生普遍的洋壳向陆壳下的俯冲，形成环太平洋弧、盆、海沟体系。历史上不断演化的大地构造环境最终塑造了现代全球性大地构造格局，即全球性的洋底张裂体系和古地中海-环太平洋挤压造山体系。这一演化历史确定了稳定地台和各时期褶皱山系在地表的分布，也确定了现代张裂体系和挤压造山带在地表的分布。

大地构造环境对地质构造的控制作用还表现在不同大地构造环境有着不同的构造型式。褶皱山系因受强烈水平挤压而形成紧闭的线性褶皱系和推覆逆掩断裂体系；在裂谷带，由于引张的地应力而形成一系列伸展构造体系；稳定地台上的沉积盖层则往往只有十分微弱的构造变形，形成不连续的宽缓褶皱，如穹窿、短轴背向斜等。

大地构造环境决定了现代构造应力场，地处欧亚大陆东端的中国及相邻地区的现代构造应力场就是典型实例，见图1-1。

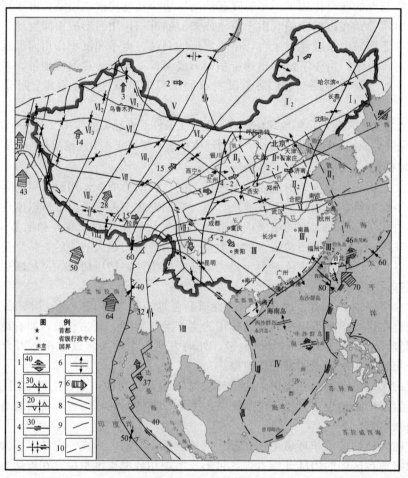

图 1-1 中国及邻区现代构造应力场

1～4—活动板块边界及其相对运动矢量及速率（mm/a）（1—分离边界；2—俯冲边界；3—碰撞边界；
4—走滑转换边界）；5—亚板块（块体）相对运动矢量；6—板内地堑、裂谷；7—板块的绝对
运动和亚板块（块体）相对欧亚（西伯利亚）板块的运动矢量及速率（mm/a）；8—亚板块（块体）边界；
9—最大主应力轴迹线；10—最小主应力轴迹线；
Ⅰ～Ⅷ—地应力场分区（带下标为亚区）

欧亚大陆东端岩石圈南部受到印度板块自南而北的碰撞推挤，大陆东部边缘的北部又受到太平洋板块由东向西的俯冲推挤，大陆边缘南部则受到菲律宾海板块由南东东向北西西的俯冲推挤，因而在这一广大地区内，总体上是最大主压应力轴近于水平，并由西部内陆中心

向沿海呈放射状分布；最小主应力也近于水平，并沿向东凸出的弧形呈环状分布，在华北一带为张应力；我国东部大陆内部的中间主应力则以近垂直为主。

大致以东经 105°附近的南北地震带为界，西部与东部的应力场又各有其特点。西部主要受印度板块的向北推挤作用，故以近南北向（北北东）的最大主压应力为特征。东部主要受太平洋板块向西和菲律宾海板块向北西西的推挤，故主压应力以近东西向为特征，且自北而南主压应力轴向由北东东转为近东西再转为北西西向。华北一带北北西向张应力则可能与琉球群岛弧后扩张有关。

现代构造应力场决定和控制了现代构造的活动性。印度板块的强烈推挤就使大陆内部块体产生向北逐渐减弱的块体运动，同时也就决定了块体边界的相对运动的形式和强度（图 1-1）。大陆西部块体边界多为近东西向，在近南北向的主压应力作用下，多产生逆冲断裂活动。而欧亚大陆东部大部分地区，中间主应力轴近于垂直，最大、最小主应力轴近于水平，故多以走滑型断裂活动为主。我国的华北地区和东南沿海便是这种断裂活动的典型代表。

### 1.2.2　自然地理

在地球表层，由于太阳辐射能而产生的大气环流、水循环和萌生的生物作用于岩石圈表层岩石而产生风化作用、剥蚀作用、搬运作用、沉积作用和固结成岩作用等一系列外动力地质作用。这些作用既形成于特定的自然地理环境之中，又不断改造它，显然，其作用特性和强度也必然受自然地理环境所制约。

自然地理环境表现出地带或区域性分异，即由于太阳能分布不均所造成的气候纬度地带性分异，由于海陆分布使湿度分布不均造成的干湿度地带分异，由于地势起伏和高原、山地、平原、盆地空间分布不均所造成的地形地貌区域分异。

在不同地理区、带内，不同特性和强度的外动力地质作用的结果，就形成了各不相同的工程地质条件因素组合。

#### 1.2.2.1　气候分带

太阳能在地球表面分布不均。赤道地区获得的太阳能最多，极地地区获得的太阳能最少，太阳能沿纬度发生变化。太阳能的分布不均造成了气温、气压、风向、湿度、降水等气候要素的地带性差异，形成了热带、亚热带、湿带到寒带的气候纬度分带。

气候纬度分带导致了各带岩石风化作用的差异。在热带特别是湿润热带，化学风化强烈；寒带则以物理风化为主，风化壳也变薄。外动力地质作用的营力随气候分带而变化，在热带以至温带，营力主要是水体，在极地则是冰雪。在寒温带冬季气温低于 0℃ 的地区，出现了季节冻结及与此相伴的冻胀、融陷；而在寒带则出现了多年冻结带及与之相伴的冰锥、冰丘、热融滑坡等地质现象。

#### 1.2.2.2　干湿度地带分异

海陆分布是由地球内能造成的自然地理环境的基本分异。在大气环流和水循环中，由陆地边缘向内陆中心，海洋提供的湿度逐步减少，降水量因而随之减少，蒸发量则逐渐增大，于是气候也就由湿润、半湿润、转变为半干旱、干旱，植被和岩石风化作用也有相应的变化，并引起外动力地质作用营力的变化。在海岸带，主要营力是波浪和潮汐；在湿润、半湿润带，主要营力是地表流水；而在半干旱、干旱带，主要营力则是风。不同的外营力形成各自不同的侵蚀地貌、堆积地貌和不同的沉积物。

由湿润到干旱带，水文地质条件如潜水的埋深、富水性、水的矿化度等都产生一系列变化，物理地质现象的突出变化是干旱区出现了特有的流动沙丘。

#### 1.2.2.3 地貌的区域性变化

由内动力地质作用造成的隆起高原、褶皱山系、下陷盆地等区域性分异，在内、外营力作用下，就产生地貌的区域性分异，形成区域性分布的高原、山地、丘陵、盆地、平原等地貌类型。地壳和地球表面地貌为地表综合体提供了基本格局，控制着水圈和大气圈对地表的作用。

气温随山体或高原的高度增加而迅速降低，由高山（或高原）底到顶出现气候分带。垂直温度梯度（约 $5\sim6℃/km$）比纬度水平方向的温度梯度可大若干倍，在高差几千米内可出现热带至极地的变化。在低纬度地区的高山，下起热带雨林带，上至永久冰雪带，气候垂直分带最为完全。

气候的垂直变化引起植被、土壤、水文的变化，而最大的变化则是外营力的变化，即由流水转变为冰雪，地貌形态、岩石风化作用、成壤作用、材料以及表层沉积物和物理地质现象也都随之发生相应的变化。

由地势高低起伏，高原、山地、丘陵、盆地、平原分布和山脉的高度和延伸方向所确定的地面状态，对大气环流必然产生显著影响，加剧地面水热分布的不均匀性，使气候类型更加多样化；与此同时，它必然也对地表水循环起着控制作用，对地表水系的形成和分布，河流水系的流向有决定性的影响。

大致平行纬度延伸的高山，构成南北冷暖气流的屏障，使山脉两侧气温有明显的差异，成为不同气候带的天然分界线。与海岸近于平行的高山，会构成沿海与内陆干、湿气流的屏障，使内陆地区降雨更加稀少，气候更加干旱，常成为干、湿不同地带的天然分界线。显然这些山系两侧风化、成壤、植被、地形地貌、表层沉积和物理地质现象也都产生相应的显著变化。

地势高低起伏，山脉走向，盆地、平原的分布，确定了地表水流的总体流向，并塑造地表水系形成和分布的总框架。河流溯源侵蚀发展的结果就可形成发源于地势最高的高山或高原流向外海的外流水系，在干旱区则形成流向内陆盆地的内流水系。地势起伏变化的特点不仅决定了这些河流水系的流向和长短，也决定了这些水系的侵蚀区、搬运区、沉积区的分布。源区及上游为强烈侵蚀区，多成高山峡谷地貌并伴有粗碎屑沉积物；中游区多为低山、丘陵宽谷地形、且多发育多级河流阶地，并发育不同厚度具有二元结构的冲积物；河流下游或出山口进入平原，往往形成河口冲积扇平原及开阔的冲积平原，形成了巨厚的细碎屑冲积层。

# 1.3 中国工程地质条件分区分带的规律性

### 1.3.1 中国大地构造环境

#### 1.3.1.1 地壳厚度

中国地处欧亚大陆东南部，大陆岩石圈有明显的分块性，各块体的地壳厚度显著不同。大体上可以分为三个地壳厚度区。

中国西部有全球地壳厚度最大的青藏高原，厚达 $60\sim70km$，仅在柴达木盆地减薄至 $50km$。它也是一个巨大的地壳厚度缓变区，等厚线均呈近东西向展布。东部沿海平原是中国大陆地壳厚度最薄的地区，厚仅 $30\sim35km$。它是另一个巨大的地壳厚度缓变区，但其等厚线却是北北东向延伸。介于最厚、最薄两大区中间的广大地区是地壳厚度中等区，厚 $40\sim50km$。这一广大地区又可分为两个地壳厚度缓变区：西北部的准噶尔、塔里木、河西走廊直至甘肃北山为甘新地壳厚度缓变区，厚 50km 左右，等厚线呈近东西向延伸；北起海拉尔盆地、内蒙古中部，向南经鄂尔多斯、山西中西部，直抵四川盆地、云贵高原为中部地壳厚度缓变区，厚 38～40km，等厚线则呈北北东向延伸。地壳厚度的最厚、中等和最薄三大区与地形的最高、中等、最低三大阶梯相对应。

青藏高原周边是规模宏大的地壳厚度陡变带，也是重力梯度异常带和深层构造带。南为喜马拉雅陡变带，北为昆仑-祁连陡变带，东为贺兰-龙门陡变带。介于地壳厚度中等、最薄两大区中间是一个规模也较大的地壳厚度陡变带和重力梯度异常带，即兴安-太行-武陵陡变带，总体呈北北东向延伸。此外，东南沿海和我国台湾东部还分别有另外两个北北东向延伸但规模小得多的地壳厚度陡变带。西北地区还有两个近东西向延伸的阿尔泰、天山地壳厚度陡变带。上述八个陡变带为大的块体的接合部，与地表的高大山系相对应。

### 1.3.1.2　稳定台块与褶皱造山带的基本轮廓

中国地壳是构造极其复杂的大陆地壳，既有多个稳定的地台和地块，地台、地块之间又有多个不同时代形成的陆间和陆缘褶皱增生带。这样一个复杂构造的地壳是在漫长的地质历史中经多次构造活动而塑造成的。

于 28 亿年前形成的古陆核固化程度最高，但在中国境内分布范围极其有限。鄂尔多斯、蓟辽、河淮、川中及塔里木南部有此类古陆核。

古陆核周围形成了范围广阔的地台。这些地台都是震旦纪以前（8 亿年前）固化的。固化及稳定程度也很高。华北、扬子、塔里木是中国境内最大的三大地台。除此以外，在喜马拉雅山以南还有印度地台的一小部分，在中国南海又有南海地台。新元古代固化的一些较小地块主要有准噶尔地块、柴达木地块和藏北的羌塘地块等。

中国境内自北而南分布有以下四大陆间增生褶皱区或陆间褶皱造山带。

① 准噶尔-兴安褶皱区是西伯利亚地台与塔里木地台、中朝地台之间的巨大蒙古褶皱带的一部分。

② 秦祁-昆仑褶皱区是介于塔里木地台、中朝地台与南部的青藏滇西褶皱区、扬子地台之间的陆间褶皱增生带。

③ 青藏-滇西褶皱区由多个中生代褶皱系、推覆构造群、蛇绿混杂岩带和构造岩带组成。

④ 喜马拉雅褶皱系是在印度地台北缘发展起来的新生代的褶皱山系。它由几个褶皱-推覆构造带所组成，是中国境内最新的褶皱山带。

中国的陆缘增生褶皱系有东北的乌苏里-锡霍特褶皱系、华南褶皱系和台湾褶皱系。台湾褶皱系为西太平洋岛弧系的组成部分，是一个新生代褶皱系和活动构造带，第四纪火山活动和地震都非常强烈。

### 1.3.1.3　新构造活动带

中国境内有两类性质不同的新构造活动带，即较近期的褶皱山区和新生代以来的裂陷盆地。

喜马拉雅山和我国台湾地区中央山系，是新生代形成的褶皱山系，分别处于板块碰撞带和俯冲带，现代构造活动十分强烈。喜马拉雅山区自上新世开始隆升以来，迄今隆升高度已超过 4000m，目前仍以每年毫米级的速率隆升，该区地震活动频繁、强烈。台湾地区中央山脉在新构造活动期快速隆起，玉山主峰已隆升至近 4000m，而台东谷地海拔低于 50m，表明现代差异运动显著。中国台湾地区东海岸位于两大板块的分界，成为世界上著名的强震区。台湾地区的西、北部第四纪火山活动也很强烈。

中国西部地区由于受印度板块自南向北的推挤，喜马拉雅山系强烈褶皱之后，于上新世末至第四纪，又产生了以喜马拉雅山及青藏高原强烈隆升为特征的新构造活动。青藏高原上的冈底斯山及念青唐古拉山等燕山期褶皱山系也与青藏高原一起迅速隆升。青藏高原以北，甘、新境内的西昆仑、祁连、天山、阿尔泰山等印支-海西以至加里东期的褶皱山系，在此期间也产生了快速隆升，而且强烈隆起的山系与大面积凹陷下沉盆地相间，隆起与下陷之间垂向差异运动幅度很大。例如，祁连山与河西走廊盆地间的差异运动幅度达 3000m，西昆仑与山前盆地之间垂直差异运动幅度甚至近 10000m。此次构造运动奠定了中国西部地貌轮廓，使这里的自然地理环境进入了一个新阶段。

位于西太平洋岛弧后的中国东部地区，新构造活动的强度比中国西部弱得多。由于处于弧后拉张的地球动力学环境，新生代构造活动以拉伸裂陷地堑系的形成为特征。晚第三纪至第四纪以来裂陷活动有所减弱，新构造活动总体表现为断块之间幅度不大的升降，华北与东北又和华南有所不同。

华北地区是东部新构造活动最强烈的地区。以太行山、伏牛山为界，以东为大面积沉降区，以西主要为隆起区。沉降区在早第三纪时曾形成多个典型裂陷地堑系，其间夹有相对隆起区。晚第三纪以来，裂陷作用减弱，转为大面积沉降，并形成了广泛的晚第三纪至第四纪的相当厚的沉积盖层。太行山、伏牛山以西的隆起区与一系列的裂陷地堑系相伴。鄂尔多斯隆起区边缘分布着新构造活动期沉降最大的裂陷盆地，如西缘的银川地堑第四系厚 1800m；南缘的渭河地堑第四系厚 1200m；东缘还有汾河地堑系；北缘有河套地堑，其中的第四系沉积厚度也很大。华北地区是中国东部板块内地震最活跃的地方，强烈地震分布在郯庐断裂带、鄂尔多斯周边裂陷地堑及华北平原内部的局部裂陷内，表明这些裂陷系仍为构造活动带。

东北地区大规模的裂陷作用的起始与结束均早于华北。新构造活动期的主要特征是平原区不大的沉降和周围剥蚀区的间歇式抬升，并有多期火山活动。该区地震活动较弱。

华南地区的断陷盆地于早第三纪停止下陷，新构造时期华南呈整体隆升的特点，断块差异活动不明显，地震活动和岩浆活动均较弱。

### 1.3.2 中国自然地理环境

#### 1.3.2.1 地貌轮廓基本特征

中国地貌的总轮廓是西高东低，形成一个以西藏高原最高、向东逐级下降的阶梯状斜面，可明显分为三级阶梯，如图 1-2 所示。

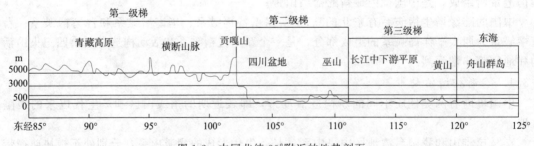

图 1-2 中国北纬 30°附近的地势剖面

最高一级阶梯为青藏高原，平均海拔 4500m，高原上横卧着一系列的巨大山脉，自北而南有阿尔金山脉、昆仑山脉、唐古拉山脉、念青唐古拉山脉和喜马拉雅山脉，东南部则是横断山脉。山岭之间镶嵌着辽阔的高原和无数的大小盆地。

青藏高原东缘至大兴安岭—太行山—巫山—雪峰山之间，为第二级阶梯，主要由高山、高原和大盆地组成。青藏高原之东有黄土高原、内蒙古高原、四川盆地和云贵高原；以北则为高大山系环抱的大型盆地，包括昆仑山与天山之间的塔里木盆地、天山与阿尔泰山之间的准噶尔盆地。这一级阶梯海拔一般为 $1000\sim2000\text{m}$，盆地部分则往往降到 $500\text{m}$ 以下，个别盆地还低于海平面。

沿着北东走向的大兴安岭—太行山—巫山—雪峰山以东至滨海之间的宽广平原和丘陵，则属第三级阶梯。在这级阶梯上，自北而南分布着东北平原、华北平原和长江中下游平原。长江以南还有一片广阔的低山丘陵，统称为东南丘陵。前者海拔均在 $200\text{m}$ 以下，后者海拔大多在 $500\text{m}$ 以下，只有少数山岭可达到或超过 $1000\text{m}$。这一级阶梯的东部是大陆向海洋延伸的大陆架，这里碧波万顷，岛屿星罗棋布，水深大都在 $200\text{m}$ 以内。

地貌的上述格局是燕山运动奠定的，而现代地势的差异主要是喜马拉雅运动的结果。地貌轮廓的三级阶梯大体与地壳厚度的三个分区相对应。

### 1.3.2.2　气候分区及其形成因素

中国气候的显著特点是类型多样。中国领土北起漠河的黑龙江江心，南到南海的曾母暗沙，纬度跨度 $49°$，按照温度的不同，从南到北分为赤道带、热带、亚热带、暖温带、温带和寒温带 6 个热量带。按水分条件，自东南向西北，又有湿润、半湿润、半干旱和干旱之别。辽阔的领土、海陆位置和复杂的地形，是造成气候多样性的原因。

中国位于欧亚大陆和太平洋之间。由于海陆的物理性质不同，导致表面热量状况不同，使冬、夏季在陆地和海洋上形成不同的温压场，进而产生明显的季风。海陆二者面积愈大，则季风也就愈明显。中国正处于世界最大的大陆和最大的大洋之间，因而季风的影响最为深刻。广大的东部和南部地区均受夏季季风的影响而具有季风气候的特征。中国降水地区分布很不均匀，年降水量自东南向西北迅速减少，年降水量最多的西南地区和东南地区达 $2000\text{mm}$ 以上，而最干燥的塔里木盆地尚不足 $50\text{mm}$。

地势的西高东低和山脉的纵横交错对气候的影响很大。冬季，高耸的青藏高原使西北内陆地区冷空气集聚更快，冷高压势更强，而且在高原的制约下，冷空气南下的途径偏东，导致东部地区冬季风更为猛烈，因而使这些地区冬季的气温比世界上同纬度的地区偏低。夏季的西南季风在高原的阻挡下，不能深入北上，只能绕过高原，在它的东南边缘进入西南、华南、华中和华东地区，加强了这些地区的降雨过程，而西北地区则发展为干旱少雨的荒漠气候。其次，东西向山脉常成为南北冷暖气候流的屏障，其中秦岭山脉的作用尤为突出，其以北为暖温带，以南则为亚热带。北东向的山岭阻碍着东南季风的深入，使西北内陆地区更为干旱，东南低山丘陵地区降水过程延长，降水量增加。各种地貌类型对局部地区的气候产生影响，如高山使气候产生垂直分异，从山脚到山顶重现着前述的纬度分带和经度分带的特征，而且往往在向风侧成为降雨中心，背风侧的盆地成为高温中心，这种垂直分带现象在西部地区尤为明显。

### 1.3.2.3　地壳表层沉积物

与上述地貌和气候环境分区相对应，地壳表层第四纪沉积也有如下自北向南的规律变化：由沙漠、黄土、膨胀土、红土到东南沿海的淤泥质软土。

中国的沙漠呈一条南北宽 $600\text{km}$、东西长 $4000\text{km}$ 的弧形带分布于西北、华北和东北的部分土地上，面积约 71 万平方公里，其中以新疆的塔克拉玛干沙漠面积最大，若连同戈壁，总面积达 128 万平方公里，占全国总面积的 $13\%$。这一弧形沙漠带横跨多个自然地理带。贺兰山以西属于温带干旱荒漠地带，贺兰山与温都尔庙—鄂托克—定边一线之间属于温带半干旱荒漠地带，该线以东属于温带半干旱草原地带，科尔沁沙地东部和松嫩等地的沙地属于温带半湿润草原地带。沙漠是在干燥气候条件下，在风的作用所形成的丰富的沙漠物质来源等自然条件下演变形成的。内陆盆地接受了由高山雨水、冰雪融水所带来的大量沙质物质堆积，厚度一般可达200～400m，最厚竟达1800m（乌兰布和沙漠），这些沙质沉积物经风力吹移、翻动，再堆积，成为现代风沙的主要沙源。

中国的黄土分布在沙漠的外缘，西起昆仑山，东南到淮阳、秦岭山地，总体呈带状展布。大致可分为三段：青海湖和乌鞘岭以西为西段；大兴安岭和太行山以东为东段；两者之间的黄河中游地区为中段，此地区黄土分布最为集中，其覆盖面积约30万平方公里，平均海拔1000m或更高，覆盖厚度约100～200m（如洛川塬为180m，董志塬达200m，最厚的兰州附近厚达400m）。如此广泛而厚的黄土堆积，构成了独特的黄土地貌，是世界最大的黄土高原。黄土是在比较干旱的气候条件下产生的。黄土垢颗粒成分以粉粒为主，其次是细砂和黏粒，其矿物成分高度均一，以原生的石英长石和云母占绝对优势（达90%）。阿拉善以西的广大沙漠、戈壁地区是黄土的重要补给区，强大的风力则是把细粒的黄土物质带到它的堆积地带的动力。另外，西北山岳冰川地区可能也是黄土物质的来源之一。

膨胀土是胀缩性较大的一种黏性土，所含黏土矿物主要来源于基性火成岩、中酸性火山岩、泥岩、黏土岩及页岩的风化产物，多为残积、坡积成因。所以此类土多形成于湿润的暖温带及亚热带。我国膨胀土主要分布于中南各省，如湖北、四川、云贵、广西、陕西、安徽等处。

红土主要分布在南方各省区，其中以云南、贵州、四川东部、湖南、湖北、广西北部、广东北部等地区最为发育。它们通常产出在山间盆地、洼地、低山丘陵地带的顶部、缓坡及坡脚地段。红土是在气候湿热、雨量充沛的条件下，碳酸盐岩、玄武岩、页岩等岩石经强风化作用，由残积、坡积而成的土层。其厚度受下伏基岩起伏的影响，变化较大，一般在10m左右，个别地带可达20～30m。

中国东部、东南沿海、河流的河口三角洲及新淤准地广泛分布着淤泥质软土。这种土是在静水或水流滞缓、富有机质、缺氧的环境中沉积并经生物化学作用而形成的。其孔隙比大于1，天然含水量大于液限，一般呈软塑状态，是一种抗剪强度很低、压缩性很强的软弱土。这种土厚度一般较大，接近地表处有时有一"硬壳层"。在各大湖周边、东北三江平原、川西若尔盖草原、青藏高原等多年冻结区，也零星分布有厚度不大的湖泊沼泽相的淤泥质软土。

#### 1.3.2.4 区域水文地质特征

与大地构造、地形地貌、气候特征及地表表层沉积特征相适应，中国水文地质条件具有明显的区域性特征。首先是孔隙、裂隙、岩溶等不同的含水介质的空间分布具有区域规律性，于是就有主要分布于中国东部冲积及沉降平原的孔隙含水层，主要分布于西部山区的裂隙含水层和广泛分布于中国西南滇、黔、桂三省的裸露于地表的岩溶含水层。其次是降水由东南沿海到西北内陆由大于2000mm降至不足50mm，从而产生了干旱、半干旱地区与东部湿润区水文地质条件的显著差异。再由于东北大兴安岭北部的高纬度地带和青藏高原的高寒地区年平均气温低于-2℃而形成了多年冻结层，同时形成了多年冻结区地下水特有的水文地质条件。

#### 1.3.2.5 物理地质现象的区域性分布规律

与大地构造、地形地貌、气候特征、表层沉积、水文地质条件相适应，中国物理地质现象也有明显的区域性分布规律。表现在不同区域内有不同性质的物理地质现象，同一性质的物理地质现象在不同地区有不同的特点。

我国从东南沿海到内陆腹地，湿度分配显著变化，从而引起外动力地质作用营力发生变化，由波浪、潮汐、地表水流和风等产生的物理地质现象也随作用营力的变化而产生明显的变化。

我国西北新疆、甘肃、青海、宁夏等省份干旱区内广泛分布着沙漠，主导外动力地质作用是风的吹蚀和沉积，而特有的物理地质现象则为流动沙丘，随风移动。

沙漠南缘为半干旱黄土高原，此区内的主导外动力地质作用为水土流失。广泛覆于地表的黄土一般厚达百余米至两百米，植被稀少，降雨比较集中且多暴雨，坡蚀、沟蚀相当强烈，水土流失极为严重，侵蚀模数高达 $10^3$ 吨/(平方公里·年)。沟谷溯源侵蚀形成无数的冲沟，密度高达 $5km/km^2$，成为黄土高原区独具特色的物理地质现象。冲沟下切深度达数十米至百余米，两侧谷坡陡峭，且均由垂直节理发育的黄土组成，故沿坡多发育崩塌及滑坡。滑坡多为大型，往往有多期活动。崩塌规模一般为小型，但往往造成重大灾害。由于黄土粒间有可溶性胶结物，在下渗水流的溶蚀、侵蚀联合作用下，就形成漏斗、竖井、陷穴等假岩溶现象。这种物理地质现象是黄土高原区所特有的。

中西部山区因为近期新构造运动上升强烈，河流急剧下切，形成高山峡谷地貌，河谷两侧多高达数百米甚至近千米的基岩高陡谷坡，最为常见的物理地质现象为大型至巨型基岩崩塌及滑坡，在大型活动断裂带两侧尤为密集。常见崩塌、滑坡形成的天然堆石坝及堵江造成的堰塞湖。泥石流也是这一地区常见的物理地质现象。

西南部石灰岩广泛裸露于地表的地区典型物理地质现象为岩溶。

东北高纬地带及青藏高原等多年冻结（土）区常见的物理地质现象有：与厚层地下冰有关的物理地质现象，如热融滑塌、热融沉陷、热融湖；与地下水有关的冰锥和冰丘以及与地表水有关的沼泽化湿地等。

多种物理地质现象在不同的气候带，其特点有所不同，冻结现象和岩溶现象随地带特点变化最为明显。

冻结现象具有明显的纬度分带和垂直分布性。从北往南，随纬度的降低，多年冻结层厚度逐渐变薄以至消失而转化为季节冻结，到低纬亚热带季节冻结层消失。在多年冻结区内部，随纬度的降低，由连续多年冻结转化为有岛状融区的多年冻结，再转化为岛状多年冻结。在青藏高原，随海拔高度的降低，冻结现象的特点也有上述类似的变化。

由于秦岭以南的南方和以北的北方地质条件和气候条件差异很大，所以岩溶现象在北方和南方各有不同的特点。北方型地表岩溶不发育，多为干谷；地下岩溶以网状溶蚀裂隙体系为主，地下通道扩展分异不显著；岩溶水分布较均匀，动态较稳定。南方型地表岩溶极其发育，并有特有的溶蚀洼地、峰丛、峰林等形态；地下有发育的管道，溶蚀通道的扩展出现显著的分异现象，形成管道-溶蚀裂隙网络体系，其中的水流则为管道流与渗流并存，而以管道流的普遍存在为特征；水流分配极其不均，动态变化很大。

## 1.4　中国工程地质条件的组合类型及其独特性

特定的大地构造环境和自然地理环境决定特有的工程地质条件诸因素的组合。这些特有的组合可称为组合类型。

中国自西而东可以划分出多个组合类型。

最西部的青藏高原为新生代大陆碰撞带，是一个地壳厚度大于 60km 的巨大块体，新生代特别是第四纪以来强烈隆升，形成平均海拔高于 4500m 的高原。现代构造活动强烈，周边多活动速率高的活动断裂，内部也有多条活动断裂，这些断裂发震频繁，震级高。地表百余米内为多年冻结层。这种工程地质条件的特定组合类型可以概括为高原冻土型。

青藏高原周边是一圈规模宏大的地壳厚度陡变带，地表形貌为高山带，由于青藏高原近期隆升，源于其周边的河流急剧下切，使山区内形成很多的深切峡谷。谷坡陡峻，且坡高达数百米至千余米，坡上岩体表生时效变形显著，大型山崩、滑坡相当发育，崩滑体堵江事件时有发生，这种特定的工程地质条件的组合类型可概括为高山峡谷型。

上述地壳厚度陡变带以北和以东是一个广阔的地壳厚度中等的厚度缓变带，由多个地壳厚度大于40km的地台组成，地表形貌为第二阶梯带，又可分为多个大型盆地和高原。由于自北而南、自西而东气候带由冷而暖、由干而湿的变化，外动力地质作用的营力、地表覆盖层、水文地质条件和物理地质现象都随之而变化，所以这一广阔地带又可以分为多个不同的组合类型。最北、最西为干旱内陆盆地型，依次向南相继为黄土高原型、红色盆地型和岩溶高原型。

中国东部的第三阶梯带的地表形貌在东北、华北和华中主要为海拔不大于200m的平原，在华南则为海拔不大于500m的丘陵。前者由多个古老陆核和地台构成，后者则主要为加里东期褶皱造山带构成。这一带是一个地壳厚度薄，且变化缓慢的地带，地壳厚度仅为32～34km。平原区自西而东由大陆向沿海地表覆盖层厚度增大，水文地质条件和地表土层性质也都有所变化，因而可以划分出冲积平原、滨海平原、河口三角洲等几个不同的组合类型。华南丘陵区则为一个独立的组合类型，即丘陵与山间盆地型。

中国大陆的漫长演化历史与复杂动力学过程造就了地质构造的复杂性和地貌类型的多元性，由此带来的工程地质环境的多样性与全球代表性，为中国工程地质学的创新发展，提供了许多其它国家所没有的发展空间。中国工程地质条件的独特性主要体现如下。

（1）全球独一无二的青藏高原

青藏高原是世界上最年轻的高原，位于亚欧板块和印度洋板块的交界处，是全球大陆上研究板块构造最重要的地区之一。随着印度板块不断向北推进，并不断向亚洲板块下插入，形成宏大的喜马拉雅山系。距今1万年前，高原抬升速度更快，曾达到每年7cm，使之成为当今地球上的"第三极"。川藏铁路穿越横断山区和喜马拉雅东构造结，在构造活动、地貌隆升、气候变化和工程扰动耦合作用下，形成铁路廊道沿线地壳浅表部的构造变形圈、岩体松动圈、地表冻融圈和工程扰动圈，四圈互馈耦合作用深刻影响着廊道区域地质体、工程地质体、工程岩土体和工程结构体的稳定性，孕育和控制着重大地质灾害的发生和链生演化，以及路基变形、边坡失稳、硐室破坏、桥基滑移等工程灾变的发生。工程地质问题和地表特大灾害及其巨型灾害链成为川藏铁路工程安全的重大威胁。

（2）种类万千的岩土介质

我国各个地质时代不同类型地层俱全，其与广泛分布的各样火成岩构成了种类万千的岩土介质。独特的地质地理和气候条件，造就了我国独特的区域工程地质环境，辽阔的疆土加之独特的工程地质环境，使我国成为世界上特殊岩土体种类最齐全、分布最广泛的少数几个国家之一，并显示了极强的分布规律性。包括性质软弱的软岩；沿海一带以及河湖静水沉积的软土；华中、华南等地区含亲水性矿物较多的膨胀土和膨胀岩；风化条件下形成的风化岩和残积土；华南、华东湿热气候条件下形成的红土；西北干旱气候条件下形成的黄土类土；西部内陆盆地与滨海地区的盐渍土；东北和西北高原寒冷地区的冻土以及在构造作用下形成的断层岩等岩土体。大规模的基础设施建设将遇到特殊岩土体的工程地质问题，为确保在岩土体地区上的各类工程的安全、经济、合理，在特殊岩土体工程地质研究和评价方面应充分重视。

（3）全球最大面积的黄土高原

黄土高原不仅是中华民族的发源地，也是世界上唯一的最年轻、且正在堆积的高原，它记录着万年以来全球自然环境和气候变化以及地表灾害演化的丰富信息。黄土是第四纪以来形成的多孔隙弱胶结的特殊沉积物，我国黄土分布之广，厚度之大，沉积之典型，地层之完整，均属世界罕见。作为一个特殊地质体，黄土是记录新近纪晚期以来全球自然环境和气候变化以及地表灾害演化的最好载体。但黄土地区地质环境极为脆弱，黄土厚度大、土结构疏松、沟壑纵横、地形破碎、气候干燥且降雨集中、水土流失严重，因此成为我国地质灾害最发育的地区之一。近年来黄土高原正经受着前所未有的剧烈的人类工程活动，工程地质问题将成为黄土地区人居与城镇建设安全的重大隐患。

（4）占国土面积三分之一的可溶岩地区

可溶岩是指可以被水溶解的岩石，包括碳酸盐类岩石、硫酸盐类岩石、卤盐类岩石。我国可溶岩分布面积达 365 万平方公里，占国土面积的 1/3 以上，是世界上岩溶最发育的国家之一。岩溶地区由于特殊的环境背景，在自然状态或人类活动影响下常遇到（或产生）各种各样的地质环境和水文生态问题。我国岩溶地区面积广、类型多，近年来，随着岩溶区国民经济的飞速发展，岩溶区土地资源、水资源和矿产资源开发的不断增强，由此而引发的岩溶塌陷问题日益突出，已成为岩溶区主要地质灾害问题，严重妨碍城市经济建设与发展。

（5）频繁强烈的地震活动

地震是地球释放其内能的动力地质作用之一，它不仅直接造成人民生命财产的巨大损失，而且常伴随或诱发许多地质灾害，如山崩、滑坡、泥石流、地裂缝、地陷及海啸等，因此，地震常被称为自然灾害之首。特殊的大陆动力学环境使中国成为世界上大陆地震活动最为频繁、强烈的国家之一。中国大陆面积约占全球陆地面积的 1/15，但 20 世纪有 1/3 陆上破坏性地震发生在中国。中国大陆平均每年发生 5 级以上地震 20.8 次，6 级以上地震 4.5次，7 级以上地震 0.7 次。20 世纪全球大陆 7 级以上强震中国占 35%，全球 3 次 8.5 级以上强震有两次发生在中国。1976 年的河北唐山大地震、1999 年台湾集集大地震以及 2008 年的四川汶川大地震均造成大量人员伤亡和财产的巨大损失。地震的复杂性和人类认识能力有限性的矛盾是地震及相关学科的基本命题，地震预报被公认为全球性的科学难题，工程地质学在减轻地震灾害方面任重道远。

（6）巨型规模的成矿带

资源开发是人类赖以生存和发展的基础。我国是资源大国，同时也是资源需求大国。部分位于我国境内的东部滨太平洋成矿带和中亚成矿带发育有众多种类的矿产，具有巨大的矿产资源潜力，是我国重要的矿产资源来源。中国复杂的构造背景造就了其复杂的工程地质条件，赋予矿产资源、化石能源开发以高难度。我国矿山工程地质工作者经过半个多世纪的不懈努力，在矿山勘测技术、露天矿边坡稳定性评价、井巷与采场围岩变形控制、地表与山体移动与控制、矿山地质灾害评价与防治等方面做出了巨大成就，保证了我国作为世界采矿大国的高效、安全建设和生产。如何顺应国家"绿色矿山"建设要求、不断探索高效生产与自然环境的有机结合是摆在工程地质工作者面前的迫切任务。

（7）多样的海洋工程地质问题

我国海域辽阔，渤海、黄海、东海、南海的自然海域总面积 470 余万平方公里，属我国管辖海域约 300 万平方公里，大陆岸线长 1.8 万公里，岛屿岸线长 1.4 万公里，海岸类型多样，岛屿 6500 多个，滨海砂矿丰富，天然良港众多，海岸带经济发达。在南海发育着大量的珊瑚岛礁，有着独特的工程地质特性和动力环境。我国以及世界海洋工程地质发展迅速，但仍处于初期阶段。近年来，海洋工程地质工作者在海洋沉积物工程特性、海洋地质灾害、海岸带工程地质、海洋工程地质勘察技术和数据分析、原位测试与长期观测、海洋沉积物-工程结构相互作用、海洋新能源开发过程中的工程地质问题等方面的工作均取得了一定进展。中国海洋工程地质亟须开展全面而系统的工作。

# 1.5 工程地质条件成因演化论

成因演化论是地质学基础理论。工程地质条件成因演化论可概括为：工程地质条件在长期自然地质历史发展演化过程中形成，自然地质历史发展演化的区域性规律和自然地理环境的分带性规律控制着工程地质条件及其空间分布与组合规律性，促使工程地质条件形成、发展演化的是内、外动力地质作用，它们相互依存而又相互制约，控制工程地质条件的形成和演化。

工程地质条件的形成是内、外动力地质作用综合作用的结果，并随着内、外动力地质作用的演化而演化。

大地构造环境控制着内动力地质作用的性质和强度、岩性与结构。掌握中国地壳构造发展阶段及其主要地质事件，就能从宏观上把握一个地区的地质特性。现代大地构造环境控制着现代构造应力场及构造活动性。

作用于岩石圈表层的风化作用、剥蚀作用、搬运作用、沉积作用和固结成岩作用等外动力地质条件受自然地理环境的制约。外动力地质作用造成了地形地貌分异、表层沉积与水文地质条件的差异以及物理地质现象和地质条件因素的组合。由此可见，外动力地质作用在工程地质中有着举足轻重的意义和作用。

综上可见，内、外动力地质作用控制了工程地质条件及关键工程地质问题。

## 思考题

1. 如何理解工程地质演化？
2. 工程地质条件是如何形成的？有哪些主要控制因素？
3. 中国工程地质条件分区分带有什么规律？
4. 中国工程地质条件有哪些组合类型？
5. 中国工程地质条件的独特性主要体现在哪些方面？
6. 工程地质条件成因演化论主要包括哪些内容？

## 参考文献

[1] 王思敬，黄鼎成. 中国工程地质世纪成就 [M]. 北京：地质出版社，2004.
[2] 张咸恭，王思敬，张倬元，等. 中国工程地质学 [M]. 北京：科学出版社，2000.
[3] 张倬元，等. 工程地质分析原理 [M]. 北京：地质出版社，1994.
[4] 刘国昌，等. 区域稳定工程地质 [M]. 长春：吉林大学出版社，1993.
[5] 中国水文地质工程地质勘察院. 环境地质研究 [M]. 北京：地震出版社，1991.
[6] 刘东生. 中国第四纪沉积物区域分布特征的探讨：第四纪地质问题 [M]. 北京：科学出版社，1964.
[7] 沈照理，等. 水文地质学 [M]. 北京：科学出版社，1985.
[8] 中国科学院地质研究所岩溶组. 中国岩溶研究 [M]. 北京：科学出版社，1979.
[9] 中国地质科学院水文地质工程地质研究所. 中国工程地质图 [M]. 北京：中国地图出版社，1990.
[10] 唐辉明，李德威，胡新丽. 龙门山断裂带活动特征与工程区域稳定性评价理论 [J]. 工程地质学报，2009，17 (2)：145-152.

# 第 2 章　区域稳定性理论

## 2.1　概　述

早在 20 世纪 50 年代初期，苏联工程地质学家波波夫提出了"区域稳定性"一词；50 年代，我国学者刘国昌、谷德振、李四光等结合国家大型工程建设规划论证，在考虑中国区域地质条件多样性和复杂性的基础上，指出区域稳定性在我国工程地质研究中的重要意义，由此开始了区域稳定性研究。他们提出，区域稳定性研究的基本任务是：①研究区域工程地质特征；②评价区域稳定性；③研究区域工程地质改造，并强调对任何重大工程项目都应该研究区域稳定性问题。

刘国昌教授给出定义："区域稳定性，主要是指由于现代地壳运动形成的地表水平位移、升降错动、褶曲以及地震等造成不同区域的安全程度；其次，是在特定的地质条件下形成的不良物理地质作用，如滑坡、震动液化、黏土塑流、岩溶塌陷、黄土湿陷等导致不同区域的安全程度"。胡海涛教授在第二届全国工程地质学术大会（1984 年）上定义："区域稳定性是指工程建设地区在内、外动力（以内动力为主）的作用下，现今地壳及其表层的稳定程度以及这种稳定程度与工程建设之间的相互作用和影响"。

区域稳定性（regional stability）是指在内、外动力作用下，现今一定区域地壳表层的相对稳定程度及其对工程建筑安全的影响程度。因此，区域稳定性与区域地壳稳定性或区域构造稳定性还不是同一概念。区域稳定性包含后者，后者通常不包括区域性外动力地质作用的研究，而只是现代地壳活动性及其对工程建设影响的研究与评价。

区域稳定性研究是随着我国大规模工程建设和经济规划活动而开展的，如广东核电站工程、深圳市城市规划建设、二滩水电站、长江三峡工程、青藏铁路建设、锦屏梯级水电站、南水北调西线规划设计等。经过半个多世纪的发展，区域稳定性理论体系日趋完善，技术方法快速发展，取得了大量的研究成果，其中代表性的专著如：李兴唐、许兵、黄鼎成等著《区域地壳稳定性研究理论与方法》，胡海涛、易明初、向祖廷等著《广东核电站规划选址区域稳定性分析与评价》，刘国昌著《区域稳定工程地质》，孙叶等的《区域地壳稳定性定量化评价》，彭建兵、毛彦龙、范文等著《区域稳定动力学研究》，这些论著从不同方面论述了区域稳定性研究的基本理论。

区域稳定性评价已成为国家重大工程规划选址和建设前期论证的重要决策依据之一。随着我国在区域稳定工程地质方面的实践积累和知识总结，必将推动区域稳定性理论发展，满足工程建设需求。

## 2.2　区域稳定性基本理论

区域稳定性属于区域工程地质学的范畴，主要包括区域地壳稳定性分析和区域稳定性分级分区等理论与方法。

### 2.2.1 区域地壳稳定性分析原理

区域地壳稳定性分析是地壳稳定性评价的基础，主要涉及稳定性条件和因素的识别，重点是分析影响地壳稳定性的各种因素与标志，包括区域地球结构、区域地质环境、构造格架、新构造活动、地震活动及地应力场等，迄今已形成三个有代表性的理论，即"安全岛"理论、构造控制理论和区域稳定工程地质理论。

#### 2.2.1.1 "安全岛"理论

以李四光倡导的活动构造体系与"安全岛"理论为主体，进行区域地壳稳定性分析评价。其核心思想是在现今构造活动性强烈地区，寻找活动相对微弱的"安全岛"；而在现今构造活动性微弱地区，圈出活动性相对较强的活动带。后经胡海涛等人在实践中的发展，提出利用地质力学理论和方法进行地壳稳定性评价的基本思路与原则，使"安全岛"理论逐渐成为区域地壳稳定性评价的主导理论之一。

#### 2.2.1.2 构造控制理论

以构造稳定性分析评价作为区域地壳稳定性评价的核心内容，强调内动力产生的构造活动性和构造块体稳定状态是区域地壳稳定性研究的主体。构造控制理论可分为两种研究思路。

一类是强调构造活动和岩体结构是控制区域地壳稳定性的主导因素，以断裂活动性、地震活动性和断块稳定状态分析评价为主的思路，主要观点是内动力作用所产生的地震活动、断裂活动、火山活动、新构造和现今构造变形及其应力场是决定区域地壳表层稳定程度差异的关键因素，而岩体结构层次是控制场地稳定和地面稳定性的主导因素。其核心是研究地壳现今活动性及其对工程安全的影响，其研究主线是现今地壳活动的断裂活动性与地震、火山活动性，分析地壳稳定性条件及其影响因素，探讨地震过程与地壳稳定性的关系，评价构造断块稳定性。这方面与国外的地震稳定性和断裂活动性评价相类似。国内以谷德振和李兴唐为代表。

另一类是以构造应力场研究为主线，进行区域地壳稳定性评价。强调现今构造应力场是决定区域构造现今活动、断裂活动、地震活动和构造稳定状态的根本因素；其核心是以现今构造应力场、形变场、地热场研究为基础，揭示现今地壳稳定状态的根本原因和规律，进而评价区域地壳稳定性。在理论上，以物理的"场论"为核心，用各种场（应力场、变形场、能量场、地热场等）反映内动力作用所导致的地壳表层变形的时空分布趋势和规律，揭示构造稳定性的机制和相互影响；在工程中以仪器现场测量、地震机制解译与数学、物理模拟实验相结合，研究现今构造应力场，评价区域地壳稳定性。国内以陈庆宣、王士天、孙叶为代表。

#### 2.2.1.3 区域稳定工程地质理论

以区域稳定性工程地质评价为核心，将区域地壳稳定性评价分为构造稳定性评价、地面稳定性评价和场地稳定性评价三个层次，在强调地球内动力作用是影响区域地壳稳定性主导因素的同时，考虑外动力和特殊物理地质现象对地面和场地稳定性的影响。其核心是围绕地球内、外动力综合作用的灾变过程及其对区域地壳稳定性影响的研究，以新构造、活动断裂、地震活动性等几方面为主研究构造稳定性，以地壳表层地质灾害和工程岩土性质为主研究地面和场地稳定性，再从以上三个层次综合评价区域地壳稳定性。

### 2.2.2 区域稳定性分级与分区理论

区域稳定性评价是指在全面研究分析一定地区地壳结构和地质灾害分布规律的基础上，结合内、外动力地质作用，岩土体介质条件及人类工程活动诱发或叠加的地质灾害对工程建筑物的相互作用和影响分析，评估不同地方现今地壳及其表层的稳定程度差异与潜在危险性。所以，不同城市，不同厂矿、交通和重点工程都有它们各自的区域地质背景特征和主要地质灾害问题。如深圳市的断裂活动是否导致高层建筑失稳；西安城市地裂缝灾害严重，如何进行城市合理规划和安全建设；长江三峡工程则是讨论未来地震灾害的影响和危害的可能程度等。

区域稳定性评价是综合性工作，它以构造稳定性评价研究为重点，以地面稳定性、岩土介质稳定性研究为辅，其直观结果就是稳定性分级与分区。其主要内容包括区域稳定性评价指标的确定、稳定性分区与分级的原则、稳定性定量化模型的建立等。

区域稳定性评价指标的确定应遵循以构造稳定性指标为主、以地面稳定性和岩土介质稳定性指标为辅的原则，这是由于构造应力场的变化可引起地质、地球物理因素的变化，或者地质、地球物理条件的改变可以引起构造应力场的特征变化。因此，构造应力场尤其是现今构造应力场是区域稳定性评价的基本内容。稳定性分区与分级目前按四级划分原则进行，即稳定区、基本稳定区、次不稳定区和不稳定区；对于具体工程场区稳定性评价，一级分区还不能满足精度要求，需要二级或三级分区，其中二级或三级分区可根据构造稳定性与地面稳定性的差异性与不协调性加以确定。稳定性定量化模型可采用模糊数学评判、专家系统、信息模型、灰色模型和人工智能模型等多种理论模型互相验证。

# 2.3　区域稳定性研究基本内容

区域稳定性研究内容涉及面广，包括了地壳及其表层的结构和组成、动力条件和动力作用的各个方面与各种表现形式。

## 2.3.1　区域地壳结构与组成研究

区域地壳结构与组成研究是区域稳定性研究的地质基础，它主要包括岩石圈结构演化，层圈对流和深断裂的分布及其对表层构造格架的影响研究，地壳厚度变化、重力梯度带、布格异常变化带的研究，构造动力来源研究，表层构造格架研究等。

## 2.3.2　区域新构造运动与应力场研究

区域新构造运动与应力场是区域稳定性研究的主要内容之一。它主要包括区域新构造运动形式、特点、强度及其变化趋势，区域地壳形变特征，新构造应力场特征，最大主应力与最小主应力及剪应力的分布状态，现今地应力测量，区域现今应力场反演、模拟计算，应力场演化趋势及其与活动断裂和地震活动关系的模拟计算分析等。

## 2.3.3　区域断裂现今活动性研究

区域断裂现今活动性是区域稳定性研究的另一主要内容之一。它主要包括区域活动断裂分布、产状、规模和类型，断裂分段性活动特征，断裂活动年代、活动强度与活动速率测试估算，活动周期，微震台网监测研究其活动性，主要活动断裂演化趋势及其对工程建设可能的危险性分析等。

## 2.3.4　区域地震活动与火山活动研究

区域地震活动与火山活动研究是区域稳定性研究的中心内容，特别是地震强烈活动地区，对区域稳定性具有决定性作用。它主要包括区域地震活动和火山活动基本特征、空间分布，历史地震活动分析，发震断裂构造或潜在震源区确定，地震强度、最大震级和活动周期，地震带的潜在演化趋势，潜在震源区划分及其对工程建设地区的危险性评价等。

## 2.3.5　区域重大地质灾害研究

区域重大地质灾害研究主要包括区域地质灾害分布，主要地质灾害类型和危害性分析，重点是崩塌、滑坡、泥石流、地裂缝、地面塌陷和地面沉降等灾害的现状及其发展趋势；地质灾害预测、危险性评估和工程危害程度分析等。

### 2.3.6 区域稳定性评价理论与技术方法研究

区域稳定性评价理论与技术方法是工程地质学科长期研究的内容。目前，区域稳定性研究的基本理论主要来源于相关学科，如地质力学、地震地质学、构造地质学、第四纪地质学、岩体力学、水文地质学等，其技术方法主要是利用相关学科已经证明为行之有效的技术。如构造稳定性评价研究手段的选择是从构造活动性着手，重点放在现今活动性方面，以构造应力场研究为主导思想，深化构造活动性发展趋势的研究。地面稳定性评价研究注重动态监测，岩土介质稳定性评价研究则加强了现场原位测试等，这些均便于区域稳定性的量化研究。

区域稳定性评价无论是构造活动特征，还是地质灾害发育规律研究，均应该按级别分层次进行。其主要内容包括区域稳定性评价指标与标准、分级与分区的原则、区划结果的编制等。因此，依据区域稳定性研究发展的要求，不断更新学科的基本理论和技术方法，特别是逐渐完善区域稳定性研究的理论体系和稳定性分级评价的技术方法尤为重要。

# 2.4 中国区域构造挽近期活动性

中国地处环太平洋构造带与地中海构造带交接部位，地质构造复杂，活动性较为强烈，各种内动力地质灾害发育比较严重，总体来说，区域地壳稳定性相对较差。为了对我国区域地壳稳定性进行分区，首先必须对构造稳定性进行分区。

中国区域地质构造从挽近期开始进入了一个全新的阶段。该时期最突出的特点是西部强烈隆升，东部相对下降和凹陷。这一特点奠定了中国近代构造与地貌轮廓。这种地势格局影响和决定着我国大陆的气候、植被、人类、文化以及现代经济的发展。其次是随着挽近期地块强烈升降以及一系列断裂活动和各类岩浆的侵入与喷出，伴随和诱发了众多的地质灾害。上述构造活动还控制和影响我国地热资源的分布以及气态、液态矿产及部分地表次生矿产的分布。

### 2.4.1 中国构造地貌基本特征

我国地势的西高东低，可概略地分为三大阶梯（参见图1-2），它们的升降幅度相差极大。中新世以来，青藏高原整体抬升，西部札达上升达4000m以上，藏北地区上升3000～4000m，新疆地区上升2200～3000m。但其中塔里木盆地等相对沉降，塔里木盆地西、北边缘相对沉降5000～10000m，柴达木盆地相对沉降2500m，升降幅差达7200～13000m。我国东部整体在相对下降，如松辽平原、华北平原为相对沉降区。华北平原区较为典型，第四纪下降幅度一般为300～500m，武清凹陷最深达3500m。平原区两侧则相对上升，五台山隆起最高达2000m，其升降幅差最大达5500m，较西部相差一个数量级。

### 2.4.2 中国挽近期主要活动断裂带

中国挽近期主要活动断裂分布见图2-1。以东经105°为界，分为东、西两部分。西部地区挽近期活动性断裂多、规模大。其走向多为NW向和EW向断裂，以压性或压扭性为主，弧形断裂的扭性显著。东部地区活动性断裂数量相对较少，一般规模也较小（我国台湾地区例外）。其走向多为NE～NNE方向，以张扭性为主。其中华北地区的活动程度相对较强，东北、华南较弱。我国断裂现今活动的水平扭动量多大于垂直错动量，比值达2∶1以上；西部以水平扭动为主，东部主要为垂直错落，与挽近早中期错动成镜像。每年扭错在10mm以上的活动性断裂，大都集中在西部，如二台断裂、阿克陶断裂、阿尔金断裂、鲜水河断裂

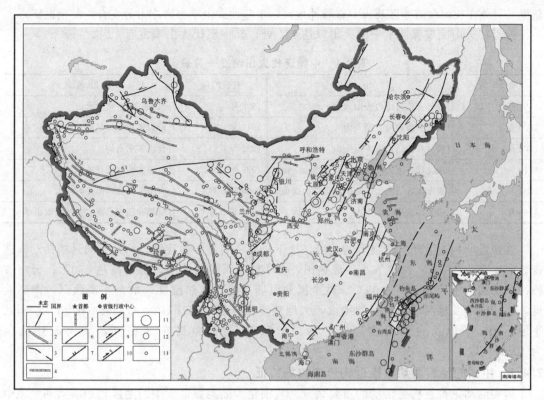

图 2-1　中国挽近地质时期主要构造体系的活动断裂带与强震震中分布略

1—新华夏系；2—青藏反"S"形构造体系；3—祁吕贺兰"山"字形构造体系；4—纬向构造带；5—经向构造带；
6—其它构造带；7—压性断裂；8—张性断裂；9—扭性断裂；10—活动断裂带编号及水平位移的年速率（mm/a）；
11—$M \geqslant 8.0$；12—$M = 7.0 \sim 7.9$；13—$M = 6.0 \sim 6.9$

等，最大扭错量每年可达 $20 \sim 30$mm。华北地区一般断裂水平扭错量每年多在 1mm 以下，个别断裂每年最大错落可达 9.6mm。

### 2.4.3　中国挽近期气候、环境的变迁

中国在挽近期构造运动之前（即中新世之前），东临太平洋，西南临古特提斯海（又称古地中海），整个大陆气候湿润，植物繁茂，生物呈明显的南北分区。挽近构造运动发生之后，西南部古特提斯海消失，青藏高原迅速隆起，南方印度洋的暖湿气流被阻，我国西部自然环境由温湿的海洋性气候转变为干旱寒冷的大陆性气候，其沉积物较少，仅在西昆仑山北坡形成有陆相的碎屑堆积，局部厚达 2700m。我国东部仍保持温暖潮湿的海洋性气候，同时还发生三次大规模的海侵：①上新世海侵，华北至海南岛均有发生；②早更新世渤海海侵，华北分布最广；③晚更新世白洋淀海侵，海水最远可达桑干河谷一带，形成一套厚度达 $400 \sim 600$m 的海相沉积物。由于东、西部气候和沉积物的明显差异，动、植物群体也一改原来的南北分区为东西分区。

### 2.4.4　中国挽近期以来岩浆活动和地热活动

中国挽近期的岩浆活动具有特色。我国西部的青藏地区，形成一系列侵入与喷出的岩浆岩带，由南而北有喜马拉雅花岗岩带、冈底斯中酸性岩带和波密-察隅中酸性岩带。侵入体均以中小型为主。侵入时期从古新世至中新世均有，一般是南侧稍老、北侧稍新。藏北在新第三纪与第四纪时，主要为中基性至碱性喷出岩，最新的喷出岩在西昆仑地区。我国东部多为中基性火山岩类，以喷出相为主。华北、东北、内蒙古均有大片喷出岩，时代为上新世至更

新世。另外在我国台湾地区及云南省腾冲地区，中基性火山喷出岩亦十分发育，时代也新。

挽近期火山喷发保留下来的火山口达 181 处，其中现代火山喷发有 12 次（表 2-1）。

**表 2-1 中国现代火山喷发一览表**

| 喷发时间 | 火 山 名 称 | 喷发时间 | 火 山 名 称 |
|---|---|---|---|
| 1597 年 5 月 27 日 | 吉林省长白山白头山火山 | 1820 年 | 黑龙江省察哈彦火山 |
| 1609 年 1 月 7 日 | 云南省腾冲城子楼火山 | 1916 年 4 月 18 日 | 台湾省东北彭佳屿东 |
| 1702 年 7 月 | 吉林省长白山白头山火山 | 1921 年 | 台湾省东南屿 |
| 1719 年 | 黑龙江省五大连池火山群老黑山火山 | 1927 年 | 台湾省东北彭佳屿东 |
| 1721 年 | 黑龙江省五大连池火山群火烧山火山 | 1933 年 6 月 | 海南省澄迈县南蛇岭火山 |
| 1796 年 | 黑龙江省察哈彦火山 | 1951 年 5 月 27 日 | 新疆和田市东南卡尔达西火山群 |

在挽近期构造活动比较强烈的地段，地下热异常明显。如我国台湾地区的马槽活动构造带，温度高达 240℃；西藏羊八井地热田，在 100m 深的钻孔中，温度高达 160℃；云南省腾冲活动构造带，温度高达 99℃。就全国地温场比较，地热温度一般是东高西低，南高北低。大陆内部及远离活动断裂的地段，大地热流值一般 $\leqslant$ 1HFU（$=41.868\text{mW/m}^2$）；华北平原、松辽平原及台湾海沟略高，为 2～5HFU；钓鱼岛东北最高，其大地热流值为 10.4HFU。

### 2.4.5 中国的地震活动与挽近构造应力场特征

地震活动是挽近构造活动的重要表现。我国是大陆地震最集中的地区，地震活动受地中海地震带与环太平洋地震带的制约，其特点是周期短、频度高、震级大、危害强（表 2-2）。地震的发生、发展明显受主要构造体系的活动断裂带控制。例如，在中国东部，主要与新华夏系的活动断裂带有关；在西部，主要与青藏反"S"形、河西系等活动断裂带有关；中部受南北活动断裂带控制，中北部地区还受祁吕贺兰"山"字形的活动断裂带控制。

**表 2-2 中国地震活动情况统计表**（据中国地震局数字图书馆）

| 震 级 | 西部强隆地区/次 | 东部沉降区/次 | 台湾地区/次 | 累计/次 |
|---|---|---|---|---|
| $M>8$ | 12 | 6 | 1 | 19 |
| $M=7.0\sim7.9$ | 68 | 24 | 32 | 124 |
| $M=6.0\sim6.9$ | 273 | 100 | 291 | 664 |

挽近期的构造应力场具有明显的统一性和分区性（参见图 1-1）。西部地区根据活动断裂、盆地性质及早更新世褶皱等方面的资料分析，主压应力方向多为 NNE 向至近 SN 方向。东部地区在秦岭以北，EW 向断裂呈张性反扭，NNE 向断裂多为张性顺扭。东北、华北平原一直处于沉降状态，反映其主压应力方向总体为 NWW 向至近 EW 向，挽近时期的早中期曾以拉张为主。秦岭以南的华南地区的 NE 向、NNE 向断裂多为压性反扭。其东的冲绳海槽还发生二次纵张，总体受力方式为 NW 向至 NWW 向挤压。上述中国挽近时期的构造应力状态，推动了新华夏系、祁吕系、河西系、青藏反"S"形构造体系、经向构造体系和纬向构造体系的活动，并控制了我国的地震和其它各种内动力地质灾害的分布。

### 2.4.6 中国挽近期构造活动分区概述

中国挽近期构造运动的发展演化，是在原来的构造体系展布基础上发展的，主要活动的经向构造带和纬向构造带将中国大陆分割成不同的活动地区（图 2-2）。其主要划分如下：

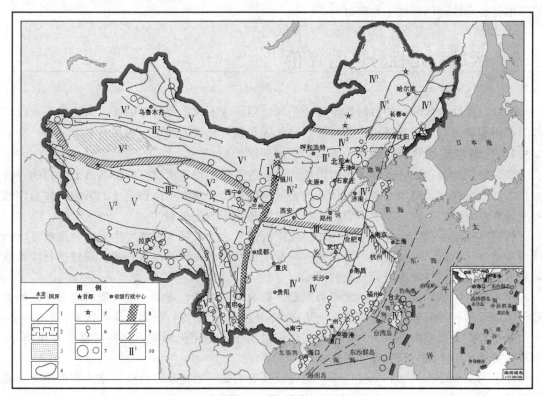

图 2-2  中国挽近地质时期构造活动分区略

1—挽近期主要活动断裂（非直接露头区为虚线）；2—挽近期活动构造带；3—隆起地块；

4—沉降盆地；5—火山口；6—80℃以上的主要温泉；7—7、8 级的主要地震；

8——一级构造单元线；9—二级构造单元线；10—挽近期构造单元的编号；

Ⅰ—南北带；Ⅱ、Ⅲ—东西带；Ⅳ—新华夏系；Ⅴ—西域系、河西系和青藏反"S"型系

① 中国中部南北向挽近强活动构造带（Ⅰ）。

② 天山-阴山东西向挽近活动构造带（Ⅱ）。

a. 阴山东西向挽近弱活动构造段（Ⅱ$^1$）；

b. 天山东西向挽近较强活动构造段（Ⅱ$^2$）。

③昆仑-秦岭东西向挽近活动构造带（Ⅲ）。

a. 秦岭东西向挽近较强活动构造段（Ⅲ$^1$）；

b. 昆仑东西向挽近强活动构造段（Ⅲ$^2$）。

④ 中国东部新华夏系构造体系挽近活动区域（Ⅳ）。

a. 东北挽近活动较弱地区（Ⅳ$^1$）；

b. 华北挽近活动较强地区（Ⅳ$^2$）；

c. 华南挽近弱活动地区（Ⅳ$^3$）；

d. 台湾挽近强活动地区（Ⅳ$^4$）。

⑤中国西部挽近强活动区域（Ⅴ）。

a. 北疆挽近活动较强地区（Ⅴ$^1$）；

b. 南疆-青海挽近强活动地区（Ⅴ$^2$）；

c. 青藏高原挽近强烈活动地区（Ⅴ$^3$）。

综上所述，中国大陆挽近构造活动具有纬向、经向构造带的分割性和不同活动构造体系展布范围的分区性，因此，不同区、带的挽近活动特征各异，活动强度也存在差别，这也为

区域地壳稳定性分区提供了基础材料。

# 2.5 区域稳定性分区与评价

区域稳定性分区分级的目的就是将一个区域划分成不同稳定程度的区或块，供工程设计部门利用和决策，以便选择稳定条件较好的地区和制订合理的建设、规划方案。

### 2.5.1 区域稳定性分级原则

区域稳定性级别划分是在区域稳定性各因素或条件工程地质研究评价基础上进行的。首先是考虑地震作用，其次是考虑山体及地表稳定性和地震对岩土体稳定性的影响。按稳定性程度通常可划分为不稳定、次不稳定、基本稳定和稳定四个级别。

所谓不稳定是指区内有强烈活动断裂或附近强烈活动断裂、可能发生强震，影响该区烈度为Ⅸ度或Ⅸ度以上，可能引起区内某些断裂复活及山体失稳、地表开裂，难以进行建筑或需采取特别防护措施才能进行建筑的区域。

次不稳定是指区内或附近活动断裂发震、影响烈度为Ⅶ～Ⅷ度，也可能引起某些坡体失稳滑动以及某些地段地面发生震陷、变形破坏，建筑物必须进行抗震设防的区域。

基本稳定是指基本烈度为Ⅵ度，地震作用对岩土体稳定无影响，除特殊重要建筑物外，一般建筑物都可不进行抗震设防的区域。

稳定则指烈度为Ⅴ度和Ⅴ度以下，地壳及其表面处于稳定状态，任何建筑物都不需抗震设防的区域。

### 2.5.2 区域稳定性分区

对一个大区域，可按稳定性相同或相似程度，由大而小划分为地区、地带、地段和地点四级：

地区主要按活动构造体系存在与否划分；

地带可按一个体系各部分活动程度划分；

地段可按一个地带内断裂构造的活动程度划分；

地点可按一个断裂各段的不同活动程度划分。无疑，地点也是一个面积。

这些原则可由以下例子予以补充说明，如一活动"山"字型构造体系划分为一个不稳定地区，则前弧、脊柱为体系内的不稳定地带，而其间的盾地为相对较稳定的（次不稳定甚至基本稳定）地带，前弧、脊柱内发育活动断裂的地段为不稳定地段，活动断裂的明显活动、可能发震的部位为不稳定地点等。由此，在前弧、脊柱不稳定地带内也可划分出相对较稳定（次不稳定）的地段。在相对较稳定的盾地范围内也可划分出相对较不稳定的地段、地点。

因此，在区域稳定性工程地质分区研究中，如将稳定性分级和区域大小分级结合起来，可得区域稳定性分级分区综合表，如表 2-3 所示。

区域稳定性分级以工程抗震指标、地震灾害为主，以其它灾害为辅，各级区的划分界限也如此。因此，这种区的命名适合于各种范围。只是在小面积范围内所划定的区域稳定性等级仅是一个等级区。这是因为在一个小面积范围内，地质构造和地球物理条件完全相同，故地震基本烈度是一致的。在较大的面积上，构造和地球物理条件有差别，地壳活动性也不同，故可以包括两个或两个以上的稳定区。因此，稳定性分区适合于面积较大的区域稳定性评价，可编制中、小比例尺的稳定性分区图件（比例尺小于 1：50 万）来表达，并以相应的报告作为文字说明。

表 2-3　区域稳定性分级分区综合表

| 地　区 | 地　带 | 地　段 | 地　点 |
|---|---|---|---|
| 不稳定地区 | 不稳定地带 | 不稳定地段 | 不稳定地点,次不稳定地点,基本稳定地点,稳定地点 |
| | | 次不稳定地段 | 次不稳定地点,基本稳定地点,稳定地点 |
| | | 基本稳定地段 | 基本稳定地点,稳定地点 |
| | 次不稳定地带 | 次不稳定地段 | 次不稳定地点,基本稳定地点,稳定地点 |
| | | 基本稳定地段 | 基本稳定地点,稳定地点 |
| | | 稳定地段 | |
| | 基本稳定地带 | 基本稳定地段 | 基本稳定地点,稳定地点 |
| | | 稳定地段 | |
| | 稳定地带 | | |
| 次不稳定地区 | 基本稳定地带 | 次不稳定地段 | 次不稳定地点,基本稳定地点,稳定地点 |
| | | 基本稳定地段 | 基本稳定地点,稳定地点 |
| | | 稳定地段 | |
| | 稳定地带 | | |
| 基本稳定地区 | 基本稳定地带 | 基本稳定地段 | 基本稳定地点,稳定地点 |
| | 稳定地带 | 稳定地段 | |
| 稳定地区 | 稳定地带 | 稳定地段 | |

### 2.5.3　区域稳定性评价因素及指标

区域稳定性工程地质评价是在分析评价有关工程地质因素和工程地质问题的基础上进行的。决定区域稳定性的因素很多,既有地质因素(如地质体组成,结构,构造,形态和内、外动力地质作用)、地球物理因素(如重力场、地应力场、地热场)和气象、水文等自然因素,又有人类工程经济等各类活动人为因素。在调查研究中必须收集、整理这些资料,并进行分析验证。而具体进行分析评价,则常按工程地质问题逐个进行论证。工程地质问题通常按不同层次,由工程建筑区域、地区及工程场址依次划分为区域地壳稳定性、建设地区地表稳定性和工程场址岩土体稳定性三类。地壳稳定性主要指地球内因,包括现代地壳运动、地震活动、岩浆活动等引起的地壳及其表层的相对稳定程度,也包括人类工程及其它活动诱发的地震活动、断层活动及火山活动的研究和预测。地表稳定性指地壳表面在地球内、外动力地质作用和人类工程经济活动影响下的相对稳定程度。如各种原因产生的地面沉降、塌陷及地裂缝;各种斜坡、边坡的变形和破坏现象;也包括湿陷性土、胀缩性土、易液化土、盐渍土等土层性状变化引起的地表变形等。地表变形可能直接引起工程岩土体失稳。工程岩土体稳定性具体是指工程建筑物影响范围内岩土体的稳定性,如地基、边坡、堤坝及硐室围岩的稳定性等。工程地质区域稳定性研究和评价主要是研究、评价工程建设区域地壳稳定性和建设地区地表稳定性问题,但也涉及与工程场址和工程建筑直接相关的岩土体的稳定性问题。

区域地壳稳定性评价因素及指标见表 2-4,地表稳定性与地基稳定性分级及有关评价指标可参见表 2-5、表 2-6。

表 2-4　地壳稳定性分级与单因素评价指标

| 分级 | 因素 | | | | | | |
|---|---|---|---|---|---|---|---|
| | 基本烈度/度 | 地震活动 | 第四纪地壳升降速率/(mm/a) | 断裂活动速率/(mm/a) | 地壳结构类型 | 深部构造异常特征 | 工程建筑适宜性 |
| 稳定 | <Ⅵ | $M \leqslant 4.5$ | | | 块体 | | 适宜 |
| 基本稳定 | Ⅵ | $4.5 < M < 5.5$ | <0.1 | <0.1 | 镶嵌 | | 重大工程设防 |
| 次不稳定 | Ⅶ~Ⅷ | $5.5 < M < 6.5$ | 0.1~0.5 | 0.1~1.0 | 块裂 | 深部构造异常带附近 | 按抗震规范进行抗震设计 |
| 不稳定 | ≥Ⅸ | $M > 6.5$ | >0.5 | >1.0 | | 深部构造异常带上 | 不适宜 |

表 2-5 地表稳定性分级及评价指标

| 分级 | 灾害及对地面破坏 |
|------|------------------|
| 优等级 | 灾害极少发生,地面极轻度破坏,对工程建筑无不良影响 |
| 良好级 | 灾害少量发生,地面有轻微破坏,对工程建筑无明显破坏 |
| 中等级 | 有一定数量灾害发生,地面受到相当程度破坏,但可以采取措施避免使建筑破坏 |
| 劣等级 | 灾害大量反复发生,无法避免使建筑遭到严重破坏,以致毁坏 |

表 2-6 地基稳定性分级及单因素评价指标

| 分级 | 因素 | | | | | |
|------|------|------|------|------|------|------|
| | 场地土类别 | 场地平均剪切波速/(m/s) | 特征周期/s | 承载力/MPa | 地下水条件 | 地形条件 |
| Ⅰ级 | 坚硬 | ≥500 | <0.25 | >0.4 | 埋深>6m,无侵蚀性 | 平缓,坡度<5%,场地相对高差<2m |
| Ⅱ级 | 中硬 | 500~270 | 0.25~0.4 | 0.4~0.15 | 埋深>4m,微侵蚀性 | 平缓,坡度<10%,场地相对高差<5m |
| Ⅲ级 | 中软 | 270~140 | 0.4~0.6 | 0.15~0.08 | 埋深>2m,中等侵蚀 | 地形复杂,坡度10%~20%,场地相对高差<10m,切割中等 |
| Ⅳ级 | 软弱 | ≤140 | >0.6 | <0.08 | 埋深<2m,强烈侵蚀 | 地形极复杂,坡度>20%,相对高差≥10m,切割强烈 |

### 2.5.4 区域地壳稳定性评价指标

地壳稳定程度是工程环境的基本因素,它不仅涉及地震烈度问题,也是工程地质学评价和研究的重要方面。李兴唐等人提出了评价区域地壳稳定性的定性和半定量指标,包括:地质指标——地壳结构、深断裂、活动断裂、第四纪地壳升降运动速率、叠加断裂作用;地球物理指标——重力梯度、地热流值、静压力差值、地震应变能、地震震级和地震烈度。据此可以进行区域地壳稳定性的分级分区。

#### 2.5.4.1 地震指标

在评价中,地震是最重要的因素。以地震烈度为主要指标,结合工程抗震要求,现阶段将地壳稳定性分为四个等级(表 2-7):稳定区、基本稳定区、次不稳定区、不稳定区。据统计,我国绝大多数地区属于前两类,次不稳定区只占全国面积的 10%,不稳定区仅占 1.2%。

表 2-7 地壳稳定性分级与地震指标

| 稳定性等级 | 地震指标 | | | |
|------------|----------|------|------|------|
| | 基本烈度/度 | 震级 $M$ | 地面最大水平加速度 $K/g$[①] | 建筑条件 |
| 稳定区(Ⅰ类) | ≤Ⅵ | ≤5.25 | ≤0.063g | 适宜 |
| 基本稳定区(Ⅱ类) | Ⅶ | 5.5~5.75 | 0.125g | 适宜 |
| 次不稳定区(Ⅲ类) | Ⅷ、Ⅸ | 6.0~7.0 | 0.250g,0.500g | 不完全适宜 |
| 不稳定区(Ⅳ类) | ≥Ⅹ | ≥7.25 | ≥1.000g | 不适宜 |

① g 为重力加速度。

#### 2.5.4.2 区域地壳结构与深断裂

一个地区的地壳近代活动性取决于该区的地质作用和地球物理作用。地质作用包括地质历史的和近代的;地球物理作用则是发生在新生代以后的。这两种作用所表现出的相应现象是相互联系、相互制约的。综合这些现象来判定一个地区的近代地壳活动性，比用单一的地震指标更为科学合理和有预测性。在缺乏历史地震的地区或当地震周期很长时，利用综合指标判定区域稳定性更有实用价值。

地壳结构是指地壳中各地球物理层的分布和厚度，以及深断裂切割断块的形状与大小。深断裂的切割深度、类型、长度和间距是决定地壳结构类型的主要因素。按岩石圈和地壳结构特征可分为块状结构、镶嵌状结构和块裂状结构，它们的特性见表 2-8。

**表 2-8　区域地壳结构类型和特征**

| 类型 | 特征 | | | |
|---|---|---|---|---|
| | 深断裂及组合形式 | 沉积盖层形变 | 力学效应应力分布 | 地壳稳定性等级 |
| 块状结构 | 缺乏深断裂或仅有基底断裂，断裂组合成间距大的菱形，地壳较完整 | 宽缓褶皱，岩层缓倾，发育剪切性断裂 | 连续介质应力分布比较均匀 | 无地震或有弱震的稳定区 |
| 镶嵌状结构 | 深断裂断续分布，长宽小于 50km，深断裂在平面上组合成菱形、四边形，地壳形成板状块体，较破碎 | 块断升降，弧型褶皱，陡倾斜层岩，剪性、压性断裂均发育 | 过渡性断裂终点 | 弱和中等地震，稳定和基本稳定区 |
| 块裂状结构 | 深断裂连续分布，成平行的深断裂系，平面上组合成菱形、条形，地块多为柱状体，地壳破碎 | 构造形变发育，陡倾和直立岩层，发育中、新生代地堑、裂谷 | 碎裂介质，长条形地块最窄处，经多次拉张积压，应力最集中 | 中强和强地震带（群），次不稳定或不稳定区 |

区域地壳稳定性评价中主要研究新生代以来活动的深断裂。断裂活动年龄新、密度大、地壳完整性差，则地壳现代活动性强，即稳定性低；反之，深断裂不发育，地块较完整，则稳定性良好。大地构造单元分界处的深断裂、新生代以来有明显活动的裂谷和板块碰撞带的深断裂都是重点研究对象。

### 2.5.4.3　活动断裂和新生代地壳升降速率

活动断裂的规模、年龄是现代应力场及其活动性的重要标志。活动断裂带及其邻近地段的地质、地球物理现象均发育，如压强差（$\Delta P$）、大地热流值及地震活动等。根据活动断裂规模愈大、年龄愈新，地壳活动性愈大的规律以及我国的实际资料，将活动断裂与地壳稳定性等级的关系列于表 2-9。

**表 2-9　活动断裂与地壳稳定性等级的关系**

| 地壳稳定性等级 | 活动断裂特征 |
|---|---|
| 稳定区 | 不存在第四纪（$200 \times 10^4$a）活动断裂或仅存在早更新世[（$200 \sim 100$）$\times 10^4$a]活动断裂，规模小，不在深断裂附近 |
| 基本稳定区 | 存在中更新世晚期[（$100 \sim 10$）$\times 10^4$a]或晚更新世早、中期[（$10 \sim 5$）$\times 10^4$a]断裂，断裂长度小于 30km |
| 次不稳定区 | 存在晚更新世晚期（$5 \times 10^4$a）和全新世（$1 \times 10^4$a）以来的活动断裂，长度大于 100km。有近代活动断裂，沿断裂带发生过 $M \geqslant 6$ 地震，产生过地面地震断层（地裂缝），断裂在深断带内或临近地段 |
| 不稳定区 | |

第四纪或晚第三纪以来的地壳相对升降量或升降速率与地壳结构、应力状态和岩石圈动力条件密切相关。垂直差异运动大的活动带常是地震带；大面积地壳均匀上升区常是地壳稳定区；相对沉降地带大多是地壳稳定条件差的地区。因此，计算和分析地壳第四纪升降速率可以判定地壳稳定性等级。在少数缺乏第四系的地区，亦可利用晚第三纪以来的地壳升降速率进行分析。地壳相对上升区受水平压应力值大（即围压高），断裂带抗剪强度（摩擦强度）高，沿断裂不易发生位错，地壳稳定性良好。沉降区地壳受拉张应力，断裂摩擦强度低，沿断裂易于滑动，地壳稳定性低。根据我国主要地区的第四纪或晚第三纪以来的

地壳相对升降速率，归纳得出地壳相对升降速率与地壳稳定性等级的关系作为稳定性分级指标（表 2-10）。

**表 2-10 第四纪地壳升降速率与稳定性的关系**

| 稳定性等级 | 稳 定 区 | 基本稳定区 | 次不稳定区或不稳定区 |
|---|---|---|---|
| 地壳相对升降速率 $S_v$/(mm/a) | 0~0.1 | 0.1~0.4 | >0.4 |

#### 2.5.4.4 叠加断裂作用

叠加断裂作用是现代地壳活动的指标之一。地壳现代主应力方向与断裂走向之间的夹角 $\alpha$ 是反映断裂重新活动的重要条件。地震震源机制表明，现代板块消减带（贝尼奥夫带）的断裂位错以倾向滑动占优势。在大陆板块内，发震断裂以走滑型为主。我国西部西藏、新疆地区，部分发震断裂属于倾向滑动型。因此，利用叠加断裂角判定地壳活动性是有意义的，它与地壳稳定性等级的关系见表 2-11。$\alpha_1$ 和 $\alpha_2$ 分别为第一组和第二组断裂与最大主（压）应力的夹角。

**表 2-11 叠加断裂角（$\alpha$）与地壳稳定性等级的关系**

| 最大主应力方向与断裂走向夹角 $\alpha$（叠加断裂角） | $\alpha_1 = 0°\sim10°$ $\alpha_2 = 71°\sim90°$ | $\alpha_1 = 11°\sim24°$ $\alpha_2 = 51°\sim70°$ | $\alpha_1、\alpha_2 = 25°\sim50°$ |
|---|---|---|---|
| 地壳稳定性分级 | 稳定区 | 基本稳定区 | 次稳定或不稳定区 |

理论分析和实际资料统计都表明，在区域主应力数量级和断裂规模、断层带力学指标近于相等的条件下，地壳现代最大主应力与断裂走向夹角是判定地壳稳定性等级的重要指标。

发震断裂与地壳现代应力场特征有密切关系。实践表明，在大陆区，发震断裂以走滑型为主。因此，剪切叠加断裂常是发震构造，尤其是在我国东部更为普遍。在我国西北地区，走滑型与倾滑型发震构造均存在。

#### 2.5.4.5 大地热流、地温梯度

大地热流值直接反映出地壳近代活动。调查表明，新生代裂谷带和近代复活的古裂谷的热流值比它们周围山区高 2~3 倍。高热流值区反映地壳深部的热向上逸散，岩浆熔融体顶面距地表近，地壳上部受拉张应力，开放性良好。因此，这些地区的地壳活动性高，即稳定性低。相反，在热流值低的地方，岩浆熔融体埋深大，地震活动性低，稳定条件良好。一些非新生代裂谷区的热流值低于 $54.43\mathrm{mW/m^2}$；高于此数值时，地壳活动性高，稳定性低。

地热调查资料表明，大地热流值与地震活动、地壳稳定性的相关性极为明显。低热流值区是地壳稳定条件良好地区，高热流值区地壳稳定条件差。因此，大地热流值是判定地壳稳定性的极重要的指标。它与地壳稳定性等级的关系见表 2-12。

地温梯度也是地壳活动性的标志之一。与地壳稳定性等级的关系见表 2-13。由于地温梯度资料还不完全，目前仅作为判定地壳稳定性的参考指标。

**表 2-12 大地热流值与地壳稳定性等级的关系**

| 地壳稳定性等级 | 稳 定 区 | 基本稳定区 | 次不稳定区或不稳定区 |
|---|---|---|---|
| 热流值/(mW/m$^2$) | ≤54.50 | 58.00~75.40 | >75.40 |

**表 2-13 地温梯度与地壳稳定性等级的关系**

| 地壳稳定性等级 | 稳 定 区 | 基本稳定区 | 次不稳定区或不稳定区 |
|---|---|---|---|
| 地温梯度/(℃/100m) | <2.0 | 2.0~3.5 | >3.5 |

#### 2.5.4.6　重力梯度、静压力强度差

重力场的变化是地壳现代活动的重要力源，地壳活动性与重力场特征密切相关。

在布格异常图上，布格异常等值线密度大并呈带状出现的地带，大多是深断裂带；等值线宽缓、缺乏梯级带，说明地壳深部不存在断裂。因此，重力梯级带与深断裂带和地震带密切相关。高值的重力梯级带就是地壳现代活动区，即稳定条件低的地区。重力异常是近代地壳特征的反映，所以它标志着地壳现代的活动性。

根据大量实测资料，可较好地获得重力梯度值 $B_s$ 与地壳稳定性等级的关系（见表 2-14），因此，将其列为判定地壳稳定程度的重要指标。

**表 2-14　重力梯度值与地壳稳定性的关系**

| 地壳稳定性等级 | 稳 定 区 | 基本稳定区 | 次不稳定区 | 不稳定区 |
|---|---|---|---|---|
| 重力梯度值 $B_s$/(mGal/km) | $B_s<0.6$ | $B_s=0.6\sim1.0$ | $B_s>1.0$(多数 $B_s=1.2\sim2.0$) | |

位于岩石圈或地壳内一定深度的平面上，由上覆岩层压力在单位面积上产生的应力，称为静压力强度。在同样的地质结构、同一深度条件下，横向的静压力强度相等，即处于重力均衡状态。在横向上因地壳结构不同，在同一标高上的距离为 $x$ 的两点上，静压力强度不相等，两者之差（$\Delta P_x$）称为压强差。它若构成一个带，就是压强偏差带。它是压力不均衡带，会对地壳产生一定的应力，使地壳和断裂发生运动。压强偏差带与重力梯级带、重力不均衡带一致，在地质上，压强偏差带与深断裂位置相对应。一些重力均衡补偿不足的地带都是压强偏差带。

国家地震局统计得出了压强差 $\Delta P_x$ 与地壳稳定性的关系（表 2-15），在一般情况下，压强差值愈大，地壳稳定性程度愈低。

**表 2-15　压强差（$\Delta P_x$）与地壳稳定性的关系**

| 地壳稳定性等级 | 稳 定 区 | 基本稳定区 | 次不稳定区或不稳定区 |
|---|---|---|---|
| 压强差 $\Delta P_x$/MPa | $\Delta P_x<5$ | $5<\Delta P_x<30$ | $\Delta P_x\geqslant30$ |

#### 2.5.4.7　地壳（地震）应变释放能量

在构造应力作用下，地壳产生应变。当应力值超过断裂带力学强度时，断层发生形变和位错、蠕动及产生地震。地震是地壳释放应变能量的主要方式，地壳应变能量的大小表示一个地区地壳活动性的高低。因此，可利用地区历史地震资料，计算出地震能量 $E$，再将 $E$ 变为应变能量 $\sqrt{E}$。根据各级稳定区相应的地震震级划分出各稳定级的地震应变能量 $\sqrt{E}$（表 2-16）。

**表 2-16　地壳稳定性等级与地震应变能量的关系**

| 地壳稳定性等级 | 稳 定 区 | 基本稳定区 | 次不稳定区 | 极不稳定区 |
|---|---|---|---|---|
| 地震应变能量 $\sqrt{E}$/J | $\sqrt{E}<2.51\times10^6$ | $3.35\times10^6<\sqrt{E}\leqslant1.28\times10^7$ | $1.28\times10^7\leqslant\sqrt{E}\leqslant4.47\times10^7$ | $\sqrt{E}>6.86\times10^7$ |

上述区域地壳稳定性分级的综合性评价各项指标归纳于表 2-17。

值得指出的是，判定地壳稳定性的各项指标，大部分都可以通过搜集资料、野外调查和计算分析得到。少部分指标较难获得，但缺乏少数次要的指标，并不影响地壳稳定性分区和评价。地震基本烈度按国家地震局编制的"中国地震烈度区划图"确定，重大工程区的基本烈度应以国家地震局鉴定为准。

### 2.5.5　区域稳定性评价方法

区域稳定性研究、评价工作按下列步骤进行。

**表 2-17　区域地壳稳定性分级和指标综合表**

| 稳定性等级 | 指标 | | | | | | | | | | |
|---|---|---|---|---|---|---|---|---|---|---|---|
| | 地壳结构与深断裂 | 活动断裂和地壳第四纪升降速率 $S_v$/(mm/a) | 叠加断裂角 $\alpha$ | 大地热流值 $q$/(mW/m²) | 重力梯度值 $B_s$/(mGal/km) | 地壳压强偏差值 $\Delta P_x$/MPa | 地壳应变能量 $\sqrt{E}$/J | 地震 最大震级 $M$ | 地震 基本烈度 $I$ | 与地壳运动有关的地面形变 | 工程建设条件 |
| 稳定区（Ⅰ类） | 元古界和更老的大陆完成或部分古生代大陆完成区。缺乏深断裂。地壳较完整，块状结构 | 缺乏第四纪（200×10⁴a）断裂或存在早更新世[(200~100)×10⁴a]活动过的断裂。第四纪期间地壳相对上升或相对沉降，速率 $S_v<0.1$ | $\alpha_1=0°\sim10°$ $\alpha_2=71°\sim90°$ | ≤54.50 | 布格异常等值线间距大，梯度小，缺乏梯度带，$B_s<0.6$ | 缺乏偏差带，$\Delta P_x<5$ | $\sqrt{E}<2.51\times10^6$ | $M\leq5.25$ | $I\leq$Ⅵ | 缺乏 | 适宜各类工程 |
| 基本稳定区（Ⅱ类） | 大陆壳边界或大洋内部。深断裂断续分布，深断裂切割割裂地块成菱形、四边形，地壳较完整，镶嵌结构 | 存在中更新世[(100~10)×10⁴a]或中更新世早、中期[(10~3)×10⁴a]活动以来的活动断裂。第四纪地壳同相对沉降，速率 $S_v=0.1\sim0.4$ | $\alpha_1=11°\sim24°$ $\alpha_2=51°\sim70°$ | 58.00~75.40 | 布格异常等值线呈局部较大区域低值梯度带，$B_s=0.6\sim1.0$ | 存在低值偏差带，局部地段偏差带，$5<\Delta P_x<30$ | $3.35\times10^6<\sqrt{E}<1.28\times10^7$ | $5.5<M<5.75$ | $I=$Ⅶ | 缺乏 | |
| 次不稳定区（Ⅲ类） | 在大陆壳与大洋壳分界带、新生代大洋壳、地缝合带。近代板块消减带，新生代大陆裂谷和复活的古裂谷带，深断裂成带出现，长度大于100公里 | 存在晚更新世晚期（3×10⁴a）或全新世（1×10⁴a）以来的活动断裂，延伸长度大于近100公里。存在近代活动断裂引起的地震，并代活动断裂引起 $M\geq6$ 代活动断裂引起的地面地震断层（地裂缝）或断裂、第四纪地壳间地壳相对沉降大，速率 $S_v>1.0$（多以上，$B_s>1.0$（多数 $B_s=1.2\sim2.0$） | $\alpha_{1(2)}=25°\sim50°$ | >75.40 | 布格异常等值线呈区域性中、高值梯度带，长 200km | 存在区域偏差带，高值偏差带，$\Delta P_x\geq30$ | $1.28\times10^7\leq\sqrt{E}\leq4.47\times10^7$ | $6.0\leq M\leq7.0$ | $I=$Ⅷ、Ⅸ | 较小规模滑坡、地裂、滑坡和山崩 | 中等适宜，需加强抗震和工程措施 |
| 不稳定区（Ⅳ类） | 出现，长度大于100公里里，地块块成菱形、条形，地壳破碎，块裂结构 | | | | | | $\sqrt{E}>6.86\times10^7$ | $M\geq7.25$ | $I\geq$Ⅹ | 大规模滑坡、山崩成群分布 | 不适宜，需大工程，需专门的抗震措施和工程措施 |

首先，收集分析区域性地质、地震资料，地球物理探测资料，遥感图像资料以及自然气象水文资料等。在室内进行分析，应着重分析构造体系和构造应力场，判断断裂的力学性质、断裂复合形式及形态的特定部位，分析第四纪地壳活动特征和沉积物特征等。在此基础上，进行野外调查研究工作，应着重调查研究断裂构造的发育演变历史、新近活动迹象和各种动力地质作用、现象的发育分布规律及其成灾情况。随后室内的研究工作主要有光弹模拟试验、相似材料模型模拟试验和数值模拟分析等，旨在分析验证区域构造应力分布状态与应变能密度变化情况，并参照震源机制解、地壳形变测量资料等进行论证。最后综合全部调查研究资料进行评价与分区。

综合评价的方法，可依次在建设区域地壳稳定性评价、建设地区地表稳定性评价和工程场址岩土体稳定性评价的基础上进行综合评价。

工程地质区域稳定性综合评价指标可用下式表示：

$$S_R = f(S_C, S_G, S_M)$$

式中，$S_R$ 为区域稳定性综合评价指标；$S_C$ 为地壳稳定性评价指标；$S_G$ 为地表稳定性评价指标；$S_M$ 为工程岩土体稳定性评价指标。

较常用的区域稳定性综合评价指标的计算方法，是两级模糊综合评判法。由于影响区域稳定工程地质的因素十分复杂，而作为反映稳定级别的各因素标志及其界线又较模糊，很难用经典数学模型加以统一量度，因此模糊数学是较好的评价方法。随着现代科学技术的发展，区域稳定性评价方法必将广泛采用信息科学和非线性科学的相关理论与方法。

# 思考题

1. 区域稳定性研究的基本内容是什么？
2. 挽近期中国区域构造活动性主要特点是什么？
3. 如何进行区域地壳稳定性评价？
4. 如何进行区域稳定性分区分级评价？
5. 从认识论角度分析区域稳定性理论的发展。
6. 区域稳定性研究与工程岩体稳定性分析有何关系？

# 参考文献

[1]　刘国昌. 区域稳定工程地质 [M]. 长春：吉林大学出版社，1993.
[2]　王思敬，黄鼎成. 中国工程地质世纪成就 [M]. 北京：地质出版社，2004.
[3]　李四光. 地质力学方法 [M]. 北京：科学出版社，1976.
[4]　孙叶，谭成轩，等. 区域地壳稳定性定量化评价 [M]. 北京：地质出版社，1998.
[5]　李兴唐，许兵，黄鼎成，等. 区域地壳稳定性研究理论与方法 [M]. 北京：地质出版社，1987.
[6]　胡海涛，易明初，等. 广东核电站规划选址区域稳定性分析与评价 [M]. 北京：档案出版社，1988.
[7]　陈庆宣. 探索区域地壳稳定性评价途径 [J]. 第四纪研究，1992，(1).
[8]　谷德振，等. 地壳稳定性研究的基础与方法 [J]. 湖北地质科技情报，1983.
[9]　彭建兵，等. 区域稳定动力学研究——黄河黑山峡大型水电工程例析 [M]. 北京：科学出版社，2001.
[10]　胡海涛，殷跃平. 区域地壳稳定性评价"安全岛"理论与方法 [J]. 地学前缘，1996，(1).
[11]　吴树仁，陈庆宣，孙叶. 我国区域地壳稳定性研究的新进展 [J]. 地质力学学报，1995，(1).

［12］ GB 50011—2001. 建筑抗震设计规范.

［13］ 冯希杰, 等. 区域稳定性评价定量化与模糊评判 ［J］. 西安地质学院学报, 1986, 8 (4).

［14］ 唐辉明, 李德威, 胡新丽. 龙山门断裂带活动特征与工程区域地壳稳定性评价理论 ［J］. 工程地质学报, 2009, 17 (02): 145-152.

［15］ 杜建军, 马寅生, 谭成轩, 等. 新一代 1:500 万中国区域稳定性评价图编制 ［J］. 地质力学学报, 2015, 21 (03): 309-317.

# 第 3 章  岩体结构控制论

## 3.1  概　述

　　岩体是在地质历史时期形成的具有一定组分和结构的地质体。将其作为工程建设的对象时，称为"工程岩体"。它赋存于一定的地质环境之中，并随着地质环境的演化而不断地变化。

　　岩体中以断裂、裂隙为主的各类结构面均是内、外动力作用的产物，貌似杂乱无章，实际有规可循。将岩体中所有结构面作为整体研究，可以发现，随着它们的组合形式不同，可构成结构不同的岩体。将结构面组合形式进行归纳总结，由此诞生了"岩体结构"这一概念，它科学地反映了岩体的本质。在大量工程实践与试验研究中发现：岩体结构的不同，岩体物理力学性质、工程岩体变形破坏的难易程度与方式也不同；同时，岩体结构还控制了岩体的水文地质条件、风化作用；更重要的是，岩体结构不同，岩体稳定性特征不同。

　　在工程地质条件的成因演化理论基础上，针对各种地质作用的不同成因与演化过程，尤其是以构造作用为主的各种作用所赋予岩体的特殊性质，即裂隙性，经系统理论研究并结合大量工程实践，形成了岩体结构的理论体系。

　　岩体结构理论反映了岩体的重要本质，在各类工程实践中得到广泛成功的应用。作为工程地质学的重要理论，它在实践中仍在不断深化、完善与发展。

## 3.2  岩体结构的物质基础

　　物质成分和结构是岩体的两个基本特性。结构面是岩体中力学强度相对薄弱的部位，并使岩体力学性能具有不连续性、不均一性和各向异性，它决定了岩体的介质特征和力学属性；同样，结构面的存在，尤其是较弱结构面的存在，对岩体变形破坏方式及岩体稳定性常常起控制作用，结构面往往成为切割面或滑移面；加之，结构面是表生作用的活跃地带，成为岩体次生演变的重要控制因素。

　　岩体结构组成要素有两个基本单元，即结构面与结构体。所谓结构面，是指岩体中的地质界面，如层面、断裂、风化卸荷裂隙等；所谓结构体，是指由结构面所切割成的岩石块体，即岩块。随着结构面的发育与组合的变化，表现出各种不同的结构形式。岩体结构是在一定地质环境中经过建造、构造形变和次生改造形成的。

　　在岩体结构中，结构面居主导地位，随结构面的类型、发育程度、性状与组合情况不同，岩体结构类型迥然不同。

　　岩石是岩体结构的物质基础。任何岩体都要经历岩石的建造过程，它既是建立岩体的物质基础过程，也是各种原生结构面与岩性组合的形成过程。另一方面，岩体结构组成的两个基本单元之一的结构体完全是由岩石构成的，它的性质完全由岩石块体决定。

工程地质工作，首先要对地层岩性进行系统的研究，分析岩性岩相变化特征，并进行岩体工程地质分类，即工程地质岩组的划分。把工程地质性质相近的岩层组合体划归到一起，构成工程地质评价的独立单元，即工程地质岩组。在进行工程地质岩组划分时，要特别关注软弱、松软、破碎岩层，以便于在进行工程地质综合评价时，加以全面论证与重点分析。

岩石形成于漫长的地质历史时期，要研究岩体的物质特征，就要充分考虑其形成的地质环境、成岩作用、成岩历史与成岩后的次生变化等。值得注意的是，对特殊的岩石建造，如含煤建造、含盐建造及以黏土岩为主的碎屑岩建造等，要予以重点研究。在这些特殊岩体中兴建的工程，岩体变形破坏与失稳，往往岩性效应十分突出。此外，在岩性效应中，水是一个不可忽视的因素。

### 3.2.1 岩石的成分与结构

岩石的成分和结构不同，是岩石工程地质性质差异的主要原因。

① 对碎屑岩类岩石，决定其工程地质性质的主要是颗粒粒径、胶结物与胶结程度、黏土矿物含量等。

② 对碳酸盐岩，要特别关注其可溶性，而可溶性取决于其成分与组构，成分尤其重要。

③ 对岩浆岩，应特别重视其矿物成分与化学成分、粒径与结晶性状。火山岩物质成分与结构变化很大，尤其应对软硬相间的多层结构给予重点关注。

④ 变质岩岩石系列千差万别，变质岩的成分、结构与变质程度有着十分密切的关系。矿物的集中和定向排列，往往成为岩体的软弱带。

### 3.2.2 岩石的成岩环境与岩相变化

岩石的成岩环境与岩相变化在很大程度上决定了岩石的均一性与各向异性。

① 沉积岩成岩环境复杂，形成过程差别很大，由此决定岩性、岩相变化与层厚。

② 岩浆岩成因类型同样复杂，岩性岩相随之变化。要特别注意岩浆分异及其岩性岩相分带、岩脉的分布及其接触带。火山岩分布很广，成因类型不同，其岩性岩相变化显著，岩石组合更为复杂。要注意海底喷发的火山岩类型，它往往与海底沉积岩交互产生，构成不利的岩石组合，形成较差的工程地质条件。

③ 变质岩大多形成于高温高压条件下，其物质成分和结构均发生剧烈变化，往往产生软弱的岩层与岩组，如千枚岩、绿泥石片岩、石墨片岩等。

### 3.2.3 岩石的成层条件及厚度变化

对沉积岩及负变质岩，岩石成层特点直接关系到岩体介质的连续性与各向异性。

① 沉积岩，应特别重视滨海及河湖相岩层，其厚度往往变化很大。如我国内陆湖盆的沉积，如中生代红层，不仅层厚变化大，而且往往形成厚薄不等的透镜体，对工程岩体稳定不利。还要注意不整合面、岩层层面强度，尤其是软弱夹层。它们的存在，常是工程地质条件中的关键因素之一。

② 在变质作用下，可形成明显的定向排列或层状结构。由于构造作用，还会产生层间错动。因而变质岩成层条件复杂，单层厚度变化明显。

③ 岩浆岩的成层性不明显，只是熔岩流表现出一定的成层特点。火山岩有较好的成层性。在火山岩中常夹有碎屑岩，形成不稳定的层状结构。

### 3.2.4 岩石组合特征及其划分依据

岩石组合特征是研究岩体结构物质特征的基础工作。

① 岩石组合首先考虑岩石的软硬程度，其次是岩层的厚度，第三是岩体中各类夹层的发育特征。

② 每一岩组均有其一定的岩石组合特征，具有相似的工程地质特性。要结合工程区的具体情况，寻找其规律性，如沉积旋回，进行系统划分。

③ 岩组划分不宜过大，划分过大，往往会掩盖岩体强度的薄弱环节。

④ 岩组划分必须建立在建造的基础上。各种建造的地质体，在不同的大地构造单元中，差异性很大。

### 3.2.5　岩石的物理力学性质

岩体可由一种岩石构成，亦可由多种岩石构成。岩石的物理力学性质对工程岩体的稳定性有重要作用。

① 岩石或岩体的物理力学性质在很大程度上受控于其地质属性。

② 岩石的物理力学性质及其参数主要包括孔隙度或孔隙比、膨胀性、水理性质、弹性参数、变形参数、抗压强度、抗拉强度、抗剪强度等。

③ 从岩石和岩体工程地质性所进行的工程分类（或分级）具有重要的工程应用价值。

## 3.3　岩体结构

岩体结构受岩体中结构面的空间分布与组合形式控制。结构面可分为两大类：①物质分异面，如层面、片理面、软弱夹层、岩浆侵入接触面等；②岩体中的不连续面，如断层、节理、风化与卸荷裂隙等。这两类地质界面统称为结构面。结构体受结构面发育、排列与组合的制约。就岩体结构来说，结构面往往是控制因素。结构面和结构体是岩体结构的两个基本单元。不同类型的基本单元在岩体内组合、排列的形式称为岩体结构。

### 3.3.1　结构面的类型及特征

#### 3.3.1.1　结构面成因类型和特征

结构面是在建造和改造过程中形成的，其空间分布与特性与其成因类型密切相关，故可按成因对结构面进行分类。一般可分为五大成因类型（表 3-1）：①沉积结构面；②火成结构面；③变质结构面；④构造结构面；⑤表生结构面。

**表 3-1　结构面成因类型**

| 序　号 | 成因类型 | 地质类型 | 主要特征 |
|---|---|---|---|
| 1 | 沉积结构面 | 层面，软弱夹层，沉积间断面 | 产状与岩层一致，一般延续性较强，易因构造及次生作用而恶化 |
| 2 | 火成结构面 | 火成接触面，岩流层面，冷凝节理 | 产状受岩浆岩形态控制，接触面一般延伸远，原生节理则较短小，火成岩流间可有泥质物填充 |
| 3 | 变质结构面 | 片理，软弱夹层 | 产状有区域性，延续一般较差，在深部一般闭合 |
| 4 | 构造结构面 | 劈理，节理，断层，层间破碎夹层 | 产状和岩层产状有一定关系，特性和力学成因关系密切 |
| 5 | 表生结构面 | 卸荷裂隙，风化裂隙，风化夹层，泥化夹层，层面及裂隙夹泥 | 在地表部位发育，延续性不强，产状变化大，结构面常有泥质物填充 |

#### 3.3.1.2　结构面的力学类型和特性

按影响结构面力学特性的主要因素，可将结构面划分为以下四种力学类型：破裂结构面；破碎结构面；层状结构面；泥化结构面。不同的结构面要给予不同的评价。

（1）破裂结构面

岩体中无填充的节理、片理、劈理等，它们在法向应力作用下呈刚性接触，属硬性结构面。

光滑的破裂结构面在滑动变形中呈现应变硬化［图 3-1 中 a］，而粗糙起伏的结构面常呈现应变软化，并伴有应力降［图 3-1 中 b］。

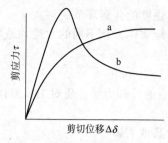

图 3-1 结构面剪切变形的应变硬化和应变软化
a—应变硬化；b—应变软化

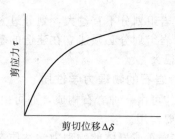

图 3-2 屈服剪切变形曲线

这类结构面的抗剪强度主要取决于结构面的几何特性，如起伏度、粗糙度。结构面呈波状起伏时，以等效起伏角来表征其抗剪强度，则有：

$$\tau = \sigma_n \tan(\varphi + \Delta\varphi)$$

式中，$\varphi$ 为平直的结构面摩擦角；$\Delta\varphi$ 为剪切扩容角，等效于起伏角；$\sigma_n$ 为结构面受到的法向应力。

结构面不同的粗糙度可对摩擦角产生影响，但在更大程度上表现为结构面内聚力 $c$ 的增加，即出现较大 $c$ 值，抗剪强度可表达为：

$$\tau = \sigma_n \tan(\varphi + \Delta\varphi) + (c + \Delta c)$$

根据节理面剪切试验资料，和光面相比，由于起伏和粗糙原因，$\tan\varphi$ 可增加 $0.2 \sim 0.4$，而 $c$ 值可增加 $0.1 \sim 0.3$ MPa。

（2）破碎结构面

如断层破碎带、风化破碎带及层间破碎夹层等，可有不同程度的胶结。不同组分物质呈条带状或透镜状分布。

当这类结构面以碎屑、角砾填充为主，有一定程度的胶结时，在剪切变形过程中有较高的峰值强度。一旦发生剪切破坏，可出现剪应力的下降，呈现应变软化特点。在结构面填充较多泥质物或岩粉情况下，也可能出现屈服剪切型的剪切变形曲线（图 3-2）。

破碎结构面的剪切强度主要取决于填充物的成分、结构和胶结程度，其值可相差很大，高者 $\tan\varphi$ 达到 0.8，而低者仅 0.4。

（3）层状结构面

指岩体中成层的不连续面，如层面、层理及软弱夹层等。

层面往往有一定程度的胶结和层间的嵌合，剪切变形呈应变软化型特点，但应力下降一般较小。软弱夹层由于岩性较弱，一般呈屈服型剪切变形。

层状结构面的抗剪强度取决于结构面的胶结程度及软层本身的剪切强度，变化幅度相对较小。有些岩层的层面发育有波状起伏的波痕等，使岩层的抗剪强度大为增高，出现很高的 $c$ 值。根据 22 组抗剪试验资料，抗剪强度平均值为 $\tau = 0.576\sigma_n + 0.93$。

（4）泥化结构面

为塑性泥质组成的软弱结构面，如断层泥、层间错动泥化夹层、裂隙夹泥、层面夹泥等。由于泥质富集，这类结构面易变形、强度低。

泥化结构面在剪切变形中达到屈服强度后，位移随应力升高呈非线性增长，呈现屈服剪切型曲线的特点。

泥化结构面的抗剪强度主要取决于填充物的黏土矿物成分、微观结构、含水量、固结程度。根据 16 组大型试验所得，平均抗剪强度为 $\tau = 0.25\sigma_n + 0.22$。

### 3.3.1.3 结构面分级

各类结构面规模不等，差异极大，这不仅表现在延展规模，而且还表现在宽窄及其力学特性上，因此结构规模分组具有重要意义。结构面分级及其特征见表 3-2。

**表 3-2　结构面分级及其特征**

| 级序 | 分级依据 | 力学效应 | 力学属性 | 地质构造特征 |
|---|---|---|---|---|
| Ⅰ级 | 延展长几公里至几十公里以上，贯通岩体，破碎带宽度达数米至数十米 | ①形成岩体力学作用边界；②控制岩体变形和破坏；③构成独立的力学介质单元 | 软弱结构面 | 较大的断层 |
| Ⅱ级 | 延展规模与研究的岩体相当，破碎带宽度比较窄，几厘米到数米 | ①形成块裂体边界；②控制岩体变形和破坏方式；③构成次级地应力场边界 | 软弱结构面 | 小断层、层间错动带 |
| Ⅲ级 | 延展长度短，从十几米至几十米，无破碎带，不夹泥，偶有泥膜 | ①参与块裂岩体切割；②划分Ⅱ级岩体结构类型的重要依据；③构成次级地应力场边界 | 多数属坚硬结构面，少数属软弱结构面 | 不夹泥、大节理或小断层、开裂的层面 |
| Ⅳ级 | 延展短，未错动，不夹泥，有的呈弱闭合状态 | ①划分岩体Ⅱ级结构类型的基本依据；②是岩体力学性质、结构效应的基础；③有的为次级地应力场边界 | 坚硬结构面 | 节理、劈理、层面、次生裂隙 |
| Ⅴ级 | 延展短，且连续性差 | ①岩体内形成应力集中；②岩块力学性质结构效应基础 | 坚硬结构面 | 不连续的小节理、隐节理及层面、片理面 |

### 3.3.2　岩体结构基本类型和特征

#### 3.3.2.1　划分的依据

岩体结构类型的划分首先要依据岩石组合特征；其次，应充分反映岩体的不均一性和不连续特征。岩体的完整性主要取决于结构面的发育程度和组合形式。在类型划分中，还要特别重视结构面特性，如可把结构面分成两大类，即硬性结构面和软弱结构面。以硬性结构面为主的岩体，一般工程地质性质较好；相反，以软弱结构面为主的岩体，则工程地质性质较差。

#### 3.3.2.2　岩体结构基本类型的具体划分和特征

以硬性结构面和软弱结构面为基础，可对岩体结构基本类型进行划分。

（1）以硬性结构面为主的岩体结构类型的划分，见表 3-3。

（2）以软弱结构面为主的岩体结构类型的划分，见表 3-4。

**表 3-3　以硬性结构面为主的岩体结构分类**

| 硬性结构面为主的岩体结构分类 | 岩体结构基本类型 |
|---|---|
| 一组：①断续、不贯通　②发育与贯通 | 层状（或板状）结构　断续式整体结构 |
| 二组：①结构面间距>1m　②结构面间距<0.5m | 块状结构　菱块状结构 |
| 三组发育：结构体偏小，形状各异 | 镶嵌结构 |

**表 3-4　以软弱结构面为主的岩体结构分类**

| 结构面发育程度 | 岩体结构基本类型 |
|---|---|
| 以一组发育为主 | 层状破裂（板裂）结构 |
| 以二组发育为主 | 块裂结构 |
| 以三组发育为主 | 碎裂结构 |
| 结构面无序发育 | 散裂结构 |

（3）岩体结构基本类型的综合分类及其特征

岩体结构基本类型的综合分类见表 3-5。几点需要说明的如下。

① 在层状结构岩体中，若其单层厚度大于 1.5m，尤其层面具有较强的结合力，则可划归整体块状结构。如果岩层层间错动面（或带）发育，甚至有的已泥化，可划为层状碎裂（板裂）结构。

② 鉴于构造形迹发育与分布的随机性，往往在一些相对完整的岩体中发育一两条断层，而又不便纳入岩体结构类型划分中。此时可作为岩体力学边界，或作为一条软弱结构面考虑。总之，在岩体结构类型划分中应从整体角度考虑，不宜过分拘泥于个别现象。

③ 岩体是建造和改造全过程的产物，但随着环境的变化，岩体仍会继续演化，因而应注意其演化趋势，预测岩体结构转型的可能性。

④ 在岩体结构类型具体划分中，将局部划分与综合划分结合起来，就可划分出符合实际的类型来，从而有利于岩体稳定性分析和评价。

表 3-5　岩体结构基本

| 岩体结构类型 | | | | 力学介质类型 | 岩体变形、破坏特征 | 工程地质评价要点 | 地质背景 |
|---|---|---|---|---|---|---|---|
| 类 | | 亚类 | | | | | |
| 代号 | 名称 | 代号 | 名称 | | | | |
| I | 整体块状结构 | I₁ | 整体结构 | 连续介质 | 硬脆岩中的深埋地下工程可能出现岩爆,即脆性破裂,一般是沿裂隙端部产生,在半坚硬岩中可能有微弱的塑性变形 | 埋深大或当地的工程处于地震危险区,它的围岩初始应力大,并可能产生岩爆 | 岩性单一,构造变形轻微的巨厚层沉积岩、变质岩和火成岩 |
| | | I₂ | 块状结构 | 连续介质或不连续介质 | 压缩变形微量,剪切、滑移面多迁就已有结构面 | 结构面分布与特征,块体的规模、形态和方位,深埋或地震危险区可能导致岩爆的产生 | 岩性单一,构造变形轻-中等的厚层沉积岩、变质岩和火成岩 |
| II | 层状结构 | II₁ | 层状结构 | 不连续介质 | 受变形岩石组合、结构面所控制,压缩变形取决于岩性及结构面发育情况,缓倾和陡立岩层在拱顶和围墙可能出现引张拗折现象,剪切滑移受结构面,尤其是软弱夹层所制约 | 岩石组合,结构面的组合,水文地质结构和水动力条件 | 主要指构造变形轻-中等的中厚层(单层厚度大于30cm)的层状岩层 |
| | | II₂ | 薄层状结构 | 不连续介质 | 岩体的变形、破坏受整体特性所控制,特别是软弱破碎岩层可能出现压缩挤压、底鼓等现象;洞顶、边墙易产生拗折现象,剪切滑移受结构面控制 | 层间结合状态,地下水对软弱破碎岩层的软化、泥化作用 | 同II₂,但层厚小于30cm,在构造变动作用下表现为相对强烈的褶皱和层间错动 |
| III | 碎裂结构 | III₁ | 镶嵌结构 | 似连续介质 | 压缩变形量直接与结构体的大小、形态、强度有关。结构面的抗剪特性,结构体彼此镶嵌的能力,在岩体变形、破坏过程中起决定作用 | 结构面发育组数、特性及其彼此交切的情况,地下水的渗透特性,工程岩体所处振动、风化条件 | 一般发育于脆性岩层中的压碎岩带,节理、劈理组数多、密度大 |
| | | III₂ | 层状碎裂结构 | 不连续介质 | 岩体受力后变形,破坏受软弱破碎带所控制。岩体既具坍塌、滑移的条件,也存在压缩变形的可能性 | 控制软弱破碎带的方位、规模、组成物质条件及其特性,相对完整岩体的骨架作用,地下水赋存条件及其对岩体稳定性的影响 | 软硬相间的岩石组合,叠瓦式构造带,通常为软弱破碎带与完整性较好的岩体相间存在 |
| | | III₃ | 破碎结构 | 或似连续介质、不连续介质 | 整体强度低,坍塌、滑移、压缩变形均可产生,岩体塑性强,变形时间效应明显。岩体变形、破坏受软弱结构面所决定 | 软弱结构面的方位、规模、数量、水理性及其组合特征,地下水赋存条件和作用,时间效应,II、III级结构面组合对变形初始阶段的控制作用 | 岩性复杂,构造变动剧烈,断裂发育,亦包括弱风化带 |
| IV | 散体结构 | | | 似连续介质 | 近似松散介质,变形时间效应明显,基础的压缩沉降、边坡的塑性挤出、坍塌、滑移,洞室的坍塌鼓胀均可发生,变形、破坏受破碎带的物质组成及其强度所控制 | 构造岩、风化岩的破碎特性、物质组成、物理-力学性质、水理特性等,注意断层破碎带的多期活动性和新构造活动应力场 | 构造变动剧烈,一般为断层破碎带,岩浆岩侵入接触破碎带以及剧风化带 |

类型的综合分类

| 完整状态 | | 结构面特征 | 结构体特征 | | 水文地质特征 |
| --- | --- | --- | --- | --- | --- |
| 结构面间距/cm | 完整性系数 $I$ | | 形态 | 抗压强度/MPa | |
| >100 | >0.75 | Ⅳ、Ⅴ级结构面存在，偶见Ⅲ级结构面，组数不超过 3 组，延展性极差，多闭合、粗糙，无填充，少夹碎屑。一般 $\tan\varphi \geqslant 0.60$ | 岩体呈整体状态，可由巨型块体所组成 | >60 | 地下水作用不明显 |
| 50~100 | 0.35~0.75 | 以Ⅳ、Ⅴ级结构面为主，层间有一定的结合力，以两组高角度剪切节理为主，结构面多闭合、粗糙，或夹碎屑或附薄膜，一般 $\tan\varphi = 0.40\sim0.60$ | 长方体、立方体、菱形块体以及占多数的多解形块体 | >30（一般在 60 以上） | 裂隙水甚为微弱，沿结构面可出现渗水、滴水现象，主要表现为对半坚硬岩石的软化 |
| 30~50 | 0.30~0.60 | 以Ⅲ、Ⅳ级结构面为主，亦存在Ⅱ级结构面，一般有 2~3 组，层面尤为明显，层间结合力差，一般 $\tan\varphi = 0.3\sim0.5$ | 长方体、厚板体、柱状体和块体 | >30 | 由于岩层组合的不同，就有不同的水文地质结构，不仅存在由渗透压力所引起的问题，而且地下水对岩层的软化、泥化作用亦很明显 |
| <30 | <0.40 | 层理、片理发育，原生软弱夹层、层间错动和小断层不时出现，结构面多为泥膜、碎屑或泥质物所填充，一般结合力差，$\tan\varphi \approx 0.3$ | 组合板状体或薄板状体 | 一般 20~30 | |
| <50，一般为数厘米 | <0.35 | 以Ⅲ、Ⅳ级结构面为主，组数多（多于 3 组），密度大，其延展性甚差，结构面粗糙，闭合或夹少量的碎屑，$\tan\varphi = 0.4\sim0.6$ | 形态不一，大小不同，棱角显著，彼此咬合 | >60 | 本身即为统一含水层（体），虽然导水性能并不显著，但渗水，亦有一定的渗透能力 |
| <100 | <0.40 | Ⅱ、Ⅲ、Ⅳ级结构面均发育，其中Ⅱ、Ⅲ级软弱结构面起控制作用，其摩擦系数一般为 0.20~0.40；相对坚硬完整的、与软弱破碎带相间存在的骨架岩体中则以Ⅲ、Ⅳ结构面为主，其 $\tan\varphi \approx 0.4$ | 软弱破碎带以碎屑、碎块、岩粉、泥为主；骨架岩体中大小不同、形态各异的岩块组成 | 骨架岩体中岩块强度在 30 上下或更大些 | 亦具有层状水文地质结构特点，软弱破碎带两侧地下水呈带状渗流；同时，地下水对软弱结构面的软化、泥化作用甚为明显 |
| <50 | <0.30 | Ⅱ、Ⅲ、Ⅳ、Ⅴ各级结构面均发育，多被泥夹碎屑、泥膜或矿物薄膜所填充。结构面光滑程度不一，形态各异，有的破碎带黏土中黏土矿物成分甚多，结构面的摩擦系数一般为 0.2~0.4 | 由泥、碎屑和大小不等、形态不同的岩块所组成 | 岩块中隐微裂隙发育，不堪一击，一般为 20~30 | 地下水各方面作用均为显著，不仅有软化、泥化作用，而且由于渗流还可能引起化学管涌和机械管涌现象 |
| | <0.20 | 断层破碎带，接触破碎带中节理、劈理密集而呈无序状。整个破碎带（包括剧-强风化带）呈块状夹泥的松散状态或泥包块的松散状态，摩擦系数一般在 0.2 上下 | 泥、岩粉、碎屑、碎块、碎片等 | 岩块的强度在此无实际意义 | 破碎带中泥质多、厚度较大时起隔水作用，而其两侧富集地下水，同时也促使破碎带物质软化、泥化、崩解、膨胀，还可能产生化学、机械管涌现象 |

# 3.4 岩体结构的力学效应

岩体结构的力学效应实质上就是探讨岩体结构对岩体力学行为与力学作用的影响。大量实践与试验研究表明，岩体的应力传播、岩体的变形破坏以及岩体力学介质无不受控于岩体结构。

具有一定结构的岩体，往往具有对应的力学属性。发育于岩体中的结构面，是抵抗外力的薄弱环节。为此，必须对结构面进行仔细的划分，即划分为软弱结构面与硬性结构面两大类。软弱结构面是岩体变形破坏的重要控制因素或边界；硬性结构面是划分岩体结构、鉴别岩体力学介质类型的重要依据。

## 3.4.1 岩体变形机制

岩体变形与连续介质变形明显不同，它由结构体变形与结构面变形两部分构成。

岩体变形机制归纳于表3-6。

**表 3-6 岩体变形机制**

| 岩体结构 | | 完整岩体 | 碎裂岩体 | 块裂岩体 |
|---|---|---|---|---|
| 变形成分 | 主要的 | 岩块压缩变形 | 结构面滑移变形 | 结构体滑移及压缩变形 |
| | 次要的 | 微结构面错动 | 结构体及结构面压缩及结构体性状改变 | 结构体压缩及形状改变 |
| 侧胀系数 | | 小于0.5 | 常大于0.5 | 极微小 |
| 变形过程 | | 结构体压缩及形状改变 | 压密 | 沿结构面滑移 |
| 控制岩体变形的主要因素 | | 岩石、岩相特征及Ⅴ级结构面特征 | 开裂的不连续的Ⅲ、Ⅳ级结构面 | 贯通的Ⅰ、Ⅱ级结构面，主要为软弱结构面 |

岩体的变形主要决定于结构面发育状况，结构面发育特征不仅控制岩体变形量的大小，而且控制岩体变形性质及变形过程。块裂结构岩体变形主要沿贯通性结构面滑移形成；碎裂结构岩体变形则由Ⅲ、Ⅳ级结构面滑移及部分岩块变形构成；只有完整岩体的变形才受控于组成岩体的岩石变形特征。

## 3.4.2 岩体破坏机制

岩体力学试验与工程岩体破坏均证明，岩体的破坏机制受控于结构。结构控制的主要方面有：岩体破坏的难易程度、岩体破坏的规模、岩体破坏的过程及岩体破坏的主要方式等。

岩体破坏的力学过程是岩体破坏机制。岩体破坏机制类型归纳如下（表3-7）。

**表 3-7 岩体破坏机制类型**

| 整块体结构岩体 | 块裂结构岩体 | 碎裂结构岩体 | 散体结构岩体 |
|---|---|---|---|
| ①张破裂②剪破坏③流动变形 | 结构体沿结构面滑动 | ①结构体破裂；②结构体剪破裂；③结构体流动变形；④结构体沿结构面滑动；⑤结构体滚动；⑥结构体组合体倾倒；⑦结构体组合体溃屈 | ①剪破坏②流动变形 |

块裂结构岩体主要为结构体沿结构面滑动破坏。而碎裂结构岩体的破坏机制较为复杂，当它赋存于高地应力环境时，则呈现为连续介质；如赋存于低地应力环境时，则属于碎裂介质，其破坏机制中，张、剪、滑、滚、倾倒、弯曲、溃屈等机制均可见。而在工程岩体破坏

中，常是几种破坏机制联合出现。

### 3.4.3 岩体力学性质与力学介质

研究岩体力学性质的科学方法宜采用典型地质单元岩体力学试验与岩体地质研究相结合的综合研究方法。根据岩性、岩体结构与围压情况，可对岩体的力学介质类型和力学特性进行划分，见表3-8、表3-9。

表 3-8 岩体力学介质分类

| 岩　性 | 围　压 | 块裂结构 | 碎裂结构 | 散体结构 | | 完整结构 |
| --- | --- | --- | --- | --- | --- | --- |
| | | | | 粗碎屑 | 糜棱泥 | |
| 坚硬 | 低 | ① | ② | | | ③ |
| | 高 | | | | | |
| 软弱 | 低 | | | ③ | | |
| | 高 | | | | | |

注：①—块裂介质；②—碎裂介质；③—连续介质。

表 3-9　各种岩体力学介质的力学特性

| 力学特性 | 力学介质类型 | | |
| --- | --- | --- | --- |
| | 块裂介质 | 碎裂介质 | 连续介质 |
| 力学作用控制因素 | 软弱结构面 | 岩体结构及环境应力条件 | 岩性、岩石结构及环境应力条件 |
| 变形机制 | 软弱结构面压缩、滑移 | 结构体：压缩、剪切<br>结构面：闭合、滑移 | 岩块压缩及剪切 |
| 破坏机制 | 结构体软弱结构面滑移 | 结构面：压碎、滚动、沿软弱结构面滑动<br>结构体：组合件倾倒、溃屈 | 张破裂<br>剪破坏<br>流动变形 |
| 应力传播机制 | 软弱结构面上表面力 | 结构单元传播 | 连续传播 |
| 岩体力学性质控制因素 | 结构面起伏及填充状况 | 岩性、结构及环境因素，结构效应显著 | 岩性、结构及环境因素 |
| 岩体力学原理及方法 | 块裂介质岩体力学 | 碎裂介质岩体力学 | 连续介质岩体力学 |

### 3.4.4 岩体赋存环境因素及结构的力学效应

岩体赋存于一定地质环境之中。环境因素的力学效应主要表现在两方面：对岩体力学性质的影响；对岩体变形和破坏机制的影响。在环境因素中，地应力与地下水是重要的因素。

随着地应力的提高，将呈现如下转化：对完整结构岩体，破坏机制由脆性向柔性转化，破坏强度逐渐增高；对碎裂结构岩体，结构面作用逐渐减小，结构体破坏机制由脆性向柔性转化，岩体力学介质由碎裂向连续转化。

地下水的力学效应主要表现在两个方面：孔隙-裂隙水压力作用、软化作用。它们又有一定的联系。因此，考虑它们的综合效应是理所当然的。

孙广忠等归纳出岩体结构力学效应的三大法则，即爬坡角法则、结构面密度的力学效应法则——尺寸效应法则和结构面产状力学效应法则。

岩体结构对工程岩体控制作用主要表现在三方面：对工程岩体特性具有本质性影响；控制着工程岩体的变形与破坏；制约着工程岩体的稳定性。这里仅讨论岩体结构对岩石工程稳定性的控制作用。

整体块状结构中的 $I_1$ 类岩体，坚硬完整，受力后强度起控制作用，一般呈稳定状态，对于深埋或高应力区的地下开挖可能出现岩爆。

$I_2$ 类岩体较为完整坚硬，结构面抗剪强度高，在一般工程条件下亦稳定。但应注意 Ⅱ、Ⅲ级结构面与临空面共同组合，可能造成块体失稳，此时软弱面的抗剪强度起控制作用。

$Ⅱ_1$ 类岩体的变形由层岩组合和结构面力学特性所决定，尤其是层面和软弱夹层。在一般工程条件下较稳定。

$Ⅱ_2$ 类岩体由于层间结合力差，软弱岩层或夹层多，使岩体的整体强度低，塑性变形、弯折破坏易于产生，顺层滑动受软弱面特性所决定。

$Ⅲ_1$ 类岩体有一定强度，抗剪切，但不抗拉，在风化和振动条件下易于松动。

$Ⅲ_2$ 类岩体变形受破碎带控制，变形方式视所处的工程部位而异，但其中骨架岩层对岩体稳定有利。

$Ⅲ_3$ 类岩体变形决定其整体特性，由于各级结构面咬合较好，整体强度较高。但一旦岩体失稳，往往呈连锁反应。

Ⅳ 类岩体强度低，易于变形破坏，时间效应显著，在工程载荷作用下表现极不稳定。

应该指出，$Ⅲ_2$、$Ⅲ_3$、Ⅳ 类岩体，地下水作用后的软化、泥化、崩解、膨胀、管涌现象都是十分突出的问题。

分析岩体结构对岩体稳定性的控制作用，应注意如下几方面。

① 在工程地质模型基础上，经初步岩体结构分析，对岩体稳定性可作出宏观与定性的判断。

② 依据岩体结构，尤其是结构面（特别是控制性结构面与软弱结构面）与工程岩体的依存关系，可准确确定岩体稳定性的边界条件。

③ 结构面的组合关系，尤其是在软弱结构面共同作用下，控制着岩体变形破坏方式与失稳机制。

④ 岩体结构同样控制工程岩体的环境因素。环境因素主要包括地应力与地下水。就地应力而言，虽主要受区域地质构造背景的控制，但就具体工程，地应力的作用方式与强度仍受到岩体结构的制约。地下水完全受控于岩体结构。

⑤ 在岩体结构力学效应中，通过起伏角、尺寸效应和结构面产状，可充分反映岩体结构对岩体稳定性的控制作用。

根据工程地质模型，转化为力学模型，最终作出岩体稳定性分析与评价，这是岩体稳定性分析的基本过程。充分认识结构控制作用，将大大提高岩体稳定性分析的准确性。

# 思考题

1. 如何理解物质成分和结构性是岩体的两个基本特性？
2. 岩体结构有哪些基本类型，各自有什么特征？
3. 岩体的变形机制是什么？
4. 岩体的破坏机制是什么？
5. 岩体有哪些重要的赋存环境因素？
6. 岩体结构对工程岩体有什么控制作用？
7. 岩体结构是如何控制岩体稳定性的？

# 参考文献

［1］ 中国科学院地质研究所工程地质与抗震研究室. 岩体工程地质力学的原理与方法 ［J］. 中国科学，1972，1：1-15.

［2］ 谷德振. 岩体工程地质力学基础 ［M］. 北京：科学出版社，1979.

［3］ 张咸恭，王思敬，张倬元. 中国工程地质学 ［M］. 北京：科学出版社，2000.

［4］ 谷德振. 谷德振文集 ［M］. 北京：地震出版社，1994.

［5］ 孙玉科，李建国. 岩质边坡稳定的工程地质研究 ［J］. 地质科学，1965，7：36-43.

［6］ 许兵，黄鼎成. 岩体结构特性及其对岩体稳定性的影响 ［J］. 地质科学，1976，4：44-51.

［7］ 孙广忠. 论岩体结构力学效应 ［J］. 岩石力学，1980，2：37-44.

［8］ Gu Dezhen and Wang Sijing. On the Engineering Geomechanics of Rock Mass Sturcture ［J］. Bulletin of the International Association of Engineering Geology，1980，No. 23：109-111.

［9］ Gu Dezhen and Wang Sijing. Fundamentals of Geomechanics for Rock Engineering in China ［J］. Rock Mechanics，1982，Suppl. 12：75-87.

［10］ 中国科学院地质研究所著. 岩体工程地质力学问题 ［M］. 北京：科学出版社，1976.

［11］ 王思敬，张菊明. 岩体结构稳定性的块体力学分析 ［J］. 地质科学，1980，1：19-33.

［12］ Wang Sijing. On the Mechanism and Process of Slope Deformation in an Open pit Mine ［J］. Rock Mechanics，1981，No. 3：145-156.

［13］ 谷德振，王思敬. 岩体稳定性评价的工程地质力学原理 ［J］. 中国科学院地质研究所集刊. 北京：文物出版社，1982：320-329.

［14］ 谷德振，王思敬. 中国工程地质力学的基本研究 ［J］. 工程地质力学研究. 北京：地质出版社，1985：4-28.

［15］ 孙广忠. 论岩体工程地质力学基础 ［J］. 岩石力学，1978，1：15-29.

［16］ 孙广忠. 论岩体力学介质 ［J］. 地质科学，1980，（1）：178-185.

［17］ 孙广忠. 关于岩体特性和岩体力学问题 ［J］. 水文地质工程地质，1980，2：6-7.

［18］ 孙广忠，周瑞光. 岩体变形和破坏机制的结构效应 ［J］. 地质科学，1980，（4）：363-377.

［19］ 孙广忠. 岩体力学基础 ［M］. 北京：科学出版社. 1983.

［20］ 孙广忠. 论岩体结构力学原理. 工程地质力学研究 ［M］. 北京：地质出版社，1985.

［21］ 唐辉明，晏同珍. 岩体断裂力学理论与工程应用 ［M］. 武汉：中国地质大学，1993.

# 第二篇

## 工程地质问题研究

# 第 4 章　活断层与地震

## 4.1　概　述

　　活断层（active fault）和地震（earthquake）是两种密切相关的工程动力地质作用。在工程地质领域，将活断层和地震活动所产生的工程地质问题称为"区域地壳稳定性问题"。

　　据统计，世界上 90% 以上的地震是由于断层活动而引起的。地球的构造运动可以使地壳和上地幔中积累构造应力，当构造应力增大并超过介质强度时，多表现为活断层的突然错动，并释放应变能，以弹性波的形式在地壳表层传播，从而引发地震。但是，活断层活动时并不一定都表现为地震。因此就有必要研究活断层的活动方式和活动特点，并将活断层划分为蠕滑断层和黏滑断层。一般而言，黏滑断层会发生地震，因此可称之为地震断层。蠕滑断层和黏滑断层的活动都会导致工程建筑物的直接损害，而后者的损害往往更为严重。

　　人们对地震的认识和研究已有 3000 多年的历史，然而活断层的研究历史只有 100 多年，而且也是从研究地震断层开始的。1891 年日本浓尾地震（8 级以上）和 1906 年美国旧金山大地震（8 级左右），都产生了明显的地表错动现象，从而推动了对活断层的研究。

　　地震的危害人尽皆知，一次强烈地震顷刻之间可在较大地域内产生严重危害。据统计，全世界每年大约发生 500 万次地震，其中绝大多数是不为人们感知的小地震，而破坏性地震约 1000 次，其中强烈破坏性地震有十几次。我国自然地质条件复杂，地处环太平洋地震带和地中海-喜马拉雅地震带这两个世界上最强的地震带之间，是世界上最大的一块大陆地震区。近数百年来，世界上损害最重的震例，大多数发生在中国，使我国深受地震灾害之苦。1976 年唐山 7.8 级大地震，使该市市区夷为废墟，死亡 24 万人，是 20 世纪世界上最为惨重的地震灾害之一。

　　活断层和地震是工程地质问题的基本内容之一，也是工程地质学研究的重要课题之一。

## 4.2　活断层

　　自 20 世纪 20 年代，Willis 和 Wood 提出活断层的概念以来，活断层一直是地球科学研究中的一个重要领域。不仅因为活断层是地质历史中最新活动的产物，为研究现今地壳动力学提供了最为重要和直接的证据，而且还由于活断层与灾害，尤其是地震灾害有着密切的联系；活断层的存在还直接影响着工程的安全。因此，活断层研究一直受到各种国际地学组织、地球科学家和工程地震学家们的高度重视。

　　活断层的工程评价是建立在活断层研究基础之上的。活断层研究虽然早已被人们所重视，但长期停留在描述性和定性研究阶段。自 20 世纪 70 年代开始，由于在地震和工程研究中的特殊地位，活断层研究获得了飞跃的发展。80 年代以来，"断裂分段研究"又把活断层的研究推进了一步，活断层研究也与工程安全性评价更加密切结合起来，如李起彤（1991）对活断层的特征、研究方法和工程评价方面进行了全面的论述；邓起东等（1992）对活动断裂工程安全性评价和位错量的定量评估作了深入分析；张培震等（1998）对重大工程地震安全性评价中活动断裂分段准则进行了归纳；周本刚等（1997）对如何应用活动断裂的活动时代、规模、倾向和不同类型发震构造的深浅构造关系来合理划分潜在震源区与确定震级上限作了探讨；建立在活动断裂研究基础上的断裂地震危险性评估也取得了很大的进展（闻学泽等，1999）。90 年代以来，随着浅层探测技术的进步，也由于许多震例表明，城市直下型地震是造成城市巨大灾害的直接因素，国际上对城市隐伏活动断裂的探测越来越重视，如美国国家减灾计划（NEHRP）在新马德里地震区开展了一系列探测试验（R. A. Williams，et al.，1995）；我国在 2002 年也在福州市开展了城市活断层试验探测与地震危险性评价研究，其它城市的探测工作也陆续展开。

### 4.2.1　活断层的概念及研究意义

活断层是指目前正在活动着的断层，或是近期曾有过活动而不久的将来可能会重新活动的断层。后一种情况也可称为潜在活断层。

各国学者对目前正在活动着的断层，因有鉴别标志佐证而无争议，但对潜在活断层的判定则有不同见解。争论的焦点主要是对"近期"一词的看法不同，即对活断层活动时间的上限有不同的标准。有的将第四纪开始以来活动过的断层都叫活断层，有的将活断层的时间上限定在晚更新世，有的则限于最近 35000 年（以 $^{14}C$ 确定绝对年龄的可靠上限）之内，也有的认为只限于全新世之内，时间差距较大。然而，大家研究的重点是一致的，都注重研究从第四纪以来反复活动着、与地震活动紧密相关、今后可能继续活动的断层。从工程使用的时间尺度和断层活动资料的准确性考虑，活动时间上限不宜过长；但时间上限过短，对一些重大工程的安全性也未必妥当。一般工程的使用年限为数十年，一些重大的工程设施如高坝、核电站等使用年限在一二百年以内。因此，人们更为关注的是"不久的将来"（例如一二百年内）断层有无活动的可能性。从工程勘察的角度出发，应给予潜在活断层以明确的含义。

美国原子能委员会从历史性和现实性观点出发，将活断层分为两类。一类是狭义的"活动断层"，其概念是全新世以来活动、并且未来仍有可能活动的断层，其活动可以找到地质的、历史考古的、地震活动的、地球物理的以及大地测量的诸多证据，它对现代工程实践和地震预报等有着最直接和密切的关系。另一类是广义的"能动断层"，其概念是：① 在 $3.5 \times 10^4$ a 内有过一次活动证据，或在过去 $50 \times 10^4$ a 内有反复活动的证据；② 与之有联系的断层；③ 沿该断裂带仪器记录到微震活动。

我国规定潜在活断层的时间上限，铁路为 $1 \times 10^4$ a，高坝和核电站为 $5 \times 10^4$ a。

活断层对工程建筑物的影响表现为两个方面。一方面是由于活断层的地面错动直接损害跨越该断层修建的建筑物；有些活断层错动时附近有伴生的地面变形，则也会影响到邻近的建筑物。另一方面是伴有地震发生的活断层，强烈的地面震动对较大范围内建筑物造成损害。从工程地质观点出发，这两方面的问题均与工程的区域稳定性或地壳稳定性密切相关。

例如，位于美国西海岸南部的长达 1000 余公里的圣安德烈斯大断层是世界上最活跃的活断层之一，特别是旧金山东南从霍利斯特至帕克菲尔德约 200km 的区段内，激光测距获得的断层蠕动速率是 1～4cm/a，因而跨越断层的公路、围墙等建筑物几年后就能发现较大的错位。我国宁夏石嘴山附近长城被错断即为一例，宁夏石嘴山市红果子沟，明代中、晚期（距今约 400 年）修建的一段东西向长城，有两处被错断，这两处均为断层的蠕动所致，跨越长城的断层走向为 N28°E，由此估算其错动速率，水平和垂直方向各为 3.63mm/a 及

2.25mm/a。我国唐山大地震时有一条长 8km，走向 N30°E 的地表断层，正好由市区通过，最大水平错距 3m，垂直断距 0.7～1m，该断层穿过的道路、房屋、围墙等一切建筑物全被错开（图 4-1）。

由上可知，研究活断层有着重要的工程意义，在进行工程建设时，尽可能避开活断层，或采取较合理的措施以预防其可能造成的损害。

### 4.2.2 活断层的基本特征

#### 4.2.2.1 活断层的继承性与反复性

研究资料表明，活断层往往是继承老的断裂活动的历史而继续发展的，而且现今发生地面断裂破坏的地段过去曾多次反复地发生过同样的断层活动。

我国活断层的分布，总体来说是继承了老的断裂构造，尤其是中生代和第三纪以来断裂构造的格架。这些断裂处于几个板块相互作用所控制的现代地应力场中而继续活动，并在一定程度上发育了新的活动部位。在现代地应力场的作用下，东部地区以正断层和走滑-正断层为主，西部地区则以走滑和逆冲-走滑断层为主。而且西部地区的活动强度明显大于东部，一些巨大的活动断裂带，控制了强震的孕育和发生。

一些活动构造带的地震震中，总是沿活动性断裂

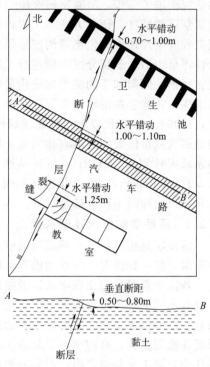

图 4-1 唐山大地震地表断层错动
（据虢顺民等，1977）

有规律地分布的，岩性和地貌错位反复发生，累积叠加，其中尤以走滑断层最为明显。例如，新疆喀依尔特-二台断裂在地质时期内长期活动，其右旋走滑运动幅度的最大值为 26km，上更新世早期形成的水系被错移的最大值为 2.5km。根据大量历史地震现象，不同期次断层错动不同层序沉积物的资料和 $^{14}C$ 年代测定等综合分析，初步可确定断裂带上有 3～5 次历史地震事件，各次地震位移累积叠加。说明该断裂在相当长的地质历史时期内，在差不多同一构造应力条件下，以同一模式沿着已经发生错动的断裂带继续活动，主要活动方式是黏滑。现今的新疆富蕴地震断裂带是它继承性活动和发展的产物，它的展布范围与该活动断层完全一致。

#### 4.2.2.2 活断层是深大断裂复活运动的产物

研究表明，活断层往往是地质历史时期产生的深大断裂，在挽近期及现代地壳构造应力条件下重新活动而产生的。深大断裂指的是切穿岩石圈、地壳或基底的断裂，其延伸长度达数十、数百甚至数千公里，切割深度为数公里至百余公里。复活运动的标志是地震活动和地热流异常等，尤其是那些走滑型活断层最易伴生强震，形成地震带。

#### 4.2.2.3 活断层的活动方式

活断层的基本活动方式有两种：一种是以地震方式产生间歇性的突然滑动，这种断层称为地震断层或黏滑型断层；另一种是沿断层面两侧岩层连续缓慢地滑动，这种断层称为蠕变断层或蠕滑型断层。一般认为：黏滑型活断层的围岩强度高，断裂带锁固能力强，能不断地积累应变能。而当应力达到一定强度极限后，产生突然滑动，迅速而强烈地释放应变能，造成地震。所以沿这种断层往往有周期性的地震活动。蠕滑型活断层主要发育在围岩强度低、断裂带内含有软弱填充物，或孔隙水压、地温的高异常带内，断裂带锁固能力弱，不能积累

较大的应变能，在受力过程中易于发生持续而缓慢的滑动。断层活动一般无地震发生，有时可伴有小震。

近年来，一些研究者注意到了黏滑型断层在大震前、后一段时间内在震源和震源外围的蠕动问题。例如，1976 年唐山地震前、后的一些宏观现象，如井壁坍塌、井喷等，可能与深部断裂的蠕动有关。据唐山地震震中区的形变资料反演求得，在 1969—1975 年，曾发生了走滑错距为 104cm 的无震蠕滑，走向和倾向滑动的平均速率分别达 18.6cm/a 和 1.4cm/a。此外，有的地震刚发生时，地表上见不到断层位移，经过数日或一年后，地表才出现这次地震产生的位移。这种断层后效蠕动位移现象，已由美国帕克菲尔德和博利戈山两次地震后的观测资料所证实。说明地震时基岩中发生的断层位移，在其上覆盖层中是以塑性流动的形式而滞后到达地表面的。

#### 4.2.3　活断层参数的研究

活断层在时空域内运动的参数有：活断层的产状、长度、断距、错动速率、错动周期和活动年龄等。这些参数是在活断层区进行地震预报和设防的重要资料，对它们的了解和分析有助于把握活动断裂的活动规律性，也是评价建设场地区域地壳稳定性的重要依据。

##### 4.2.3.1　活断层的产状

活断层的产状包括断层面的走向、倾向和倾角，可通过遥感影像判读、宏观地质调查、震源机制断层面解，以及对等震线几何特征、地表地震断层和裂缝带、大地测量资料的分析等多种途径获取。

##### 4.2.3.2　活断层的长度与断距

研究者习惯上以地震时地表断裂带长度和断层最大位移值来分别表征活断层的长度和断距。一般来说，地震的震级愈大，震源深度愈浅，则地表断裂愈长，断层位移量也愈大。针对沿已有断裂带上发生的浅源地震而言，实测资料表明，一般大于 7.5 级的浅源地震均伴有地表错断，而小于 5.5 级者，则少见地表错断。

地震时地表错断的长度可从小于一公里到数百公里，地表错移量从几厘米至十来米。同样震级的地震由于震源深度和锁固段岩体强度不同，其地表断裂的长度是不相同的。

一般认为，地面上产生的最长地震断裂最能代表震源断层的长度。据此观点，我国地震工作者统计了我国和邻近地区地震的地表断裂资料，于 1965 年提出了如下关系式：

$$M = 3.3 + 2.1 \lg L \tag{4-1}$$

式中，$M$ 为地震震级；$L$ 为相应的最长地面断裂长度，km。当某次地震已知其震级时，即可按上式估算震源断层的长度。

M. G. Bonilla 和 R. C. Buchanan 根据全世界几十个地震地表错断资料，绘制了震级与主断层地表错断长度的关系图（图 4-2）。据此关系图可估计一定震级的地震可能产生的地表断裂最大长度。两位学者还根据相同的资料绘制了震级与主断层地表最大位移的关系图（图 4-3）。由图中可看出，资料的离散性很大，其原因在于：①有些活断层在地震时地表错断的长度往往只是它的一部分；②断层类型不同，地表断层产生的错距也不相同。但是显然可知，主断层的地表错断长度及最大位移与震级是呈线性正相关的。

##### 4.2.3.3　活断层的错动速率和错动周期

活断层的错动速率，一般是通过精密地形测量（包括精密水准和三角测量）和研究第四纪沉积物年代及其错位量而获得的。

精密地形测量可以精确地测定活断层不同地段的现今错动速率。例如，圣安德烈斯断层

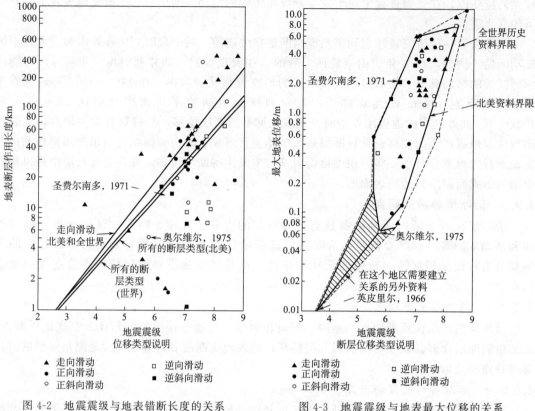

图 4-2　地震震级与地表错断长度的关系
（据 Bonilln 和 Buchanan，1970）

图 4-3　地震震级与地表最大位移的关系
（据 Bonilln 和 Buchanan，1970）

　　经过精密地形测量后，根据蠕动速率的大小和地震情况划分为九段，其中的比特瓦特谷至帕克菲尔德段蠕动速率极高，达 5cm/a 以上，但没有发生地震；而门多西诺角至洛斯加托斯段及乔拉姆至卡宗隘口段则未发现蠕变断错，前者在 1906 年发生了 $M8.3$ 级大地震（即旧金山大地震），地震时地表破裂右旋方向最大位移为 6.4m，后者在 1857 年发生 $M8.25$ 级大地震时最大断错达 10m。

　　根据第四纪沉淀物年代和错位量的研究，则只能测定活断层在最新地质时期内的平均错动速率。据统计，我国西部地区大部分活断层的垂直平均错动速率为 0.5～1.6mm/a；水平平均错动速率：新疆地区为 8～18mm/a，青藏高原周围为 2～9mm/a，青藏高原内部为 2.5～10mm/a。东部地区大部分活断层的垂直平均错动速率：华北平原为 0.2mm/a，银川地堑、汾渭地堑分别为 2.3mm/a、1.8mm/a，华南地区每年百分之几至十分之几毫米。水平平均错动速率：华北平原为 0.5～2.3mm/a，鄂尔多斯周围为 3～5mm/a，华南地区为 0.4～2mm/a，我国台湾地区为 6～12mm/a。

　　需要指出的是，活断层的错动速率是不均匀的，临震前往往加速，地震后又逐渐减缓。

　　根据错动速率的大小，一般将活断层分为 AA、A、B、C、D 五级（表 4-1）。

表 4-1　活断层按错动速率分级

| 等级 | 错动速率/(mm/a) | 等级 | 错动速率/(mm/a) |
|---|---|---|---|
| AA | >10 | C | 0.01～0.1 |
| A | 1～10 | D | <0.01 |
| B | 0.1～1 | | |

地震断层两次突然错动之间的时间间隔，就是活断层的错动周期。

由于活断层发生大地震的重复周期往往长达数百年甚至数千年，有的已超出了地震记录的时间。为此，要加强史前古地震的研究，利用古地震时保存在近代沉积物中的地质证据以及地貌记录，来判定断层错动的次数和时代。

地震断层的错动周期主要取决于断层周围地壳应变速率和断层面锁固段的强度。在一般情况下，应变速率愈小，锁固段强度愈大，则错动周期愈长；也就是说，地震强度愈大的活断层，其错动周期愈长。因此，刚发生过大地震的地段应该是安全的。

#### 4.2.3.4 活断层的年龄判据

确定活断层最新一次活动的地质年代和绝对年龄，对工程建设至关重要。

活断层的年龄判据，要以第四纪地质学和地层学研究等为基础，来判定活断层的地质年代或年代范围。在此基础上，应用现代测试技术，取样测定绝对年龄。所以，年龄判据方法可分为错断地层年龄法（间接法）和断层物质绝对年龄法（直接法）两大类。

错断地层年龄法适用条件是错断断层带及所在地质体上覆盖有第四纪沉积物。如图 4-4 所示，图（a）的活断层发生于晚更新世晚期（$Q_3^2$）与全新世（$Q_4$）之间，图（b）的活断层则发生于晚更新世早期（$Q_3^1$）与全新世（$Q_4$）之间。

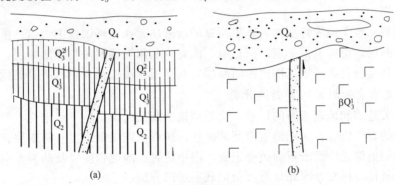

图 4-4　活断层的错断地层年龄判据

断层物质绝对年龄测定法，是从断层带内采取样品，并用专门仪器测定样品中某些矿物、岩石、化石的物理、化学和显微结构的变化等，用以确定绝对年龄。目前，有效的方法有：$^{14}$C 法、热释光法（TL）、铀系法（USM）、电子自旋共振法（ESR）和石英表面显微结构法（SEM）等。这些方法精度高，结果可靠，但取样有特殊要求。若将上述任两种方法结合起来使用，活断层年龄判据的可信度是很高的。

### 4.2.4 活断层的鉴别

活断层的鉴别是对其进行工程地质评价的基础。由于活断层是第四纪以来构造运动的反映，它便显示出新的构造活动行迹。所以，我们可以借助地质学、地貌学、地震地质学以及现代测试技术等方法和手段，定性和定量地鉴别。

#### 4.2.4.1 地质、地貌和水文地质特征

（1）地质特征

最新沉积物的地层错开，是鉴别活断层最可靠的依据。一般来说，只要见到第四纪中、晚期的沉积物被错断，无论是新断层或老断层的复活，均可判定为活断层。鉴别时需注意与地表滑坡产生的地层错断的区别。

一般活断层的破碎带由松散的破碎物质所组成，而老断层的破碎带均有不同程度的胶结。所以松散、未胶结的断层破碎带，也可作为鉴别活断层的地质特征。

（2）地貌特征

一般来说，活断层的构造地貌格局清晰，所以许多方面可作为其鉴别依据。

活断层往往是两种截然不同的地貌单元的分界线，并加强各地貌单元的差异性。典型的情况是：一侧为断陷区，堆积了很厚的第四纪沉积物；而另一侧为隆起区，高耸的山地，叠次出现的断层崖、三角面、断层陡坎等呈线形分布。两者界线截然分明。

活断层往往构成同一地貌单元或地貌系统的分解和异常。如同一夷平面或阶地被活断层错断，造成高差和位错。

走滑型的活断层可使穿过它的河流、沟谷方向发生明显的变化；当一系列的河谷向一个方向同步移错时，即可作为确定活断层位置和错动性质的佐证。根据水系移错的距离和堆积物的绝对年龄，还可推算该活断层的平均错动速率。

此外，在活动断裂带上，滑坡、崩塌和泥石流等工程动力地质现象常呈线性密集分布。

（3）水文地质方面

活动断裂带的透水性和导水性较强，因此当地形、地貌条件合适时，沿断裂带泉水常呈线状分布，且植被发育。此外，许多活断层沿线常有温泉出露。它们均可作为活断层的判别标志。但需注意的是，有些老断层沿线泉水也有线状分布的特征，判别时要慎重，应结合其它特征与之区别。

地质、地貌和水文地质特征地表迹象明显的活断层，在遥感图像中的信息极为丰富，即使是隐伏的活断层，也可提供一定的信息量。因此，利用遥感图像判释活断层，是一种很有效的手段。尤其是研究大区域范围内的活断层，利用遥感图像判释更有明显的优越性。

#### 4.2.4.2　历史地震和历史地表错断资料

历史上有关地震和地表错断的记录，也是鉴别活断层的证据。一般来说，老的历史记载往往没有确切的震中位置，又无地表错断的描述，所以只能用以证实有活断层存在，而难以确切判定活断层的位置。而较新的历史记载，震中位置、地震强度以及断裂方向、长度与地表错距都较为具体、详细。因此，对历史记载要加以分析。

利用考古学的方法，可以判定某些断陷盆地的下降速率。这种方法的主要依据是古代文化遗迹被掩埋在地下的时间和深度。例如，山西山阴县城南发现公元 1214 年的金代文物被埋于地下 $1.5 \sim 1.8 m$，可估算出汾渭地堑北端的雁同盆地平均下降速率是 $2.2 mm/a$。

#### 4.2.4.3　使用仪器测定

20 世纪 70 年代以来，开始利用密集的地震台网来确切测定微震震中位置，并确定活断层的存在，但是，有些活动性较强的蠕滑断层，并不发生地震。所以单纯依靠这种方法来鉴别活断层的活动性，有时得不到满意的结果。

采用重复精密水准测量和三角测量所获得的地形变的证据，能判定无震蠕滑断层或地震断层的活动性。通过区域水准测量以及台站，可以探求活断层不同地段两盘相对升降活动的趋势和幅度。利用三角网复测所得的水平形变资料，则不仅可探求活断层走滑的趋势和幅度，还可获得主压应力的方向。

### 4.2.5　活断层工程地质评价

活断层的地面错动或突发地震，都会对工程建筑物带来直接损害，所以在活断层发育地区建设城市和兴建重要建筑物时，为设防的需要，就要专门对活断层进行工程地质研究和评价，主要包括活动断层的研究方法、对工程安全性的影响与工程安全性对策。

#### 4.2.5.1　活断层的研究方法

对活断层进行研究，首先调查其展布情况，即活断层的位置、方向、长度等。由于活断层的产生和活动与区域地质及大地构造的关系密切，所以要在较大的地域范围内进行研究。可根据已有区地质、航磁和重力异常资料，与卫星影像、航空照片对照，进行初步判释，勾画出所有可能对场地有影响的活断层。由于活断层都是控制和改造地貌和水系格局的，因此在卫（航）片上仔细研究构造地貌和水系格局及其演变形迹，可以揭示活断层。断层活动时代愈新和愈强烈，则显示愈清晰。在松散沉积物掩盖区的隐伏活断层，利用卫（航）片判释，常常能取得意想不到的好效果。

在卫（航）片判释的基础上，要进行区域性踏勘，进一步验证判释结果。一般是根据第4.2节活断层的地质、地貌和水文地质鉴别标志来进行，并应进一步详细研究。研究范围视工程建筑要求而定，如核电站应是以场地为中心的 300km 半径范围。

对建筑场地内及其附近的活断层要进行详尽的研究。为了确定活断层近期及现今活动的参数，如活动时间、错动方向和距离、错动速率和周期等，需进行钻探、坑探、物探和绝对年龄测定等工作。

对于蠕滑型活断层，可通过跨断层的地面精密水准和精密三角测量、地震测震以及地下硐室中跨断层埋设位移计、激光测距仪等监测，以获取某些活动参数。通过这些监测手段，并配合其它资料分析，还可预报地震。

### 4.2.5.2 活动断层对工程安全性的影响

一般来说，活动断层对工程安全性的影响可以概括为以下 4 个方面。

① 断层活动有可能产生破坏性地震，地震的振动效应对工程建筑或构筑物的结构具有破坏作用，造成建筑物倒塌、破坏或功能失效。

② 地震的震动效应可能导致液化、震陷、滑坡和崩塌等地震地质灾害，从而导致地基失效或对工程设施的直接破坏。

③ 地震断层地表错动对工程设施的破坏。到目前为止，中国大陆产生明显地表断层的最小震级为 1888 年甘肃景泰发生的 $6\frac{1}{4}$ 级地震，该地震产生了长 38km 的地表破裂带，最大水平位移 2.3m（邓起东等，1992）。一般来说，随着震级的增大，地震地表破裂带的规模和位移也增大。但是，地震地表破裂带的规模与位移大小由于受断错性质、构造环境、岩石介质、第四系覆盖层的特点及厚度等因素的影响，和震级大小不一定呈简单的比例关系。

④ 活动断层除了发生突发断错外，还有可能以缓慢蠕滑的方式活动，同样会造成跨断层或附近建筑物的破坏。如 1973 年四川炉霍 7.6 级地震后，于 1984 年在主断层上盖了一个纪念碑，纪念碑分两部分跨断层建造，至 1998 年，两侧碑体已有 12mm 的左旋位移。其蠕滑速率为该断层全新世以来平均滑动速率的 1/15。

### 4.2.5.3 工程安全性评估

工程安全性评估需要针对活动断层对工程安全的影响特征来进行，为保证工程的安全，一般包括以下几个方面的研究。

① 活动断层的查证。通过野外地质地貌调查、探槽与实验室年代测定，根据活动断层鉴定的标准，确定工程场区及区域范围内的断层是否为活动断层。在隐伏区还需借助化探、浅层物探、钻探（可能时开挖探槽）等手段来鉴定断层的活动性。为工程选址避开活动断层提供科学依据。

② 对于活动断层需进一步查明其长度、宽度、运动性质（正断层、逆断层、走滑断层及其复合运动特点）、错动方式（突发错动和蠕滑错动）、滑动速率、一次错动的位移量与重复特征以及分段性特征等。在此基础上要评价活动断层对工程场地的影响。

③ 根据活动断层最大潜在地震及地震发生特征的分析，划分潜在震源区和评价地震活

动性参数。通过对工程场地的地震危险性分析，给出场址不同风险概率水平的抗震设防参数，工程设计根据抗震设防参数进行设防，从而保证工程设施在遭遇未来地震时的安全性。

④ 根据工程场地的地质条件，结合地震危险性分析结果，进行地震地质灾害评价，评估工程场地遭受上述灾害的可能性及程度，从而作为工程场地避让潜在地震地质灾害地带或采取相应工程安全措施的依据。

### 4.2.5.4 活断层区的建筑原则

在活断层地区进行建筑时，必须对场址选择与建筑物型式和结构等方面慎重地加以研究，以保障建筑物的安全可靠。

建筑物的场址选择一般应避开活动断裂带，尤其是高坝和结构这类重要的永久性建筑物，失事时后果极为严重，更不能在活断层附近选择场地。例如，我国《核电厂厂址安全规定》（HFA0100）中有严格的规定："如果所推荐的厂址位于能动地表断层带内，除非证明所采取的工程措施是切实可行的，否则必须认为这个厂址是不适合的。"另外，当铁路、桥梁、运河等线性工程必须跨越活断层时，也应尽量使其大角度相交并避开主断层。

在活断层区的建筑物也应采取与之相适应的建筑物型式和结构措施。在活断层上修建水坝时，不宜采用混凝土重力坝和拱坝，而应采用土石坝这类散体堆积坝，而且坝体结构应是一种有相当厚度、无黏性土过渡带的多种土质坝。另外，建于活断层上的桥梁，也应采取相应的结构措施。

# 4.3 地 震

在地壳表层，因弹性波传播所引起的振动作用或现象，称为地震。地震按其发生的原因，可分为构造地震、火山地震和陷落地震。此外，还有因水库蓄水、深井注水和核爆炸等导致的诱发地震。由地壳运动引起的构造地震，是地球上规模最大、数量最多、危害最严重的一类地震。本节就是研究这类地震。

工程地质学对地震的研究，着重于研究地震波对建筑物的破坏作用，不同工程地质条件场地的地震效应、地震小区划、地震建筑场地的选择以及抗震措施的工程地质论证等问题，为地震区的城市和各类工程的规划、设计提供依据。

## 4.3.1 地震地质及地震波基础

20世纪60年代板块构造理论的发展，对地震地质的研究起了很大的促进作用。就全球强震震中分布的地理位置来看，总体上是呈带状分布在特定的部位。可以划分出环太平洋地震带、地中海-喜马拉雅地震带、大洋海岭地震带及大陆裂谷系地震带四大地震活动带。各地震带与全球各板块的交接部位完全一致，说明板块交接部位近期构造运动是最活跃的。

环太平洋地震带的地震活动最为强烈，全世界大约80%的浅源地震、90%的中源地震以及几乎所有的深源地震都集中在这个带上。释放的能量约占全球地震总能量的80%。其次是地中海-喜马拉雅地震带，它所释放的能量占全球地震总能量的15%。除环太平洋地震带以外，几乎所有的中源地震和大的浅源地震都发生在此带内。

大陆内部的地震分布也与板块活动有一定的联系。我国因处于欧亚大陆板块与印度板块、太平洋板块交接部位附近，地震活动强烈，是世界上最大的一块板内地震区。

### 4.3.1.1 地震发生的地质条件及分类

根据对大陆板块内地震分布与活断层关系的分析得知，介质条件、结构条件和构造应力场条件是强烈地震发生的必备条件。

（1）介质条件

硬脆性的介质材料能积聚很大的弹性应变能，而当应变能一旦超过了岩体的极限强度时，就会导致突然的脆性破裂，大量释放应变能而产生强烈地震。而软塑性的介质材料在应力作用下，多以塑性形变来调节，应变能逐渐释放，因而不可能产生强震。我国地震地质界认为，华北地区的地震活动明显强于华南地区的一个重要因素，就是华北地区前震旦纪结晶基底以硬脆性的花岗岩石为主；而华南地区的基底岩石大多为较软弱的浅变质岩系。

由于大多数破坏性地震发生在地下数十公里的地壳范围内，对这一深度介质性质的研究，目前只能限于根据采用各种地球物理探测手段所获得的地壳内部各项参数，来综合分析震源附近地壳介质可能具有的力学属性及其与破坏的关系。近年来的初步研究表明，由一定介质性质决定的地壳中的低阴层、低速层、高热流带和其它地球物理异常的区域，可能与地震活动有一定联系。

（2）结构条件

在具备强震介质材料条件下，地震发生的实际构造部位很复杂，但国内、外大量的震例表明，强震都发生在现代构造活动强烈的深大断裂带地应力高度集中的部位。这些部位是活断层的端点、拐点、交汇点、分枝点和错列点，它们被称为活动断裂的锁固段或互锁段。锁固段的岩体强度高，两盘互相黏结，应力集中，能积聚很大的应变能，所以锁固段即为控震源。这就是强震发生的结构条件。而且光测弹性破裂模拟实验结果证实了活动断裂一些特殊部位容易引起应力集中的论点（图 4-5）。

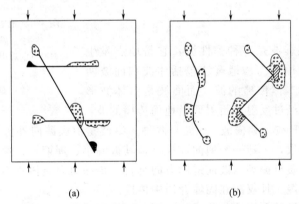

(a)　　　　　　　　(b)

图 4-5　光测弹性破裂模拟实验显示的应力集中部位

（3）构造应力场条件

地震的孕育和发生，受控于现代构造应力场的特征。由于不同地质历史时期的构造运动之间往往表现出一定的继承性，所以在研究现代构造应力场的发生、发展演化和形成机制时，需要联系早期的构造应力场特征，特别是晚第三纪以来的新构造应力场特征。强震一般都发生在新构造差异活动强烈的地段，因而对新构造应力场的研究就具有特别重要的意义，它有助于判断现代构造应力场的特征。

目前对现代构造应力场的研究，主要限于寻找区域最大、最小主应力的方向，而应力大小、活动速率等定量指标则很少涉及。根据统计资料，地震研究部门提出，可表征应变能积累速率的升降差异（或水平运动）量平均接近或超过 3～5mm/a 的地带有发生地震的可能。

（4）地震的分类

根据介质断裂特征和构造应力状态的不同，可将地震分为四类。

① 单一主震型　即均匀介质且无应力高度集中。主震前、后均无断裂存在和发生，故

无前震和余震，即使有亦很小。

② 主震-余震型 即均匀介质内主震前未发生断裂，地壳外力逐渐施加，当应力集中到一定程度后突发主震；主震后仍有应力集中，余震系列较多。1976 年唐山 $M7.9$ 地震即属这种类型。

③ 前震-主震-余震型 在不均匀介质内，在主震前发生小破裂，即前震，主震后有应力降；由于应力调整，有较多余震出现。大多数地震属于此类型。

④ 群震型 即在介质极不均匀而局部应力集中非常显著的情况下，一系列强度不大的中小地震连续出现，没有主震。

上述的后三类地震频率-时间曲线如图 4-6 所示。前震分 C、D 两种类型。C 型或称连续型，即地震活动性缓慢增加直至主震发生。D 型或称不连续型，地震活动性增加比较急剧，但是临主震之前，活动性显著降低了。在地震工作中，利用前震来预报主震。1975 年，海城 $M7.3$ 地震就是借助于大量前震资料预报成功的。而前两类地震就不可能利用前震来预报主震，只能根据其它前兆现象来预报。

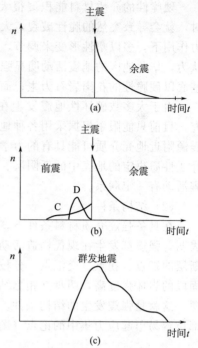

图 4-6 地震主要类型频率曲线
(a) 主震-余震型；(b) 前震-主震-余震型（前震中有 C 和 D 两种类型）；
(c) 群发地震型
（据茂木清夫）

### 4.3.1.2 地震波

由震源发出的地震波是一种弹性波，它是地震发生时引起建筑物破坏的原动力。地震波包括体波和面波两种。体波是通过地球本体传播的波；而面波是由体波形成的次生波，即体波经过反射、折射而沿地面传播的波。

体波分为纵波（P 波）和横波（S 波）两种。纵波是由震源向外传播的压缩波，质点振动与波前进的方向一致，一疏一密地向前推进，其振幅小、周期短、速度快。横波是由震源向外传播的剪切波，质点振动与波前进的方向垂直，传播时介质体积不变但形状改变，其振幅大、周期长、速度慢，且仅能在固体介质中传播。

根据弹性理论，纵波和横波的传播速度可分别按下列两式计算：

$$V_P = \sqrt{\frac{E(1-\mu)}{\rho(1+\mu)(1-2\mu)}} \tag{4-2}$$

$$V_S = \sqrt{\frac{E}{2\rho(1+\mu)}} \tag{4-3}$$

式中，$V_P$、$V_S$ 分别为纵波速度及横波速度；$E$、$\rho$、$\mu$ 分别为介质的弹性模量、密度及泊松比。

在一般情况下，当 $\mu=0.22$ 时，$V_P=1.67V_S$。显然，纵波速度大于横波速度。所以仪器记录的地震波谱上，总是纵波先于横波到达。故纵波也叫初波，横波也叫次波。

面波也可分为瑞利波（R 波）和勒夫波（Q 波）两种。瑞利波传播时在地面上滚动，质点在波方向和地表面法向组成的平面（$xz$ 面）内作椭圆运动，长轴垂直地面，而在 $y$ 轴方向上没有振动 [图 4-7(a)]。勒夫波传播时在地面上作蛇形运动，质点在地面上垂直于波前进方向（$y$ 轴）作水平振动 [图 4-7(b)]。面波的振幅最大，波长和周期最长，统称为 L 波（long ware）。面波的传播速度较体波慢，在一般情况下，瑞利波速 $V_R=0.914V_S$。

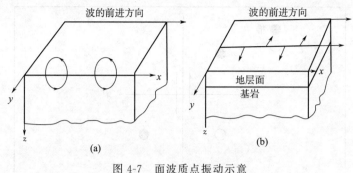

图 4-7　面波质点振动示意
(a) 瑞利波；(b) 勒夫波

综上所述，各种地震波的传播速度以纵波最快，横波次之，面波最慢。所以在地震记录图（即地震波谱）上，最先记录到的是纵波，其次是横波，最后才是面波。图 4-8 即为典型的地震记录图。纵波到达与横波到达之间的时间差（走时差），随地震台距震中愈远而愈大，故可用以测定震中距。还可采用多个地震台的波谱资料，进一步确定震中位置和估算震源深度。

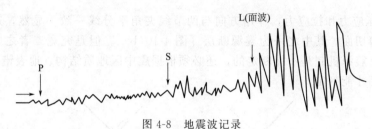

图 4-8　地震波记录

由于横波和面波的振幅较大，所以一般情况下，当横波和面波到达时，地面振动最强烈，建筑物破坏通常是由它们造成的。

### 4.3.1.3　震源机制和震源参数

震源机制和震源参数的资料，对区域地壳稳定性分析至关重要。

（1）震源机制

地震发生的物理过程或震源物理过程，称为震源机制，它可以通过多个地震台的地震记录图来确定。

根据近几十年来的研究表明，浅源地震 P 波初动与震源体初动方向之间的关系较明确而简单，即 P 波初动具有明显的象限分布特点。图 4-9 所示即为由一条断层 FF′ 的纯水平运动产生的地震 P 波初动的压缩与拉伸的分布。震源断层发动地震时，不同地区 P 波初动方向呈现压缩和拉伸有规律的分布。这现象可用震源错动的单力偶和双力偶模式来解释。

有力偶作用的震源断层，当它突然错动时，断层的两盘，在错动前进方向上的介质受到推挤，即产生压缩波，以"＋"号表示；而在相反方向上的介质受到拉伸，则产生膨胀波，以"－"号表示。压缩波与膨胀波的分界面叫节面，节面与地面或震源球面的交线就叫节线。一次地震的发生，就有两条互成正交的 P 波节线，其中一条节线与断层线相符，为断层面节线；另一条则为辅助面节线。两条节线分成了四个象限，在相对的象限中，有相同的 P 波初动符号；而在相邻的象限中，P 波初动符号相反。这就是单力偶震源机制模式 ［图 4-10(a)］。而双力偶震源机制模式更能反映出 P 波初动分布的实际情况，即两节线上均有力偶作用，但错动方向相反，一为左旋，另一为右旋。由它们合成的最大、最小主应力（$\sigma_1$

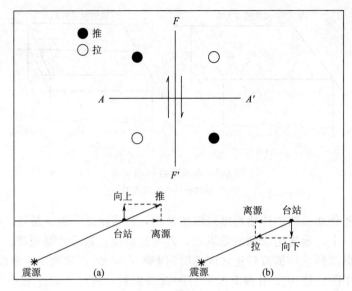

图 4-9　由一条断层 $FF'$ 的纯水平运动产生的地震 P 波初动的压缩（a）与拉伸（b）的分布

和 $\sigma_3$）分别为压应力和拉应力，作用方向与两节线夹角平分线一致。显然，这两条节线也就是一对共轭剪切面。其中之一为震源断层 ［图 4-10(b)］。但是究竟二者之中哪一个是地震断层面，单靠震源机制是不能断定的，还必须根据震中区地质结构、地表错断方向和等震线的长轴方向等才能判定。

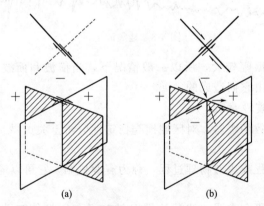

图 4-10　震源体正、负号波的空间分布（上图为平面）
(a) 单力偶震源机制模式；(b) 双力偶震源机制模式

以上讨论的是 P 波在水平面内呈正四象限分布的特例，即 $\sigma_1$、$\sigma_3$ 沿水平方向，而 $\sigma_2$ 沿铅直方向。显然，震源断层为平推断层 ［图 4-11(a)］。如果 $\sigma_1$ 沿铅直方向，而 $\sigma_2$、$\sigma_3$ 沿水平方向时，震源断层为正断层，P 波初动在赤平投影图上，中间为拉，两侧为推 ［图 4-11 (b)］。如果 $\sigma_3$ 沿铅直方向，$\sigma_1$、$\sigma_2$ 沿水平方向时，震源断层为逆断层，P 波初动在赤平投影图上，中间为推，两侧为拉 ［图 4-11(c)］。它们都呈有规则的象限分布。但是，通常的情况是主应力与水平及铅直方向都有一定的夹角，即震源断层是斜向错动的，既有水平矢量，也有铅直矢量。此时 P 波初动呈不规则的象限分布。这种通过赤平投影图表示 P 波初动的图解，就称为震源机制断层面解。发生一次地震，通过许多台站的 P 波初动资料，就可用电子计算机计算出两个最适宜的节面，再以赤平投影图得出震源机制断层面解。如图 4-12

所示为我国某些地震的震源机制。

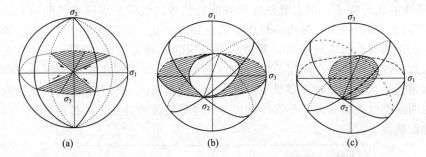

图 4-11　中间、最大、最小主应力为垂直方向时的震源机制断层面解

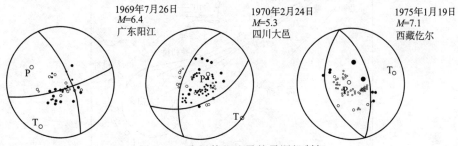

图 4-12　我国某些地震的震源机制解

　　显然，通过震源机制断面解，能获得震源断层的类型、断层面走向和地应力状态等区域地壳稳定性分析所需要的资料。大区域内大量震源机制解的资料还可用以判定区域构造应力状态。例如，阿尔泰山-蒙古西部强震震源机制解资料，很好地揭示了该区域构造应力状态是属于潜在走滑型的，其最大主（压）应力为 NNE 向（图 4-13）。

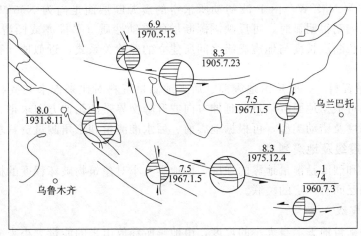

图 4-13　阿尔泰山-蒙古西部强震震源机制解

（据石鉴邦等，1984）

（2）震源参数

　　地震发生时，震源处的一些特征量或震源物理过程的一些物理量，称为震源参数。震源参数包括震源断层面的走向、倾向和倾角，震源断层两盘错动的方向、幅度，震源断层面的长度、宽度，断层破裂的扩展速度，震源主应力状态等。上述震源机制断层面解就是通过地震波的特征求解震源参数的一种途径。此外，还可由等震线特征、地表

地震断层和裂缝带、大地测量资料等求解，下面介绍其它的求解途径。

① 等震线的几何特征　用宏观烈度调查所得的等震线图来求解震源断层面的走向和倾向是最为可靠的。等震线图上最内一根震线的长轴方向就是震源断层面的走向。例如，1970年1月5日云南通海 $M7.7$ 地震时，其最内等震线的长轴方向既与地面地震断裂带走向一致，也与由地震波求得的一个断层面解一致（图4-14）。该等震线长轴两侧基本对称，说明震源断层面是近乎直立的。若等震线不对称，等震线稀疏的一侧则为断层面的倾向；不对称愈显著，说明断层面愈缓。由于等震线的展布还与地震波传播介质的性质有关，故在运用这方面资料时需慎重。

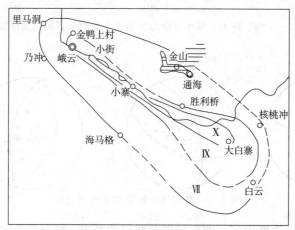

图 4-14　1970 年通海地震的等震线

② 地表地震断层和裂缝带　一般认为，大地震时在地面产生的地震断层和地裂缝的走向，即可代表震源断层面的走向。1973年2月6日四川炉霍 $M7.9$ 地震时，地面上出现的地震断裂带走向为 N55°W，由 P 波初动所求得的震源断层面走向为 N66°W，二者基本一致。当地表断层错动很明显时，可反映震源断层的错动性质（平推亦或倾滑）和错动方向。还可根据地表最长断层长度与地震震级之间所建立的经验关系式，近似地计算震源断层的长度和错动幅度。

③ 大地测量资料　一般是由地震前、后大地测量资料对比来推求某些震源参数的。如震源断层的走向可根据地面沉陷带的延伸方向或升降交界带的延伸方向求得；断层两盘相对错动的方向、幅度及错动类型，可根据地震前、后水准测量和三角测量资料求得。

### 4.3.2　地震的震级及地震烈度

地震的震级和烈度是衡量地震的强度，即地震大小对建筑物破坏程度的标准尺度。两者含义不同，但相互间有一定的关联。

#### 4.3.2.1　地震震级

地震震级是衡量地震本身大小的尺度，由地震所释放出来的能量大小来决定。释放出来的能量愈大，则震级愈大。

地震释放的能量大小，是通过地震仪记录的震波最大振幅来确定的。由于仪器性能和震中距离不同，记录到的振幅也不同，所以必须要以标准地震仪和标准震中距的记录为准。按李希特（C. F. Richter）1935 年所给出的原始定义，震级（$M$）是指距震中 100km 处的标准地震仪在地面所记录的以微米表示的最大振幅 $A$ 的对数值，即：

$$M = \lg A \tag{4-4}$$

标准地震仪的自振周期为 0.8s，阻尼比为 0.8，最大静力放大倍率为 2800。

如果在距震中 100km 处，标准地震仪记录的最大振幅为 10cm（即 $10^5\mu m$）。则 $M=5$，是 5 级地震。实际上距震中 100km 处不一定有地震仪，而且地震仪也并非上述的标准地震仪，此时采用经验公式经修正而确定震级。

我国地震部门所使用的是非标准型的地震仪，所以规定计算近震（震中距 $\Delta < 1000km$）用地方震级 $M_L$，计算远震（震中距 $\Delta > 1000km$）用面波震级 $M_S$。它们的经验公式为：

$$M_L = \lg A + R(\Delta) \tag{4-5}$$

$$M_S = \lg\left(\frac{A_\mu}{T}\right) + \sigma(\Delta) + C \tag{4-6}$$

$$M_S = 1.13M_L - 1.08 \tag{4-7}$$

式中，$A_\mu$ 为以微米表示的实际地动位移；$R(\Delta)$ 为起算函数，震中距 $\Delta$ 和地震仪不同，此值不同，可由相应的表格中查出；$T$ 为面波周期；$\sigma(\Delta)$ 为面波起算函数；$C$ 为台站校正值（上述两项均可从已制表格中查出）。上述关系仅适用于浅源地震。

根据李希特实际观测数据求得的震源释放能量与震级之间有如下关系：

$$\lg E = 4.8 + 1.5M \tag{4-8}$$

式中，$E$ 为能量，J。

在理论上，震级是无上限的，但实际上是有限的。因为地壳中岩体的强度有极限，它不可能积累超过这种极限的弹性应变能。目前已记录到的最大地震震级是 8.9 级，即 1960 年 5 月 22 日的智利大地震。按照人们对地震的感知及其破坏程度，将地震震级划分为：微震（2 级以下，人们感觉不到）、有感地震（2～4 级）、破坏性地震（5 级以上）、强烈地震（7 级以上）。

#### 4.3.2.2　地震烈度

地震烈度是衡量地震所引起的地面震动强烈程度的尺度。它不仅取决于地震能量，同时也受震源深度、震中距、地震波传播介质的性质等因素的影响。一次地震只有一个震级，但在不同地点，烈度大小可以是不一样的。一般来说，震源深度和震中距愈小，地震烈度愈大；在震源深度和震中距相同的条件下，则坚硬基岩石的场所（地基）较之松软土场所烈度要小些。因此，烈度是不能与震级混淆的。

表 4-2 所示为在相同传播介质条件下，震中烈度与震级、震源深度的对应关系。

**表 4-2　震中烈度与震级、震源深度关系表**

| 震　级 | 震源深度/km | | | | |
|:---:|:---:|:---:|:---:|:---:|:---:|
| | 5 | 10 | 15 | 20 | 25 |
| 5 | Ⅷ | Ⅶ | Ⅵ～Ⅶ | Ⅵ | Ⅴ～Ⅵ |
| 6 | Ⅸ～Ⅹ | Ⅷ～Ⅸ | Ⅷ | Ⅶ～Ⅷ | Ⅶ |
| 7 | Ⅺ | Ⅹ | Ⅸ～Ⅹ | Ⅸ | Ⅷ～Ⅸ |
| 8 | Ⅻ | Ⅺ～Ⅻ | Ⅺ | Ⅹ～Ⅺ | Ⅹ |

地震烈度是根据地震时人的感觉、建筑物破坏、器物振动以及自然表象等宏观标志判定的。通过对各类标志的对比分析来划分烈度，并按由小到大的数码顺序排列，就构成了烈度表。目前各国编制的烈度表有数十种，例如，美洲国家通用梅卡利（G. Mercalli）地震烈度表、苏联地球物理所地震烈度表、日本气象厅地震烈度表等。除后者划分为Ⅷ度外，其它烈度表均划分为Ⅻ度。我国 1957 年由中国科学院测量与地球物理研究所制定的第一个地震烈度表，也划分为Ⅻ度。

大多数烈度表反映的烈度缺乏定量标准，以至于烈度的评价不够准确。对工程的抗震设防来说，须有定量指标作为依据，来计算地震力对建筑物破坏的影响。为了使宏观烈度定量化，国内外地震工作者力求用与震动有关的某个物理量来划分烈度。表 4-3 为 1999 年国家地震局工程力学研究所修订的中国地震烈度表，表中将房屋平均震害系数、地震波地面水平方向的速度和加速度这三项定量指标列入，与旧的烈度表相比，有了很大的改进。

**表 4-3  中国地震烈度（2020 年）**

| 烈度 | 在地面上人的感觉 | 房屋震害程度 | | 器物反应 | 其它震害现象 | 合成地震动的最大值 | |
|---|---|---|---|---|---|---|---|
| | | 震害现象 | 平均震害指数 | | | 加速度 $m/s^2$ | 速度 $m/s$ |
| I (1) | 无感 | — | — | — | — | $1.80 \times 10^{-2}$ ($< 2.57 \times 10^{-2}$) | $1.21 \times 10^{-3}$ ($< 1.77 \times 10^{-3}$) |
| II (2) | 室内个别人有感觉 | — | — | — | — | $3.69 \times 10^{-2}$ ($2.58 \times 10^{-2}$ $\sim 5.28 \times 10^{-2}$) | $2.59 \times 10^{-3}$ ($1.78 \times 10^{-3}$ $\sim 3.81 \times 10^{-3}$) |
| III (3) | 室内少数人有感觉 | 门、窗轻微作响 | — | — | — | $7.57 \times 10^{-2}$ ($5.29 \times 10^{-2}$ $\sim 1.08 \times 10^{-1}$) | $5.58 \times 10^{-3}$ ($3.82 \times 10^{-3}$ $\sim 8.19 \times 10^{-3}$) |
| IV (4) | 室内多数人、室外少数人有感觉 | 门、窗作响 | — | 悬挂物明显摆动 | — | $1.55 \times 10^{-1}$ ($1.09 \times 10^{-1}$ $\sim 2.22 \times 10^{-1}$) | $1.20 \times 10^{-2}$ ($8.20 \times 10^{-3}$ $\sim 1.76 \times 10^{-2}$) |
| V (5) | 室内绝大多数、室外多数人有感觉，少数人惊逃户外 | 门窗、屋顶颤动作响，灰土掉落，个别房屋墙体出现轻微裂缝或原有裂缝扩张 | — | 悬挂物大幅度晃动，少数架上物品摇动或翻倒，水晃动并从容器中溢出 | — | $3.19 \times 10^{-1}$ ($2.23 \times 10^{-1}$ $\sim 4.56 \times 10^{-1}$) | $2.59 \times 10^{-2}$ ($1.77 \times 10^{-2}$ $\sim 3.80 \times 10^{-2}$) |
| VI (6) | 多数人站立不稳，多数人惊逃户外 | 少数轻微破坏和中等破坏 | 0.02 $\sim 0.17$ | 少数物品移动，少数器物翻倒 | 河岸和松软土出现裂缝，饱和砂层出现喷砂冒水 | $6.53 \times 10^{-1}$ ($4.57 \times 10^{-1}$ $\sim 9.36 \times 10^{-1}$) | $5.57 \times 10^{-2}$ ($3.81 \times 10^{-2}$ $\sim 8.17 \times 10^{-2}$) |
| VII (7) | 大多数人惊逃户外，骑车的人有感觉 | 少数严重破坏和毁坏，多数中等破坏和轻微破坏 | 0.15 $\sim 0.44$ | 物品从架子上掉落，多数顶部沉重的器物翻倒，少数家具倾倒 | 河岸出现塌方，饱和砂层常见冒砂，松软土地上裂缝较多 | 1.35 ($9.37 \times 10^{-1}$ $\sim 1.94$) | $1.20 \times 10^{-1}$ ($8.18 \times 10^{-2}$ $\sim 1.76 \times 10^{-1}$) |
| VIII (8) | 多数人摇晃颠簸，行走困难 | 少数毁坏，多数中等破坏和严重破坏 | 0.42 $\sim 0.62$ | 除重家具外，室内物品大多数倾倒或移位 | 干硬土地出现裂缝，饱和砂层绝大多数喷砂冒水 | 2.79 ($1.95 \sim 4.01$) | $2.58 \times 10^{-1}$ ($1.77 \times 10^{-1}$ $\sim 3.78 \times 10^{-1}$) |
| IX (9) | 行动的人摔倒 | 大多数毁坏和严重破坏 | 0.60 $\sim 0.90$ | 室内物品大多数倾倒或移位 | 干硬土地上多处出现裂缝，可见基岩裂缝、错动，滑坡、塌方常见 | 5.77 ($4.02 \sim 8.30$) | $5.55 \times 10^{-1}$ ($3.79 \times 10^{-1}$ $\sim 8.14 \times 10^{-1}$) |

续表

| 烈度 | 在地面上人的感觉 | 房屋震害程度 | | 器物反应 | 其它震害现象 | 合成地震动的最大值 | |
| --- | --- | --- | --- | --- | --- | --- | --- |
| | | 震害现象 | 平均震害指数 | | | 加速度 $m/s^2$ | 速度 $m/s$ |
| X (10) | 骑自行车的人会摔倒，有抛起感 | 绝大多数毁坏 | 0.88 ～1.00 | — | 山崩和地震断裂出现 | $1.19×10^1$ (8.31 ～$1.72×10^1$) | 1.19 ($8.15×10^{-1}$ ～1.75) |
| XI (11) | — | 绝大多数毁坏 | 0.90 ～1.00 | — | 地震断裂延续很大；大量山崩滑坡 | $2.47×10^1$ ($1.73×10^1$ ～$3.55×10^1$) | 2.57 (1.76～3.77) |
| XII (12) | — | 几乎全部毁坏 | 1.00 | — | 地面剧烈变化，山河改观 | $>3.55×10^1$ | $>3.77$ |

注：详见 GB/T 17742—2020 中国地震烈度表。

根据烈度表可以对某一次地震的震域进行调查，划分烈度，将烈度相同的地区用等烈度线联结成封闭的曲线，就是等震线图（图 4-14）。其中最大烈度的中心点即为震中。

我国经多年实践，已制定了一般工程防震抗震的烈度标准。把地震烈度分为基本烈度和设防烈度两种。所谓基本烈度是指在今后一定时间（一般按 100 年考虑）和一定地区范围内，在一般场地条件下可能遭遇的最大烈度。它是由地震部门根据历史地震资料及地区地震地质条件等的综合分析给定的，是对一个地区地震危险性作出的概略估计，以作为工程防震抗震的依据。设防烈度也叫设计烈度，是抗震设计所采用的烈度。它是根据建筑物的重要性、经济性等的需要，对基本烈度的调整。一般建筑物可采用基本烈度为设防烈度；而重大建筑物（如核电站、大坝、大桥），则可将基本烈度适当提高作为设计烈度。我国规定，基本烈度Ⅵ度（包括Ⅵ度在内）以下的地区，建筑物可以不设防；而超过Ⅵ度的，必须采取设防措施。

### 4.3.3　地震效应

在地震作用影响所及的范围内，于地面出现的各种震害或破坏，称为地震效应。其与场地工程地质条件、震源大小及震中距等因素有关，也与建筑物的类型和结构有关。地震效应主要有振动破坏效应、地面破坏效应两种类型，在地震效应中，振动破坏效应是最主要的。下面将重点讨论振动破坏效应和地面破坏效应。

#### 4.3.3.1　振动破坏效应

地震发生时，地震波在岩土体中传播，而引起强烈的地面运动，使建筑物的地基、基础以及上部结构都发生振动，也给建筑物施加了一个附加载荷，即地震力。当地震力达到某一限度时，建筑物即发生破坏。这种由于地震力作用直接引起的建筑物破坏，称为振动破坏效应。一次强烈地震发生时，建筑物的破坏、倾倒，主要是由于地震力的直接作用引起的。破坏的主要原因是承重结构强度不够和结构刚度或整体性不足。

地震对建筑物振动破坏作用的分析方法，有静力分析方法和动力分析方法两种。

（1）静力分析方法

这是一种古典的分析方法，它假定建筑物是刚性体，即地震时，建筑物各部分的加速度与地面加速度完全相同。并且规定地震力是一个固定不变的力，它是由地面振动的最大加速度所引起的惯性力。据此进行静力分析。由于这种方法比较简便，目前世界上有些国家仍将它作为抗震设计的依据。

地震时震波在传播过程中使介质质点做简谐振动，地震力是由这种简谐振动引起的加速度所决定的。如果建筑物的质量为 $m$，则作用其上的水平地震力 $P$ 为：

$$P = m\alpha_{\max} = \frac{W}{g}\alpha_{\max} \tag{4-9}$$

式中，$W$ 为建筑物的重量；$\alpha_{\max}$ 为最大水平加速度；$g$ 为重力加速度。

令

$$K_c = \frac{\alpha_{\max}}{g}$$

则

$$P = WK_c \tag{4-10}$$

式中，$K_c$ 称为水平地震系数，无量纲，以分数表示。

地震时，介质质点振动的最大水平加速度 $\alpha_{\max}$ 为：

$$\alpha_{\max} = \pm A\left(\frac{2\pi}{T}\right)^2 \tag{4-11}$$

式中，$A$ 为振幅（质点的最大位移量）；$T$ 为振动周期。

地震力作为一个矢量，既有水平向的，也有铅直向的。在震中区，铅直向的地震力不能忽视，它往往可与水平地震力相等。但远离震中区，铅直地震力则大为减少。铅直地震力 $P'$ 可按下式求得：

$$P' = WK_c' \tag{4-12}$$

$$K_c' = \frac{\alpha'_{0\max}}{g} \tag{4-13}$$

式中，$K_c'$ 为铅直地震系数；$\alpha'_{0\max}$ 为最大铅直加速度。

在水平推力作用下有倾覆、滑动危险的结构，如挡土墙、水坝，在计算高烈度区斜坡稳定性时，则考虑铅直地震载荷来核算强度和稳定性。而一般建筑物的竖向安全储备较大，能承受附加的铅直地震载荷。因此，可以不考虑铅直地震载荷的影响。

（2）动力分析方法

静力分析法虽然较简单，但往往与实际情况有较大出入。因为建筑物的震动破坏，除了受最大加速度的影响外，还与震动持续时间、震动周期以及建筑物的结构特性有关，地震波在介质中振动的持续时间和震动周期，主要取决于岩土体的类型、性质和厚度等因素。动力分析方法考虑了上述情况，因而更符合实际。目前世界上包括我国在内的绝大多数国家都采用动力分析方法。

目前应用最广泛的动力分析方法是简化的反应谱法。它假定建筑物结构为单质点系的弹性体，作用于其底的地震运动为简谐振动。所测得的结构系统的动力反应，不仅取决于地面振动的最大加速度，还取决于结构本身的动力特征。结构的自振周期和阻尼比是其动力特征中两个最重要的参数。在地震振动力作用下，对于结构的某一特定阻尼来说，其体系的最大位移（或最大速度、最大加速度）与自振周期间的关系可表示成一条曲线。取几种各不相同的阻尼比就可以给出一组曲线，即为最大位移（或最大速度、最大加速度）反应谱（图4-15）。由此可知，结构的阻尼对于反应谱值的影响很大，阻尼比愈大，反应谱值愈小；阻尼对谱值的削减量在小阻尼时十分显著，当阻尼增大时，逐渐不显著。有了反应谱，就可以决定已知自振周期和阻尼比的任何单质点系的最大位移（或最大速度、最大加速度），也可以计算出相应的应力状态。

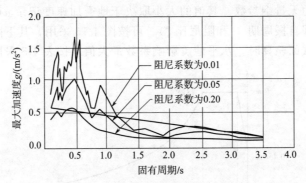

图 4-15　不同阻尼比时的加速度反应谱

近年来在少数重要建筑物的抗震设计中，已试验直接输入强震加速度记录的波谱到电子计算机中，以模拟地震作用。这样可了解建筑物在地震作用下的振动过程，求出它在地震全过程中的动应力和动位移，以控制建筑物的变形在弹性限度之内。

在我国所颁布的《建筑抗震设计规范》（GB 50011—2019）中，特征周期 $T_g$ 和地震影响系数 $\alpha$ 是进行动力分析的两个重要计算参数。

① 特征周期 $T_g$　当地震发生时，由震源发出的地震波传至地表岩土体中，迫使其振动。由于表层岩土体对不同周期的地震波有选择放大作用，某种岩土体总是选择某种周期的波放大得尤为明显而突出，使地震记录图上的这种波记录得多而好。这种周期即该岩土体的特征周期，也叫做卓越周期。特征周期的实质是波的共振，即当地壳深部传来的地震波周期与地表岩土体的自振周期相同时，由于共振作用而使地表振动加强。一般来说，表土层愈厚、土质愈松软，则特征周期值愈大。按我国规定，将场地按岩土体性质不同分为 4 类，并分近震和远震不同情况，给出特征周期值（表 4-4）。

巨厚冲积层上低加速度的远震，可以使自振周期较长的高层建筑物遭受破坏的主要原因就是共振。所以高层建筑物设计时应充分考虑到特征周期的作用。

表 4-4　场地土类别及特征周期值

| 类别 | 土类型 | 岩土名称和性状 | 特征周期 $T_g$/s | |
| --- | --- | --- | --- | --- |
| | | | 近震 | 远震 |
| Ⅰ | 坚硬土 | 稳定岩石，密实的碎石土，土层，$v_s>500\mathrm{m/s}$，中密、稍密的碎石土，密实、中密的砾、粗、中砂 | 0.20 | 0.25 |
| Ⅱ | 中硬土 | $f_k>200\mathrm{kPa}$ 的黏性土和粉土；土层 $v_s=200\sim500\mathrm{m/s}$ | 0.30 | 0.40 |
| Ⅲ | 中软土 | 稍密的砾，粗、中砂，除松散状态的粉细砂，$f_k\leqslant200\mathrm{kPa}$ 的黏性土和粉土，$f_k\geqslant130\mathrm{kPa}$ 的填土；$v_s=140\sim250\mathrm{m/s}$ | 0.40 | 0.55 |
| Ⅳ | 软弱土 | 淤泥和淤泥质土，松散的砂，新近沉积的黏性土和粉土，$f_k<130\mathrm{kPa}$ 的填土；$v_s\leqslant140\mathrm{m/s}$ | 0.65 | 0.85 |

② 地震影响系数　地震影响系数是按反应谱理论进行建筑物抗震设计的基本参数。它表示单质点弹性结构在水平地震力作用下的最大加速度反应与重力加速度比值的统计平均值，即

$$\alpha=\frac{\alpha_{\max}}{g}$$

$$(4\text{-}14)$$

地震影响系数为无量纲参数。其值的大小取决于地震加速度记录 $\alpha(t)$ 的特性和建筑物结构的动力特性（即自振周期 $T$ 和阻尼比 $\zeta$）。可按图 4-16 采用，其下限不应小于最大值的 20%。进行结构物截面验算时，水平地震影响系数最大值应按表 4-5 采用。

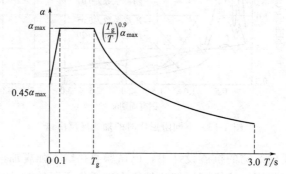

图 4-16　地震影响系数曲线

$\alpha$—地震影响系数；$\alpha_{max}$—地震影响系数最大值；$T$—结构自振周期；

$T_g$—特征周期，根据场地类别和近震、远震，应按表 4-4 采用

**表 4-5　结构物截面抗震验算的水平地震影响系数最大值**

| 烈度 | 6 | 7 | 8 | 9 |
|---|---|---|---|---|
| $\alpha_{1max}$ | 0.04 | 0.08 | 0.16 | 0.32 |

引用了地震影响系数后，一般位于地震烈度Ⅵ度区以上的建筑物（建造于Ⅳ类场地上的高层建筑物与结构物除外），即可进行截面抗震验算。其计算公式为：

$$F_{EK} = \alpha_1 W_e \tag{4-15}$$

式中，$F_{EK}$ 为结构的水平地震作用标准值；$\alpha_1$ 为对应于结构基本自振周期的水平地震影响系数；$W_e$ 为结构等效总重量。

最后需要指出的是，地面振动持续时间也是地震振动效应中不可忽视的一个因素。不少震例表明，强震振动持续时间愈长，建筑物破坏愈严重，这是累进性变形和破坏的结果。根据观测，随着震中距的加大，振幅逐渐减小，而振动持续时间则增加；土质愈软弱，土层愈厚，振动历时也愈长。

#### 4.3.3.2　地面破坏效应

地面破坏效应可分为地面破裂效应和地基基底效应两种基本类型。这两种地面破坏效应对工程建设意义重大。

（1）地面破裂效应

地面破裂效应指的是强震导致地面岩土体直接出现破裂和位移，从而引起跨越破裂带及其附近的建筑物变形或破坏。强烈地震发生时，在地表一般都会出现地震断层和地裂缝。在宏观上，它仍沿着一定方向展布在一个狭长地带内，绵延数十至数百公里，对工程建设意义重大。

地裂缝是指因强烈地震而在高烈度区（＞Ⅷ度）地面上出现的非连续性变形现象。按形成机制，地裂缝又可分为构造性的和非构造性的两种。构造性地裂缝对应于一定的震源机制，具有明显的力学属性和一定的方向性；其分布受地震断层控制。非构造性地裂缝是由于地震力作用而使某一部位岩土体沿重力作用方向产生的相对位移，所以也叫做重力性地裂缝；它的分布常与微地貌界限吻合。

构造性地裂与深部震源断层的地震机制参数大体相符，但它们之间并不连通，因而它不

是深部震源断层发生错动时的直接产物。国内外许多强震资料表明,当第四纪覆盖层大于 30m 时,在震中区出现的地裂,多属于这种类型,而不是基岩中的断裂直通地表。例如,1976 年 7 月 28 日唐山地震时,在市区的中心部分出现了总体走向为 N20~30℃E 的地裂缝,呈右旋雁行排列,绵延约 8~10km (图 4-17),与地震断层的走向一致。经坑探证实,这些裂缝向下延深不大于 2.5m。由此可以将构造性地裂的生成机制作以下分析:当震源断层错动时,由深部基岩向上输入具有明显方向性的 P 波初动或主要震相地震波,使地面土层产生大幅度振动。当质点位移幅值超过了其弹性极限,或质点上的地震力超过了土的抗剪强度时,便产生了永久塑性变形。所以说构造性地裂是强震震中区地面激烈振动的结果。

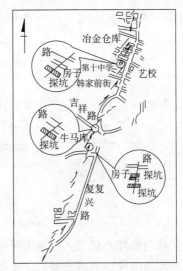

图 4-17　唐山地震地裂缝分布及
探测点的位置
(据王钲琦,1980)

　　构造性地裂的错动效应可引起跨越的某些刚度较小的地面工程设施发生结构性损坏,也可能使某种地基失稳或失效。但这些震害效应不是毁灭性的。不少强震实例表明,由于地裂缝的出现,可能吸收部分地面振动能量,减少振动历时,因而在一定程度上减轻了震害。

　　重力性地裂的表现形式有两种:①由于斜坡失稳造成土体滑动,在滑动区边缘产生张性地裂;②平坦地面的覆盖层沿着倾斜的下卧层层面滑动,导致地面产生张性地裂。此种形式大多发生在土质软弱的故河床内填筑土层的边界上。它对建筑物的危害不容忽视。

　　重力性地裂产生的条件是:①故河床堆积松散砂层的震陷;②由于砂层的震陷而引起上覆填土的垂直沉陷、位移;③浅部填土层的振动具有地面运动的放大作用特征,在填土层的倾斜界面上产生斜向滑移 (图 4-18)。

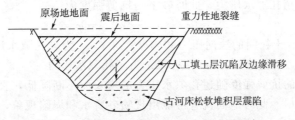

图 4-18　古河道填平场地上重力性地裂示意

　　重力性地裂的错动效应与构造性地裂的大致相同,即地裂缝的出现虽可造成跨越其上的建筑物发生难以抵御的破坏,但由于地面产生了大幅度塑性位移,吸收弹性振动能量,使运动速度急剧衰减,减少振动历时,从而减轻了邻近建筑物的震害。

　　(2) 地基基底效应

　　地基基底效应指的是地震使松软土体震陷、砂土液化、淤泥塑流变形等而导致地基失效,使上部建筑物破坏。

　　按形成机制不同,地基基底效应又可分为三种,即地基强烈沉降或不均匀沉降、地基水平滑移和砂基液化。造成地基失效的地形地质条件见图 4-19。

　　地震时由于地基强烈沉降与不均匀沉降,致使建筑遭受破坏。前者主要发生在疏松砂砾

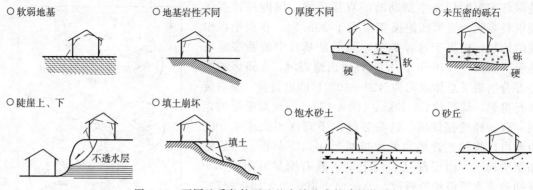

○软弱地基　　　○地基岩性不同　　　○厚度不同　　　○未压密的砾石

○陡崖上、下　　　○填土崩坏　　　○饱水砂土　　　○砂丘

图 4-19　不同地质条件下地基失效造成的建筑物破坏
(据守屋喜久大，1978)

石、软弱黏性土以及人工填土等地基中。由于地震时强烈振动的影响，使得地基被压密而迅速强烈地沉降。后者主要发生于地基岩性不同或层厚不同的情况下。

地基水平滑移主要发生在可能发生滑坡的地基之上。如较陡的斜坡上、下的建筑物，由于地震时附加水平振动力作用使斜坡失稳。从而造成建筑物破坏。此外，斜坡地段半填半挖形成的地基，亦可发生水平滑移。

饱水砂土在地震、动力载荷或其它外力作用下，受到强烈振动而丧失抗剪强度，使砂粒处于悬浮状态，致使地基失效的作用或现象称为砂土液化或振动液化。这种现象在饱水粉土中也会发生。

砂土液化的机理是：在地震过程中，疏松的饱和砂土在地震动引起的剪应力反复作用下，砂粒间的相互位置必然产生调整，从而使砂土趋于密实。砂土要变密实就势必排水。在急剧变化的周期性地震力作用下，伴随砂土的孔隙度减少而透水性变差。如果砂土透水性不良而排水不通畅的话，则前一周期的排水尚未完成，下一周期的孔隙度再减小又产生了，应排出的水来不及排走，而水又是不可压缩的，于是就产生了剩余孔隙水压力或超孔隙水压力。此时砂土的抗剪强度为：

$$\tau = [\sigma - (u_0 + \Delta u)]\tan\varphi \qquad (4\text{-}16)$$

式中，$\sigma$ 及 $\varphi$ 为砂土粒间的法向压力和内摩擦角；$u_0$ 为总孔隙水压力，$u_0 = \rho_w g h$，$\rho_w$ 为水的密度，$g$ 为重力加速度，$h$ 为水深；$\Delta u$ 为超孔隙水压力。

显然，此时砂土的抗剪强度随超孔隙水压力的增长而不断降低，直至完全抵消法向压力而使抗剪强度丧失殆尽。此时地面就有可能出现喷砂冒水和塌陷现象，地基土甚至丧失承载能力而失效。

影响砂土液化的因素主要有：土的类型和性质、饱和砂土的埋藏分布条件以及地震动的强度和历时。疏松饱水砂土易液化；饱水砂土埋藏愈浅、砂层愈厚，则液化的可能性愈大。当饱水砂层埋深在 10～15m 以下时，就难以液化了。地震愈强、历时愈长，则愈引起砂土液化，而且波及范围愈广，破坏愈严重。

砂土液化现象在疏松饱和砂层广泛分布的海滨、湖岸、冲积平原以及河漫滩、低阶地等地区发育，可使城镇、港口、村庄、农田、道路、桥梁、房屋和水利设施等毁坏。我国1966 年邢台地震、1975 年海城地震和 1976 年唐山地震时，都发生了大范围的砂土液化，危害严重。

### 4.3.4　地震的工程地质评价

由上一节讨论可知，场地地震效应受许多因素的制约，其中场地的工程地质条件对宏观震害影响尤为显著。从国内外大量宏观震害调查资料看出，在一个范围较大的场地内（如一个城市），对震害有重大影响的工程地质条件为：岩土类型及性质、地质构造、地形地貌条件及地下水。为了更好地为场地防震抗震设计服务，就应详细了解强震区岩土体破坏特点，具体分析震害与场地工程地质条件的关系，并以其差异性为基础进行地震小区划，最后根据场区的抗震原则而采取相应的抗震措施。

#### 4.3.4.1 强震区岩土体破坏特点

① 造成强震区岩土体破坏的地震力是一种作用时间很短、强度极大的力。地震力作用于岩土体的过程中，不仅力的方向发生交替变化，而且力的大小也在不断变化。地震力的这种特征决定了地震造成的岩土体破坏极为复杂，而且与构造地质学所描述的岩土体破坏有着很大的差异，造成这种差异的主要原因是力的作用过程不同。而且到目前为止，对地震造成岩土体的破坏形式仍知之甚少。

② 强震区岩土体破坏的主要形式有剥落（山剥皮）、地裂缝与地震断层、崩塌（山崩、岩崩）、崩裂、滑塌和滑坡、岩体松动等。资料表明，强震区岩土体破坏一般都表现为上述单个破坏形式的组合。

③ 地震形成的崩塌体和重力崩塌体特征有所不同，首先地震力的抛掷作用使地震崩塌体与崩塌母岩相距一定距离；其次，地震作用时间很短，地震崩塌体特征更类似于爆破堆积体。造成这种差异性的主要原因是：地震力和外动力地质作用力（重力）有很大差异（力的大小、作用方向、持续时间等不同）。

④ 地震作用造成岩土体内部的松动、损伤是一种更为广泛的破坏形式，但由于其不如其它破坏形式那么直观而并未引起足够的关注。经过地震后，岩土体已经松动，原有的节理、裂隙进一步扩张，有时还有水的渗入；平时风化岩体本身在重力作用下，就容易发生崩落、塌方和滑坡，像老寨堡那样，"主震后，既有雨水，又有余震的触发，就容易形成再一次的灾害"。同时，地震显著地降低岩土体的稳定性，为崩塌、滑坡、泥石流等次生灾害提供可能，使多种山地灾害复合叠加，形成了地震-崩塌-滑坡-泥石流灾害链、暴雨山洪-崩塌滑坡-泥石流灾害链、冰雪消融-崩塌滑坡-冰川泥石流灾害链等。1950 年西藏察隅 8.5 级大地震之后，藏东南山区进入山地灾害活跃期，大规模冰崩、雪崩、冰湖溃决、冰川泥石流、山崩、滑坡等接踵而至，给这里的交通运输、城镇建设带来严重灾害。我国一些著名的强震带，大都是山地灾害的主要发育地带。

#### 4.3.4.2 震害与场地工程地质条件的关系

**（1）岩土类型及性质**

岩土类型及性质对震害的影响最为显著，也是目前研究得最为深入的因素。在一般情况下，主要从岩土的软硬程度、松软土的厚度以及地层结构等三个方面来研究。

一般来说，在相同的地震力作用下，基岩上震害最轻，其次为硬土，而软土上震害是最重的。如 1906 年旧金山大地震时，该市区内不同地基岩土烈度差值可达Ⅲ度。我国 1970 年云南通海地震时，对房屋破坏详细调查所绘制的等震害指数线图，在同一区内可明显地看出，基岩较硬土小 0.1~0.2，而且在高烈度区内的差值较低烈度区内的大。

松软沉积物厚度的影响也是很明显的。早在 1923 年日本关东大地震时，就发现了冲积层厚度与震害的相关性，即冲积层愈厚，木架房屋的震害愈大（图 4-20）。1967 年南美洲加拉加斯地震时，该市东部记录到的 $a_{0max}$ 仅为 0.06~0.08$g$，西部为 0.1~0.13$g$，但东部高层建筑物破坏明显大于西部。其主要原因是东部全新统冲积层厚达 40~300m，而西部厚为 45~90m。

地基岩土体类型及性质和松软沉积层厚度对震害产生影响，其根本原因是岩土特征周期的

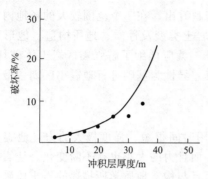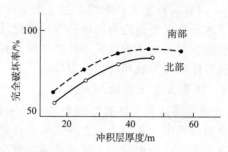

图 4-20 冲积层厚度对震害的影响

作用。因为土质愈松软、厚度愈大，特征周期愈长，所以对自振周期较长的高层建筑、烟囱和木架结构的房屋，能引起共振，加重震害。此外，厚土、软土的共振历时较长，也会使震害加重。若地表分布饱水细砂土、粉土和淤泥的话，则会因震动液化和震陷，而导致地基失效。

此外，地层结构对震害也有较大影响。一般情况是：下硬上软的结构震害重，而下软上硬的结构震害则可减轻，尤其当硬土中有软土夹层时，可削减地震能量。1976 年唐山地震时极震区（＞Ⅹ度）中有一低烈度异常带，建筑物裂而未倒。经勘察发现该地带下 3～5m 深处有一层厚 1.5～5m 的饱和淤泥质土。

（2）地质构造

地质构造主要是指场地内断裂对震害的影响。以往一向认为，场地内位于断裂带上的建筑物，当地震发生时震害总是要加重的，所以一律采取提高烈度的办法来处理。但近年来对我国几次大地震的宏观观察，说明上述看法并不是很确切。而应区分发震断裂（以及与之有联系的断裂）和非发震断裂。

发震断裂是引起地基和建筑物结构振动破坏的地震波的来源，又由于断裂两侧的相对错动，因此震害应较其它地段更重些。因此对发震断裂来说，跨越其上的建筑物是不可抵御的。所以采取提高烈度的办法无济于事，而应在选址时避开。而非发震断裂若破碎带较好，则并无加重震害的趋势。所以，非发震断裂应根据断裂带物质的性质，按一般岩土对待即可，不应提高烈度。

（3）地形地貌条件

国内外大量宏观调查资料以及通过仪器观测、模型实验和理论分析结果，都证实了场地内微地形对震害的明显影响。其总趋势是：突出孤立的地形震害加重；而低洼平坦的地形震害则相对减轻。例如，1974 年云南永善地震（7.1 级）时，位于狭长山脊上的卢家湾六队房屋，在大山根部、中间鞍部和山脊端部孤突小丘处的破坏明显不同，它们依次是Ⅷ、Ⅶ、Ⅸ度（表 4-6 和图 4-21）。1976 年唐山地震时，位于凤山顶的微波站机房和山脚下的专家楼，它们的结构和地基条件基本相同，但前者塌平（Ⅸ度），后者基本完好，仅局部有裂缝（Ⅶ度）。

表 4-6 卢家湾六队地震效应

| 地形部位 | 大山根部 | 中间鞍部 | 孤突端部 |
|---|---|---|---|
| 烈度/度 | Ⅷ | Ⅶ | Ⅸ |
| 加速度 $a$ | 0.422$g$ | 0.266$g$ | 0.674$g$ |

局部地形地貌影响震害的实质是：孤突的地形使山体发生共振，或地震波多次被反射而引起地面位移、速度和加速度的放大。目前对局部地形反应的定量化评价还缺乏资料。

（4）地下水

总的趋势是：饱水的岩土体会影响地震波的传播速度，使场地烈度增高。例如，饱水砂砾石比不饱水者实际烈度要增加 $0.4 \sim 0.6$ 度，其它类型土更为明显。另外，地下水的埋深愈小，则烈度增加值愈大。在一般情况下，地下水埋深在 $1 \sim 5m$ 范围内影响最为明显，当埋深大于 $10m$ 时，则影响就不显著了。

综上所述，可知场地地震效应受多种地质因素的影响。所以，为了给一个城市或建筑区的防震抗震设计提供可靠依据，就应综合研究这些地质因素的影响，从而进行地震小区划。

图 4-21　云南永善地震卢家湾六队
地形与场地烈度分布
（据工程力学研究所，1977）

### 4.3.4.3　地震小区划

地震小区划是为了防御和减轻地震灾害，估计未来各地可能发生破坏性地震的危险性和地震的强烈程度，按地震危险程度的轻重不同而划分不同的区域，以便对建设工程按照不同的区域，采用不同的抗震设防标准。目前国内外地震小区域划分方法主要有烈度小区划和调整反应谱小区划两种。概略介绍如下。

（1）烈度小区划

烈度小区划也可叫静态小区划，是苏联在 20 世纪 50 年代初提出的，50 年代我国曾试用过这种方法。它是在调查场地地质条件的基础上，使场地不同地质条件的各地段烈度较基本烈度有所增减，即根据具体的地质条件，将基本烈度调整为场地烈度。

烈度小区划一般在同一基本烈度区内进行，将场地先划分成边长为 $300 \sim 2000m$ 的方格，每一方格内要有一个代表性的地层剖面和地下水埋深资料。然后根据地基土层的地震刚度（弹性波传播速度与密度之积）、地下水埋深和土层共振特性这三方面的因素，确定每一方格内的烈度增量值。

在地基土层中，地震刚度不同，烈度的增量（$\Delta I_1$）为：

$$\Delta I_1 = 1.67 \lg \frac{V_1 \rho_1}{V_i \rho_i} \tag{4-17}$$

式中，$V_i \rho_i$ 为研究该段土层的地震刚度，若多层土应取加权平均值；$V_1 \rho_1$ 为标准土层的地震刚度，由基本烈度研究确定"标准土层"，波速最好采用横波速度。该烈度增量可为正值，也可为负值。

地下水埋深的烈度增量 $\Delta I_2$ 为：

$$\Delta I_2 = e^{-0.04h^2} \tag{4-18}$$

式中，$h$ 为地下水埋深，m。当地下水埋深为 $6 \sim 10m$ 时，$\Delta I_2 = 0$（不调整）。

土层共振现象的烈度增量 $\Delta I_3$ 如下。

① 求出松软土层地震刚度 $V_i \rho_i$ 和靠近的下伏基岩的地震刚度 $V_0 \rho_0$ 的比值 $m_i$：

$$m_i = \frac{V_i \rho_i}{V_0 \rho_0} \tag{4-19}$$

② 求出软土层厚度 $H$ 与对应于该土层的特征周期 $T_{gi}$ 的弹性波（纵波和横波）长 $\lambda_i$

（即波速与特征周期之积，$\lambda_i = V_i T_{gi}$）之比 $S_i$：

$$S_i = \frac{H}{V_i T_{gi}} \tag{4-20}$$

③ 按表 4-7 求出共振烈度增量值（$\Delta I_3$）。

**表 4-7　由于土层共振引起的烈度增量**

| $m_i$ | $S_i$ | | | | |
|---|---|---|---|---|---|
| | $0.1 : 0.6$ | $0.2 : 0.7$ | $0.25 : 0.75$ | $0.3 : 0.8$ | $0.4 : 0.9$ |
| 0.1 | 0.2 | 1.2 | 2.5 | 1.2 | 0.2 |
| 0.2 | 0.2 | 1.1 | 1.7 | 1.1 | 0.2 |
| 0.3 | 0.2 | 0.9 | 1.3 | 0.9 | 0.2 |
| 0.4 | 0.2 | 0.8 | 1.0 | 0.8 | 0.2 |
| 0.5 | 0.2 | 0.6 | 0.7 | 0.6 | 0.2 |
| 0.6 | 0.1 | 0.5 | 0.5 | 0.5 | 0.1 |
| 0.7 | 0.1 | 0.3 | 0.3 | 0.3 | 0.1 |
| 0.8 | 0.1 | 0.2 | 0.2 | 0.2 | 0.1 |
| 0.9 | 0 | 0 | 0.1 | 0.1 | 0 |

研究地段的地震烈度增量 $\Delta I$ 按下式计算：

$$\Delta I = \Delta I_1 + \Delta I_2 + \Delta I_3 \tag{4-21}$$

烈度增量值求出后，即可获得各方格内的地震烈度，并用等值线描出烈度相同地段。各地段按调整后的场地烈度进行设计。

（2）调整反应谱小区划

这是一种动态小区划，最早是由美国提出的。它也是将场地划成大致等间距的网格，网格的尺寸视精度要求而定，每个方格中取一代表性的钻孔地层柱状图来计算地震反应。可把每个地层柱状断面图按其特性分成若干层，每一层的剪切波速度和阻尼可根据所在钻孔实际测定的数据或根据同样深度上同类土的典型试验结果来确定。随后根据场地地震地质背景确定一个震中区及最大可能震级；在分析时可选用近期记录到的强震波谱并加以调整后作为基岩的输入波，经过计算就可得到加速反应谱，即 $\beta(t)$ 曲线。根据我国抗震规范，将场地地基土划分为三类，因此需要将计算所得的 $\beta(t)$ 曲线与标准反应谱比较，以确定场地土的类型而加以划分。在每一方格内将 $\beta(t)$ 曲线标出，可以非常直观地判定地面运动加速度反应谱随场地土差异的变化规律。

#### 4.3.4.4　地震区抗震设计原则和建筑物抗震措施

（1）建筑场地的选择

地震区建筑场地的选择是至关重要的。为了做好选址工作，必须进行地震工程地质勘察，联系历史震害的情况，充分估量在建筑物使用期间内可能造成的震害。经综合分析研究后，选出抗震性能最好、震害最轻的地段作为建筑场地。同时应指出场地对抗震有利和不利的条件，提出建筑物对抗震措施的建议。

在选择建筑场地时，应注意以下几点。

① 避开活动性断裂带和大断裂破碎带。活动性断裂带是地震危险区，地震时地面断裂错动会直接破坏建筑物。大断裂破碎带可能会使震害加剧。

② 尽可能避开强烈振动效应和地面效应的地段作场地或地基。属此情况的有：强烈沉降的淤泥层、厚填土层、可能产生液化的饱水砂土层以及可能产生不均匀沉降的地基。

③ 避开不稳定的斜坡或可能会产生斜坡效应的地段。这些地段是指已有崩塌、滑坡分

布的地段、陡山坡及河坎旁。

④ 避免孤立突出的地形位置作为建筑场地。

⑤ 尽可能避开地下水埋深过浅的地段作为建筑场地。

⑥ 岩溶地区地下深处有大溶洞，地震时可能会塌陷，不宜作为建筑场地。

对抗震有利的建筑场地条件应该是：地形较平坦开阔；岩石坚硬均匀，若土层较厚，则应较密实；无大的断裂，若有，则它与发震断裂无关系，且断裂带胶结较好；地下水埋深较大；滑坡、崩塌、岩溶不良地质现象不发育。

（2）地基持力层和基础方案的选择

场地选定后，就应根据所查明的场区工程地质条件选择适宜的持力层和基础方案。基础的抗震设计需注意以下几点：

① 基础要砌置于坚硬、密实的地基上，避免松软地基；

② 基础砌置深度要大些，以防止地震时建筑物的倾倒；

③ 同一建筑物不要并用多种不同形式的基础；

④ 同一建筑物的基础，不要跨越在性质显著不同或厚度变化很大的地基土上；

⑤ 建筑物的基础要以刚性强的联结梁连成一个整体。

如图 4-22 所示为日本东京根据建筑物上部结构选择持力层和基础形式的情况。高层建筑物的基础必须砌置于坚硬地基上，并以有多层地下室的箱形基础为好；也可采用墩式基础和管柱桩基础，支撑于坚硬地基上；切不可采用摩擦桩形式。在中等密实的土层上，一般建筑物可采用一般的浅基础。在可能液化和高压缩性土地区，则宜用筏式和箱形基础、桩基础；也可将地基预先振动压密加固。

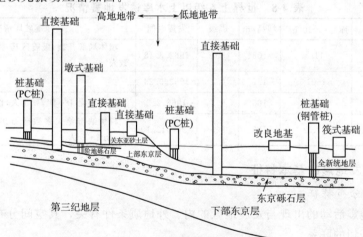

图 4-22　东京的地基和建筑物的基础形式

（据久田俊彦，1974）

（3）建筑物结构形式的选择及抗震措施

在强震区工业与民用建筑物，其平立面形状以简单方整为好，避免不必要的凸凹形状；否则应在连接处或层数变化处留抗震缝。结构上应尽量做到减轻重量、降低重心、加强整体性，并使各部分、各构件之间有足够的刚度和强度。

我国城乡低层和多层建筑物广泛采用的是木架结构和砖混承重墙结构，抗震性能较差。木架结构侧向刚度很差，地震时极易发生散架落顶。其抗震措施主要是在梁、柱交接的柱头处加支撑。砖混承重墙结构整体性较差，地震时楼板极易从墙上脱落。其抗震措施一是提高砌墙灰浆的强度；二是要在每层楼间以拉接钢筋和圈梁等补强措施使楼板与墙体之间的整体性加强。

强震区的高层建筑物及高耸的构筑物（如烟囱、水塔），应采用钢筋混凝土结构。目前国内外高层建筑物普遍采用框架结构、剪力墙结构和筒式结构，它们具有较好的抗震性能。尤其是筒式结构，其侧向刚度、强度和整体性都很强。

# 4.4 水库诱发地震

因水库蓄水所引起的地震，称为水库诱发地震。水库诱发地震的震级较其它诱发地震高，甚至招致严重的破坏，因此是诱发地震研究的主要对象。人们也是从水库诱发地震开始认识诱发地震的。

水库诱发地震事件最早发现于希腊的马拉松水库（1931 年），震级最高（$M_s=6.5$）；损失最大的是印度的科伊纳水库。据不完全统计，世界上已建成的 10 万余座水库中，有 100 来座在库区诱发了地震活动，其中我国有 15 座。公认的 6 级以上震例有 4 处（表 4-8）。我国新丰江水库自 1959 年 10 月开始蓄水时，库区内即发生地震活动；随着蓄水位的提高，地震的频度和强度明显加大。1961 年 9 月满库，于 1963 年 3 月 18 日发生了 6.1 级主震，震中烈度Ⅶ度，引起坝体开裂及其它建筑物破坏，之后余震不断。新丰江水库地震的强度超过了当地的历史天然地震。

**表 4-8 世界上 6 级以上水库诱发地震情况**

| 水库名称 | 库容/$\times 10^8 \text{m}^3$ | 坝高/m | 震级 | 发震时间 | 地震破坏情况 |
|---|---|---|---|---|---|
| 新丰江（中国） | 115 | 105 | 6.1 | 1962.3.18 | 坝体局部开裂,极震区房屋破坏数千间,死伤数人 |
| 卡里巴（赞比亚） | 1604 | 127 | 6.1 | 1963.9.23 | |
| 克雷马斯塔（希腊） | 47.5 | 165 | 6.3 | 1966.2.5 | 房屋倒塌 480 间,死 1 人,伤 60 人 |
| 科伊纳（印度） | 27.8 | 103 | 6.5 | 1967.12.10 | 科伊纳市绝大多数砖石房屋倒塌,死亡 177 人,伤 2300 人 |

### 4.4.1 水库诱发地震的基本特征

#### 4.4.1.1 空间分布特征

水库诱发地震活动的出现与发震地区的内、外地质条件有关，其空间分布特征与诱发地震的成因有着密切的联系。

（1）震中分布与水库水域及诱发成因有关

统计结果表明，无论在天然地震区或无震区，所发生的水库地震震中多分布于库坝区或其外围邻近地区 25～40km 范围内。距水库越近，震点数愈高。

（2）震源深度和震中强度与当地天然地震有明显差别

水库诱发地震主要发生在水体或水载荷影响范围之内，震源体深度较浅，属于浅源地震。计算分析资料表明，绝大多数内生成因水库地震震源深度在 2～10km 范围内，外生成因水库地震或其它诱发地震震源深度则常在 2km 以内的地壳表层；且震源体较小，与当地天然地震的震源深度明显不同。

此外，震源深度与水库容量呈趋势性相关，库容小的水库地震震源较浅，库容大的水库震源较深。某些大型水库地震震源深度有随时间自浅部向较深部发展的趋势。图 4-23 表示了新丰江水库地震震源深度随时间的变化趋势。

由于震源浅，震中烈度较相同震级天然地震高。但是由于水库诱发地震震源浅，震源体小，所以地震影响范围较小。

#### 4.4.1.2　地震活动与库水位的相关性特征

水库地震的频度和强度与水库蓄水后的水位高度及其变化有明显的相关性。统计结果表明，地震活动随库水位的升高而增强，在达到或经过几个高水位后发生主震。印度科伊纳、希腊克里马斯塔、我国新丰江和丹江口等水库的地震活动都具有这种规律。

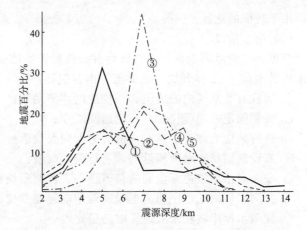

图 4-23　新丰江水库不同时段各类震源深度的百分比
①—1961 年 7 月～1961 年 12 月；②—1962 年 1 月～1963 年 5 月；
③—1963 年 6 月～1965 年 11 月；④—1965 年 12 月～1969 年 11 月；
⑤—1969 年 12 月～1980 年 1 月

地震活动与水库水位上升的量值、上升速度、高水位持续的时间有关，较强的地震常发生在库水位上升速度加快后的高水位期（如科伊纳、新丰江等），或出现在持续高水位后的水位急剧下降期（如丹江口、新丰江等）。

#### 4.4.1.3　水库诱发地震的序列特征

水库诱发地震的震型与其成因类型有关。一般构造型的水库诱发地震序列以前震-余震型（茂木 2 型）为主，前震及余震序列明显，偶尔见有震群型。而非构造型的水库诱发地震常属于单发式主震型或多发式震群型（茂木 3 型），且序列短。而天然构造地震序列往往属于主震-余震型（茂木 1 型），其前震极微弱，因而与人类活动诱发地震序列有明显的区别。此外，由于水库诱发地震的震级一般不大，故它的主震和最大余震之间的差值较小。而且水库地震的主震和余震衰减速度很慢，可达 20 年以上。

### 4.4.2　水库诱发地震的工程地质研究

对诱发地震的调查研究应结合有关工程对象进行。一般应在区域地质调查的基础上，初步判定可能产生诱发地震的地区范围及可能成因，然后进行工程地质测绘及其它必要的勘察工作，以查明区域地质背景及地区发震条件。调查中应特别注意区域构造及新构造运动形迹，构造应力场，地区的岩性、构造、水文地质条件及动力地质作用的类型及发育程度等因素，在地震地质调查研究工作的基础上，对可能出现的诱发地震成因类型作出初步分析判定。

水库诱发地震的工程地质研究工作在水电工程规划设计的前期阶段即应开始进行，其主要研究内容如下。

#### 4.4.2.1　建库前的地震地质研究

（1）第一阶段

在水电工程地质勘察的流域规划、可行性研究及初步设计阶段依次进行，对诱发地震的可能性及强度作出初步评价。主要工作内容包括：

① 工程开发区所处的构造单元内新构造运动及天然地震活动成因及历史；

② 工程开发区及其邻近地区内潜在活动性断裂的性质及构造应力场；

③ 配合地震部门利用高频流动地震台网对工程开发区的天然地震活动进行监测，确定

噪声水平较低的地区。

（2）第二阶段

根据第一阶段调查资料，当认为有必要对诱发地震加强研究时，应进行本阶段工作，并在水库蓄水前 1~2 年开始。主要工作内容包括：

① 工程有关地区内的地质和新构造的详细勘察；

② 安装固定的测震仪器，开始监测工作；

③ 进行地应力测量，确定构造应力方向及量值；

④ 布设地面精密水准测量网，进行定期测量；

⑤ 安装对活断裂进行监测的仪器设备，监测断块相对位移；

⑥ 预测可能的地震序列、震级及震中的可能部位；

⑦ 预测水库岸坡在未来地震时的稳定性；

⑧ 对工程建筑物的抗震性能设计进行校核。

#### 4.4.2.2 建库发震后的工程地质研究

水库建成蓄水后地震活动频繁，应进行以下专门研究：

① 配合地震工作人员进行监测，应增设流动台精确测震，测定震源位置，测定震源参数，研究地震序列；

② 装置地应力测试装置及倾斜仪等，观测地应力变化及地形变的情况；

③ 加强进行精密水准测量与三角测量，尤其当主震发生后，要立即测量并与地震前对比；

④ 研究水位变动、库容增量与地震频度、震级的关系；

⑤ 对诱发地震的发展趋势作出评价与预测；

⑥ 配合设计、施工人员，对震害防治与处理措施提出建议。

## 思考题

1. 黏滑型断层与蠕滑型断层的异同是什么？
2. 活断层有什么基本特征？
3. 如何鉴别活断层？
4. 地震发生的地质条件是什么？
5. 如何开展活断层的工程地质评价？
6. 地震效应有哪些？
7. 如何开展地震工程地质评价？
8. 如何判断地震的震源机制？
9. 水库诱发地震有何统计特征？
10. 如何开展水库区诱发地震研究？
11. 如何从科学技术发展角度看待地震预测问题？

## 参考文献

[1] 中国地震学会地震地质专业委员会. 中国活动断裂 [M]. 北京：地震出版社，1982.

[2] 张咸恭，王思敬，张倬元. 中国工程地质学 [M]. 北京：科学出版社，2000.

[3]　闻学泽，汪一朋．我国活动断裂地震危险性研究的进展与问题 [M]．北京：地震出版社，1999．

[4]　国家科委全国重大自然灾害综合研究组．中国重大自然灾害及减灾对策（分论）[M]．北京：科学出版社，1993．

[5]　《工程地质手册》编写组．工程地质手册 [M]．三版．北京：中国建筑工业出版社，1992．

[6]　周本刚，冉洪流．工程活动断裂鉴定的时限标准讨论 [J]．工程地质学报，2002，10（3）：274-279．

[7]　北京地质学院工程地质教研室．工程地质学（上册）[M]．北京：中国轻工业出版社，1962．

[8]　张倬元，王士天，王兰生．工程地质分析原理 [M]．北京：地质出版社，1997．

[9]　张倬元，王士天．工程动力地质学 [M]．北京：中国工业出版社，1964．

[10]　李起彤．活断层及其工程评价 [M]．北京：地震出版社，1991．

[11]　虢顺民，等．中法活动断层研究与地震研究的新动向 [J]．国际地震动态，1992，（10）：3-5．

[12]　李祥根．中国新构造运动概论 [M]．北京：地震出版社，2003．

[13]　GB 5001—2001．建筑抗震设计规范．

[14]　王钟琦，等．地震工程地质导论 [M]．北京：地震出版社，1983．

[15]　郭增建，等．震源物理 [M]．北京：地震出版社，1979．

[16]　小出仁，山崎晴雄，加藤砧一．地质与活断层 [M]．北京：地质出版社，1985．

[17]　久田俊彦．地震与建筑 [M]．北京：地震出版社，1978．

[18]　胡幸贤．地震工程学 [M]．北京：地震出版社，1988．

[19]　方鸿祺，王钟琦，等．唐山强震区地震工程地质研究 [M]．北京：中国建筑工业出版社，1981．

[20]　周本刚，张裕明，董瑞树，等．划分潜在震源区的地震地质规则研究 [J]．中国地震，1997，（1）．

[21]　王钟奇，谢君斐，石兆吉．地震工程地质导论 [M]．北京：地震出版社，1983．

[22]　国家地震局《一九七六年唐山地震》编写组．一九七六年唐山地震 [M]．北京：地震出版社，1982．

[23]　张培震，毛风英，常向东．重大工程地震安全性评价中活动断裂分段的准则 [J]．地震地质，1998．

[24]　GB/T 17742—1999．中国地震烈度表．

[25]　GB 18306—2001．中国地震动峰值加速度区划图．

[26]　陈颙等．地震危险性分析和震害预测 [M]．北京：地震出版社，1999．

[27]　GB 17741—1999．工程场地地震安全性评价技术规范．

[28]　方鸿祺，王钟琦，等．地震液化宏观机制及其震害效应 [J]．工程勘察，1980，（2）．

[29]　廖振鹏．地震小区划理论与实践 [M]．北京：地震出版社，1989．

[30]　刘颖，谢君菲，等．砂土震动液化 [M]．北京：地震出版社，1984．

[31]　陈运泰．中国地震学研究进展—庆贺谢毓寿教授八十寿辰 [M]．北京：地震出版社，1997．

[32]　郭增建，陈鑫连．地震对策 [M]．北京：地震出版社，1986．

[33]　吴英健，等．建筑抗震加固 [M]．长春：长春出版社，1991．

[34]　王钟奇，等．地震区工程选址手册 [M]．北京：中国建筑工业出版社，1994．

[35]　中国地震局地球物理研究所，中国地震局工程力学研究所，中国地震局工程地球研究中心．新世纪地震工程与防震减灾—庆贺胡聿贤院士八十寿辰 [M]．北京：地震出版社，2002．

[36]　王景明，等．华北地震灾害与对策 [M]．北京：地震出版社，1993．

[37]　国家地震局地震研究所．中国诱发地震 [M]．北京：地震出版社，1984．

[38]　古普塔·H.K，拉斯托吉·B.K．水坝与地震 [M]．北京：地震出版社，1980．

[39]　胡毓良，等．我国的水库地震及有关成因问题的讨论 [J]．地震地质，1979，1（4）．

[40]　王妙月，等．新丰江水库地震的震源机制及其成因的初步探讨 [J]．地球物理学报，1976，19（1）．

[41]　沈崇刚，等．新丰江水库地震及其对大坝的影响 [J]．中国科学，1974，（2）．

[42]　夏其发，汪雍熙，李敏．论外成成因的水库诱发地震 [J]．水文地质及工程地质，1988，（1）．

[43]　顾宝和．饱和砂土的渗流规律和喷水冒砂机理 [J]．勘察技术，1979，（2）．

[44]　高锡铭．蓄水引起的地基垂直形变的总效应和丹江口水库地震 [J]．地震学报，1984，6（3）．

[45]　卢海龙，胡小猛，吴洁利，等．地貌沉积学方法在活断层研究中的应用 [J]．西北地震学报，2012，34（02）：192-198．

[46]　清华大学土木组，西南交通大学土木结构组，北京交通大学土木结构组．汶川地震建筑震害分析 [J]．建筑结构学报，2008（04）：1-9．

[47]　王文沛，李滨，冯振，等．考虑场地效应的高陡岩质斜坡地震失稳机制 [J]．岩土力学，2019，40（01）：297-304＋314．

[48]　黄润秋，李为乐．汶川大地震触发地质灾害的断层效应分析 [J]．工程地质学报，2009，17（01）：19-28．

# 第5章 斜坡工程

## 5.1 概 述

斜坡是地表广泛分布的一种地貌形式，指地壳表部一切具有侧向临空面的地质体。可简单划分为天然斜坡和人工边坡两种。天然斜坡是指赋存在一定地质环境中，受各种地质营力作用而演化的自然产物，未经人工改造，如沟谷岸坡、山坡、海岸、河岸等；

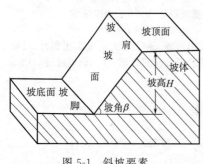

图 5-1 斜坡要素

人工边坡是指由于某种工程活动而开挖或改造形状的斜坡，如路堑、露天矿坑边帮、渠道边坡、基坑边坡、山区建筑边坡等。斜坡的基本形态要素为坡体、坡高、坡角和坡面、坡顶面、坡肩、坡脚、坡底面等（图 5-1）。

斜坡在各种内、外地质营力作用下，不断地改变着坡形，其坡高、坡角发生变化，改变坡体应力分布状态。当斜坡岩土体强度不能适应此应力分布时，就产生了斜坡的变形破坏现象。尤其是大规模的工程建设，使天然斜坡发生急剧变化，改变其稳定性，往往造成灾害。斜坡的变形与破坏实质上是由斜坡岩土体内应力与其强度这一对矛盾的发展演化所决定的。斜坡灾害可以在特定的条件下如河流地段形成灾害链，在直接危害区造成人员伤亡、工程毁坏、经济损失，在间接危害区因河流堵江造成上游区域淹没、下游溃坝洪水灾害等。同样是斜坡灾害，若前期评估工作有效也可以极大程度地减少灾害损失。

因斜坡变形破坏给人类和工程建设带来的危害在国内外不乏其例。在我国，由于特殊的自然地理和地质条件所制约，斜坡地质灾害分布广泛，活动强烈，危害严重，是山区主要的工程动力地质作用。如 20 世纪 90 年代以来，平均每年因斜坡地质灾害（如滑坡、泥石流）致死约 1000 人，直接经济损失约 200 亿。

人工边坡变形破坏主要是由于土木、水利、交通、矿山等基本工程建设中的地面和地下开挖造成的事故和灾害。如 1989 年 1 月 7 日，在建的云南省大型水电站漫湾工程在开挖左坝肩的过程中突发一次高达 100m 的岩质边坡滑坡，其体积约 $1.08 \times 10^5 m^3$，这一滑坡使电站推迟一年发电，直接经济损失超过亿元；又如 1903 年 4 月 29 日凌晨时，在加拿大 Alberta 省的 Frank 滑坡，因地下采煤导致失稳边坡高 640m、宽 915m、厚 152m、总方量 $3 \times 10^7 m^3$ 的滑坡，滑坡体掩埋了位于坡下的 Frank 村庄，约 70 人丧生。

综上可知，无论是天然斜坡还是人工边坡，其变形破坏对人类工程、经济活动和生命财产的危害均较大，因此，必须十分重视斜坡工程问题。

## 5.2　斜坡中的应力分布特征

斜坡的应力分布特征决定了斜坡变形的破坏形式和机制，对斜坡稳定性评价和合理防治措施也有一定意义。所以应了解斜坡形成后坡体中应力分布的特征及其应力分布的影响因素。

### 5.2.1　斜坡中应力状态的变化

天然岩土体中的应力分布是比较复杂的，除普遍存在的自重应力外，有时还有构造应力、热应力、地下水应力等。一般认为，当仅存在自重应力的情况下，未形成斜坡前岩土体的主应力（初始应力）是呈铅直与水平状态的，即铅直应力为最大主应力，水平应力为最小应力，此时岩土体内的最大剪应力与最大、最小主应力多呈 $45°$ 交角。

在斜坡形成过程中，由于侧向临空面的产生，坡面附近的岩土体发生卸荷回弹，引起应力重分布和应力分异、应力集中等效应。根据弹性力学有限元分析和光测弹性试验，均可以确定坡体在尚未发生明显变形或破坏之前的应力状态。其总的特征可概括为 4 个方面（图 5-2）。

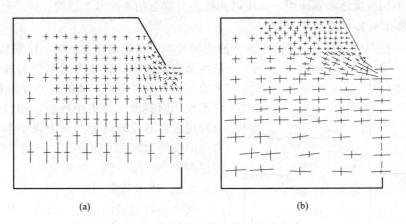

(a)　　　　　　　　　　　　　　　(b)

图 5-2　有限单元法解出的主应力迹线

(a) 重力条件下；(b) 以水平应力为主的构造应力场条件下

(据科茨，1970)

①　斜坡面附近的主应力迹线均发生明显偏转。其总的表现为愈靠近临空面，最大主应力愈与之平行，最小主应力则与之近于正交；向坡体内逐渐恢复到初始应力状态。

②　由于应力分异的结果，在坡面附近产生应力集中带，尤其在坡脚形成一个明显的应力集中带。该处最大主应力（表现为切向应力）显著增高，而最小主应力（表现为径向应力）显著降低，甚至可能为负值。由于应力差异大，于是形成了最大剪应力增高带，易发生剪切破坏。在坡肩附近，在一定条件下坡面的径向应力和坡顶的切向应力可转化为拉应力（应力值为负值），形成一个张力带（图 5-3），因此，坡肩附近最易拉裂破坏。斜坡坡度愈陡，则此带范围愈明显。

③　坡面处的径向应力实际为零，所以坡面处于两向应力状态，而向坡内逐渐变为三向应力状态。

④　由于主应力偏转，坡体内最大剪应力迹线也发生变化，由原来的直线变为凹向坡面的近似圆弧状（图 5-4）。这也正是均质岩土体中斜坡破坏面常呈圆弧状的原因。

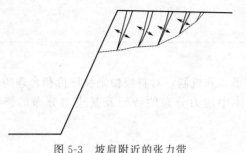

图 5-3 坡肩附近的张力带

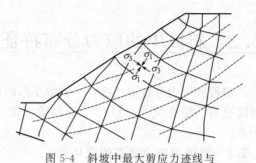

图 5-4 斜坡中最大剪应力迹线与
主应力迹线关系

（实线为主应力迹线；虚线为最大剪应力迹线）

以上所述即为斜坡应力分布的一般特点。在各种因素，如工程活动或卸荷作用的浅表生改造影响下，斜坡的实际应力分布状态要复杂得多。因此，必须从斜坡整个演变过程中，分析其坡体应力状态。

### 5.2.2 影响斜坡应力分布的因素

斜坡应力分布特征受多种因素的影响。岩体中的初始应力状态、坡形、岩土体性质和结构特征，都不同程度地起着作用，其中以初始应力状态的影响最为显著。

#### 5.2.2.1 岩体初始应力的影响

岩体初始应力的影响主要指水平构造应力的影响。在高山峡谷地区，特别是新构造运动较为强烈的地带，岩体中常赋存有较大量级的水平地应力，其对斜坡岩体的应力分布有很大影响。它不仅加剧斜坡应力集中程度，而且也加剧应力分异现象，对坡脚附近的应力集中和坡肩附近张力带的发展影响尤为明显。水平构造应力值愈大，则影响愈大（图 5-5）。

#### 5.2.2.2 坡形的影响

坡形包括斜坡的坡高、坡角、坡底宽度和平面形态等，它们对斜坡应力分布均有一定影响。

坡高并不改变坡体中应力等值线图形，但坡内各处的应力值均随坡高增高而增大。

坡角大小可以明显改变斜坡中应力分布图像。坡脚处的剪应力集中带和坡肩附近的张力带，其范围和量值随着坡角增大而增大，即陡峻的斜坡更易发生变形破坏。

坡底宽度 $W$ 的影响可以用它与坡高 $H$ 的比值 $W/H$ 来表征。随着 $W/H$ 值的减小，坡脚的剪应力增大。实际资料表明，当 $W<0.8H$ 时（如高山峡谷地带），坡脚剪应力集中程度随坡底宽度缩小而急剧增高（图 5-6）；而当 $W>0.8H$ 时，则影响减弱，基本不发生变化。由此可见，高山峡谷地区特别是当存在垂直河谷方向的较高水平地应力时，坡脚和谷底一带可以形成极强的

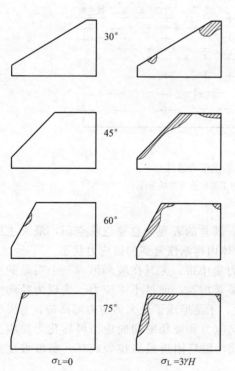

图 5-5 斜坡张力带分布状况及其与水
平构造应力（$\sigma_L$）、坡角的关系

（图中阴影部分表示张力带）

（据斯特西，1970）

应力集中带，从而更易发生斜坡变形破坏。

此外，斜坡的平面形态可分为平直形、内凹形和外凸形等。一般而言，内凹形斜坡由于其两侧的支撑作用，应力条件较好，即坡脚的剪应力较小。所以露天采坑的平面形态大多为椭圆形，且其长轴尽量平行于最大水平地应力方向。

### 5.2.2.3　斜坡岩土体性质和结构特征的影响

岩土体的变形模量对均质坡体的应力分布并无明显影响，但泊松比一定程度上可以影响坡体应力分布。结构面对坡体应力分布的影响十分显著，由于结构面的存在，坡体中应力分布出现不均匀性和不连续现象，尤其在结构面的周边成为应力集中带或发生应力阻滞现象。这种现象在坚硬岩体斜坡中尤为明显。

以上讨论了斜坡形成后的应力状态。实际上随着时间的推移，在斜坡整个演变过程中，坡体应力状态也渐趋复杂。天然斜坡的应力状态调整常经过漫长的时期，而人工边坡时间上相对较短。因此，对一个具体斜坡必须进行认真的分析研究。

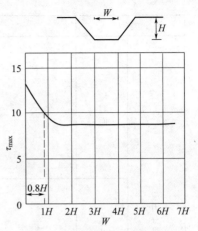

图 5-6　坡底宽度 $W$ 与坡脚最大
剪应力 $\tau_{max}$ 的关系
$W$—坡底宽度；$H$—坡高；
$\tau_{max}$—坡脚最大剪应力

## 5.3　斜坡浅表生改造现象

以斜坡岩体为代表的处在地壳浅表圈层部位的岩体，在地貌形成演化过程中，其表生改造过程与地貌形成演化过程是密切联系的，实质上是一个卸荷过程，即可称为浅表生改造。可细分为表生改造和浅生改造两类。地壳浅表圈层由于岩体卸荷回弹和在自身重力场条件及外界影响因素的作用下而发生的变形破坏，称为表生改造，其所形成的变形破裂称为表生结构；与此相对应，在地貌挽近期改造和演化过程中，地壳浅表圈层中因区域性卸荷引起岩（土）体应力场的变化和应变能的释放而形成变形的破裂过程，称为浅生改造，其所形成的变形破裂体系称为浅生结构。人类工程活动实践证明，岩体的浅表生改造及其所造成的特殊结构和构造，与地壳浅表圈层的演化和人类工程活动之间有着十分密切的关系，对它的研究，将有助于我们对斜坡演化及其地质灾害问题作出更符合科学的评价和预测。

地壳的表生改造及其对应的表生结构面，既包括岩体表部与卸荷回弹有关的结构面，也包括斜坡岩土体在变形破坏过程中形成的结构面和斜坡破坏后形成的特殊结构面。本节重点介绍斜坡浅表生改造现象及其结构面发育特点。

### 5.3.1　斜坡浅表生结构面发育特点

卸荷作用在斜坡形成过程中将引起其临空面附近岩体内部应力、应变场的重分布，这一过程可以造成局部应力集中，并且还可因为差异回弹而在岩体中形成一个被约束的残余应力体系。岩体在卸荷过程中的变形与破裂正是由于应力、应变场这两方面的改变所引起的，因而，卸荷引起的变形破裂可分为"应力分异破裂面"和"差异回弹破裂面"两大类型结构面（图 5-7）。这些卸荷破裂结构面大多沿着或追踪岩体中原有的原生和构造结构面生成，即原有结构面体系的进一步复活，也有部分是新形成的裂缝，即新的表生破裂体系的形成共同构成斜坡卸荷带。在多数情况下，这两类结构面使斜坡局部岩体

| 类型 | 图示 |
|---|---|

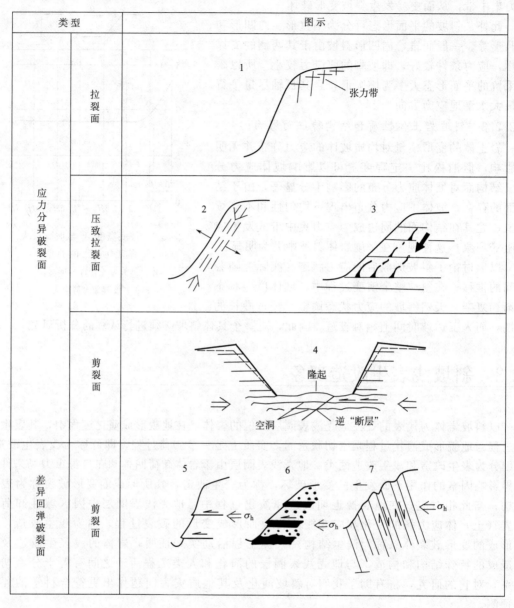

图 5-7 斜坡岩体中卸荷回弹表生结构面形成机制分类

质量等级降低。

### 5.3.1.1 应力分异破裂（结构）面

这是斜坡形成过程中因应力分异所造成的一类变形破裂结构面。它与岩体在拉应力、压应力和剪应力条件下的变形破裂面是相当的。按应力分异后的受力状况和破裂机制可分为拉裂面（图 5-7 中 1）、压致拉裂面（图 5-7 中 2、3）和剪裂面（图 5-7 中 4）三类。

### 5.3.1.2 差异回弹破裂（结构）面

这是斜坡形成过程中因差异回弹所造成的一类变形破裂结构面（图 5-7 中 5～7）。也可按破裂机制分为拉裂面和剪裂面。其中，拉裂面是大体平行临空面的卸荷拉破裂面，它与应力分异型的压致拉裂面往往是相互联系或共生的；差异回弹剪裂面可有多种表现形式，如平缓层状体斜坡中沿平缓软弱结构面产生的差异回弹剪裂面，陡倾坡内层状体斜坡差异回弹造成的剪裂面等。一些典型实例证明，波及影响深度可达到数十米至上百米，如大渡河龚嘴电站花岗岩岸坡中沿缓倾角裂隙产生深达 50 余米的平缓剪切面，剪切面上可见糜棱岩（王兰生、张倬元，1965，1979）；又如长江葛洲坝机窝开挖过程中直接观测到因差异回弹沿软弱结构面的水平错动等。

上述结构面是斜坡岩土体中因卸荷回弹形成的浅表生结构面，是斜坡应力、应变场调整的必然产物，因此，它们是认识河谷斜坡应力场释放规律的基本途径。它们与原生结构面和早期构造结构面一起成为斜坡演化进程中具有重要控制作用的结构面，并在重力场条件下可进一步发生变形与破坏。

## 5.3.2　斜坡浅表生改造带应力场特征

由上可知，斜坡在形成过程中，必然经历了地壳浅表生改造作用。随着斜坡临空面的扩大，斜坡岩体产生回弹变形，相应地在斜坡岩土体内部的应力场也随之发生显著的变化，以适应不断发展的变形状态，其结果是在斜坡一定深度范围内形成二次应力场分布区，理论上与地下空间围岩二次应力场的状况类似。斜坡二次应力场也包括了应力降低区、应力增高区和原岩应力区，前两者为斜坡卸荷带，对岩体工程地质性质影响较为显著。例如，在高地应力峡谷区，尤其当最大主应力与峡谷走向近于正交时，岸坡的应力场特征由坡面向深部呈现如下应力重分布变化：应力降低带 $A_1$（相当于卸荷、风化带）—应力增高带 $A_2$（大多为弱微风化岩体，紧密挤压）—应力波动带 $B$（相当于早期浅生改造带，应力值随深部裂缝带的远近而波动）—应力平稳带 $C$（与原始应力场相当）；在河谷底部产生明显的"高应力包"现象，即在河谷底的浅部应力降低区以下，出现一个由于谷底应力集中所导致的局部地应力高度集中范围。若干西南、西北的水利水电工程勘察中均发现存在此类"高应力包"现象，其量值常可达 $25\sim30\text{MPa}$ 以上，深度可达谷底以下 $150\sim200\text{m}$。这些应力分异带的状况或发育规模与河谷形态、岸坡的地层岩性分布和地质构造有关，也受区域最大主应力方向与大小、新构造运动速度与幅度等影响。

同时，由于浅表生改造作用，斜坡水动力场特征也发生明显变化。它不仅与浅表生结构构造发育状况相关，而且与相应的应力场特征相关。由图 5-8 和图 5-9 可知，岸坡中的应力增高带（紧密挤压带）通常为一相对隔水带，其外侧应力降低带即卸荷拉裂变形破裂带，处于潜水面以上的包气带中，在暴雨期间可出现间歇性的上层滞水；内侧应力波动带的裂缝带中可保存潜水和局部的承压水。

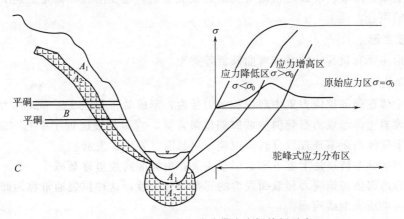

图 5-8　岸坡浅表生改造带应力场特征示意

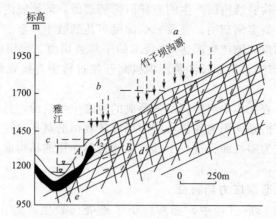

图 5-9 峡谷岸坡水动力场实例

(雅砻江官地水电站玄武岩坝址区，断裂裂隙 $c$、$d$，切割的块状岩体)

$A_1$—卸荷拉裂变形破裂带，即上层滞水积聚带；$A_2$—紧密挤压带，相当于隔水层；$B$—浅生
改造裂缝保存带，即潜水和局部承压水层；$C$—可能的深部承压水出露范围

由于斜坡一般发育各类成因结构面，在上述应力场和水动力场作用下，因外界因素变化而诱发能量释放或产生新的变形与破裂，产生崩塌或滑坡现象。

# 5.4 斜坡变形破坏基本类型

因各种因素或作用而引起斜坡应力状态的改变，造成局部应力集中超过了该部位岩土体介质的容许强度，引起局部剪切错动、拉裂并出现小位移，但还没有造成斜坡整体性的破坏，这就是斜坡的变形。当斜坡变形进一步发展，破裂面不断扩大并互相贯通，使斜坡岩土体的一部分因发生较大位移而分离，这就是斜坡的破坏。斜坡变形与破坏是斜坡演化过程中的两个不同的阶段，变形属于量变阶段，破坏属于质变阶段，它们是一个累进破坏过程。前者以坡体中未出现贯通性的破裂面为特点；而后者在坡体中已出现贯通性的破裂面，且使斜坡的一部分岩土体以一定的加速度发生位移。

因此，按斜坡形成演化过程可将斜坡变形划分为拉裂、蠕滑和弯曲倾倒等类型；将斜坡破坏划分为崩塌、滑坡、坡面泥石流等类型。大规模的斜坡变形破坏都是上述基本类型中的一种或多种的组合。

## 5.4.1 斜坡变形

斜坡变形主要有拉裂、蠕滑和弯曲倾倒等类型。

### 5.4.1.1 拉裂

斜坡岩土体在局部拉应力集中部位和张力带内，形成的张裂隙变形形式称为拉裂。这种现象在由坚硬岩土体组成的高陡斜坡坡肩部位最常见，它多与坡面近于平行（参见图 5-3）。尤其当坡体中陡倾构造节理较发育时，拉裂将更易沿之发生、发展。

拉裂的空间分布特点是上宽下窄，以至尖灭；由坡面向坡里逐渐减少。

拉裂还有因岩体初始应力释放而发生的卸荷回弹所致，这种拉裂通常称为卸荷裂隙，如上节所述的一类浅表生结构面。

拉裂的危害是斜坡岩土体的完整性受到破坏，强度降低；为风化营力深入到坡体内部以及地表水、雨水渗入和运移提供了通道。这些对斜坡稳定均是不利的。

#### 5.4.1.2　蠕滑

斜坡岩土体沿局部滑移面向临空方向的缓慢剪切变形称为蠕滑。蠕滑可以在不同情况下受不同机制的作用而发生，一般有三种形式。

(1) 受最大剪应力面（或迹线）控制的剪切蠕滑

这种情况在均质岩土体构成的斜坡中较为常见（参见图 5-4）。

(2) 受软弱结构面控制的滑移

岩土体中常含有各种软弱结构面，如节理、断层、软弱夹层等，当这些结构面近水平或倾向坡外时，斜坡蠕动变形常易沿之发生。这类变形的强弱取决于该结构面的特性与产状。一般来说，这种卸荷型的蠕动总是十分缓慢的，是一种减速蠕变。葛洲坝工程二江电厂基坑边坡蠕滑剖面及基坑边坡侧向位移长观曲线（图 5-10 与图 5-11）较典型地反映了受软弱结构面控制的滑移特征。

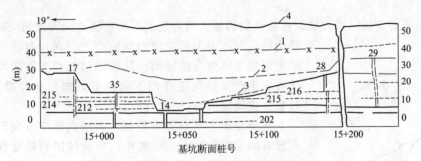

图 5-10　葛洲坝工程二江电厂基坑边坡蠕滑剖面

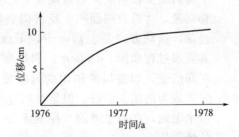

图 5-11　葛洲坝工程二江电厂基坑边坡侧向位移长观曲线

(3) 受软弱基座控制的蠕滑-塑流

由于斜坡基座具有较厚的软弱岩土体层，在上覆岩土体重力作用下，基座软岩受压，发生塑性变形，向临空方向或减压方向流动或挤出，从而引起斜坡变形，可称为深层蠕滑。基座软岩的挤出在侵蚀河谷和挖方地段最为常见。与前述蠕动形式不同的是，蠕滑-塑流不是沿一个统一的滑面，而是受整个软弱基座层控制。

软岩基座通常为厚层黏土层、泥灰岩、炭质页岩及煤系地层等，而斜坡则往往由坚硬厚层且裂隙发育的岩层，如厚层砂岩、灰岩、玄武岩、流纹岩等组成。坡高而陡的斜坡最易发生这类变形。例如，阿尔及尔由珊瑚灰岩构成的陡坡，由于下面的泥灰岩浸水软化，使斜坡产生蠕动，最后经过长期变形转变为块体滑坡，裂隙发育的灰岩也形成大块体陷进软化的泥岩中（图 5-12）。

斜坡的蠕滑变形虽然位移较小，但由于实际上已成为斜坡失稳的初期阶段，在一定的触发因素条件下，如暴雨、地震、人类工程活动等，极易迅速转为加速蠕变，直至破坏。所以对斜坡蠕动变形应高度重视，加强监测，并采取有效措施控制蠕滑，使之不向滑坡方向演化。

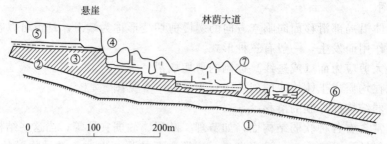

图 5-12　阿尔及尔由软岩基座蠕滑面发展成的滑坡

①—结晶片岩；②—中新统砂岩及砾岩；③—泥灰岩；④—海绿石泥灰岩；⑤—厚层
珊瑚灰岩；⑥—浸水软化的泥灰岩；⑦—下沉的石灰岩块体

#### 5.4.1.3　弯曲倾倒

由陡倾或直立板（片）状岩体组成的斜坡，当岩层走向与坡面走向大致相同时，在自身重力的长期作用下所发生的向临空方向同步弯曲，甚至折裂的变形现象称为弯曲倾倒。其形成机制相当于陡倾的板状岩体在自重产生的弯矩作用下向临空方向作悬臂梁式的弯曲、拉裂、错动或折裂。

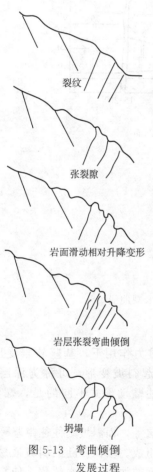

这类变形主要有如下特征：岩层向临空方向弯曲，与岩层原有的层面成 20°～50°夹角；弯曲倾倒的程度自斜坡表面向深处逐渐减小，深度可达 40m，但一般不低于坡脚高程；下部岩层多被折断，张裂隙发育，但层序不乱；岩层层间位移明显，常沿岩层面产生反坡向裂隙，裂隙面闭合，有错动迹象，错动方向是上盘向下，下盘向上，形成反坡向陡坎。其发展过程如图 5-13 所示。斜坡弯曲倾倒变形一般经过较长时间演变。如金川矿初始变形阶段起于 1964 年，1980 年才发展成为坍塌、滚石。但是有时速度也相当快，如白龙江碧口水电站，在溢洪道的开挖面上 3～5 天内即形成 1～2m 厚的倾倒体。

综上所述，斜坡不但具有不同的变形形式，而且具有不同的变形性质。从变形的连续性看，拉裂和弯曲倾倒属于不连续变形，而蠕滑通常属于连续变形。由于斜坡是由具有特定结构的不连续介质组成的，所以坡体的变形总是不均匀的，总体上表现为连续变形，实际上也包含拉裂等不连续变形因素。因此，在斜坡变形研究中，应采取综合分析方法。斜坡变形发展的结果必然导致斜坡的破坏。

图中标注：裂纹、张裂隙、岩面滑动相对升降变形、岩层张裂弯曲倾倒、坍塌

图 5-13　弯曲倾倒
发展过程

### 5.4.2　斜坡破坏

斜坡破坏的类型很多，主要包括崩塌、滑坡和坡面泥石流。

#### 5.4.2.1　崩塌

斜坡被陡倾的破裂面分割而成的岩土体，突然脱离母体并以垂直位移运动为主，以翻滚、跳跃、坠落方式而堆积于坡脚，这种现象和过程即称为崩塌。根据崩塌物质的不同，可

分为土崩和岩崩；按其规模大小不同，又可分为山崩和坠石；如这种现象发生在海湖、河岸边，则称为岸崩。一些土质斜坡也常发生崩塌，例如，高陡且垂直裂隙发育的黄土斜坡，常见的破坏方式就是崩塌（图 5-14）。

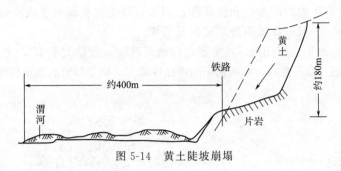

图 5-14　黄土陡坡崩塌

崩塌的特征是：一般发生在高陡斜坡的坡肩处；质点位移矢量铅直方向较水平方向要大得多；崩塌发生时无依附面；多是突然发生的，运动较快。

#### 5.4.2.2　滑坡

斜坡岩土体沿着贯通的剪切破坏面（带），产生以水平运动为主的现象，称为滑坡。滑坡的机制是某一滑移面上剪应力超过了该面的抗剪强度所致。滑坡的规模可以相差很大。

滑坡的特征是：通常是较深层的破坏，滑移面深入到坡体内部以至坡脚以下；质点位移矢量水平方向大于铅直方向；有依附面（即滑移面）存在；滑移速度较慢，多具有"整体性"。

滑坡是斜坡破坏形式中分布最广、危害最严重的一种地质灾害。世界上不少国家和地区深受滑坡灾害之苦，如欧洲阿尔卑斯山区、高加索山区，南美洲安第斯山区，日本、美国和我国等。并且，它常与地震区伴生。

#### 5.4.2.3　坡面泥石流

仅在自然风化所及深度范围的松散岩土体产生的以剥落、坡面流坍为主的斜坡破坏现象，称为坡面泥石流。斜坡表层风化带中的松散岩土，在坡面径流入渗后，随着入渗范围扩大，因松散岩土强度降低而产生局部变形破坏，其上部岩土继续坍落，坍至一定坡度的缓坡后才呈稳定状态。在暴雨过程中此类坡面泥石流现象经常发生。此类斜坡坍下的岩土体一般堆积于坡脚。勘察工作应着重查明斜坡形成的风化带范围、水分集中的软弱带、岩土受水后的软化程度、松散岩土体在不同湿度下的结合力以及斜坡浅表部应力等。在防治上需优先做好坡面径流管理，同时降低坡率并做好护坡即可有效防止坡面坍塌，也可在坡脚修建防护墙和挡墙等。

### 5.4.3　崩塌

崩塌是斜坡破坏的一种形式。它对崖壁下的房屋、道路和其它建筑物常造成威胁，尤其对各种线性工程的危害最严重，如我国成昆线、宝成线、襄渝线铁路和川藏公路沿线崩塌灾害常影响线路正常运营。因此，研究崩塌的形成条件、运动学特点，评价其稳定性和预测其危害性是斜坡破坏研究的一项重要内容。

#### 5.4.3.1　崩塌的形成条件和影响因素

崩塌一般发生在厚层坚硬岩体中。灰岩、砂岩、石英岩等厚层硬脆性岩石常能形成高陡的斜坡，其前缘常由于卸荷裂隙的发育而形成陡而深的张裂缝，并与其它结构面组合，逐渐发展而形成连续贯通的分离面，在触发因素（如强降雨、振动）作用下发生崩塌（图5-15）。此外，由缓倾角软硬相间岩层组合的陡坡，由于软弱岩层被风化剥蚀而形成凹龛或者软弱岩层发生蠕变，使上部的坚硬岩层失去支撑，从而常常发生局部崩塌（图 5-16）。

岩石的裂隙对崩塌的形成影响很大。硬脆性岩石中往往发育两组或两组以上陡倾节理，其中与坡面平行的一组常演化为张裂缝。此时裂隙的切割密度对崩塌块体的大小和崩塌规模起控制作用。当坡体被稀疏但贯通性较好的裂隙切割时，常能形成较大块体的崩滑体，这种崩塌一旦发生则具有更大的危险性和破坏性；当岩石裂隙密集而极度破碎时，仅能形成较小岩块，破坏力较小，一般只在坡脚处形成倒石岩堆。

崩塌的形成又与地形直接相关。发生崩塌的地面坡度一般是大于45°，尤其是大于60°的陡坡。地形切割愈强烈，高差愈大，形成崩塌的可能性愈大，崩塌释放的能量和破坏性也就愈强。

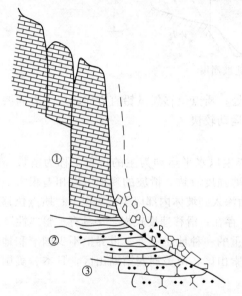

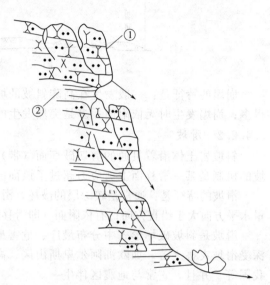

图 5-15 坚硬岩石组成的斜坡前缘卸荷
裂隙导致崩塌示意
①—灰岩；②—砂页岩；③—石英砂岩

图 5-16 软硬岩性互层的陡坡
局部崩塌示意
①—砂岩；②—页岩

此外，气候条件对崩塌形成也起一定的作用。在干旱气候区，由于物理风化强烈，导致岩石机械破碎而发生崩塌；在季节冻结区，斜坡岩体裂隙水的冻胀作用强烈，解冻时亦可导致崩塌的发生。

在上述条件下，当有短时的裂隙水压力作用以及地震或爆破等震动触发因素作用时，崩塌会突然发生。尤其是强烈的地震，可引起大规模崩塌，造成严重灾害。

湖北省远安县境内盐池河磷矿灾难性山崩即是典型的崩塌灾害实例。该磷矿厂区位于峡谷中，岩层为上震旦统灯影组厚层块状白云岩和陡山沱组含磷矿层的薄至中厚层白云岩以及白云质泥岩及砂质页岩。岩层中发育两组垂直节理，使山体顶部的灯影组厚层状白云岩三面临空；软弱的白云质泥岩及薄层板状白云岩，构成崩塌山体的潜在滑动面；地下采矿平巷诱发地表开裂，使张裂缝沿两组垂直节理追踪发展。1980 年 6 月 8 日至 10 日连续两天的大雨起到触发作用，山体顶部前缘厚层白云岩沿层面滑出，形成崩塌（图 5-17）。崩塌体积约为 $1 \times 10^6 \, \mathrm{m}^3$，造成重大损失。

### 5.4.3.2 崩塌的运动学特点

为进一步研究崩塌的破坏力和防治对策，需要研究崩塌的运动学特征。这里主要讨论两个问题，即崩塌块体释放的能量（破坏力）和崩塌块体的运动距离。

崩塌的运动学特点是质点位移矢量的垂直分量远远大于水平分量，而且位移块体与母体

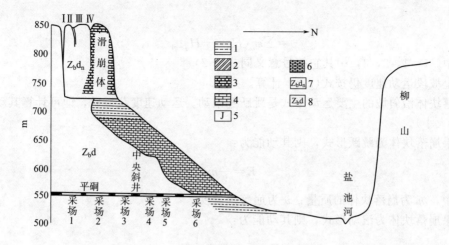

图 5-17 盐池河崩塌山体地质剖面

1—灰黑色粉砂质页岩；2—磷矿层；3—厚层块状白云岩；4—薄至中厚层白云岩；5—裂缝编号；
6—薄至中厚层板状白云岩；7—震旦系上统灯影组；8—震旦系上统陡山沱组

完全脱离开，在悬崖峭壁的情况下，其块体运动主要服从自由落体运动规律，即：

$$v=\sqrt{2gH} \tag{5-1}$$

式中，$H$ 为崩落高差，$g$ 为重力加速度。

实际上经常发生的情况是坡角小于 90°。若是单一斜坡（图 5-18），崩落块体的运动速度可近似按下式计算：

$$v=\sqrt{2gH(1-K\cot\alpha)} \tag{5-2}$$

式中，$g$ 为重力加速度；$H$ 为崩落高差；$\alpha$ 为坡角；$K$ 为对崩落块体运动速度综合影响的计算系数，由现场试验统计方法取得，其值大小取决于崩落块体大小、形状、力学强度、旋转运动特点、斜坡微起伏特点以及空气阻力等。

令式(5-2)中，$\mu=\sqrt{1-K\cot\alpha}$，$\varepsilon=\mu\sqrt{2g}$，则 $v=\varepsilon\sqrt{H}$。若斜坡角在 40°～90°之间，则 $\mu=0.42\sim1.00$，$\varepsilon=1.83\sim4.30$。

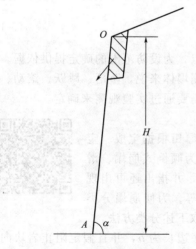

图 5-18 单一斜坡崩塌示意

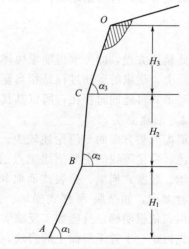

图 5-19 折线形斜坡崩塌示意

若斜坡剖面为折线形（图 5-19），坡角为 40°～60°，则崩落块体的速度可近似按下式计算：

$$v = \sum \varepsilon_i (H_i^{\frac{1}{2}} - H_{i-1}^{\frac{1}{2}}) \tag{5-3}$$

式中，$i = 1，2，3，\cdots$其它符号意义同式(5-2)。

最上坡段运动速度仍按式(5-2) 计算。

崩落块体沿斜坡的主要运动形式是跳跃和滚动。运动速度获得后，即可计算其动能大小（破坏力大小）。

如果崩落块体为跳跃形式，则其动能为：

$$E = \frac{1}{2} m v^2 \tag{5-4}$$

式中，$m$ 为崩落块体的质量；$v$ 为崩落线速度。

如果崩落块体为滚动形式，则其动能为：

$$E = \frac{1}{2} m v^2 + \frac{1}{2} I \omega^2 \tag{5-5}$$

式中，$I$ 为崩塌块体的转动惯量；$\omega$ 为崩塌块体的角速度；其它符号意义同式(5-4)。

可见，崩塌的破坏性不仅取决于崩落体的大小、转动惯量等，也取决于它们崩落的高差。

一般地，崩塌块体沿着斜坡运动的轨迹呈抛物线形，当崩落块体呈跳跃形式时，其运动距离和轨迹方程可按照向下抛射物体的运动规律推导。

设崩塌体在斜坡某处跳跃弹射出的初速度为 $v_0$，与水平面夹角（抛射角）为 $\gamma$，与竖向夹角为 $\delta$，则水平分速度和铅直分速度分别为：

$$v_{0x} = v_0 \cos\gamma = v_0 \cos(90° - \delta) \tag{5-6}$$

$$v_{0y} = v_0 \sin\gamma = v_0 \sin(90° - \delta) \tag{5-7}$$

经历时间 $t$ 后，崩塌体在 $x$、$y$ 方向的位移分别为：

$$x = v_0 t \sin\delta \tag{5-8}$$

$$y = v_0 t \cos\delta + \frac{1}{2} g t^2 \tag{5-9}$$

解联立方程，可得崩塌块体跳跃的轨迹方程为：

$$y = x \cot\delta + \frac{g}{2 v_0^2 \sin^2\delta} x^2 \tag{5-10}$$

按此轨迹方程，即可求得崩塌块体的运动距离和落点，为设防范围的确定提供依据。

实际上，崩塌的运动过程是相当复杂的，对某具体崩塌体来说，坠落、跳跃、滚动、滑动等运动形式可能同时存在，所以其具体的运动学特征需要通过实验观测来确定。

### 5.4.3.3　崩塌分类

在崩塌分类方面的专门论述较少。西南交通大学胡厚田根据宝成、宝天、成昆、贵昆等线的主要崩塌工点的资料，将崩塌分为倾倒式崩塌、滑移式崩塌、鼓胀式崩塌、拉裂式崩塌和错断式崩塌五类，并指出还可出现一些过渡类型，如鼓胀-滑移式崩塌、鼓胀-倾倒式崩塌等。为使崩塌分类  简明实用，依据明确，且能如实反映实际情况，建议采取下述分类方法。

首先讨论一个置于斜面上的岩块，它的高度为 $h$，底边长为 $b$，并且假定阻止岩块向下运动的力只是由于摩擦作用而产生的，即凝聚力 $c = 0$（图 5-20）。

代表岩块重力 $W$ 的矢量落于底边 $b$ 内部时，如果斜面倾角 $\psi$ 大于摩擦角 $\varphi$，岩块将产生滑动。但是，如果岩块高而细（$h \gg b$），重力矢量 $W$ 可能落在底边 $b$ 外，此时岩块将倾倒，对这个单一的岩块而言，滑动与倾倒的条件如图 5-21 所示。

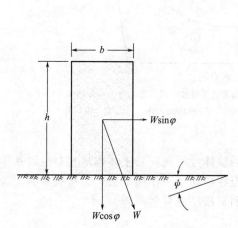

图 5-20　置于斜面上块体的几何要素

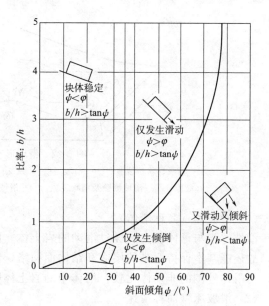

图 5-21　斜面上块体发生滑动及倾倒的条件

图中的四个区段如下。

区段 1：$\psi<\varphi$ 以及 $b/h>\tan\psi$，岩块是稳定的，不滑动，也不倾倒。

区段 2：$\psi>\varphi$ 以及 $b/h>\tan\psi$，岩块将滑动，但不倾倒。

区段 3：$\psi<\varphi$ 以及 $b/h<\tan\psi$，岩块将倾倒，但不滑动。

区段 4：$\psi>\varphi$ 以及 $b/h<\tan\psi$，岩块能够同时滑动和倾倒。

　　通过以上分析，可看出即将崩落的块体相当于斜面上的岩块，同时由于其在变形-破坏的演变过程中沿斜面总有一定的剪切位移，所以可视其凝聚力已丧失。那么根据岩块的运动条件，可将崩塌分为滑移式崩塌、倾倒式崩塌和滑移-倾倒混合式崩塌（也可简称为混合式崩塌）三种类型。

　　这种分类有待进一步研究，但其不失为有益的探索。科学的崩塌分类方案对评价和预测斜坡崩塌破坏有着重要意义，可以根据不同类型建立不同的评价方法和采取不同的工程防护措施，更主要的是使得对复杂崩塌现象的研究有径可寻。

### 5.4.4　滑坡

　　滑坡的分布极为广泛，不仅发生在陆地，而且也可以发生在水下。正因为其分布广泛，且与人类工程、经济活动密切相关，所以受到各国学者的高度重视。滑破研究最早的报道是海姆（A. Heim）在 1882 年发表的一篇关于瑞士阿尔卑斯山区某处滑坡的文章。100 余年来滑坡研究方兴未艾，目前正成为一门成熟的独立学科，即以滑坡现象、滑坡作用过程以及滑坡防治为研究对象的滑坡学。

#### 5.4.4.1　滑坡形态要素

　　滑坡现象常以其独有的地貌形态与其它类型的坡地地貌形态相区别。滑坡形态既是滑坡特征的一部分，又是滑坡力学性质在地表的反映。不同的滑坡有不同的形态特征，不同发育阶段的滑坡也有各自的形态特征。在滑坡工程地质研究中，人们可以从形态要素来认识滑坡。因此识别滑坡形态特征是滑坡研究的一项重要内容。

典型滑坡形态要素如图 5-22 所示，各部位特点如下。

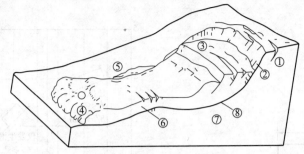

图 5-22　滑坡形态要素示意

①—后缘环状拉裂缝；②—滑坡后壁；③—横向裂缝及滑坡台阶；④—滑坡舌及隆张
裂隙；⑤—滑坡侧壁及羽状裂隙；⑥—滑坡体；⑦—滑坡床；⑧—滑动面（带）

（1）滑坡体（简称滑体）

滑坡体指与母体脱离、经过滑动的岩土体。因整体性滑动，岩土体内部相对位置基本不变，故还能基本保持原来的层序和结构面网络，但在滑动动力作用下会产生褶皱和裂隙等变形，与滑体外围的非动体比较，滑体中的岩土体明显松动或异常破碎。

（2）滑坡床（简称滑床）

滑坡床指滑坡体之下未经滑动的岩土体。它基本上未发生变形，完全保持原有结构，只有前缘部分因受滑体的挤压而产生一些挤压裂隙，在滑坡壁后缘部分出现弧形拉张裂隙，两侧有剪切裂隙发生。

（3）滑动面（带）

滑动面是滑体与滑床之间的分界面，也就是滑体沿之滑动、与滑床相触的面。由于滑动过程中滑体与滑床之间的摩擦，滑动面附近的土石受到揉皱、碾磨，发生片理或糜棱化，滑动面一般是较光滑的，有时还可看到擦痕。强烈的摩擦可形成厚度在数厘米至数米的破碎带，常称为滑动带。所以滑动面（带）是有一定厚度的三维空间。根据岩土性质和结构的不同，滑动面（带）的空间形状是多样的，大致可分为圆弧状、平面状和阶梯状（图 5-23）。

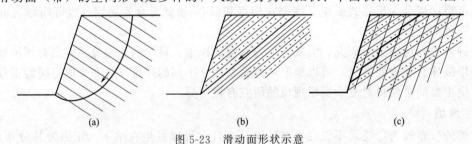

图 5-23　滑动面形状示意

（a）圆弧状滑动面；（b）平面状滑动面；（c）阶梯状滑动面

（4）滑坡周界

滑坡体与其周围不动体在平面上的分界线称为滑坡周界。它圈定了滑坡的范围。

（5）滑坡壁

滑坡壁是滑体后部滑下后形成的母岩陡壁。对新生滑坡而言，这实际上是滑动面的露出部分，常可以看到铅直方向的擦痕。平面呈圈椅状，其高度视滑体位移与滑坡规模而定，一般数米至数十米，有的达 200 多米，其坡度多为 35°～80°，形成陡壁。

（6）滑坡台阶

滑坡台阶是滑体因各段下滑的速度和幅度不同而形成的一些错台，常出现数个陡坎和高程不同的平缓台面。

（7）封闭洼地

封闭洼地指滑体与滑坡壁之间常拉开成的沟槽或陷落成的洼坑，四周高中间低，地下水流或地表水汇集，依据规模的大小可形成水坑、水塘，甚至沼泽、湿地。老滑坡因滑坡壁坍塌，洼地可逐渐被填平而消失。

（8）滑坡舌

滑坡舌是滑坡体前缘伸出如舌状的部位，前端往往伸入沟谷河流，甚至对岸。最前端滑坡面出露地表的部位称为滑坡剪出口，滑坡舌根部隆起部分称为滑坡鼓丘。

（9）滑坡裂隙

滑坡裂隙是指滑坡体在滑动过程中因各部位受力性质、受力大小和滑动速率不同等差异而产生的裂隙。一般可分为拉张裂隙、剪切裂隙、鼓张裂隙、羽状裂隙、扇形裂隙等。拉张裂隙主要出现在滑体后缘，有时滑坡壁附近也有，受拉而形成，常呈弧形分布，延伸方向与滑坡滑动方向垂直。剪切裂隙分布于滑体中前部两侧，因滑体与其外侧的不动岩土体之间的相对位移而产生，它与滑动方向斜交，两边常伴生羽状裂隙。鼓张裂隙又称为隆张裂隙，分布在滑体前缘，由于滑体后部的推挤、受内部张力而形成，其延伸方向垂直于滑动方向。扇形裂隙也分布在滑坡体的前缘，尤以舌部为多见，因土石体扩散而形成，呈放射状分布。

（10）滑坡轴（主滑线）

滑坡轴是滑坡在滑动时，滑体运动速度最快的纵向线。它代表整个滑坡的滑动方向，位于滑床凹槽最深的纵断面上，可为直线或曲线。

值得注意的是，上述的形态要素在发育完全的新生滑坡中才具备。自然界许多新、老滑坡，由于要素发育不全或经过长期剥蚀及堆积作用，常常会消失掉一种或多种形态要素，应注意观察。

滑坡的形态特性是判断斜坡是否受过滑动的重要标志，是滑坡研究的一项重要内容。

### 5.4.4.2　滑坡识别方法

滑坡的识别是研究滑坡的最基础的工作，在此基础之上才能探讨滑坡的形成机制，并提出合理的整治措施。对于正在活动或者刚活动过的滑坡来说，形态要素清晰，因而容易识别。处于"休眠期"的老滑坡则因后期的自然侵蚀和人为改造，其形态要素难于识别，有时将重要建筑物置于老
滑坡上，老滑坡复活造成重大损失。虽然由于地质条件的差异，滑坡形态繁多，同时又因后期改造而使其更复杂，但是，对滑坡的研究还是有一定规律可循的。通过长期研究，目前人们对滑坡识别已逐步形成一套行之有效的方法。

滑坡的识别方法主要有三种，即利用遥感信息和航空影像资料、进行地面地质测绘、采用勘探试验方法。

应用遥感、航空图像识别滑坡，主要是利用遥感和航拍所提供的大比例尺（1∶10000～1∶15000）黑白和彩色红外照片。另外也辅之以其它航空遥感图像，如多光谱摄影、多光谱扫描、侧视雷达扫描等。航空相片（简称航片）上的色调、色彩、阴影所构成的各种形态、大小、结构、纹影图案，把一定范围内的地表景观按一定比例尺真实地、客观地显示出来，使我们能够迅速判别此地是否存在滑坡及其规模和性质等。

在航片上识别滑坡，实质上就是识别滑坡的形态要素，然后结合被研究地区的地质资料进行综合分析，从而判别滑坡。据研究，由于滑坡过程是由陡坡变为缓坡的能量释放过程，所以滑动坡体的总体坡度较周围山体平缓，有的甚至成为平坦地形或凹地。由于岩性、构造、地下水活动和滑坡体积等条件不同，滑坡以不同形状出现，最典型的是滑体与后壁、两

侧壁构成的圈椅状地形，其它如舌形、梨形、三角形、不规则形等也很普遍。滑坡体的这些形态在航空照片上均有清晰的影像，容易被识别。滑坡体在滑动前及滑动过程中，滑体前缘、后缘、两侧及中部均会产生裂缝，首次滑动以后这些裂缝在地表水和其它营力作用下发育成大小不同的冲沟。这些冲沟在航片上表现为明显的带状阴影和色调差异，因而，在航片上可以判读滑体上沟谷的展布规模、条数、切割深度、宽度、沟内分布物等。滑坡体上的其它水体，如水田、沼泽、池塘等，在航片上也都容易识别。

在航片上可以看到滑坡体上不规则的阶梯状地面，即平台与陡坎相间的地形。因此，根据航片上滑坡台地的形状、大小、级数和位置，可以间接地推测滑坡体上再次滑动次数、滑动范围等情况。滑体在向前运动过程中受阻，就会形成隆起的丘状地形，即滑坡鼓丘，鼓丘在航片上也有较清楚的反映。

当然，一些滑坡不一定具有所有这些判读特征，各项判读特征在各个具体情况下的表现也不尽相同，因此必须判读各要素才能确定一个滑坡。例如，雅砻江下游的大坪子滑坡在航片上，明显的缓坡地形与陡直的后壁、侧壁组成簸箕状缓坡的前缘向前推出，雅砻江呈明显的异常弯道。缓坡上有三级、四处明显的陡坎、台地相间地形。台地上均有深浅不同的蓝色水体分布（水田），部分呈红色（表明有作物生长）。坡体上可见到顺坡方向展布的 9 条冲沟，最长一条几乎贯通整个坡体，沟边植物茂盛。结合地质资料又可得知，该坡体所处地层为风化破碎的砂页、泥岩互层，有三条断层在坡体上通过。至此可以判断大坪子为一滑坡。

利用遥感和航空图像进行滑坡判读，特别是区域性滑坡群的识别，优点很多。它突出地表现为效率高、视野广和准确度高，是一种先进的工作方法。但是也应指出，滑坡是一种复杂的动力地质现象，航空遥感不可能完全代替滑坡的地面调查工作，特别在详细研究阶段，它更不能代替物探、钻探、槽探等勘探工作以及岩土力学试验工作。

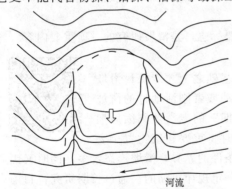

图 5-24　滑坡两侧边界的冲沟

滑坡地面地质测绘可直接观察滑坡各要素，并可收集滑动的证据，因而仍是滑坡研究的主要工作方法。斜坡经过滑动破坏之后，地形特征比较明显，特别是站在滑坡对岸高处瞭望滑坡区时更清楚。在一般情况下，滑体上的岩石较周围坡体的岩石要破碎，结构较松散。在整个较为顺直的山坡上出现圈椅形的陡坎或陡壁，其下为上凹下凸的坡形，还可见台阶状平地。更低的部位则为坑洼起伏的舌形坡地，其前端逼近河岸或将河流向对岸推移。两侧有沟谷发育并有双沟同源的趋势（图 5-24），沟谷若深切到完整基岩，则在沟壁上常可见到滑动面（带）物质，也可观察到岩层层序的扰动，因此滑坡侧沟的调查在识别滑坡中起着重要的作用。新生滑坡体的植被情况与周围有所不同，树木歪斜凌乱，可见到醉汉林和马刀树现象。建筑物开裂、倾斜及地面变形破坏现象也是滑坡存在的证据之一。

地面地质测绘时还可观察地表水文情况。滑坡作用可以改变地下水的径流，由于滑面（带）物质常常是透水性极差的泥质岩土，滑体自身的渗透性又相对较强，因而滑体前缘和两侧多见泉水出露，有时在滑体局部形成积水。

另外，由于在河流阶地形成期，常因下切减缓、侧蚀显著而导致滑坡发育，因此滑坡剪出口常与河流阶地标高相吻合，野外调查中应注意识别与阶地相对应标高的滑坡剪出口。滑坡剪出口处的岩层较破碎，可见反翘现象（图 5-25），即滑体中岩层的产状与正常产状截然不同。此现象对识别顺层滑坡常有重要的意义，因顺层滑坡层序一般不紊乱，同时滑坡壁不明显，识别起来较困难。

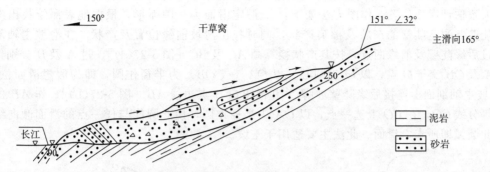

图 5-25　滑坡前缘岩层反翘现象示意（单位：m）

对通过遥感判读和地面测绘仍不能确定的滑坡，或者，已识别出来尚需深入研究的滑坡，则应采取钻探、硐探、物探等方法来进行研究。勘探、物探工作的目的除了确定滑坡体的结构、岩石破碎程度、含水性、地下水位等外，主要是为了找到滑动面（带）。勘探、物探工作应该根据航片和地表测绘所了解的滑坡体的大小、形状和地质条件进行布置，勘探地区应采用不同方向的勘探线（图 5-26）。如果坡体结构及地质条件简单，则仅用纵、横两条勘探线即可；当地质条件复杂时，可增加若干条勘探线。此外，在同一条勘探线上，可联合应用不同类型的勘探、物探方法，便于分析比较。

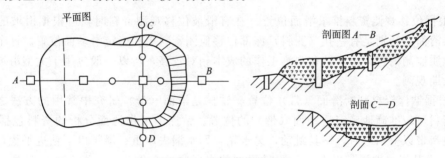

图 5-26　滑坡勘探线布置

对滑带物质进行岩土物理力学试验、在平硐中作原位剪切试验、在钻孔和平硐中取样作室内实验，以求得滑带岩土的抗剪强度参数（$c$、$\varphi$ 值）。这些工作都有利于对滑坡作深入的分析研究。

### 5.4.4.3　滑动面（带）研究

在滑坡工程地质研究中，一个重要的课题就是确定滑动面的位置和形状。因为在斜坡稳定性计算和防治措施的制定中，都必须首先确定滑动面，才能取得正确结果。

（1）滑动面（带）的一般特征

滑动面（带）由于遭受剪切破坏，形成厚度不大的摩擦破碎带，其特征与断层碎带有相似之处。该带岩土一般扰动严重，磨碎的细粒有定向排列的趋势，比较软弱，略有片理化，并可见到磨光面及擦痕。因摩擦而变细的滑带土与上、下层岩土在粒度成分上和颜色上有所不同，其含水量也比上、下岩层高，往往呈软塑状态。

（2）滑动面（带）位置确定方法

正确地确定滑坡的滑面位置和形态、滑带岩土的物理力学性质，是滑坡稳定分析及评价的必要条件，特别是滑面位置的确定更为重要。在实际工作中，按照工作精度和要求可采用不同的方法。

① 根据作图法估计滑面位置  当只进行地表测绘未进行勘探工程时，只能借助于作图方法大致估计滑面位置。作图方法如下：a. 假定滑面为一圆弧形，根据地表测绘找出滑坡后缘陡壁并测定陡壁的产状及擦痕产状，同时找出滑坡前缘位置及产状。在滑坡主轴剖面上，过后缘陡壁及前缘两点，按其产状换算画 $AC$ 及 $BC$ [图 5-27(a)]，过 $A$ 及 $B$ 分别作垂线 $OA$ 及 $OB$ 交于 $O$ 点，以 $O$ 为圆心，以 $OA$（或 $OB$）为半径作圆，即为假想滑面位置。b. 在坡主轴剖面上连接后缘陡壁坡脚 $A$ 和滑出口 $B$ 点边线 $AB$ [图 5-27(b)]，作 $AB$ 的垂直二等分线 $CO$，在 $CO$ 上选一点，以 $OA$ 为半径作圆，使此圆能与任一点的滑面倾向线相切，此圆弧即所求之滑面。此法主要适用于土坡。

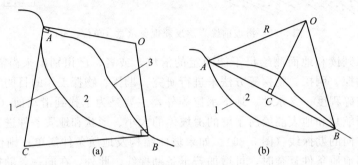

图 5-27  滑面作图法

② 根据位移观测资料推求滑面位置  在有滑坡位移观测资料时，可根据滑坡的位移数据来推求滑面，特别是有钻孔（测斜）深部位移监测资料更易确定滑动面位置。这个方法详见工程地质监测内容。由于钻孔观测工作的成本相对较高，所以一般应用于大型滑坡的详勘阶段或长期观测。

③ 根据钻探资料判断滑面（带）位置  钻探是滑面（带）研究中常用的方法之一，根据钻探资料可较准确地确定滑动面（带）的位置。钻探中可作滑面分析的资料包括：a. 在基岩滑坡滑带以上钻进时，钻具跳动，易卡钻，回水漏失严重；滑带以下钻进平稳，透水性正常。b. 由基岩滑坡滑带以上岩心测量得到的岩层倾角变化较大，岩石风化强烈，裂隙中多有泥质填充，滑带处且常有泥夹碎屑。滑带以下岩层产状正常，风化状态亦正常。c. 在滑带附近钻进时，如速度突快或发现孔壁收缩，孔身错断，套管弯曲，上、下钻具困难，此处可能为滑带位置。在这种情况下，除可直接测量钻孔弯曲部分外，也可在孔内下入塑料管，定期用略小于塑料管内径的金属棒下入孔内，测棒受阻处可能为滑面位置。d. 土质滑坡的滑带干钻岩心剥开后，可见滑动形成的微斜层理、擦痕和镜面，滑带土中有上部土层的增创杂物，颜色和土质比较复杂，岩心的微细结构也有错动现象。e. 基岩滑坡的滑带以上从上压水或注水试验时，漏水严重，栓塞常封堵不严，水泵不起压，一般测不到地下水位，钻孔无回水。滑带以下基岩透水正常，可测得地下水位。此外尚可根据钻进中的地下水位进行判断，钻穿滑带时，地下水位常有显著变化。

④ 根据坑探工程查明滑面位置  通过坑探工程（如竖井）查明滑动面（带）的位置是行之有效的方法，特别是大型滑坡有多个滑面时常可直接观察到。

⑤ 根据物探资料判断滑面位置  当滑面与上、下岩层有较大的电性差异时，可利用电测深曲线确定滑面位置。也可根据弹性波资料、电测井或充电法资料确定滑面。

用上述方法初步确定滑面位置时，尚需结合地表形态和其它地质因素进行综合分析。尤其是大型滑坡应区分主滑面和次级滑面。

#### 5.4.4.4　滑坡分类

滑坡形成于不同的地质环境，并表现出各种不同的形式和特征。滑坡分类的目的就在于对滑坡作用的各种现象特征以及促其产生的各种因素进行组合概括，以便扼要地反映滑坡作用的内、外在规律。科学的滑坡分类不仅能深化对滑坡的认识，而且能指导其勘察、评价、预测和防治工作。多年来已有多种滑坡分类方法问世，可见分类问题的重要性和复杂性。尽管国际工程地质与环境协会曾对分类原则和统一分类方案进行过专门性的讨论，但由于这些分类方案各有其特点，故仍各自沿用至今。

（1）物质组成分类

包括岩质滑坡（包括岩石滑坡、破碎岩石滑坡）与土质滑坡（包括堆积土滑坡、黄土滑坡、黏质土滑坡和堆填土滑坡）两类。这种分类已在国内、外得到广泛应用。

（2）结构分类

据斜坡岩体结构分为层状结构滑坡、块状结构滑坡、块裂状结构滑坡。

（3）规模分类

按滑动面深度分为浅层滑坡（<6m）、中层滑坡（6~20m）、厚层滑坡（20~50m）、巨厚层滑坡（>50m）；按滑坡体积大小分为小型滑坡（<$10^5$ m$^3$）、中型滑坡（$10^5$~$10^6$ m$^3$）、大型滑坡（$10^6$~$10^7$ m$^3$）、特大型滑坡（$10^7$~$10^8$ m$^3$）、巨型滑坡（>$10^8$ m$^3$）。

（4）斜坡变形破坏机制及特征分类

① 力学机制的传统经典分类　斜坡变形破坏简单分为牵引式（后退式）和推移式（前进式）两种基本形式。这种分类形象、简单、实用，强调斜坡宏观上的变形受力及发展方向。

② 变形机制分类　成都理工学院（现成都理工大学）王兰生、张倬元教授主要针对层状或含层状岩体组成的斜坡变形机制提出了 5 种基本组合模式：蠕滑-拉裂、滑移-压致拉裂、弯曲-拉裂、塑流-拉裂、滑移-弯曲。这充分表明了斜坡演化中内部应力状态的调整轨迹、途径和现象，表征直观。

（5）斜坡岩土体运动特征分类

① Varnes（1978）的斜坡移动类型：崩塌（falls）、倾倒（topples）、滑动（slides）、侧向扩展（lateral spreads）、流动（flows）和复合移动（complex）（表 5-1）；

表 5-1　斜坡移动类型划分

续表

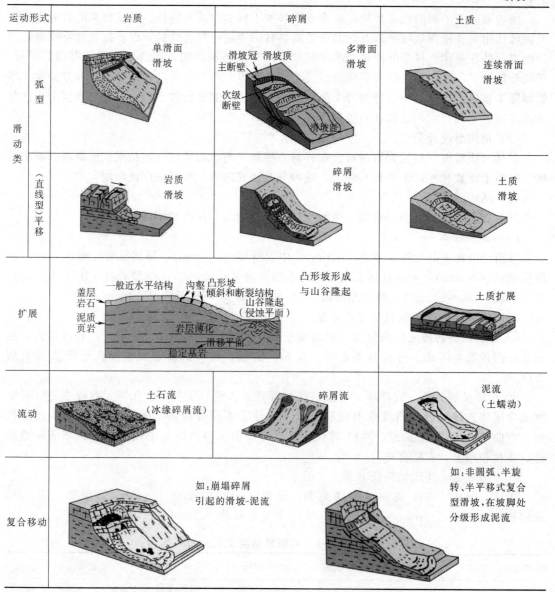

② Hutchinson（1988）的滑坡分类：回弹（rebound）、蠕动（creep）、山坡下沉（sagging of mountain slopes）、滑动（landslides）、似碎屑流动（debris movements of flow-like form）、倾倒（topples）、崩落（falls）、复合移动（complex slope movements）。

③ 按滑动形式分为转动式滑坡、平推式滑坡。

（6）滑坡时代分类

波波夫（1951）按滑坡时代分为现代滑坡、老滑坡、古滑坡、埋藏滑坡。

（7）其它分类

① 按滑动面性质和滑带土矿物组成（H. Shuzhi，2000）分为 4 种类型：擦痕型（striation type）、角砾（岩）状型（brecciated type）、糜棱岩型（mylonite type）、黏土型（clay type）。

② 按主滑面（破裂面）成因分为堆积面滑坡、层面滑坡、构造面滑坡、同生面滑坡。

# 5.5　斜坡稳定性影响因素

影响斜坡稳定性的因素复杂多样，其中主要包括斜坡岩土类型、岩土体结构、地质构造、水文地质条件，此外还有风化作用、地表水和大气降水的作用、地震、人类工程活动等。正确分析各因素的作用是斜坡稳定性评价的基础工作之一，可以为预测斜坡变形和破坏、滑坡发展演化的趋势以及为有效的防治措施提供依据。

各种因素从三个方面影响着斜坡的稳定性。一是影响斜坡岩土体的强度，如岩性、岩体结构、风化和水对岩土的软化作用等；二是影响斜坡的形状，如河流冲刷、地形和人工开挖斜坡、填土等；三是影响斜坡的内应力状态，如地震、地下水压力、堆载和人工爆破等。

这些影响因素可分为主导因素和触发因素两类。主导因素包括斜坡岩土的类型和性质、岩土体结构和地质构造、风化作用、地下水活动等；触发因素包括地表水和大气降水的作用、地震以及人为因素（如堆载、人工爆破）等。对斜坡稳定性有影响的最根本因素为主导因素，对斜坡的稳定性起着控制作用，对岩质斜坡的影响尤为显著。触发因素则只有通过主导因素才能对斜坡稳定性的变化起到作用，促使斜坡破坏的发生和发展。

## 5.5.1　岩土类型与性质

斜坡岩土类型和性质是决定斜坡抗滑力、稳定性的根本因素。坚硬完整的岩石，如花岗岩、石灰岩等，能够形成很陡的高边坡而保持稳定；而软弱岩石或土体只能形成低缓的斜坡。

一般来说，岩石中泥质成分越高，其斜坡抵抗变形破坏的能力越低。我国的滑坡研究者将那些容易引起斜坡变形破坏的岩性组合称为"易滑地层"。我国主要的易滑地层见表 5-2。

**表 5-2　我国大陆地区主要易滑地层及其与滑坡的分布关系**

| 类　　型 | 易滑地层名称 | 主要分布地区 | 滑坡发育情况 |
| --- | --- | --- | --- |
| 黏性土 | 成都黏土<br>下蜀黏土<br>红色黏土<br>黑色黏土<br>新、老黄土 | 成都平原<br>长江中、下游<br>中南、闽浙、晋西、陕北、河南<br>东北<br>黄河中游、北方诸省 | 密集<br>有一定数量<br>较密集<br>有一定数量<br>密集 |
| 半成岩地层 | 共和组<br>昔格达组<br>杂色黏土岩 | 青海<br>四川南部金沙江、雅砻江、大渡河等河谷<br>山西 | 极密集<br>极密集<br>极密集 |
| 成岩地层 | 泥岩、砂页岩<br>煤系地层<br>砂板岩<br>千枚岩<br>富含泥质的岩浆岩<br>其它富泥质地层 | 西南地区、山西<br>西南地区等地<br>湖南、湖北、西藏、云南、四川等地<br>川西北、甘南等地<br>福建等地<br>零散分布 | 密集<br>密集<br>较密集～密集<br>密集～极密集<br>较密集<br>较密集 |

如砂泥岩互层、灰岩与页岩互层、黏土岩、板岩、软弱片岩及凝灰岩等，尤其是当它们处于同向坡的条件下，滑坡往往成群分布。土体中的裂隙黏土和黄土类土也属于"易滑地层"。因此在斜坡稳定性研究中，应首先确定是否有易滑地层分布和出露，因为斜坡变形破坏常以这些地层出露地段最为强烈。

此外，岩性还制约着斜坡变形破坏的形式。如沉积岩中的软弱岩层常构成滑动面（带）

而发生滑坡；由坚硬岩类构成的高陡斜坡因受结构面控制而常发生崩塌破坏；黄土因垂直节理发育，其斜坡破坏形式主要为崩塌。

### 5.5.2 岩体结构和地质构造

岩质斜坡的变形破坏多数是受岩体中软弱结构面控制，所以研究结构面的成因、性质、延展性、密度以及不同结构面的组合关系等是重要的。其中，软弱结构面与斜坡临空面的关系对斜坡稳定性至关重要，可分为如下几种情况。

① 平叠坡：主要软弱结构面为水平的。这种斜坡一般比较稳定。

② 顺向坡：主要软弱结构面的走向与斜坡面的走向平行或比较接近，且倾向一致。当结构面倾角 $\alpha$ 小于斜坡坡角 $\beta$ 时，斜坡稳定性最差，极易发生顺层滑坡。自然界中这种滑坡最为常见，人工斜坡也易遭破坏。当 $\alpha$ 大于 $\beta$ 时，斜坡稳定性较好（图 5-28）。

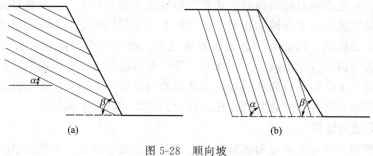

$$(a) \qquad (b)$$

图 5-28 顺向坡
$(a) \ \alpha < \beta ; \ (b) \ \alpha > \beta$

③ 逆向坡：主要软弱结构面的倾向与坡面倾向相反，即岩层倾向坡内。这种斜坡是最稳定的，虽有时有崩塌现象，但发生滑动的可能性较小。

④ 斜交坡：主要软弱结构面与坡面走向成斜交关系。其交角越小，稳定性就越差。

⑤ 横交坡：主要软弱结构面的走向与坡面走向近于正交。这类斜坡稳定性好，很少发生滑坡。

以上仅为一组结构面的情况。若有两组及以上结构面时，则视其组合与斜坡临空面的关系进行综合分析。

地质构造对斜坡的稳定性影响也较大，尤其是在近期强烈活动的断裂带，沿之崩塌、滑坡多呈线性密集分布。据统计，滑坡集中分布区必然同时具备易滑地层、构造复杂和地形深切割的特征。我国西南地区的铁路沿线或山区公路沿线发生的滑坡，约有 $80\%$ 以上位于规模较大的断裂带上，尤其是发育密度与复活变形程度受控于断裂体系的分支复合部位，构造交汇带滑坡多成带、成群分布。例如，岷江茂汶-汶川段的南新至文镇 45km 中发育 17 处滑坡与茂汶-汶川断裂构造有关（图 5-29）。

1983 年甘肃省东乡县发生的洒勒山巨型滑坡，体积约为 $6 \times 10^7 m^3$，滑坡堆积物覆盖面积约在 $2km^2$ 以上，主滑体厚度达 150m，滑距约 1500m。由于滑动速度快（滑动过程仅持续 3min）、滑动距离长，堵塞了巴谢河，毁灭 4 个村庄，277 人丧生。该滑坡的发育就是受第三系红层中的两级阶梯式断层及其形成的槽形古地貌的控制（图 5-30）。

### 5.5.3 地表水和地下水

每到雨季，崩塌和滑坡频繁发生。很多滑坡都是发生在地下水比较丰富的斜坡地带。水库蓄水后，库岸斜坡因浸水而多有滑动。这些事实说明地表水、地下水对斜坡稳定性的影响十分明显。水的作用主要表现为如下几个方面。

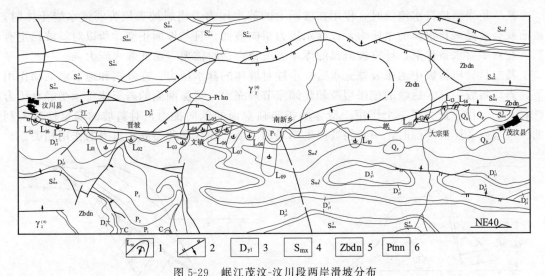

图 5-29 岷江茂汶-汶川段两岸滑坡分布

1—滑坡及编号；2—逆断层；3—月里寨群；4—茂县群；5—灯影组；6—黄水河群

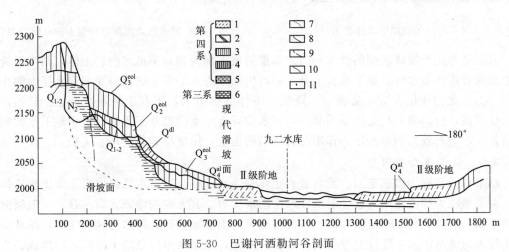

图 5-30 巴谢河洒勒河谷剖面

1—全新统冲积亚砂土及砾石层；2—坡积物；3—上更新统黄土；4—中更新统黄土；5—下中更新统砾岩；

6—上第三系临夏组砂岩及黏土岩；7—推测地质界线；8—沿断裂发育的古滑坡面；

9—现代滑坡面；10—发生滑坡地形线；11—泉

#### 5.5.3.1 软化作用

水的软化作用是指水使岩土强度降低的作用。对于岩质斜坡而言，当岩体或其中的软弱夹层亲水性较强、含有易溶性矿物时，浸水后发生崩解、泥化、溶解等作用，岩石和岩体结构遭受破坏，抗剪强度降低，斜坡稳定性降低。例如，页岩、凝灰岩、黏土岩等亲水性很强，水对其软化作用很显著，其斜坡浸水后，容易发生变形破坏。对于土质斜坡，浸水后的软化现象更为明显，尤其是黏性土和黄土斜坡。

#### 5.5.3.2 冲刷作用

水的冲刷作用使河岸变高、变陡。水流冲刷作用使坡脚和滑动面临空，从而为滑坡发生提供条件。水流冲刷也是岸坡坍塌的原因之一。

#### 5.5.3.3 静水压力作用

作用于斜坡上的静水压力主要有三种不同的情况。

其一是当斜坡被水淹没时，作用在坡面上的静水压力。当斜坡表层为弱透水岩土体时，坡面就会承受来自水体的水压力，此静水压力指向坡面，且与坡面正交，所以对斜坡稳定有利。在水库蓄水条件下，计算被淹没的库岸斜坡稳定性时需要考虑此静水压力。

其二是岩质斜坡中的张裂隙充水后，水柱对坡体的静水压力。在降雨和地下水活动作用下，岩质斜坡中部、后缘的拉张裂隙和陡倾张节理充水，裂隙两侧的岩土体将承受静水压力（图5-31）。由于此力是一个作用于滑体的指向临空面的侧向推力，对斜坡的稳定性是不利的。暴雨或者连续降雨时，一些斜坡产生崩塌和滑坡，往往和此类静水压力的作用相关。

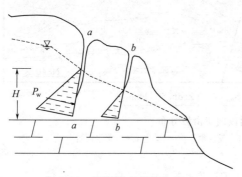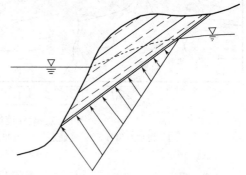

图 5-31 张裂隙中的静水压力　　　　图 5-32 静水压力削减结构面上的有效应力

其三是作用于滑体底部的静水压力。如果斜坡上部为相对不透水的岩土体，则当河流水位上涨或者库区蓄水时，地下水位上升，斜坡内的不透水的岩土底面将受到静水压力的作用（图5-32）。此力作用在岩土底面上，降低了滑体的抗滑力，不利于斜坡的稳定。显然，地下水位越高，对斜坡的稳定性越不利。当河水位或者库水位迅速下落时，由于地下水的响应滞后效应，会有较大的静水压力作用在滑体结构面上，岸坡很容易破坏、失稳。

#### 5.5.3.4 动水压力作用

动水压力又称为渗透压力。若斜坡岩土体是透水的，当地下水从斜坡岩土体中渗流排出时，由于水压力梯度作用，就会对斜坡产生动水压力，其方向与渗流方向一致，一般指向斜坡临空面，对斜坡稳定性是不利的。在河谷地带，当洪水过后，河水迅速回落时，岸坡内可产生较大的动水压力，往往会导致斜坡失稳。同样，当库区水位急剧下降时，库岸也会由于动水压力而导致滑坡。

#### 5.5.3.5 浮托力作用

处于水下的透水斜坡将承受浮托力的作用，使坡体的有效重量减轻，抗滑力降低，对斜坡稳定不利。一些由松散堆积体组成的岸坡在水库蓄水后发生变形破坏，原因之一就是浮托力的作用。

1982年7月中旬发生在四川云阳的鸡扒子滑坡，正是由于孔隙水压力作用，导致老滑坡部分复活的。据调查，云阳城区从7月16日开始降暴雨，17日老滑坡西部后缘先后有大约 $1.7 \times 10^5 \mathrm{m}^3$ 的土石落到石板沟中，致使沟床堵塞，地表天然排水系统失效，暴雨形成的地表径流沿滑坡后缘张裂缝直接涌入滑体。18日2时，老滑坡西部约 $1.5 \times 10^7 \mathrm{m}^3$ 土石滑动，形成了一个新滑坡——鸡扒子滑坡（图5-33）。据云阳气象站资料，从降雨开始至石板沟被堵塞的28小时内降雨达269.1mm，从降雨开始到剧滑时的46小时内降雨331.3mm。由此可见，这场暴雨为滑坡复活提供了有利条件，是重要的触发因素。这次暴雨共使云阳县发生了两万多处滑坡和崩塌。

由于持续的特大暴雨常可触发滑坡，因此许多国家都研究了触发滑坡的暴雨强度临界值（表5-3）。

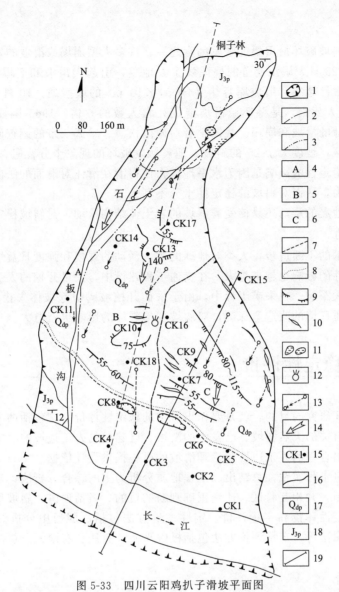

图 5-33  四川云阳鸡扒子滑坡平面图

1—实测及推测滑坡周界；2—滑坡复活前后缘局部滑落范围；3—滑坡分区界线；4—西部塑性流动区；5—中部推移滑移区；6—东部牵动滑移区；7—滑床剪出口位置；8—滑坡复活的洪水位线（标高 122m）；9—滑坡台阶及相对高差（1m）；10—滑坡裂缝；11—滑坡湖或积水洼地；12—滑坡临滑前滑体上的涌水点；13—地物变位向量；14—主滑线方向；15—钻孔及编号；16—地质界线；17—滑坡堆积物；18—上侏罗统蓬莱镇组；19—剖面线方向

表 5-3  一些国家或地区触发滑坡的暴雨强度临界值

| 国家或地区 | 过程降雨量 | | 降雨强度 | | 备　注 |
|---|---|---|---|---|---|
| | 总量/mm | 占多年年平均的% | 日降雨量/mm | 时降雨量/mm | |
| 巴西 | 250～300 | ＞12 | | | ＞20%倾向于出现灾害性滑动 |
| 美国 | 250 | | | ＞6 | 临界值 |
| 日本 | ＞150～200 | | | ＞20～30 | |
| 加拿大 | 250 | | | | 临界值 |
| 中国香港 | | | ＞100 | | |
| 中国四川 | | | ＞200 | | |
| 中国云阳 | 331.3 | 30.3 | 240.9 | 38.8 | |

### 5.5.4 地震

地震是造成斜坡破坏最重要的触发因素之一，许多大型崩塌或滑坡的发生与地震密切相关。1933年8月25日，岷江上游的叠溪发生大地震，引起大滑坡和崩塌，摧毁了叠溪镇，滑坡和崩塌体将岷江堵塞，形成库容达 $(4 \sim 5) \times 10^8 m^3$ 的堰塞湖。10月9日堰塞湖溃决，造成下游2500余人死亡，是叠溪镇滑坡造成死亡人数的5倍。1965年智利发生8.5级地震，造成数以千计的滑坡和崩塌。我国学者对西南松潘、平武一带的调查研究表明，在烈度为7度以上的地区，坡度大于25°的斜坡，地震触发破坏的现象十分普遍。

地震对斜坡稳定性的影响是因为水平地震力使得潜在滑体对滑面的法向压力削减，同时增强了坡体下滑力，从而对斜坡的稳定性十分不利。

此外，强烈地震的震动还易使受震斜坡的岩土体结构松动，对斜坡稳定性不利。

### 5.5.5 人类活动

随着科学技术的不断进步，人类对地球的改造活动的规模和强度日益增大。因此，人类活动对斜坡稳定性的影响也越来越大。在交通工程建设中，大量开挖的人工边坡对自然斜坡的稳定性造成巨大影响；在采矿工程中，由于采矿开挖坡脚引起坡体失稳的实例举不胜举。总之，人类对地质环境的改造愈深刻，对斜坡变形破坏的影响也就愈大。

# 5.6 斜坡稳定性评价

斜坡变形破坏研究的目的，就是要作出科学的稳定性评价。这包括两方面任务：一方面要对与工程活动有关的天然斜坡、已发生的滑坡、已建成的人工边坡的稳定性作出评价；另一方面要为设计出合理的人工边坡和治理滑坡的措施提供设计依据。

通过我国大量工程实践，总结出以工程地质分析为主的综合分析法，对斜坡均可以采用多种方法进行判断，并相互验证，达到正确判断的目的。概括地讲，斜坡稳定性评价方法可分为两大类，即定性评价和定量评价。定性评价方法包括成因历史分析法、工程地质类比法、赤平投影作图法等；定量评价方法包括极限平衡计算法、有限元分析法、破坏概率计算法等。

### 5.6.1 定性评价

由于地质条件的复杂性和人们认识事物的局限性，工程地质定性评价在斜坡稳定性评价中仍然占有极其重要的地位。任何轻视工程地质定性评价的观点都是错误的。下面就几种常用的定性评价方法进行论述。

#### 5.6.1.1 成因历史分析法

成因历史分析法就是通过研究斜坡形成的地质历史和所处的自然地质环境、斜坡外形和地质结构、变形破坏形迹、影响斜坡稳定性的各种因素的相互关系，从而对它的演变阶段和稳定状况作出宏观评价。这种方法实际上是通过追溯斜坡发生、发展演化的过程分析斜坡的稳定性，对于研究斜坡稳定性的区域性规律尤为适用。这是其它各种评价方法的基础。

成因历史分析法主要包括三方面研究内容。

① 区域地质背景研究。包括区域地质构造、地层岩性分布和地形地貌特点以及近期地壳运动强烈程度（如地壳运动形式、地应力状态、活断层分布及其特征等），并研究斜坡变形破坏特征，从而建立斜坡变形破坏现象与区域地质背景之间的相关关系。这可从点到面着

手研究斜坡变形破坏规律，是一项基础性的研究工作。如三峡库区广泛分布的三叠系巴东组紫红色泥质粉砂岩、泥岩和泥质灰岩等岩性地层，为易滑地层，发育了众多的滑坡，如黄土坡滑坡、红石包滑坡、谭家坪滑坡、榨房坪滑坡、赵树岭滑坡、官渡口滑坡、五里堆滑坡、黄蜡石滑坡、童家坪滑坡等。同样，在四川盆地的侏罗系红层中，因构造作用、河流切割等也发育众多的滑坡。

　　② 分析促使斜坡演变的主导因素与触发因素。尤其是一些周期性因素（气象、水文、地震）变化状况与斜坡变形破坏迹象之间的相关性。

　　③ 评价和预测斜坡所处的演化阶段和发展趋势、可能的破坏方式。

### 5.6.1.2　工程地质类比法

　　类比法就是将所要研究的斜坡或拟设计的人工边坡与已经研究过的斜坡或人工边坡进行类比，以评价其稳定性及其可能的变形破坏方式，确定其坡角和坡高。类比时必须全面分析斜坡结构特征、所处工程地质条件以及影响斜坡稳定性的主导因素和斜坡发展阶段等，比较其相似性和差异性，只有相似程度较高者才能进行类比，即类比的原则是相似性。

　　我国铁道、矿山、水电部门已有不少的类比实例，并提出了一些斜坡极限坡角和坡高的经验数据，如表 5-4～表 5-7 所示。随着工程资料的积累，工程类比分析法必将进入建立评价预测信息系统阶段。

**表 5-4　土质边坡允许坡度值**

| 土的类别 | 密实度或黏性土的状态 | 边坡高度 | |
| --- | --- | --- | --- |
| | | 5m 以下 | 5～10m |
| 碎石土 | 密实 | 1：0.35～1：0.50 | 1：0.50～1：0.75 |
| | 中密 | 1：0.50～1：0.75 | 1：0.75～1：1.00 |
| | 稍密 | 1：0.75～1：1.00 | 1：1.00～1：1.25 |
| 老黏性土 | 坚硬 | 1：0.35～1：0.50 | 1：0.50～1：0.75 |
| | 硬塑 | 1：0.50～1：0.75 | 1：0.75～1：1.00 |
| 一般黏性土 | 坚硬 | 1：0.75～1：1.00 | 1：1.20～1：1.25 |
| | 硬塑 | 1：1.00～1：1.25 | 1：1.25～1：1.50 |

注：1. 本表中的碎石土，其填充物为坚硬或硬塑状的黏性土。

2. 当砾石或碎石土的填充物为砂土时，其边坡允许度值按自然休止角确定。

3. 坡高大于 10m，边坡土体中有软弱面或地下水较丰富，以及主要结构面的倾向与斜坡开挖面的倾向一致，且二者走向交角小于 45°等情况下，此表不宜直接应用。

**表 5-5　黄土边坡允许坡度值**

| 年　　代 | 开挖情况 | 边坡高度 | | |
| --- | --- | --- | --- | --- |
| | | 5m 以下 | 5～10m | 10～15m |
| 次生黄土 $Q^4$ | 锹容易挖动 | 1：0.50～1：0.75 | 1：0.75～1：1.00 | 1：1.00～1：1.25 |
| 马兰黄土 $Q^3$ | 锹挖较容易 | 1：0.30～1：0.50 | 1：0.50～1：0.75 | 1：0.75～1：1.00 |
| 离石黄土 $Q^2$ | 用镐开挖 | 1：0.20～1：0.30 | 1：0.30～1：0.50 | 1：0.50～1：0.75 |
| 午成黄土 $Q^1$ | 镐挖困难 | 1：0.10～1：0.20 | 1：0.20～1：0.30 | 1：0.30～1：0.50 |

注：本表不适用于新近堆积黄土。

**表 5-6　碎石土边坡参考数值**

| 土体结合密度程度 | 边坡高度 | | |
| --- | --- | --- | --- |
| | 10m 以内 | 20m 以内 | 20～30m |
| 胶结的 | 1：0.30 | 1：0.30～1：0.50 | 1：0.50 |
| 密实的 | 1：0.50 | 1：0.50～1：0.75 | 1：0.75～1：1.00 |
| 中等密实的 | 1：0.75～1：1.00 | 1：1.00 | 1：1.25～1：1.50 |

续表

| 土体结合密度程度 | | 边坡高度 | | |
|---|---|---|---|---|
| | | 10m 以内 | 20m 以内 | 20～30m |
| 松散的 | 大多数块径大于40cm | 1：0.50 | 1：0.75 | 1：1.00～1：1.25 |
| | 大多数块径大于25cm | 1：0.75 | 1：1.00 | 1：1.00～1：1.25 |
| | 块径一般小于25cm | 1：1.25 | 1：1.50 | 1：1.50～1：1.75 |

注：1. 含土多时还须按土质边坡验算。

2. 岩石多而松散时，可视具体情况挖成折线形坡或台阶形坡。

3. 如大块石中含有较多黏性土时，边坡一般为 1：1.00～1：1.50。

表 5-7　剧、强风化与强烈破碎岩石斜坡坡度建议值

| 岩石名称 | 边坡建议值 | | | | | |
|---|---|---|---|---|---|---|
| | 剧、强风化岩石 | | | 强烈破碎的新鲜岩石 | | |
| | 坡高/m | 坡度 | 坡形 | 坡高/m | 坡度 | 坡形 |
| 石灰岩（中厚层） | 小于10 | 1：0.75 | 直线形 | 小于10 | 1：0.75 | 直线形 |
| | 10～20 | 1：1 | 二级阶梯形 | 10～20 | 1：1 | 直线形 |
| | 20～40 | 1：1.25 | 多级阶梯形 | 20～40 | 1：1 | 多级阶梯形 |
| 页岩 | 小于10 | 1：1 | 直线形 | 小于10 | 1：1 | 直线形 |
| | 10～20 | 1：1 | 阶梯形 | 10～20 | 1：1 | 二级阶梯形 |
| | 20～40 | 1：1.25 | 阶梯形 | 20～40 | 1：1 | 多级阶梯形 |
| 粉细砂岩及凝灰质砂岩 | 小于10 | 1：1 | 直线形 | 小于10 | 1：0.75 | 直线形 |
| | 10～20 | 1：1 | 二级阶梯形 | 10～20 | 1：1 | 二级阶梯形 |
| | 20～40 | 1：2 | 多级阶梯形 | 20～40 | 1：1 | 多级阶梯形 |
| 辉长岩 | 小于10 | 1：0.75 | 直线形 | 小于10 | 1：0.75 | 直线形 |
| | 10～20 | 1：1 | 二级阶梯形 | 20～40 | 1：1 | 直线形 |
| 碳质板岩 | 小于10 | 1：1 | 直线形 | 小于10 | 1：0.75 | 直线形 |
| | 10～20 | 1：1 | 二级阶梯形 | 10～20 | 1：1 | 阶梯形 |
| | 20～40 | 1：1.25 | 多级阶梯形 | 20～40 | 1：1 | 多级阶梯形 |
| 千枚岩及片岩、凝灰岩 | 小于10 | 1：1 | 直线形 | 小于10 | 1：1 | 直线形 |
| | 10～20 | 1：1.25 | 直线形 | 10～20 | 1：1 | 阶梯形 |
| | 20～40 | 1：1.25 | 多级阶梯形 | 20～40 | 1：1.25 | 多级阶梯形 |

注：引自陕西水文二队，《山区铁路工程地质》。

### 5.6.1.3　赤平投影图解分析法

赤平极射投影图解分析的特点是能从二维平面图形表达物体几何要素的空间方位，并方便地求得它们之间的夹角与组合关系。在斜坡稳定性研究中，赤平极射投影分析法能表示出可能滑移面与坡面的空间关系及其稳定性，所以被广泛采用。

图解分析法以赤平极射投影为基础，通过对斜坡岩体结构面的大量调查统计，掌握优势软弱结构面的产状特征，据以分析它们对斜坡稳定性的影响。现就单一软弱面和两组软弱面的情况分析斜坡的稳定性。

对于单一软弱结构面，顺向坡且弱面倾角 $\alpha$ 小于坡角 $\beta$ 时，赤平投影表现为坡面与弱面在同一侧，但坡面投影弧在弱面投影弧的内侧 [图 5-34(b)]。弱面在坡面上临空，岩体易于滑动，故斜坡不稳定。但当顺向坡坡角 $\alpha>\beta$ 时，则是比较稳定的 [图 5-34(c)]。逆向坡时，软弱面倾向坡内，赤平投影表现为坡面与弱面相对 [图 5-34(a)]，这种斜坡一般是稳定的。斜交坡的情况需视弱面倾向与坡面倾向之间的夹角 $\gamma$ 而定，若 $\gamma>40°$，斜坡是比较稳

定的 ［图 5-34(d)］；反之，若 $\gamma < 40°$，则斜坡不太稳定 ［图 5-34(e)］。

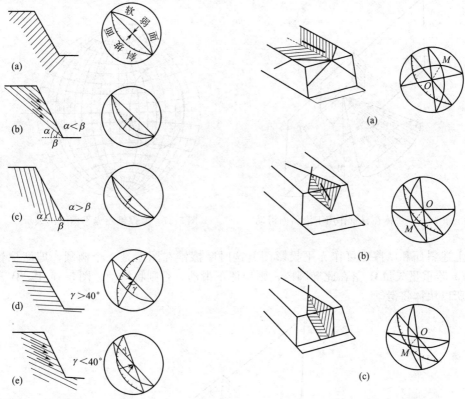

图 5-34　单一软弱面斜坡的赤平投影　　　图 5-35　二组软弱面斜坡赤平投影及
及稳定情况（齿弧为地面投影弧）　　　　稳定情况（齿弧为坡面投影弧）

对于两组软弱结构面的斜坡，其稳定性由弱面交线的产状控制，大致可分为三种情况。
①交线倾向坡内 ［图 5-35(a)］，在赤平投影图上，两组结构面投影弧交线与坡面投影弧相对，斜坡是稳定的。②交线的倾向与坡面倾向一致，但其倾角小于坡角 ［图 5-35(b)］。在赤平投影图上，结构面投影弧交线与坡面弧同在一侧，但位于坡面弧的外侧。这种情况说明斜坡是不稳定的。③交线的倾向与坡面倾向一致，但其倾角大于坡角 ［图 5-35(c)］。这种情况的斜坡比较稳定。

三组软弱面构成的斜坡情况比较复杂，但用赤平投影图加以分析，也可判断斜坡稳定性的情况。

上述赤平投影法是纯粹定性地判断斜坡稳定性，它仅给出斜坡稳定性的可能情况。在初步分析斜坡稳定性时可采用。

下面介绍一种基于赤平投影法的半定量评价斜坡稳定性方法——摩擦锥圆法。

设坐落在与水平面成 $\psi_p$ 角的斜面上的块体重量为 $W$，则该块体沿斜面的切向力（下滑力）$T = W\sin\psi_p$，垂直斜面的法向力 $N = W\cos\psi_p$。当块体与斜面间抗剪强度仅由摩擦角 $\varphi$ 维持时，抗滑力 $F = N\tan\varphi = W\cos\psi_p\tan\varphi$。如果 $T > F$，块体就发生滑动；反之，则静止不动。$F$ 均匀地作用于斜面上，就可以画出以 $N$ 为转轴、$\varphi$ 为锥顶角一半的一个圆锥体，它就是摩擦锥（图 5-36）。显然，当块体重量矢量 $W$ 落在摩擦锥之外时，该块体就发生滑动；否则不会滑动。

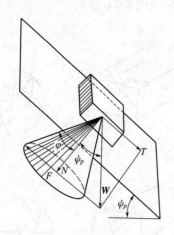
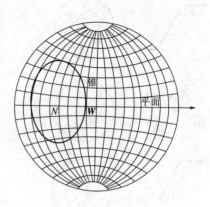

图 5-36 块体在自重作用下沿斜面滑动    图 5-37 摩擦锥在赤平网上的表示

上述斜面和摩擦锥可作赤平投影图。这时摩擦锥在图上是一个椭圆，即摩擦锥圆（图 5-37）。若重量矢量 $W$ 落在此椭圆内，则块体不滑动，否则将滑动。图 5-37 中，$W$ 落在椭圆外，所以块体将滑动。

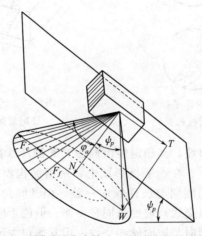

图 5-38 同时具有摩擦力和黏聚力的视摩擦锥

如果在斜面上还有凝聚力 $C$ 作用，则抗滑力由两部分组成，即 $F = F_c + F_f$，其中，$F_f = W\cos\psi_p \tan\varphi$，$F_c = CA$（$A$ 为斜面与块体接触面的面积）。此时摩擦锥底圆半径为 $F_c + F_f$，锥顶角的一半则以视摩擦角 $\varphi_a$ 表示（图 5-38），$\varphi_a$ 可由下式求得：

$$\tan\varphi_a = \frac{F_c + F_f}{N} = \tan\varphi + \frac{CA}{W\cos\psi_p} \tag{5-11}$$

同理，若 $F_c + F_f > T$ 或 $\varphi_a > \psi_p$，则块体不会滑动，反之，将滑动。即若 $W$ 落在视摩擦锥圆内，则不会滑动，反之，将滑动。图中 $W$ 落在摩擦锥圆内，所以块体不滑动。

摩擦锥圆法评价单滑面岩质斜坡稳定性，比较简易明了，不失为一种较好的图解法。

### 5.6.2 定量评价

定量评价是基于力学计算方法进行的。常用的斜坡稳定性定量评价方法有刚体极限平衡法、有限单元法和破坏概率法等。

#### 5.6.2.1 刚体极限平衡法

刚体极限平衡法的基本前提和假设条件如下：只考虑破坏面（滑面）的极限平衡状态，不考虑滑体岩土体的变形和破坏；破坏面（滑面）的强度由黏聚力和摩擦角（$c$、$\varphi$ 值）控制，其破坏遵循库仑判据；滑体中的应力以正应力和剪应力的方式集中作用于滑面上，将斜坡破坏问题简化为平面问题处理。

刚体极限平衡法是一种计算理论，包括许多具体的计算方法，如瑞典条分法、毕肖普条分法（Bishop）、简布条分法（Janbu）、萨马法（Sarma）、摩根斯坦-普赖斯法（Morgenstern-Price）等，在一般的《土力学》和《岩石力学》课程教材中都有详细介绍，这里只介绍我国工程实际中使用较多的计算方法——剩余推力法。

滑坡推力 $E$ 的定义是总的下滑力（$\sum T$）与总的抗滑力（$\sum R$）之间的差值，表达式为 $E = \sum T - \sum R$。当 $E > 0$ 时，有推力；当 $E < 0$ 时，无推力；当 $E = 0$ 时，为极限平衡状态。推力计算是斜坡稳定性分析一个不可缺少的步骤，也是滑坡防治工程设计工作的一个重要依据。

设滑面为折线形，根据滑面起伏状况，进行条分。自后缘往前缘各条块与水平面的夹角依次为 $\alpha_1$，$\alpha_2$，$\alpha_3$，…，$\alpha_{n-1}$，$\alpha_n$，本例只考虑滑坡体的重力作用，则第 $n$ 条块的滑坡推力为：

$$E_n = W_n \sin\alpha_n + E_{n-1}\cos(\alpha_{n-1} - \alpha_n) - [W_n\cos\alpha_n f_n + c_n L_n + E_{n-1}\sin(\alpha_{n-1} - \alpha_n)f_n] \qquad (5\text{-}12)$$

式中，$E_n$ 为第 $n$ 块的剩余下滑力，即滑坡推力；$W_n$ 为第 $n$ 块的重力；$L_n$ 为第 $n$ 块的底面长度；$f_n$ 为第 $n$ 块的摩擦系数；$c_n$ 为第 $n$ 块的滑面黏聚力。

该公式作了如下假设，即第 $n$ 块所承受的第 $n-1$ 块的推力是平行于第 $n-1$ 块滑面的；同理，第 $n$ 块的推力也是平行于第 $n$ 块滑面的（图 5-39）。在实际情况中，各条块的 $c$、$\varphi$ 值不易精确测定，所以用安全系数 $F_s$ 去除抗滑力，以作为强度储备，通常 $F_s$ 的取值范围为 $1.05 \sim 1.25$。此时式（5-12）可写为：

$$E_n = W_n\sin\alpha_n - \frac{1}{F_s}(W_n\cos\alpha_n f_n + c_n L_n) + E_{n-1}\psi_n$$

式中，$\psi_n = \cos(\alpha_{n-1} - \alpha_n) - \dfrac{1}{F_s}\sin(\alpha_{n-1} - \alpha_n)f_n$，$\psi_n$ 称为传递系数，故剩余推力法又称为传递系数法。

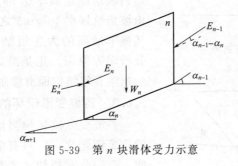

图 5-39　第 $n$ 块滑体受力示意

在计算过程中，若出现 $E_i < 0$，考虑滑块间不承受拉力作用，则令 $E_i = 0$。然后继续进行下一条块 $E_{i+1}$ 的计算。

如果 $E_n > 0$，表明该滑坡处于不稳定状态；如果 $E_n < 0$，表明该滑坡是稳定的；$E_n = 0$ 对应的是极限平衡状态。

#### 5.6.2.2 有限单元法

借助于有限单元法分析斜坡岩土体的应力、应变特征及评价斜坡的稳定性的实例越来越多。在计算机技术和数值方法飞速进步的今天，有限元分析法取得了长足的发展。

斜坡稳定性评价中有限单元法的基本原理和步骤就是通过离散化，将坡体变换成离散的单元组合体，假定各单元为均匀、连续、各向同性的完全弹性体，各单元由节点相互连接，内力、外力由节点来传递，单元所受的力按静力等效原则移到节点，成为节点力。当按位移求解时，取各节点的位移作为基本未知数，按照一定的函数关系求出各节点位移后，即可进一步求得单元的应变和应力，分析斜坡的变形、破坏机制，进而对其稳定性作出合理评价。

#### 5.6.2.3 破坏概率法

采用刚体极限平衡理论的斜坡稳定性分析方法，要引入稳定性系数的概念。稳定性系数就是各种参数的一个函数，即可表达为 $K=f(c,\varphi,\sigma,l,\cdots)$。对于计算参数，通过调查和试验取得确定值时，得出的稳定系数 $K$ 也是一个确定值。但实际情况是，岩土物理力学属性的离散性、差异性，加之测试的各种误差，造成许多参数并不是一个确定值，而是具有某种分布的随机变量，所以，客观上的稳定性系数亦为随机变量。因而采用概率方法来进行稳定性评价显得更合理。

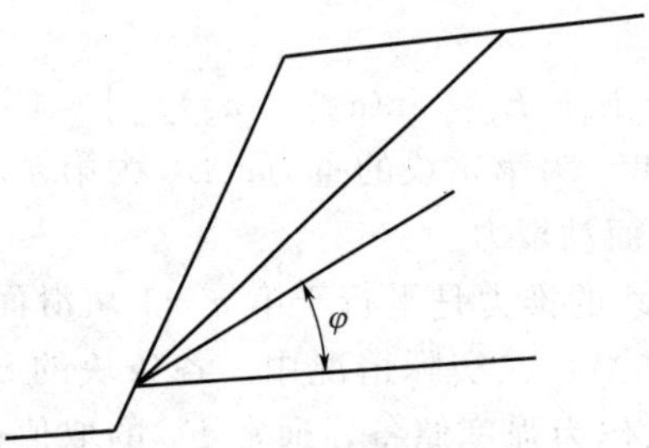

例如，某斜坡的平面剪切破坏发生在结构面倾向指向坡外、结构面倾角大于摩擦角而小于斜坡坡角的斜坡岩体中（图5-40）。对确定稳定性系数 $K$ 的各参数进行多次随机抽样，可获得某一坡角情况下斜坡稳定系数的概率图（图5-41）。图中阴影部分为斜坡的破坏概率。即有：

$$P_f=P\{K<1\} \tag{5-13}$$

该斜坡的稳定概率 $R=1-P_f$。

图5-42是陶振宇等对鲁布革水电站某一岩石边坡进行概率分析得出的各级结构面破坏概率与坡角的关系。可见斜坡在40°以下时，斜坡沿Ⅲ组、Ⅳ组结构面滑动的破坏概率仅为1%～2%，即斜坡的稳定概率达98%～99%。而该地的自然山坡角恰好在40°～45°之间。该剖面中发生滑动破坏概率最高的为Ⅳ组结构面，其次为Ⅰ、Ⅲ组。分析塌方原因，正是沿这三组结构面坡体被切割后顺第Ⅳ组结构面滑移而导致的。

### 5.6.3 斜坡变形破坏的预测预报

斜坡变形破坏预测预报是斜坡工程地质研究的重要课题之一，只有掌握了斜坡变形破坏的时间、空间分布规律，才有可能减轻以至消除其危害。此项工作虽然十分重要，但目前的研究尚处于探索阶段。

斜坡变形破坏的预测预报包括两方面内容，即空间预测和时间预报。

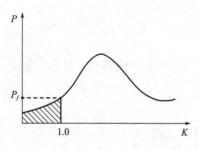

图5-40 斜坡结构示意

图5-41 $K$ 值分布概率

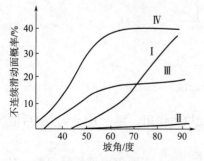

图5-42 鲁布革水电站某岩石边坡各组结构面破坏概率分析

5.6.3.1　斜坡变形破坏的空间预测

斜坡变形破坏的空间预测包括可能发生变形破坏的区域、地段、地点，斜坡变形破坏的基本类型，发生变形破坏的规模，斜坡变形破坏的运动方式、速度和滑移距离。

依据预测范围的大小可以大致划分为区域性预测、地区性预测、场地预测三类。

① 区域性预测　这类预测以一个大的区域为研究对象，目标是作出斜坡变形破坏的危险性区划，把研究区划为相对危险区、相对稳定区和稳定区等。显然，这只是一种趋势预测。

② 地区性预测　这类预测以一个地区或某一特定的小区域为研究对象，进行斜坡危险区和危险等级的划分。确定斜坡变形破坏可能发生的斜坡段及类型等。

③ 场地预测　这类预测以特定的建筑场地为研究对象，对场地内可能发生变形破坏的具体位置、类型、规模、运动距离等进行预测。

目前，斜坡变形破坏空间预测的途径和方法大体有两类，即单因子叠加法和综合指标法。

① 单因子叠加法　把每一影响斜坡稳定性的因素按其在斜坡变形破坏中的作用大小分为一定的等级，在每一因子内部又划分若干级，然后把这些因子的等级全部以不同的颜色或符号等表示在一张图上。凡因子的高等级重叠最多的地段即发生破坏可能性最大的地段。然后把这种重叠情况与已经进行过详细研究的地段相比较，从而作出危险性预测。

② 综合指标法　把所有因子在斜坡变形破坏中的作用数值化，通过这些量值的多元统计分析等计算，确定各因素与斜坡变形破坏的关系及其重要程度。

显然，无论采用哪种方法进行预测，首先都必须确定影响因子以及这些因子的表示方法。斜坡变形破坏的影响因子主要有地层岩性、结构构造、地貌和斜坡临空面形状、河流侵蚀、气候、地震、地下水、人类活动等。其中前三个因子由于实际上是斜坡破坏的必要条件，所以是主导因子，其余为次要因子。由于进行预测研究区域的各因子的差异很大，因此每种因子的表示方法也必须随之发生变化，如表 5-8 所示。

表 5-8　不同预测类型所应用的因子表示法

| 预测类型 | 因子 | | | | | | | |
|---|---|---|---|---|---|---|---|---|
| | 地层岩性 | 结构构造 | 地貌 | 气候 | 河流冲刷 | 地震 | 地下水 | 人类活动 |
| 区域性 | 概略划分的易滑地层 | 大地构造单元 | 第一、二级地貌区划界线 | 第一、二级气候区划界线 | 年输沙率分区 | 7 度及 7 度以上地震等震线 | 水文地质分区界线 | 经济活动状况分区 |
| 地区性 | 易滑地层类型 | 构造单元主要构造线 | 地面切割深度和切割密度 | 年降水量等值线 | 按流域区分的输沙率 | 7 度及 7 度以上地震等震线 | 地下水的丰、贫分区 | 工、农业生产情况分区 |
| 场地 | 详细划分等级的易滑地层 | 结构面分析表示 | 有效临空面 | 特征降雨过程的研究成果 | 实际的河、沟冲刷情况 | 7 度及 7 度以上地震等震线 | 水泉、湿地的出露情况和勘探所得的水文地质资料 | 开挖、填筑以及对地下水的改变等 |

晏同珍等人较系统地开展了滑坡区域预测研究工作，他们先后在陕南和长江三峡地区进行区域调查，编制了数量化预测图（图 5-43）。

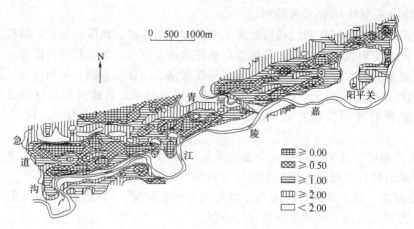

图 5-43 阳平关地区斜坡稳定性信息量预测分区

#### 5.6.3.2 斜坡变形破坏的时间预报

按照研究对象、范围、目的的不同，滑坡时间预报可分为区域性的中长期预报和场地性的短期预报两种。

① 中长期预报 这是对于某一预定区域较长时间内的趋势性研究，预测可能会大量发生斜坡破坏的年份。因此这类预报对于大规模灾害的预防，事前准备应急措施、做好紧急预案是极其有益的。

② 短期预报 这是对某一建议场地或某个具体斜坡能否发生破坏，以及破坏的确切时间预先判定。这类预报对于具体的建设工程十分重要。

由于斜坡变形破坏总是有一个发展过程的，所以破坏前的种种征兆为我们较准确地预报提供了可能。就目前的研究现状而言，斜坡破坏预报的方法仍处于探索阶段，可概括为两类：宏观征兆综合预报法和监测信息定量预报法。

① 宏观征兆综合预报法 斜坡破坏之前，往往出现一些程度不同的宏观征兆，如地形变化、地表微破裂、地物标志的移动、冒出浑泉以及各种动物的行为异常现象等。人们可通过各种异常征兆来预报斜坡的破坏。

② 监测信息定量预报法 在整理分析研究斜坡变形或位移观测的基础上，作出斜坡变形演化的蠕变曲线，然后根据曲线的加速蠕滑阶段的某些特征值，采用一些经验公式进行计算，进而得出斜坡可能发生破坏的时间。如日本学者斋藤提出，在加速蠕变阶段，各时刻的应变速率与该时刻距破坏时刻的时间成反比：

$$\lg t_r = a - b \lg \varepsilon \qquad (5-14)$$

式中，$\varepsilon$ 为应变速率；$t_r$ 为距最终破坏时刻的时间；$a$、$b$ 为待定系数。

若在变形曲线上取 $t_1$、$t_2$、$t_3$ 三个时间，且其间的变形量相等，则离破坏发生的剩余时间 $t_r - t_1$ 为：

$$t_r - t_1 = \frac{\frac{1}{2}(t_2 - t_1)^2}{(t_2 - t_1) - \frac{1}{2}(t_3 - t_1)} \qquad (5-15)$$

在实际工作中，往往是两种方法互相结合、进行综合分析后作出斜坡破坏预报。实践表明，只有充分注意调查宏观前兆，认真分析观测数据，进行评判，方能作出合理的、科学的预报。

# 5.7　斜坡地质灾害防治

## 5.7.1　防治原则

为了预防和控制斜坡变形破坏对建筑物造成的危害，对斜坡变形破坏需要采取防治措施。实践表明，要确保斜坡不发生破坏，发生变形破坏之后的滑坡不再恶化，必须加强防治。防治的总原则应该是"以防为主，及时治理"。

以防为主，即在勘察研究的基础上，对一些不稳定的斜坡，必须提前采取措施，消除和改变不利于斜坡稳定的因素，以防止发生变形破坏；在斜坡上设计人工边坡时，必须选择合理的布置和开挖方案。例如，在高地应力区的斜坡上设计人工边坡时应尽可能使边坡走向与该地区最大主应力方向一致；露天采矿宜采用椭圆形矿坑，其长轴应平行于当地最大主应力方向。此外，工程布置应尽量避开严重不稳定斜坡地段（如活动性的大型滑坡或严重崩塌地段），以杜绝后患。总之，以防为主就是尽量做到防患于未然。

及时治理，即针对已经发生变形破坏的斜坡，及时采取必要的措施进行整治，以提高斜坡的稳定性，使之不再继续恶化。

防治原则可概括为以下几点。

① 以查清工程地质条件和了解影响斜坡稳定性的因素为基础。查清斜坡变形破坏地段的工程地质条件是最基本的工作环节，在此基础上，分析影响斜坡稳定性的主要及次要因素，并有针对性地选择相应的防治措施。

② 整治前必须查清斜坡变形破坏的规模和边界条件。变形破坏的规模不同，处理措施也不相同，要根据斜坡变形的规模大小采取相应的措施。此外，还必须掌握变形破坏面的位置和形状，以确定其规模和活动方式，否则就无法确切地布置防治工程。

③ 按工程的重要性采取不同的防治措施。斜坡失稳后果严重的重大工程，势必要求提高稳定安全系数，防治工程的投资量大；而非重大工程和临时工程，则可采取较简易的防治措施。同时，防治措施要因地制宜，适合当地情况。

## 5.7.2　防治措施

根据上述防治原则以及实际经验，主要的防治措施的思路分为两方面。一是提高抗滑力 $[\tau_f]$，例如，增强岩土体的抗剪能力或者提供外加抗力。二是减小下滑力 $[\tau]$，例如，排水、削去某些部位的滑体等。任何滑坡防治工程措施必须要完成上述两项或两项中的任何一项任务，并使 $\tau_f/\tau$ 大于 1，甚至大于规范要求的某安全系数 $F_s$。能完成上述任务的防治工程措施可分为四类：①改变边坡几何形态；②排水；③设置支挡结构物；④斜坡内部加固。

由于斜坡的具体情况复杂多样，治理措施也应该各不相同。针对斜坡的具体工程地质条件，应因地制宜地采取不同的治理措施。常用的防治措施简述如下。

### 5.7.2.1　改变边坡的几何形态

主要是削减推动滑坡产生区的物质和增加阻止滑坡产生区的物质，即通常所谓的"砍头压脚"，或减缓边坡的总坡度，即通称的"削方减载"。这种方法在技术上简单易行，且加固效果好，所以得到广泛应用，且应用历史悠久，特别适用于滑面深埋的滑坡。整治效果则主要取决于削减和堆填的位置是否得当。

### 5.7.2.2　排水

排水包括将地表水引出滑动区外的地表排水和降低地下水位的地下排水。地表排水以其技术上简单易行且加固效果好、工程造价低，应用极广，几乎所有滑坡整治工程都包括地表排水工程。运用得当，仅用地表排水即可整治滑坡。1982年发生的四川云阳鸡扒子滑坡就是通过1984年实施的地表排水整治工程后，迄今20多年一直保持稳定的一个典型实例。

排水工程中的地下排水，由于它能大大降低孔隙水压力，增加有效正应力，从而提高抗滑力，故加固效果极佳，工程造价也较低，所以应用也很广泛。尤其是大型滑坡的整治，深部大规模的排水往往是首选的整治措施。但其施工技术比起地表排水来要复杂得多。近年来在这方面有很大的进展，垂直排水钻孔与深部水平排水廊道（隧洞）相结合的排水体系得到较广泛的应用。我国湖北巴东黄蜡石滑坡就采用了地表排水工程和垂直钻孔群与滑动面以下的排水廊道相连的地下排水工程进行整治。原设计9条地下排水廊道，现已完工一条（图5-44），和已完工的地表排水体系相结合，对稳定该滑坡起了良好的作用。

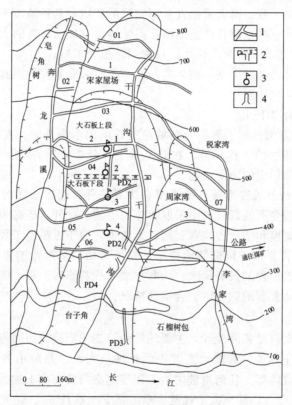

图 5-44　黄蜡石滑坡防治工程方案
1—排水沟及编号；2—与垂直钻孔相连的排水廊道；3—地下水观测孔；4—勘探平硐

排水措施与改变斜坡几何形态联合可以获得更好的整治效果。新西兰 Brewery Creek 滑坡加固方案是一个典型实例（图5-45）。采用了排水隧洞与扇状辐射排水钻孔相结合的地下排水体系，同时又在滑坡趾部堆填多种土质反压盖层（压脚），以增加滑坡稳定性和阻滞库水入渗。该滑坡位于水库之内，水库充水后滑坡趾部水位较原河水位抬高约35m，滑坡内地下水位又必须通过排水体系降至原河水位以下，才能保证滑坡稳定性，故排水廊道设在原河水位下30m，在廊道向上钻扇状辐射排水孔，集中于廊道中的地下水再通过垂直钻孔抽水排入水库。为防止库水入渗，反压马道之下还需设置防渗帷幕，构成一个复杂的地下排水与反压相结合的加固工程体系。

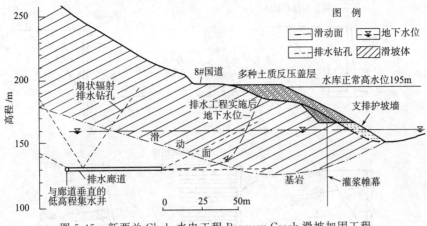

图 5-45  新西兰 Clyde 水电工程 Brewery Creek 滑坡加固工程

（据 Gillionet 等）

其它不常用但具有创造性的地下排水措施还有虹吸排水（图 5-46）。这种方法的优点是不用抽水而将水排出地表。在不稳定土层中，虹吸排水由密封的 PVC 虹吸管完成。法国 Dijon 附近的虹吸排水由间距为 10m 的 5 个垂直虹吸管将地下水位由原来的低于地面 2m 降至低于地面 8m。

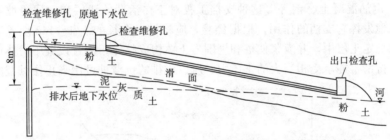

图 5-46  法国 Dijon 附近虹吸排水加固公路路堤和下伏不稳定斜坡

（据 Gress 等）

改进的电渗析排水使用特殊设计，防止气体聚于铜电极，可使自由水在阴极流出而不用抽水。现场试验证明，在敏感黏土中，经 32 天的电渗析排水，使整个电极深度范围内的土的不排水抗剪强度提高 50%。

真空排水可以增加土的负压，加速土的固结，置于钻孔中用于低渗透性土的排水，可作为快速置入的临时性措施以待长期加固措施生效。实践证明，真空抽水 2～4 周，有效加固深度可达 30～35m。

### 5.7.2.3  支挡结构物

在改变斜坡几何形态和排水不能保证斜坡稳定的地方，常采用支挡结构物，如挡墙、抗滑桩、沉井、拦石栅，或斜坡内部加强措施，如锚杆（索）、土锚钉、加筋土等来防止或控制斜坡岩土体的变形破坏运动。经过恰当的设计，这类措施可用于稳定大多数体积不大的滑坡或者没有足够空间而不能用改变斜坡几何形态方法来治理的滑坡。

支挡结构物或斜坡内部加强措施的一些典型例子见图 5-47。砌石圬工重力式挡墙是使用最广的支挡结构物，但仅适用于规模小、滑面浅的滑坡。铜街子水电站左坝肩红色地层中的滑坡就是用一排沉井进行支挡的。挡墙体也可以是原地浇灌钢筋混凝土连续墙，必要时还可在墙前加斜撑或用锚索将墙后拉锚固 ［图 5-47(c)、5-47(d)］，以增强其支挡效果。

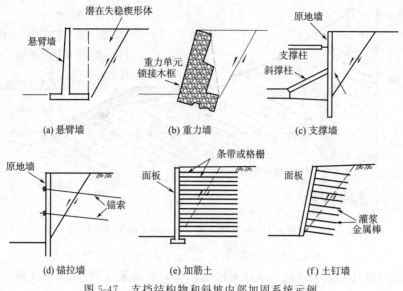

图 5-47 支挡结构物和斜坡内部加固系统示例

当滑坡规模较大时，常采用抗滑桩进行治理（图 5-48）。抗滑桩是用以支挡滑体下滑力的桩柱，一般集中设置在滑坡的前缘附近。它施工简便，可灌注、也可锤击灌入。桩柱的材料有混凝土、钢筋混凝土、钢等。这种支挡工程对正在活动的浅层和中层滑坡效果好。为使抗滑桩更有效地发挥它支挡的作用，根据经验，应将桩身全长的 1/4～1/3 埋置于滑坡面以下的完整基岩或稳定土层中，并灌浆使桩和周围岩土体构成整体；而且设置于滑体前缘厚度较大的部位为好。抗滑桩能承受相当大的土压力，所以成排的抗滑桩可用来止住巨型的滑坡体。

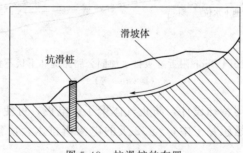

图 5-48 抗滑桩的布置

另外一类支挡结构物并不阻止灾害发生，而仅阻止其可能造成的危害（被动防护）。例如，设置于斜坡上一定部位处的刚性拦石格栅或柔性钢绳网，可以拦截或阻滞顺坡滚落的块石，从而使保护对象免遭破坏。试验证明，链条连接的栅栏可以阻止直径达 0.6m 的滚落块石，但往往受到强烈损坏而且不能阻拦直径更大的块石。所以欧洲式的安全网系统，在高山、高陡坡崩塌落石严重的地区得到较广泛的应用。该系统由钢绳网、固定系统（拉锚和支撑绳）、减压环和钢柱四部分组成（图 5-49）。钢绳网是首先受到冲击的系统主体部分，它有很高的强度和弹性内能吸收能力，能将落石的冲击力传递到支撑绳再传到拉锚绳，最终到锚杆。在绳的特定位置设有摩擦式"减压环"，它能通过塑性位移吸收能量，是一种消能元件，可对系统起过载保护作用。钢柱是系统的直立支撑，它与基座间的可动连接确保它受到直接冲击时地脚螺栓免遭破坏，锚杆将拉绳锚固在岩石地基中，并将剩余冲击载荷均布地传递到地基之中。

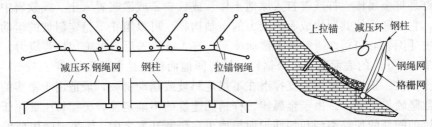

图 5-49　钢绳网崩塌落石拦挡系统前视、俯视、剖面

#### 5.7.2.4　斜坡体加固

在岩体中进行斜坡内部加固多采用岩石锚固工程，将张拉的岩石锚杆或锚索的内锚固端固定于潜在滑面以下的稳定岩石之中，施加的张应力增加锚拉方向的正应力，从而增大了破坏面上的阻滑力。为了改善载荷分布，近年来开发了在一个锚固孔中置入多个单元锚索的单孔多锚索体系，每个锚索都单独密封于抗腐蚀系统中。各锚索的密封囊用本身的预应力千斤顶加载，并将载荷分别传递到预定深度。这种锚索完全消除了传统锚索的累进性破坏机制，几乎同时动用了整个钻孔长度的岩体强度。

在土体中进行斜坡内部加固，有赖于通过剪力传递以动用密集置于土体内的加强单元的抗张能力。这一概念的提出，导致了不断增长的使用金属或高分子聚合物等加强单元进行土体内部加固，或用递增埋置法创建加筋土支挡体系或原地系统打入加强单元，即土锚钉加固 [图 5-47(e)、图 5-47(f)]。加筋土是在土体中埋入有抗拉的单元以改善土体的总体强度。稳定天然或堆填斜坡、支挡开挖边坡都可用加筋土挡墙。它优于传统挡墙之处有以下几点：①它有黏聚性又有韧性，故能承受大变形；②可使用的填料范围很广；③易于修建；④耐地震载荷；⑤已有多种面板形式，可以建成审美方面赏心悦目的结构；⑥比传统挡墙或桩造价低廉。有护面板的加筋土可作成很陡的坡，从而可降低新建运输线路所需的宽度，特别适用于宽度受限的已有道路的加宽。

最常用的土中加筋材料是能承受张载荷的金属（钢或铝）条带、钢或聚合物格栅等。为防止金属条带锈蚀破坏而开发了镀锌防锈腐钢条带或外包以环氧树脂的金属条带。近年来，非金属加筋材料如土工布、玻璃纤维、塑料等新合成材料广泛应用于加筋土，这些材料抗腐蚀，但长期埋置是否会产生化学或生物的老化，有待进一步研究。土工布类片状加筋物一般是水平置于加筋层之间，形成复合加筋土（图 5-50），其中土填料可用从粉土直到砾石的颗粒土。护面单元可用土工布在坡面附近将土包起来（图 5-51），并在露出地表的土工布表面喷水泥砂浆、沥青乳胶或覆以土壤和植被，以防紫外线对土工布的破坏。

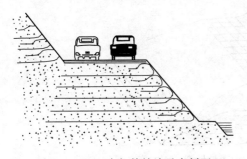

图 5-50　土工布加筋挡墙示意剖面

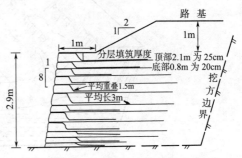

图 5-51　土工布加筋和护面的挡墙
（据 Bell & Steward，1977）

土锚钉是将金属棒、杆或管打入原地土体、或软岩、或灌浆置入土、或软岩中预先钻好的钻孔中，它们和土体共同构成有内聚力的土结构物，可以阻止不稳定斜坡的运动或支撑临时挖方边坡［图 5-47(f)］。锚钉属于被动单元，打入或置入后不再施加拉张应力。锚钉间距较密，通常 $1\sim6m^2$ 的表面应有一个锚钉。锚钉间地面稳定性由薄层（$10\sim15cm$）挂金属网的喷混凝土提供。土锚杆可用以支撑潜在不稳定斜坡或蠕动斜坡，最适用于密实的颗粒土或低塑性指数坚硬粉质黏土。由于金属棒、杆锈蚀速度的不确定性，土锚钉主要用于临时结构物。但抗锈蚀的新的加筋类型和加筋护面类型也在研制开发之中，如德国曾用玻璃纤维锚钉支挡近垂直的边坡。土锚钉的一种新技术是以土工布、土工格栅或土工网覆盖地面，土工材料在多个结点上加强，并以长的钢杆将这些结点锚固起来（图 5-52）。

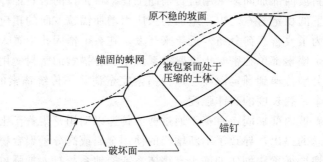

图 5-52　以土锚钉锚固的土工聚合物"蛛网"加固斜坡示意剖面

（据 Koernor & Robins，1986）

这些锚钉恰当地紧固后，它们将地表网拉入土中，使网处于拉伸状态，而网下的土则处于压缩状态。土锚钉系统既有柔韧性，又有整体性，故可抗地震载荷。

土质改良的目的在于提高岩土体的抗滑能力，主要用于土体性质的改善。常用方法有电渗排水法和焙烧法等。电渗排水法对粉砂土和粉土质亚砂土效果较好，它能使土内含水量降低，从而提高其抗剪强度，但费用昂贵，一般很少采用。焙烧法可用来改善黄土和一般黏性土的性质，它的原理就是通过焙烧的方法将滑坡体，特别是滑带土焙烧得像砖一样坚硬，从而大大提高其抗剪强度。采用这种方法一般是对坡脚的土体进行焙烧，使之成为坚固的天然挡土墙（图 5-53）。我国宝成铁路线上某些滑坡曾采用过这种方法，取得了良好的效果。对于岩质斜坡可采用固结灌浆等措施加固。

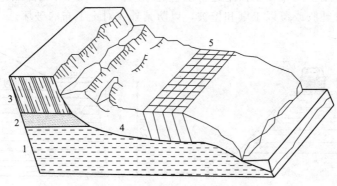

图 5-53　用焙烧法加固滑坡示意

1—可塑性黏土；2—砂层；3—黄土状黏土；4—滑坡体；5—焙烧部分

#### 5.7.2.5 其它方法

当线路工程（如铁路、公路、油气管道）遇到严重不稳定斜坡地段，用上述方法处理又很困难或者治理费用超过当时的经济承受能力时，采用防御绕避也是一种明智的选择。同时为避免斜坡破坏地质灾害带来巨大损失，居民搬迁、交通工程或能源传输管道改线等回避措施也是需要和值得考虑的。

防御绕避的具体工程措施有明硐、御塌棚、内移作隧、外移建桥等。

明硐和御塌棚（图 5-54）用于陡峻斜坡上方经常发生崩塌的地段。内移作隧和外移建桥的措施（图 5-55）用于难于治理的大滑坡地段。

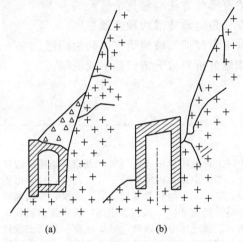

(a) (b)

图 5-54 道路通过崩落区的防御结构

(a) 明硐；(b) 御塌棚

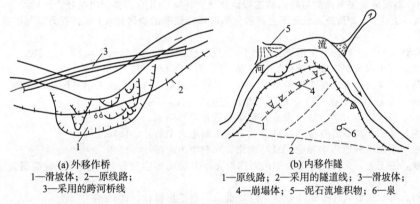

(a) 外移作桥
1—滑坡体；2—原线路；
3—采用的跨河桥线

(b) 内移作隧
1—原线路；2—采用的隧道线；3—滑坡体；
4—崩塌体；5—泥石流堆积物；6—泉

图 5-55 铁路线绕避斜坡不稳定地段

总之，要根据斜坡地段具体的工程地质条件和变形破坏特点以及发展演化阶段，选择采用上述措施，有时则需要采取综合治理的措施。

## 思考题

1. 滑坡与崩塌有何异同？

2. 斜坡的应力分布有何特征？

3. 斜坡的浅表生改造有何特征？

4. 斜坡变形破坏有哪些基本类型？

5. 如何识别滑坡？

6. 滑坡分类有哪些依据？

7. 如何理解斜坡稳定性系数与稳定性状态？

8. 斜坡稳定性有哪些影响因素？

9. 斜坡稳定性评价有哪些常见方法？

10. 斜坡地质灾害防治有哪些方法与常见措施？

11. 如何从科学技术发展角度看待滑坡预测预报？

12. 从人与自然和谐共生角度谈斜坡地质灾害防治问题。

13. 从地球圈层相互作用分析斜坡灾害链的形成机制。

# 参考文献

[1] 王思敬，黄鼎成，等. 中国工程地质世纪成就 [M]. 北京：地质出版社，2004.

[2] 张咸恭，王思敬，张倬元，等. 中国工程地质学 [M]. 北京：科学出版社，2000.

[3] 李智毅，王智济，杨裕云，等. 工程地质学基础 [M]. 武汉：中国地质大学出版社，1990.

[4] 李智毅，杨裕云. 工程地质学概论 [M]. 武汉：中国地质大学出版社，1994.

[5] 张倬元，王士天，王兰生. 工程地质分析原理 [M]. 北京：地质出版社，1997.

[6] 于学馥，等. 岩石记忆与开挖理论 [M]. 北京：冶金工业出版社，1993.

[7] 王兰生，李天斌，张倬元. 浅生时效变形结构 [J]. 地质灾害与环境保护，1991，2（1）.

[8] 王兰生，李天斌，赵其华. 浅生时效构造与人类工程 [M]. 北京：地质出版社，1994.

[9] 唐辉明. 斜坡地质灾害预测与防治的工程地质研究 [M]. 北京：科学出版社，2015.

[10] 李天斌，王兰生. 卸荷应力状态下玄武岩变形破坏特征的试验研究 [J]. 岩石力学与工程学报，1993，（4）.

[11] 刘广润，晏鄂川，练操. 论滑坡分类 [J]. 工程地质学报，2002，10（4）：339-342.

[12] 王思敬. 金川露天矿边坡变形机制及过程 [J]. 岩土工程学报，1982，4（3）.

[13] 程谦恭，彭建兵，等. 高速岩质滑坡动力学 [M]. 成都：西南交通大学出版社，1999.

[14] E. Hock. 岩石边坡工程 [M]. 北京：冶金工业出版社，1983.

[15] 孙广忠. 岩体结构力学 [M]. 北京：科学出版社，1988.

[16] 周维垣，孙钧. 高等岩石力学 [M]. 北京：水利电力出版社，1990.

[17] 崔政权. 系统工程地质学导论 [M]. 北京：水利电力出版社，1992.

[18] 黄润秋，王士天，张倬元，等. 中国西南地壳浅表层动力学过程与工程环境效应研究 [M]. 成都：四川大学出版社，2002.

[19] 孙玉科，等. 边坡岩体稳定性分析 [M]. 北京：科学出版社，1988.

[20] 潘家铮. 建筑物的抗滑稳定和滑坡分析 [M]. 北京：水利出版社，1980.

[21] 陈祖煜. 土质边坡稳定性分析——原理·方法·程序 [M]. 北京：中国水利水电出版社，2003.

[22] 黄润秋，许强，等. 地质灾害过程模拟和过程控制研究 [M]. 北京：科学出版社，2002.

[23] 晏鄂川，刘汉超，张倬元. 茂汶-汶川段岷江两岸滑坡分布规律 [J]. 山地研究，1998，16（2）：109-113.

[24] 赵尚毅，郑颖人，等. 有限元强度折减法求边坡稳定安全系数 [J]. 岩土工程学报，2002，129（3）.

[25] E. T. 布朗. 工程岩石力学中的解析与数值计算方法 [M]. 北京：科学出版社，1991.

[26] 王泳嘉，邢纪波. 离散单元法及其在岩土力学中的应用 [M]. 沈阳：东北工学院出版社，1991.

[27] 祝玉学. 边坡可靠性分析 [M]. 北京：冶金工业出版社，1993.

[28] 罗文强，晏同珍. 斜坡稳定性系数的概率分析 [J]. 地球科学——中国地质大学学报，1996，21（6）：653-655.

[29] 罗文强, 黄润秋, 张倬元. 斜坡稳定性概率分析的理论与应用 [M]. 武汉: 中国地质大学出版社, 2003.

[30] 殷坤龙. 滑坡灾害预测预报 [M]. 武汉: 中国地质大学出版社, 2004.

[31] 张倬元, 刘汉超, 等. 黄河龙羊峡水电站重大工程地质问题研究 [M]. 成都: 成都科技大学出版社, 1990.

[32] 陕西省地质局第二水文地质工程地质队. 山区铁路工程地质 [M]. 北京: 地质出版社, 1977.

[33] 孙广忠, 等. 中国典型滑坡 [M]. 北京: 科学出版社, 1987.

[34] 地质矿产部编写组. 长江三峡库岸稳定性研究 [M]. 北京: 地质出版社, 1988.

[35] 陈德基, 许兵. 与水利水电工程建设有关的工程地质问题 [M]. 北京: 水文地质出版社, 1988.

[36] 田陵君, 王兰生, 刘世凯, 等. 长江三峡水电工程水库岸坡稳定性研究 [M]. 北京: 北京科技出版社, 1994.

[37] 铁道部科学研究院西北研究所. 滑坡防治 [M]. 北京: 人民铁道出版社, 1977.

[38] [捷] Q. 扎留克, V. 门次尔. 滑坡及其防治 [M]. 交通部科学研究院西北研究所译. 北京: 中国建筑工业出版社, 1974.

[39] 张倬元. 滑坡防治工程的现状与发展展望 [J]. 地质灾害与环境保护, 2000, 11 (2): 89-96.

[40] 唐辉明, 李长冬, 龚文平, 等. 滑坡演化基本属性与研究途径 [J]. 地球科学, 2022, 47 (112): 4596-4608.

[41] 唐辉明. 重大滑坡预测预报研究进展与展望 [J]. 地质科技通报, 2022, 41 (6): 1-13.

[42] 晏鄂川, 刘广润. 试论滑坡基本地质模型 [J]. 工程地质学报, 2004, 12 (1): 21-24.

[43] 黄润秋, 李渝生, 严明. 斜坡倾倒变形的工程地质分析 [J]. 工程地质学报, 2017, 25 (05): 1165-1181.

[44] 刘红星, 苏爱军, 王永平, 等. 软弱夹层对斜坡稳定性的影响分析 [J]. 武汉理工大学学报 (交通科学与工程版), 2004 (05): 766-770.

[45] 吴树仁, 王涛, 石菊松, 等. 工程滑坡防治关键问题初论 [J]. 地质通报, 2013, 32 (12): 1871-1880.

[46] 唐辉明, 鲁莎. 三峡库区黄土坡滑坡滑带空间分布特征研究 [J]. 工程地质学报, 2018, 26 (01): 129-136.

[47] Tang H M, Lu S, Hu X L, et al. Study on Control Theory of Landslide Based on the Evolution Process [C]. AASRI International Conference on Industrial Electronics and Applications (IEA), 2015: 187-191.

[48] Tang H M, Li C D, Hu X L, et al. Deformation response of the Huangtupo landslide to rainfall and the changing levels of the Three Gorges Reservoir [J]. Bulletin of Engineering Geology and the Environment, 2015, 74 (3): 933-942.

[49] Yang T Z, Tang H M. Global Environmental Changes and Engineering Geology [M]. Wuhan: China University of Geosciences Press, 1999.

# 第6章 地下工程

## 6.1 概述

人工开挖或天然存在于岩土体内的构筑物统称为地下工程，也称为地下建筑或地下洞室。地下洞室按其用途可分为交通隧道、水工隧洞、矿山巷道、地下厂房和仓库、地下铁道及地下军事工程等类型；按其内壁是否有内水压力作用，可分为无压洞室和有压洞室两类；按其断面形状可分为圆形、矩形和马蹄形等类型；按洞室轴线与水平面的关系可分为水平洞室、竖井和倾斜洞室三类；按围岩介质类型可分为土洞和岩洞两类。地下工程的共同特点是都要在岩土体内开挖出具有一定断面形状和尺寸，并具有较大的延伸长度的洞室。

地下洞室开挖之前，岩体处于一定的应力平衡状态，开挖使洞室周围岩体发生卸荷回弹和应力重新分布。如果围岩足够强固，不会因卸荷回弹和应力状态的变化而发生显著变形和破坏，开挖出的洞室就是稳定的。相反，如果围岩适应不了回弹应力和重分布应力的作用，随着时间的推移，开挖出的洞室就会逐渐丧失其稳定性。此时，如果不加固或加固而未保证质量，都会引起破坏事故，对地下洞室的施工和运营造成危害。在国内外地下建筑史中，由于围岩失稳而造成的事故是屡见不鲜的。此外，对围岩应力估计过高或对岩体强度估计不足，会导致地下洞室的设计过于保守，提高工程造价，造成不必要的浪费。可见，为了保证地下建筑既安全又经济，工程地质工作者必须了解和掌握有关围岩应力重分布、围岩变形破坏机制以及分析和评价围岩稳定性的基本原理，以便能够在工程地质勘察过程中，为正确解决地下建筑的设计和施工中的各类问题，提供充分而可靠的地质依据。

20世纪80年代以来，随着经济及科技实力的不断增强，我国铁路、公路、水利水电及跨流域调水等领域已建成了一大批特长隧道。长大隧道在克服高山峡谷等地形障碍、缩短空间距离及改善陆路交通工程运行质量等方面具有不可替代的作用。数量多、长度大、大断面、大埋深是21世纪我国隧道工程发展的总趋势。

纵观隧道的修建历史，制约长大隧道发展的因素可分为两大类：一类是施工技术，如掘进技术、通风技术及支护衬砌技术等；另一类则是开挖可能遭遇的施工地质灾害的超前预报及其控制技术。施工地质灾害包括硬岩岩爆、软岩大变形、高压涌突水、高地温及瓦斯突出等。

长大隧道，尤其是越岭和跨江越海隧道，由于埋深大、水文地质工程地质条件复杂，施工地质灾害的发生很普遍。深埋长大隧道投资巨大、建设周期长，系统开展施工地质灾害致灾机理及超前预报和控制技术的研究与应用具有重要的意义。

## 6.2 地下开挖引起的围岩应力重分布

由于地下开挖，使洞室周围岩体失去了原有的支撑，破坏了原有的受力平衡状态，围岩就要向洞内空间松胀位移，其结果又改变了相邻岩体的相对平衡关系，从而引起岩体内一定范围内应力、应变及能量的调整，以达到新的平衡，形成新的应力状态。我们把地下开挖以后，由于围岩质点应力、应变调整而引起天然应力大小、方向和性质改变的作用，称为应力重分布作用。经应力重分布作用后形成的新的应力状态，称为重分布应力状态。并把重分布应力影响范围内的岩体称为围岩。据研究表明，围岩内重分布应力状态与岩体的力学属性、天然应力及洞室断面形状等因素密切相关。下面重点讨论圆形水平洞室围岩的重分布应力。

## 6.2.1　弹性围岩重分布应力

### 6.2.1.1　圆形洞室

假定一半径为 $R_0$ 的水平圆形洞室，深埋于均质、连续和各向同性的弹性岩体中，洞室开挖后，围岩仍保持弹性。如果洞室半径相对于洞长很小时，可按平面应变问题考虑，设岩体中的铅直与水平天然应力分别为 $\sigma_v$ 和 $\sigma_h$。则可概化出如图 6-1 的力学模型，围岩中任意一点 $M(r, \theta)$ 的重分布应力状态可用弹性理论求得：

$$
\begin{aligned}
\sigma_r &= \frac{\sigma_h + \sigma_v}{2}\left(1 - \frac{R_0^2}{r^2}\right) - \frac{\sigma_h - \sigma_v}{2}\left(1 + 3\frac{R_0^4}{r^4} - 4\frac{R_0^2}{r^2}\right)\cos 2\theta \\
\sigma_\theta &= \frac{\sigma_h + \sigma_v}{2}\left(1 + \frac{R_0^2}{r^2}\right) - \frac{\sigma_h - \sigma_v}{2}\left(1 + 3\frac{R_0^4}{r^4}\right)\cos 2\theta \\
\tau_{r\theta} &= \frac{\sigma_h - \sigma_v}{2}\left(1 - 3\frac{R_0^4}{r^4} + 2\frac{R_0^2}{r^2}\right)\sin 2\theta
\end{aligned}
\tag{6-1}
$$

式中，$\sigma_r$、$\sigma_\theta$、$\tau_{r\theta}$ 分别为 $M$ 点的径向应力、环向应力和剪应力；$\theta$ 为 $M$ 点的极角，自水平轴（$x$ 轴）起始，反时钟方向为正；$r$ 为极距。

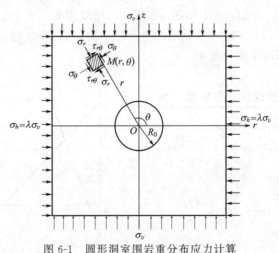

图 6-1　圆形洞室围岩重分布应力计算

由式(6-1)可知，当天然应力 $\sigma_h$、$\sigma_v$ 和 $R_0$ 一定时，围岩内的重分布应力 $\sigma_r$、$\sigma_\theta$ 和 $\tau_{r\theta}$ 是点的位置 $(r, \theta)$ 的函数。令 $r = R_0$，则洞壁上的应力，由式(6-1)可得：

$$
\begin{aligned}
\sigma_r &= 0 \\
\sigma_\theta &= \sigma_h + \sigma_v - 2(\sigma_h - \sigma_v)\cos 2\theta \\
&= \sigma_h(1 - 2\cos 2\theta) + \sigma_v(1 + 2\cos 2\theta) \\
\tau_{r\theta} &= 0
\end{aligned}
\tag{6-2}
$$

式(6-2)表明：洞壁上的 $\tau_{r\theta} = 0$、$\sigma_r = 0$，仅有 $\sigma_\theta$ 作用，为单向应力状态，其大小与

$\sigma_h$、$\sigma_v$ 及 $\theta$ 有关。

当 $\lambda = \sigma_h \sigma_v = 1$ 时，有 $\sigma_h = \sigma_v = \sigma_0$，则式（6-1）变为：

$$\left. \begin{aligned} \sigma_r &= \sigma_0 \left( 1 - \frac{R_0^2}{r^2} \right) \\ \sigma_\theta &= \sigma_0 \left( 1 + \frac{R_0^2}{r^2} \right) \\ \tau_{r\theta} &= 0 \end{aligned} \right\} \tag{6-3}$$

式（6-3）表明：当天然应力为静水压力状态时，圆形洞室围岩内的重分布应力，因 $\tau_{r\theta} = 0$，$\sigma_r$、$\sigma_\theta$ 均为主应力，且 $\sigma_\theta$ 恒为最大主应力，$\sigma_r$ 恒为最小主应力，其分布特征如图 6-2 所示。当 $r = R_0$（洞壁）时，$\sigma_r = 0$，$\sigma_\theta = 2\sigma_0$。随着离洞壁距离 $r$ 的增大，$\sigma_r$ 逐渐增大，$\sigma_\theta$ 逐渐减小。当 $r = 6R_0$ 时，有 $\sigma_r \approx \sigma_\theta \approx \sigma_0$，即都接近于天然应力状态。因此，一般认为，地下开挖引起围岩重分布应力的范围为 $6R_0$，该范围以外的应力不受开挖影响。这一范围内的岩体就是常说的围岩。

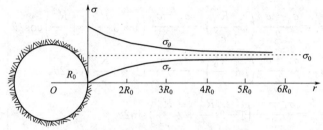

图 6-2 $\sigma_r$、$\sigma_\theta$ 随 $r$ 增大的变化曲线

由式（6-3），取 $\lambda = \sigma_h / \sigma_v$ 为 1/3，1，2，3，…不同数值时，可求得洞壁上 $0°$、$90°$、$180°$、$270°$ 四点的应力 $\sigma_\theta$，如表 6-1 和图 6-3 所示。结果表明，当 $\lambda < 1/3$ 时，洞顶和洞底都将出现拉应力；当 $1/3 < \lambda < 3$ 时，洞壁上的全为压应力；当 $\lambda > 3$ 时，洞壁两侧出现拉应力、洞顶和洞底则出现较高的压应力集中。

**表 6-1 洞壁上特征部位的重分布应力 $\sigma_\theta$ 值**

| $\lambda$ | $\theta$ | |
|---|---|---|
| | $0°, 180°$ | $90°, 270°$ |
| 0 | $3\sigma_v$ | $-\sigma_v$ |
| 1/3 | $8\sigma_v/3$ | 0 |
| 1 | $2\sigma_v$ | $2\sigma_v$ |
| 2 | $\sigma_v$ | $5\sigma_v$ |
| 3 | 0 | $8\sigma_v$ |
| 4 | $-\sigma_v$ | $11\sigma_v$ |
| 5 | $-2\sigma_v$ | $14\sigma_v$ |

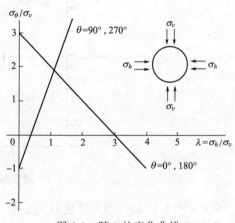

图 6-3 随 $\lambda$ 的变化曲线

### 6.2.1.2 其它洞形

为了最有效和经济地利用地下开挖空间，地下洞室的断面形状常根据实际需要，开挖成非圆形的各种不同形状。在这些非圆形洞室的急剧变化部位和拐点处，常存在较大的应力集中。为了研究各种不同形状洞室洞壁上重分布应力的变化情况，在此引进应力集中系数的概念，即把地下挖开后，洞壁上一点的应力与开挖前该点天然应力的比值，称为应力集中系

数。由式(6-2)，洞壁上一点的重分布应力可表示为：

$$\sigma_\theta = \alpha\sigma_h + \beta\sigma_v \tag{6-4}$$

式中，$\alpha$、$\beta$ 为应力集中系数，对于圆形洞室洞壁上一点，有 $\alpha = 1 - 2\cos2\theta$，$\beta = 1 + 2\cos2\theta$。

图 6-4 给出了常见几种洞形的应力集中系数。这些系数是根据弹性理论及光弹实验求得的。在已知天然应力时，利用这些系数和式(6-4)，即可求得不同洞形洞壁上的应力。由图 6-4 可知，不同洞形洞壁上的应力有如下特点：①椭圆形洞室长轴两端点压应力集中最大，易出现压碎破坏，而短轴两端易出现拉断破坏；②正方形洞室的 4 个角点压应力集中最大，围岩易产生破坏；③矩形长边中点应力集中较小，短边中点围岩应力加大。由这些特点可知：当岩体天然应力 $\sigma_v$、$\sigma_h$ 相差不大时，以圆形洞室受力情况最好；当 $\sigma_v$、$\sigma_h$ 相差较大时，应尽量使洞室长轴平行于最大天然应力分量；在天然应力较大的情况下，应尽量采用曲线形洞室，以避免角点上过大的应力集中。

| 编号 | 洞室形状 | | 计算公式 | 各点应力集中系数 | | | 备注 |
|---|---|---|---|---|---|---|---|
| | | | | 点号 | $\alpha$ | $\beta$ | |
| 1 | 圆形 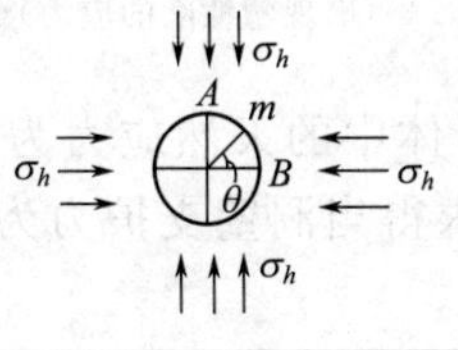 | | $\sigma_\theta = \alpha\sigma_h + \beta\sigma$ | $A$ | 3 | $-1$ | |
| | | | | $B$ | $-1$ | 3 | |
| | | | | $m$ | $1 - 2\cos2\theta$ | $1 + 2\cos2\theta$ | |
| 2 | 椭圆形 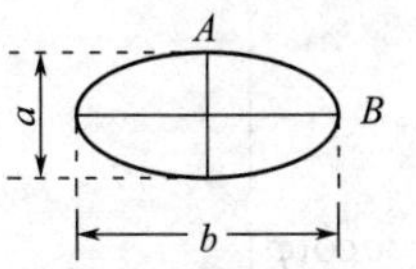 | | $\sigma_\theta = \alpha\sigma_h + \beta$ | $A$ | $-1$ | $2a/b+1$ | |
| | | | | $B$ | $2a/b+1$ | $-1$ | |
| 3 | 方形 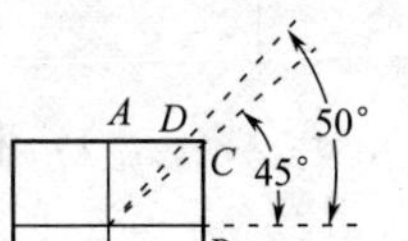 | | $\sigma_\theta = \alpha\sigma_h + \beta\sigma$ | $A$ | 1.616 | $-0.87$ | 资料取自萨文《孔附近的应力集中》一书 |
| | | | | $B$ | $-0.87$ | 1.616 | |
| | | | | $C$ | 4.230 | 0.256 | |
| 4 | 矩形 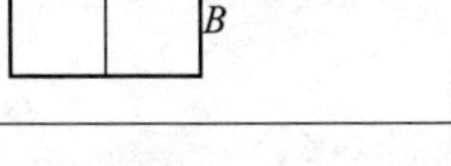 $b/a=3.2$ | | $\sigma_\theta = \alpha\sigma_h + \beta\sigma$ | $A$ | 1.40 | $-1.00$ | |
| | | | | $B$ | $-0.80$ | 2.20 | |
| 5 | 矩形 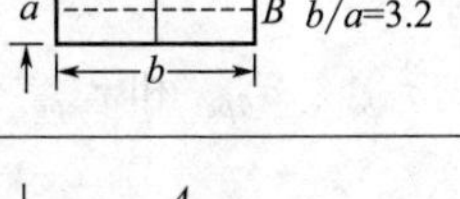 $b/a=5$ | | $\sigma_\theta = \alpha\sigma_h + \beta\sigma$ | $A$ | 1.20 | $-0.95$ | |
| | | | | $B$ | $-0.80$ | 2.40 | |
| 6 | 地下厂房 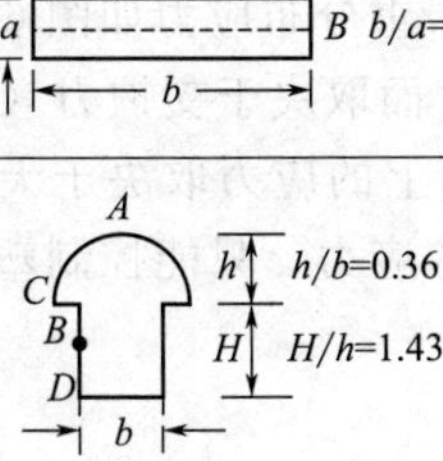 | | $\sigma_\theta = \alpha\sigma_h + \beta\sigma$ | $A$ | 2.66 | $-0.38$ | 据云南昆明水电勘测设计院"第四发电厂地下厂房光弹试验报告"(1971) |
| | | | | $B$ | $-0.38$ | 0.77 | |
| | | | | $C$ | 1.14 | 1.54 | |
| | | | | $D$ | 1.90 | 1.54 | |

图 6-4　各种洞形洞壁的应力集中系数

## 6.2.2　塑性围岩重分布应力

大多数岩体往往受结构面切割，使其整体性丧失，强度降低，在重分布应力作用下，很容易产生塑性变形而改变其原有的物性状态。由弹性围岩重分布应力特点可知，地下开挖后，洞壁的应力集中最大。当洞壁应力超过了岩体的屈服极限时，洞壁围岩就由弹性状态转化为塑性状态，并在围岩中形成一个所谓的塑性松动圈。但是，这种塑性松动圈不会无限扩大。因为随着 $r$ 增大，$\sigma_r$ 由零逐渐变大，应力状态由洞壁的单向应力状态逐渐转化为双向应力状态，到一定距离后，围岩也就由塑性状态逐渐转化为弹性状态，最终在围岩中形成塑性圈和弹性圈。

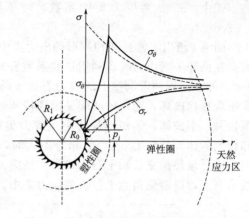

图 6-5 围岩中出现塑性圈时的重分布应力
（虚线为未出现塑性圈的应力；实线为
出现塑性圈的应力）

塑性松动圈的出现，使圈内一定范围应力因释放而明显降低，而最大应力集中由原来的洞壁移至塑性松动圈与弹性圈的交界处，使弹性区的应力明显升高。弹性区以外则是应力基本未产生变化的天然应力区（或称原岩应力区）。各区（圈）应力变化如图 6-5 所示。

为了求解塑性圈围岩的分布应力，假定在均质、各向同性、连续的岩体中开挖一半径为 $R_0$ 的水平圆形洞室；开挖后形成的塑性松动圈半径为 $R_1$；岩体中的天然应力为 $\sigma_h = \sigma_v = \sigma_0$；圈内岩体强度服从莫尔强度条件。在以上假设条件下，可求得当洞壁支护力为 $p_i$ 时，塑性松动圈内的重分布应力为：

$$\left.\begin{aligned}
\sigma_r &= (p_i + c\cot\varphi)\left(\frac{r}{R_0}\right)^{\frac{2\sin\varphi}{1-\sin\varphi}} - c\cot\varphi \\[2mm]
\sigma_\theta &= (p_i + c\cot\varphi)\left(\frac{1+\sin\varphi}{1-\sin\varphi}\right)\left(\frac{r}{R_0}\right)^{\frac{2\sin\varphi}{1-\sin\varphi}} - c\cot\varphi \\[2mm]
\tau_{r\theta} &= 0
\end{aligned}\right\} \tag{6-5}$$

塑性圈与弹性圈交界面（$r = R_1$）上的重分布应力（$\sigma_{rpe}$、$\sigma_{\theta pe}$、$\tau_{rpe}$），利用该面上弹性应力与塑性应力相等的条件得：

$$\left.\begin{aligned}
\sigma_{rpe} &= \sigma_0(1-\sin\varphi) - c\cos\varphi \\[2mm]
\sigma_{\theta pe} &= \sigma_0(1+\sin\varphi) + c\cos\varphi \\[2mm]
\tau_{rpe} &= 0
\end{aligned}\right\} \tag{6-6}$$

在式（6-5）和式（6-6）中，$c$、$\varphi$ 为岩体抗剪强度参数；$\sigma_{rpe}$、$\sigma_{\theta pe}$ 和 $\tau_{rpe}$ 分别为 $r = R_1$ 处的径向、环向和剪应力。

弹性圈内的应力分布如本节 6.2.1 所述。由此可得围岩重分布应力如图 6-5 所示。

由式（6-5）可知：塑性圈的应力与岩体天然应力无关，而取决于支护力（$p_i$）和圈内岩体的强度（$c$、$\varphi$ 值）。由式（6-6）可知：塑、弹性区交界面上的应力取决于天然应力和岩体强度，而与支护力无关。这说明支护力不能改变交界面上的应力，只能控制塑性松动圈半径（$R_1$）的大小。

# 6.3 围岩的变形与破坏

地下洞室促使围岩性状发生变化的因素主要是卸荷回弹、应力重分布及水分重分布。

　　洞室开挖后，在重分布应力的作用下，围岩发生塑性变形或破坏。当围岩应力已经超过岩体的极限强度时，围岩将立即发生破坏。当围岩应力的量级介于岩体的极限强度和长期强度之间时，围岩需经瞬时的弹性变形及较长时期蠕动变形的发展方能达到最终的破坏，通常可根据围岩变形历时曲线变化的特点而加以预报。当围岩应力的量级介于岩体的长期强度及蠕变临界应力之间时，围岩除发生瞬时的弹性变形外，还要经过一段时间的蠕动变形才能达到最终的稳定。当围岩应力小于岩体的蠕变临界应力时，围岩将于瞬时的弹性变形后立即稳定下来。

　　围岩变形破坏的形式与特点，除与岩体内的初始应力状态和洞形有关外，主要取决于围岩的岩性和结构。

　　围岩变形破坏由外向内逐步发展的结果，常可在洞室周围形成松动圈，围岩内的应力状态也将因松动圈内的应力被释放而重新调整，形成一定的应力分带。

　　围岩表部低应力区的形成往往又会促使岩体内部的水分由高应力区向围岩的表部转移，这不仅会进一步恶化围岩的稳定条件，而且能使某些易于吸水膨胀的表部围岩发生强烈的膨胀变形。

### 6.3.1　脆性围岩的变形破坏

　　脆性围岩变形破坏的形式和特点除与由岩体初始应力状态及洞形所决定的围岩应力状态有关外，主要取决于围岩的结构。

#### 6.3.1.1　张裂坍落

　　当在应力条件为 $\lambda<1$，且具有厚层状或块状结构的岩体中开挖宽高比较大的地下洞室时，在其顶拱常产生切向拉应力。如果此拉应力值超过围岩的抗拉强度，在顶拱围岩内就会产生近于垂直的张裂缝。被垂直裂缝切割的岩体在自重作用下变得很不稳定，特别是当有近水平方向的软弱结构面发育，岩体在垂直方向的抗拉强度很低时，往往造成顶拱的塌落。但在 $\lambda\neq0$ 的条件下，由张裂所引起的顶拱坍落一般仅局限于一定范围之内，随着顶拱坍落所引起的洞室宽高比的减小，顶拱处的切向拉应力也越来越小，甚至最终变为压应力，使顶拱坍塌自行停止下来。但是，在有些情况下，例如，当傍河隧洞平行穿越河谷的卸荷影响带，或当越岭隧洞的进、出口段的地质地貌条件有利于侧向卸荷作用发展时，岩体内的天然应力比值 $\lambda$ 常接近或等于零。在这种情况下，隧洞的顶拱将始终承受一个大小约等于垂直应力的切向拉应力的作用而不受洞形变形的影响。由于岩体的抗拉强度很低，这类地区又常发育有近于垂直的以及其它方向的裂隙，在这类隧洞的顶拱常发生严重的张裂塌落。

#### 6.3.1.2　劈裂

　　这类破坏多发生在地应力较高的厚层状或块体状结构的围岩中，一般出现在有较大节向压应力集中的边壁附近。在这些部位，过大的切向压应力往往使围岩表部发生一系列平行于洞壁的破裂，将洞壁岩体切割成为板状结构。当切向压应力大于劈裂岩板的抗弯强度时，这些裂板可能被压弯、折断，并造成塌方。

#### 6.3.1.3　剪切滑动或剪切破坏

　　在厚层状或块体状结构的岩体中开挖地下洞室时，在切向压应力集中较高，且有斜向断裂发育的洞顶或洞壁部位往往发生剪切滑动类型的破坏，这是因为在这些部位，沿断裂面作用的剪应力一般比较高，而正应力却比较小，故沿断裂面作用的剪应力往往会超过其抗剪强度，引起沿断裂面的剪切滑动。

　　围岩表部的应力集中有时还会使围岩发生局部的剪切破坏，造成顶拱坍塌或边墙失稳。

#### 6.3.1.4　岩爆

　　岩爆是围岩的一种剧烈的脆性破坏，常以"爆炸"的形式出现。岩爆发生时，能抛出大小不等的岩块，大型者常伴有强烈的震动、气浪和巨响，对地下开挖和地下采掘造成很大的危害。

岩爆的产生需要具备两方面的条件：一是高储能体的存在，且其应力接近于岩体强度，是岩爆产生的内因；二是某附加载荷的触发，这是其产生的外因。就内因来看，具有储能能力的高强度、块体状或厚层状的脆性岩体，就是围岩内的高储能体，岩爆往往也就发生在这些部位。从岩爆产生的外因方面看，主要有两个方面：一是机械开挖、爆破以及围岩局部破裂所造成的弹性振荡；二是开挖的迅速推进或累进性破坏所引起的应力突然向某些部位的集中。

在一些深矿坑中，常发生称为冲击地压的大型岩爆。例如，在煤矿中，这类岩爆多发生于距坑道壁有一定距离的区域内。在附加的动载荷作用下，那里的煤被突然粉碎，而这一区域与坑道壁间的煤则大块地被抛到巷道中，并伴随着强烈的震动、气浪和巨响，破坏力极大。这类岩爆发生之前，常可发现支护上或煤柱中压力的增大，有时还会出现霹雳声或震动，但有时则没有明显预兆。四川绵竹天地煤矿就曾多次发生这类岩爆，最大的一次将20余吨煤抛出20多米远。

在深埋隧道或其它类型地下洞室中所发生的岩爆，多为中小型。其中有一类岩爆发生时发出如机枪射击的劈劈啪啪的响声，故被称为岩石射击。四川南桠河三级电站隧洞（埋深350～400m）在开挖过程中通过花岗岩整体结构岩体段时，就曾发生过这类岩爆。开挖后不久，洞壁表部岩体发出了劈劈啪啪的响声，同时有"洋葱"状剥片自岩壁上弹射出来。

### 6.3.1.5 弯折内鼓

在层状，特别是在薄层状岩中开挖地下洞室，围岩变形破坏的主要形式是弯折内鼓。从力学机制来看，这类变形破坏主要是卸荷回弹和应力集中使洞壁处的切向压应力超过薄层状岩层的抗弯强度所造成的。但在水平产状岩层中开挖大跨度的洞室时，顶拱处的弯折内鼓变形也可能只是重力作用的结果。

由卸荷回弹和应力集中所造成的弯折内鼓变形破坏主要发生在初始应力较高的岩体内。在区域最大主应力垂直于陡倾薄层状岩层的走向地区，平行于岩层走向开挖地下洞室时，两壁附近的薄层状围岩往往发生如图6-6所示的弯曲、拉裂和折断，最终挤入洞内而坍倒。显然，这种弯折内鼓型变形破坏的产生是与卸荷回弹相联系的。主要发生在薄层状岩体的层面平行分布于有较大压应力集中的洞室周边。

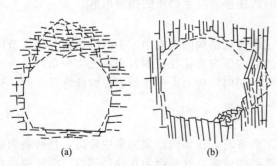

图6-6 走向平行于洞轴的薄层状围岩
的弯折内鼓破坏
（a）水平地层；（b）铅直地层

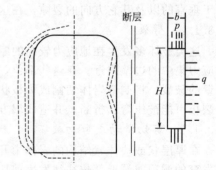

图6-7 有利于产生弯折内鼓破坏
的局部构造条件

值得注意的是，一些局部构造条件，有时也有利于这类变形破坏的产生。如图6-7所示，平行于洞室侧壁的断层，使洞壁和断层之间的薄层岩体内应力集中有所增强，因此洞壁附近的切向应力将高于正常情况的平均值，造成弯折内鼓破坏。

在平缓层状岩层中开挖大跨度地下洞室时，顶拱的问题往往比较严重，因为平缓岩层在洞顶形成类似组合梁结构，如果层面间的结合比较弱，特别是当有软弱夹层发育时，抗拉强度就会大为削弱，在这种条件下，洞室的跨度越大，在自重作用下越易于发生向洞内的弯折变形。

综上可见，脆性围岩的变形破坏主要是与卸荷回弹及应力重分布相联系，水分重分布对其虽也有一定影响，但不起主要作用。

与应力重分布相联系的变形破坏又可分为两类。一类变形破坏是洞室周边拉应力集中所造成的，在一般情况下（$\lambda \neq 0$），这类变形破坏由于其所引起的洞形变形会使洞周边拉应力趋向减小，故通常仅局限在一定范围之内。另一类变形破坏则是由于洞室周边压应力集中所引起的，此类变形破坏的形式除与岩体结构有关外，还与轴向应力 $\sigma_2$ 的相对大小有关。例如，当轴向应力的大小与切向应力相近时，围岩的变形破坏形式表现为劈裂；相反，当其与径向应力相近时，则表现为剪切破坏。除此之外，值得注意的是此类变形破坏所引起的洞形变化通常趋向于使破坏部分的切向应力集中程度进一步增大，故如不及时采取防治措施，这类破坏作用必将累进性地加速发展，造成严重的后果。

### 6.3.2 塑性围岩的变形破坏

塑性围岩的变形破坏除与应力重分布有关外，水分重分布对其也有重要影响。

#### 6.3.2.1 挤出

洞室开挖后，当围岩应力超过塑性围岩的屈服强度时，软弱的塑性物质就会沿最大应力梯度方向向消除了阻力的自由空间挤出。易于被挤出的岩体，主要是那些固结程度差，富含泥质的软弱岩层，以及挤压破碎或风化破碎的岩体。未经构造或风化扰动，且固结程度较高的泥质岩层则不易被挤出。挤出变形能造成很大的压力，足以破坏强固的钢支撑。但其发展通常都有一个时间过程，一般要几周至几个月之后方能达到稳定。

#### 6.3.2.2 膨胀

膨胀可分为吸水膨胀和减压膨胀两类。

洞室开挖后，围岩表部减压区的形成往往促使水分由内部高应力区向围岩表部转移，结果可使某些易于吸水膨胀的岩层发生强烈的膨胀变形。这类膨胀变形显然是与围岩内部的水分重分布相联系的。除此之外，开挖后暴露于表部的这类岩体有时也会从空气中吸收水分而膨胀。

遇水后易于强烈膨胀的岩石主要有富含黏土矿物（特别是蒙脱石）的塑性岩石和硬石膏。有些富含蒙脱石的黏土质岩石，吸水后体积可增大 14%～25%，而硬石膏水化后转化为石膏，其体积可增大 20%。这类岩石的膨胀变形能造成很大的压力，足以破坏支护结构，给各类地下建筑物的施工和运营带来很大的危害。

减压膨胀型变形通常发生在一些特殊的岩层中。例如，一些富含橄榄石的超基性岩胀，但在有侧限而不能自由膨胀的天然条件下，新生成的矿物只能部分地膨胀，并于地层内形成一种新的体积-压力平衡状态。洞体开挖所造成的卸荷减压必然使附近这类地层的体积随之增大，从而对支护结构造成强大的膨胀压力。

#### 6.3.2.3 涌流和坍塌

涌流是松散破碎物质和高压水一起呈泥浆状突然涌入洞中的现象，多发生在开挖揭穿了饱水断裂破碎带的部分。

坍塌是松散破碎岩石在重力作用下自由垮落的现象，多发生在洞体通过断层破碎带或风化破碎岩体的部分。在施工过程中，如果对于可能发生的这类现象没有足够的预见性，往往也会造成很大的危害。

# 6.4 地下建筑围岩稳定性评价

## 6.4.1 影响围岩稳定性的因素

影响围岩稳定性的因素是多方面的，其中最主要的有地质构造、岩体的特性及结构、地下水和构造应力等。

### 6.4.1.1 地质构造

褶曲和断裂破坏了岩层的完整性，降低了岩体的强度。经受的构造变动次数愈多，愈强烈，岩层节理就愈发育，岩石也就愈破碎。在褶曲的核部，岩层受到张力和压力作用，就比翼部破碎得多；在断层附近，因地层的相对位移，破碎带往往会具有一定宽度；在倒转岩层中，不仅节理裂隙十分发育，而且往往出现大的逆断层。因此，可把构造变动的强烈程度作为衡量围岩稳定状况的一个主要因素。

### 6.4.1.2 岩体的特性及结构

从岩性角度出发，可以将岩体分为硬质岩、中等坚硬岩及软质岩三大类。软质岩即塑性岩体，通常具有风化速度快、力学强度低以及遇水易于软化、膨胀或崩解等不良性质，故对地下工程围岩的稳定性最为不利。硬质岩和中等坚硬岩通常属于脆性岩体。由于岩石本身的强度远高于结构面的强度，故这类岩体的强度主要取决于岩体结构，岩性本身的影响不十分显著。完整性好的岩体具有良好的稳定性。

按岩体结构，通常可将围岩岩体划分为整体状结构的、块状结构的、镶嵌状结构的、层状结构的、碎裂状结构的以及散体状结构的等几大类。其中以散体状结构及碎裂状结构的岩体稳定性最差，薄层状结构者次之，而厚层状、块状及整体状结构的岩体则通常具有很高的稳定性。

岩体强度是反映岩体的特性及其结构特征的综合指标，通常用岩体完整性系数与岩石单轴饱和抗压强度的乘积，即准抗压强度来表示。

### 6.4.1.3 地下水

地下水常是造成围岩失稳的重要因素，在破碎软弱的围岩中，其影响尤为显著，地下水可使岩石软化，强度降低，加速岩石风化，还能软化和冲走软弱的结构面的填充物，减少摩阻力，促使岩块滑动。在膨胀性岩体中，地下水可造成膨胀地压。

### 6.4.1.4 原岩应力

原岩应力，特别是构造应力的方向及大小是控制地下工程围岩变形破坏的重要因素，洞室设计中如何考虑原岩应力的影响，正确认识并适应或利用之，使其有利于围岩的稳定，是一个非常重要的问题。一般而言，为避免地下洞室的顶拱和边墙分别出现过大的切向压应力和切向拉应力的集中，洞室轴线的选择应尽可能地与该地最大主应力方向一致。在一些特殊的情况下，当地下工程的断面呈扁平形时，为避免顶拱出现拉应力，改善顶拱围岩的稳定条件，尽量使洞室轴线垂直于最大主应力方向。

## 6.4.2 围岩稳定性的定量评价

对于高地应力区内的地下工程，或埋藏深、规模大的地下工程，由于围岩应力的作用显著增强，不稳定的地质标志比较难以掌握，因此，除一般的地质工作外，还必须进行岩体力学方面的测试和计算，以便最终对围岩的稳定性作出定量评价。所采用的方法通常有解析分析法、赤平极射投影分析方法以及物理与数值模拟研究方法等。

有关围岩稳定性的定量评价方法在"岩体力学"课程中有较多介绍，这里仅对几个与建模及围岩稳定性分析和评价有关的问题作简要的讨论。

### 6.4.2.1　原型调研及模型的建立

为评价拟建地下工程围岩的稳定性，首先要通过勘探、测试和试验，正确阐明工程区的岩体力学条件。研究工作主要包括：

① 通过应力实测及数值反演分析，定量地掌握工程区地应力场的基本特征；

② 通过地表调查、平洞编录和专门的节理裂隙统计，掌握区内岩体结构的定量化模式；

③ 通过现场及室内试验，掌握区内各岩体及各类结构面的变形及强度特性，取得用于计算的有关参数。

围岩稳定性的数值模拟研究，通常采用二维的有限元分析模型，按平面应变问题处理。在上述工作基础上，通过适当的简化，正确地确定模型的范围和边界、内部结构与各部分的力学参数以及边界的位移和受力条件是建模的关键。

模型的范围和边界的确定应视具体条件而定。当拟建地下洞室位于地表附近，岩体内的应力分布明显地受地形影响时，应根据实际地形，按图 6-8 所示方式确定模型的边界。相反，当地下洞室深埋地下，且地表比较平坦时，模型边界的确定则可按图 6-9 所示方式进行。

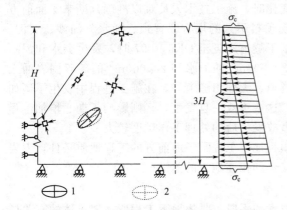

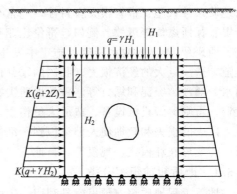

图 6-8　浅埋地下洞室的计算模型及边界受力条件
1—实测的应力椭圆；2—计算的应力椭圆

图 6-9　深埋地下洞室的计算模型及
边界受力条件

### 6.4.2.2　模拟研究的方法

计算模型建立之后，可采用已有的有限元计算程序，通过线弹性、弹塑性或黏弹塑性有限元分析，系统地研究围岩应力以及围岩变形破坏的发展，定量地评价围岩的稳定性。目前所采用的分析方法通常包括如下要点。

① 按线弹性解，定量地计算围岩的应力和位移。值得指出的是，为了计算洞室开挖后围岩的绝对位移，需对无洞和有洞的模型分别进行计算，然后求出围岩内各点的位移差值。

② 根据一定的破坏准则，比较围岩不同部位的应力与强度，找出初始的超载破坏区。

③ 通过降低破坏区的岩石力学参数，并使超载应力向邻区转移迭代，追索累进性破坏的进程。

④ 研究不同加固措施和施工方案对围岩稳定性的影响。

采用上述方法，通过对不同的洞室设计、支护及施工方案的模拟计算，不仅可以对不同方案洞室的稳定性作出比较和评价，从而为设计优化提供科学依据，还可挑选出最佳的支护和施工方案。

# 6.5 地下工程地质超前预报

地下工程施工的依据是设计文件，而工程设计必须基于工程地质勘察，这就要求在工程设计与施工之前，对拟建地下工程区进行详细勘察，准确掌握工程地质条件。

由于地下工程自身特点，并受客观地质条件的复杂性、地质勘察精度和经费的限制、地质工作者认识能力的局限性和施工方法等诸多条件的限制，施工前的工程地质勘察工作，一般只能获得地下工程区有关地质体的规律性和定性的认识，在本阶段完全查明工程岩体的状态、特性，准确预报可能引发地下工程地质灾害的不良地质体的位置、规模和性态是十分困难的，也是不现实的。因此，仅根据地表工程地质勘察，获得的资料与实际地质条件通常不相符合，准确率也较低。以作为地下工程典型代表的隧道工程为例，除个别长大隧道设计精度稍高外，90%以上的设计与实际地质条件不符或者严重不符。美国科罗拉多隧道，在隧道掘进过程中遇到的小断层和大节理远比地面测绘时多，地面测绘遇到的小断层仅为开挖揭露的 1%～9%，即使稍大的断层，也仅有 2%～7%。长 31.7km、直径 5.5m 的西班牙 Talave 输水隧道，通过糜棱岩总宽度达 567m。

在复杂地质条件下，或当地质条件发生变化时，施工技术人员难以准确判断掌子面前方的地质条件，施工带有很大盲目性，经常出现预料不到的塌方、冒顶、涌水、涌沙、突泥、岩爆、瓦斯爆炸等事故。例如，哥伦比亚某水工隧道施工至 DK6＋097 时，发生突水和泥石流。西班牙 Talave 输水隧道，施工中发生 220,000m³ 的涌水和 20,000m³ 的破碎围岩涌入隧道，造成巨大的经济损失。我国的军都山隧道、大瑶山隧道等，在施工过程中发生了诸如涌水、涌沙、突泥和塌方等严重的地质灾害。这些事故一旦发生，轻则影响工期、增加工程投资，重则砸毁机械设备、造成人员伤亡，事故发生后的处理工作难度较大。

巨大的损失和教训使人们认识到，准确预报地下工程掌子面前方的工程地质条件，围岩的可能变形破坏模式、规模等，是地下工程安全和快速施工的关键。

## 6.5.1 地质超前预报分类

地下工程地质超前预报就是利用一定的技术和手段，收集地下工程所在岩土体的有关信息，运用相应的理论和规律对这些资料和信息进行分析、研究，对施工掌子面前方岩土体情况、不良地质体的工程部位及成灾可能性作出解释、预测和预报，从而有针对性地进行地下工程的施工。施工地质超前预报的目的是查明掌子面前方的地质构造、围岩性状、结构面发育特征，特别是溶洞、断层、各类破碎带、岩体含水情况，以便提前、及时、合理地制定安全施工进度、修正施工方案、采取有效的对策，避免塌方、涌水、突泥、岩爆等灾害，确保施工安全、加快施工进度、保证工程质量、降低建设成本、提高经济效益。

如前所述，隧道是地质条件最为复杂的地下工程，其施工地质超前预报是当今地下工程施工地质超前预报的重点、难点和热点，以下以隧道工程为例，讨论地下工程的施工地质超前预报问题。

① 根据预报所用资料的获取手段，地质超前预报的常用方法有地质法和物探法。

地质法地质超前预报包括地面地质调查法、钻探法、断层参数法、掌子面地质编录法、隧道钻孔法、导洞法等。

物探法地质超前预报法包括电法、电磁法、地震波法、声波法和测井法等。

② 按照预报采用资料和信息的获得部位，可分为地面地质超前预报和隧道掌子面地质超前预报。

地面地质超前预报指通过地面工作对隧道掌子面前方作出的预报，以地质方法和物探方法为主，以化探方法为辅。在隧道埋深不是很大的情况下（＜100m），地面预报能获得较为理想的预报结果。

掌子面超前预报主要指借助洞口到掌子面范围地质条件的变化规律，参考勘察设计资料和地面预报成果，采用多种方法和手段，获得相应的地质、物探或化探成果资料，经综合分析处理，对掌子面前方的地质条件及其变化作出预报。

③ 按所预报地质体与掌子面的距离，可分为长距离地质超前预报和短距离地质超前预报。

长期预报的距离一般大于 100m，最大可达 250～300m，甚至更远。其任务主要是较准确地查明工作面前方较大范围内规模较大、严重影响施工的不良地质体的性质、位置、规模及含水性，并按照不良地质体的特征，结合段内出露的岩石及涌水量的预测，初步预测围岩类别。

短期预报的距离一般小于 20m，其任务是在长期超前预报成果的基础上，依据导洞工作面的特征，通过观测、鉴别和分析，推断掌子面前方 20～30m 范围内可能出现的地层、岩性情况，推断掌子面实见的各种不良地质体向掌子面前方延伸的情况；通过对掌子面涌水量的观测，结合岩性、构造特征，推断工作面前方 20～30m 范围内可能的地下水涌出情况；并在上述推断基础上，预测工作面前方 20～30m 范围内的隧道围岩类别，提出准确的超前支护建议，并对施工支护提出初步建议。目标是为隧道施工提供较为准确的掌子面前方近距离内的具体地质状况和围岩类别情况。

④ 按照预报阶段，施工地质超前预报可分为施工前地质超前预报和施工期地质超前预报，二者所处阶段、预报精度和直接服务对象不同。

施工前阶段的预报主要为概算和设计服务，其实质上是传统意义上的工程地质勘察。

施工期地质超前预报是在施工前地质预报所提供资料的基础上进行的，它直接为工程施工服务。通常意义上的施工地质超前预报即施工阶段的地质超前预报，但需明确的是，勘察设计阶段的地质工作也属于超前预报，是地下工程施工地质超前预报的重要组成部分。

### 6.5.2　地质超前预报的内容

#### 6.5.2.1　地质条件的超前预报

由于地下工程的设计和施工受围岩条件的制约，因此，地质条件是施工地质超前预报的首要内容和任务。地质条件的预报内容包括岩性及其工程地质特性、地质构造及岩体结构特征、水文地质条件、地应力状态，特别应注意以下方面的内容。

（1）地层岩性及其工程性质

岩性是地质超前预报必须包含的内容。其中尤应注意对软岩及具有泥化、膨胀、崩解、易溶性质和含瓦斯等特殊岩土体及风化破碎岩体的预报，如灰岩、煤系地层、含油层、石膏、岩盐、芒硝、蒙脱石等。它们常导致岩溶、塌方、膨胀塑流及腐蚀等事故。

（2）断层破碎带与岩性接触带

断层不同程度地破坏了岩体的完整性和连续性，降低了围岩的强度，增强了导水和富水性。施工实践表明，严重的塌方、突水和涌泥（洞内泥石流）多与断层及其破碎带有关。如达开水库输水隧道，断层引起的坍方占总塌方量的 70%；南梗河三级水电站引水隧道和南非 Orange-Fish 引水隧道等洞内突水和碎屑流都与断层有关。断层往往是地应力易于集中的部位，从而导致围岩发生大变形，并使支护受力增大和不均匀，进而引起衬砌破坏，对施工和运营安全构成很大威胁。如刚竣工的国道 212 线木寨岭隧道，其中受断裂 $F_2$ 影响，围岩发生强烈变形，曾 4 次换拱加强支护仍不能稳定（每次变形约达 1.0m）。因此，断层及其破碎带的规模、位置、力学性质、新构造活动性、产状、构造岩类别、胶结程度和水文地质条件等是主要预报内容。

岩性接触带包括接触破碎变质带和岩脉侵入形成的挤压破碎带、冷凝节理、接触变质带等。它们易软化、工程地质条件差，并常常被后期构造利用而进一步恶化。岩脉本身易风化、强度低，是隧道易于变形破坏的重要部位。如军都山隧道、陆浑水库泄洪洞和瑞士弗卡隧道等，遇到煌斑岩脉时，都发生了大塌方。

（3）岩体结构

实践表明，贯穿性节理是地下工程塌方和漏水的重要原因之一。受多组结构面切割，当其产状与隧道轴向组合不利时，易产生塌方、顺层滑动和偏压。因此，必须准确预报掌子面前方岩体结构面的部位、产状、密度、延展性、宽度及填充特征，通过赤平极射投影、实体比例投影和块体理论，预报可能发生塌方的位置、规模以及隧道漏水情况。

向斜轴部的次生张裂隙，向上汇聚，形成上小下大的楔形体，对围岩稳定十分不利。如达开水库输水隧道的 9 处塌方，都发生在较缓的向斜轴部。

（4）水文地质条件

大量工程实践表明，地下水是隧道地质灾害的最主要诱发因素之一，水文地质条件是地下工程地质超前预报的重要内容。工作要点是：①向斜盆地形成的储水构造；②断层破碎带、不整合面和侵入岩接触带；③岩溶水；④强透水和相对隔水层形成的层状含水体。

（5）地应力状态

地应力是隧道稳定性评价和支护设计的重要条件，高地应力和低地应力对围岩稳定性不利。然而隧道工程很少进行地应力量测，因此，在施工过程中，应注意与高、低地应力有关的地质现象，据此对地应力场状态作出粗略的评价，并预报相应的工程地质问题，如高地应力区的岩爆和围岩大变形，低地应力区塌方、渗漏水甚至涌水等。

### 6.5.2.2 围岩类别的预报

围岩分类就是通过对已掘洞段或导洞工程地质条件的综合分析，包括软硬岩划分、受地质构造影响程度、节理发育状况、有无软弱夹层和夹层的地质状态、围岩结构及完整状态、地下水和地应力等情况，结合围岩稳定状态以及中长期预报成果，依据隧道工程类型的划分标准，准确预报掌子面前方的围岩类别。

### 6.5.2.3 地质灾害的监测、判断与防治

各类不良地质现象的准确识别以及各类地质灾害的监测、判断和防治是地下工程施工地质工作最重要的内容。

在隧道施工中，塌方、涌水、突泥、瓦斯突出、岩爆和大变形等地质灾害的发生，是多种因素综合作用的结果，既有地质因素，也有人为因素。人为因素可以避免，但其前提是在充分和正确认识围岩地质条件的基础上。为此，应在掌握围岩地质条件的特征和规律的基础上，预报可能存在的不良的地质体和可能发生地质灾害的类型、位置、规模和危害程度，并提出相应的施工方案或抢险措施，从而最大限度地避免各类地质灾害的发生，为进一步开挖施工和事故处理提供科学依据。

## 6.5.3 地质超前预报常用方法

### 6.5.3.1 地质预报法

① 地面地质调查 主要针对有疑问的地段或问题开展补充地质测绘、必要的物探或少

数钻孔等。地质调查的重点是查明地层岩性、构造地质特征、水文地质条件及工程动力地质作用等。

② 隧道地质编录　隧道地质编录是隧道施工期间最主要的地质工作，它是竣工验收的必备文件，还可为隧道支护提供依据。

隧道地质编录应与施工配合，内容包括两壁、顶板和掌子面的岩性、断层、结构面、岩脉、地下水，同时根据条件和要求，开展必要的简单现场测试以及岩土样和地下水试样的采集。编录成果用图件、表格和文字的形式表示，供计算分析和预报之用。

③ 资料分析及地质超前预报　通过及时分析处理地质编录资料，并与施工前隧道纵横剖面对比，对围岩类别进行修正，在此基础上对可能出现的工程地质问题进行超前预报。

### 6.5.3.2　超前勘探法

① 平行导洞法　平行导洞一般距主洞 20m 左右。导洞先行施工，对导洞揭露出的地质情况进行收集整理，并据此对主体工程的施工地质条件进行预报。与此类似，利用已有平行隧道地质资料进行隧道地质预报是隧道施工前期地质预报的一种常用方法，特别是当两平行隧道间距较小时，预报效果更佳。如秦岭隧道施工中对此进行了有益的尝试，利用二线隧道施工所获取的岩石（体）强度资料对一线隧道将遇到的岩体强度进行预测，为一线隧道掘进机施工提供了科学的依据；军都山隧道也部分使用了平行导洞预报方法。

② 先进导洞法　先进导洞法是将隧道断面划分成几个部分，一部分先行施工，用其来进行资料收集。其预报效果比超前平行导洞法更好。如意大利 Ponts Gardena 隧道就是用该方法，取得很大成功，它以隧道掘进机开挖 9.5m 的导洞，然后扩挖施工，预报采用几何投影方法进行。

③ 超前水平钻孔　这是最直接的隧道施工地质超前预报方法之一，不仅可直接预报前方围岩条件，而且特别是对富水带超前探测、排放，控制突水和洞内泥石流的发生有重要作用。该方法是在掌子面上用水平钻孔打数十米或几百米的超前取心探孔，根据钻取的岩心状况、钻井速度和难易程度、循环水质、涌水情况及相关试验，获得精度很高的综合柱状图，获取隧道掌子面前方岩石（体）的强度指标、可钻性指标、地层岩性资料、岩体完整程度指标及地下水状况等诸多方面的直接资料，预报孔深范围内的地质状况。

### 6.5.3.3　物探法

① 电法　电法勘探分为电剖面法和电测深法，根据工程具体情况进行选择。电法勘探是在地表沿洞轴线进行，因此不占用施工时间。

② 电磁波法　电磁波法包括频率测深法、无线电波透视法和电磁感应法。其中，在隧道施工地质超前预报中应用最多的是电磁感应法，尤其是地质雷达，瞬变脉冲电磁主要用于地面勘探，目前在隧道预报中较少。

地质雷达（ground penetration radar，GPR）探测的基本原理是电磁波通过天线向地下发射，遇到不同阻抗界面时，将产生反射波和透射波，雷达接收机利用分时采样原理和数据组合方式把天线接收到的信号转换成数字信号，主机系统再将数字信号转换成模拟信号或彩色线迹信号，并以时间剖面显示出来，供解译人员分析，进而用解析结果推断诸如地下水、断层及影响带等对施工不利的地质情况。

③ 地震波法　地震勘探主要通过测试受激地震波在岩体中的传播情况，来判定前方岩体的情况。它分为直达波法、折射波法、反射波法和表面波法，其中反射波法在隧道超前预报中应用最普遍，其次为表面波法，直达波法和折射波法应用相对较少。

地震反射波法可在地面布置，也可在隧道内开展。地面进行适合缓倾角地质界面的探测，得出构造界面距地面的距离，确定施工掌子面前方可能存在断层的位置。在我国，隧道内的反射地震波法称为 TVSP（tunnel vertical seismic profiling）和 CTSP（cross tunnel seismic profiling），前者是将地震波震源（激发器）与检波布置于隧道的同一壁，并相距一定距离；后者是将激发器和接收器分别置于隧道不同壁。在国外，隧道内的反射地震波法称为 TSP（tunnel seismic profiling），它可以同时采用上述两种布置方法。

TSP 地质超前预报系统主要用于超前预报隧道掌子面前方不良地质的性质、位置和规模，设备限定有效预报距离为掌子面前方 100m（最大探测距离为掌子面前方 500m）、最高分辨率为≥1m 的地质体。通过在掘进掌子面后方一定距离内的浅钻孔（1.0～1.5m）中施以微型爆破来人工制造一列有规则排列的轻微震源，形成地震源断面（图 6-10）。

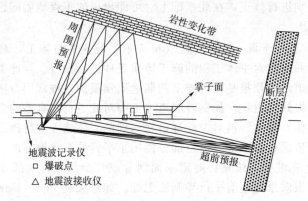

图 6-10　TSP 测试原理

震源发出的地震波遇到地层层面、节理面，特别是断层破碎带界面和溶洞、暗河、岩溶陷落柱、淤泥带等不良地质界面时，将产生反射波；这些反射波信号的传播速度、延迟时间、波形、强度和方向均与相关面的性质、产状密切相关，并通过不同数据表现出来。因此，用这种方法可确定施工掌子面前方可能存在的反射界面（如断层）的位置、与隧道轴线的交角以及与隧道掘进面的距离，同样也可以将隧道周围存在的岩性变化带的位置探测出来。

# 思考题

1. 地下开挖引起的弹性围岩重分布应力和塑性围岩应力重分布各有何特点？
2. 脆性围岩的变形破坏有何规律，其形成条件是什么？
3. 塑性围岩的变形破坏有何规律，其形成条件是什么？
4. 围岩稳定性的主要影响因素有哪些？如何开展围岩稳定性定量评价？
5. 地下工程地质超前预报主要包括哪些内容？有哪些常用的方法？

# 参考文献

[1] 王梦恕．21 世纪山岭隧道修建的趋势 [J]．铁道工程学报，1998，增刊：4-7．
[2] 谭以安．岩爆形成机理研究 [J]．水文地质工程地质，1989，(1)：34-38．
[3] 张津生，陆家佑，贾愚如．天生桥二级水电站引水隧洞岩爆研究 [J]．水力发电，1992，(3)：34-37．
[4] 唐辉明，陈建平，刘佑荣．公路高边坡岩土工程信息化设计的理论与方法 [M]．武汉：中国地质大

学出版社，2002.

［5］　李春杰．秦岭隧道岩爆特征与施工处理［J］．世界隧道，1999，(1)：36-41.

［6］　徐林生，王兰生，李天斌．国内外岩爆研究现状综述［J］．长江科学院院报，1999，16 (4)：24-27.

［7］　陶振宇．若干电站地下工程建设中的岩爆问题［J］．水力发电，1988，(7)：40-45.

［8］　唐辉明．工程地质信息化设计及其在交通工程中的应用［J］．地球科学，2001.

［9］　张倬元，王士天，王兰生．工程地质分析原理［M］．北京：地质出版社，1980.

［10］　张咸恭，王思敬，张倬元，等著．中国工程地质学［M］．北京：科学出版社，2000.

［11］　徐则民，黄润秋．深埋特长隧道及其施工地质灾害［M］．成都：西南交通大学出版社，2000.

［12］　何满潮，孙晓明．中国煤矿软岩巷道工程支护设计与施工指南［M］．北京：科学出版社，2004.

［13］　刘丹，杨立中．利用环境同位素预测秦岭特长隧道的突水风险［J］．西南交通大学学报，2003，38 (6)：629-632.

［14］　冯夏庭，等．岩爆孕育过程的机制、预警与动态调控［M］．北京：科学出版社，2013.

［15］　白恒恒，辛民高．浅淡长梁山隧道 F5 断层的地质超前预报［J］．铁道工程学报，2000，(1)：87-90.

［16］　丁恩保．隧道工程地质预报方法探讨［J］．工程地质学报，1995，3 (1)：28-34.

［17］　梁金火，孙广忠．隧道地质预报方法［J］．地质论评，1989，35 (5)：438-447.

［18］　中国科学院地质研究所，铁道部隧道工程局．军都山隧道快速施工超前地质预报指南［M］．北京：中国铁道出版社，1990.

［19］　陈成宗，何发亮．大瑶山隧道九号断层的特性与工程对策［J］．岩石力学与工程学报，1992，11 (1)：72-78.

［20］　王育奎．应用三维节理网络模拟技术进行隧道块体危岩超前地质预报［J］．世界地质，1998，17 (4)：43-46.

［21］　刘志刚，赵勇，李忠．隧道施工地质工作［J］．石家庄铁道学院学报，2000，13 (4)：1-5.

［22］　薛建，曾昭发，王者江，等．隧道掘进中掌子面前方岩石结构的超前预报［J］．长春科技大学学报，2000，30 (1)：87-89.

［23］　何发亮，李苍松．隧道施工期地质超前预报技术的发展［J］．现代隧道技术，2001，38 (3)：12-14.

［24］　赵玉光，高波．论公路隧道信息化施工超前地质预报系统与地质灾害预报［J］．中国地质灾害与防治学报，2001，12 (3)：44-47.

# 第7章 岩　　溶

## 7.1　概　述

地下水和地表水对可溶性岩石的破坏和改造作用叫岩溶作用，这种作用及其所产生的地貌现象和水文地质现象总称为岩溶，国际上通称喀斯特（karst）。

岩溶作用的结果表现在以下两方面。一是形成地下和地表的各种地貌形态，如石芽、石林、峰丛、溶沟、溶孔、溶隙、落水洞、漏斗、洼地、溶盆、溶原、峰林、孤峰、溶丘、干谷、溶洞、地下湖、暗河及各种洞穴堆积物。二是形成特殊的水文地质现象，如冲沟很少，地表水系不发育；喀斯特化岩体是溶隙-溶孔并存或管道-溶隙网-溶孔并存的高度非均质的介质，岩体的透水性增大，常构成良好的含水层，其中含有丰富的地下水，即喀斯特水；岩溶水空间分布极不均匀，动态变化大，流态复杂多变；地下水与地表水互相转化敏捷；地下水的埋深一般较大，山区地下水分水岭与地表分水岭常不一致等。

岩溶在世界上分布十分广泛，从海平面以下几千米的地壳深处，到海拔 5000m 以上的高山区均有发育。据估计，可溶岩在地球上的分布面积为：碳酸盐岩 4000 万平方公里，石膏和硬石膏 700 万平方公里，盐岩 400 万平方公里。其中，碳酸盐岩分布最广，因此研究这类岩石的岩溶也就具有更为重要的理论和现实意义。

据统计：我国碳酸盐岩分布面积约为 200 万平方公里，占国土总面积的 1/5，其中裸露于地表的约 130 万平方公里，占国土总面积的 1/7。碳酸盐岩分布的地理位置包括西南、华南、华东、华北等地以及西部的西藏、新疆等省区。在川、黔、滇、桂、湘、鄂诸省呈连续分布，面积达 50 万平方公里，是我国主要的岩溶区。

我国碳酸盐岩形成于不同的地质时代。华南地区自震旦纪至下古生代的寒武、奥陶纪，上古生代的泥盆、石炭、二叠纪和中生代的三叠纪，碳酸盐岩总厚达 3000～5000m。华北地区则为震旦纪和下古生代，碳酸盐岩总厚 1000～2000m。这些碳酸盐岩为岩溶的形成提供了雄厚的物质基础。西南地区前三叠纪碳酸盐岩，发育有与世界其它地区不同的独特的喀斯特景观，地表有高耸于平原之上的峰林，地下则发育了无数的溶洞和地下暗河。

我国疆域辽阔，地跨热带、亚热带和温带不同气候区，与之相应的岩溶类型也丰富多彩，其中南部诸省的灰岩地区岩溶发育，风景奇丽，早已闻名于世。如"桂林山水甲天下"古今传颂；云南的路南石林千姿百态；重庆奉节的小寨"天坑"世所罕见。总之，我国岩溶分布之广，面积之大，类型之多，是世界上其它国家所不及的。

中国大陆，特别是其西南部，新生代以来强烈隆升，又未曾遭受最后一次冰期的大陆冰盖的剥蚀，保存着不同地质历史时期喀斯特作用的喀斯特形态。因此，中国的喀斯特具有发育历史长、发育时期多的特点。由于新生代强烈隆升，河流急剧下切，喀斯特水就可沿断裂带产生深循环，形成了深喀斯特溶洞。例如，山西高原黄河中游的万家寨水库，勘探时发现，河水位以下 471m 有高达 24m 的溶洞；贵州高原的乌江渡坝址，在勘探时发现，河水位 220m 以下有高达 9m 的溶洞;泾河的多泥沙和灰岩坝址岩溶渗漏问题,导致泾河东庄水库开发论证 50 多年而未建成。

研究岩溶与工程建设的关系十分密切。水利水电建设中的库坝区岩溶渗漏问题,影响水库的效益和正常使用,它是水工建设中主要的工程地质问题;岩溶地区的采矿及隧道、地下洞室开挖的突水问题,有时挟有泥沙喷射,给施工带来极大困难,甚至淹没坑道,造成机毁人亡等事故。在地下洞室施工中遇到巨大溶洞时,洞中高填方或桥跨施工困难,造价昂贵,有时不得不另辟新道,因而延误工期。

在覆盖型岩溶区,覆盖在石芽、溶沟之上的第四系松散土厚度不等,可能引起建筑物地基的不均匀沉陷。当松散土中发育土洞时,可能因土洞塌陷引起建筑物的变形破坏。由于采矿或供水引起地下水位大幅度下降时,因地表塌陷对农田及各种工程建筑物的破坏影响就更为严重。

岩溶区环境地质问题有干旱与洪涝、土壤贫瘠及石漠化、地面塌陷以及喀斯特水资源开发中的一系列复杂问题。环境科学家往往将喀斯特区列为环境脆弱区。例如,在碳酸盐岩广泛分布的贵州省,自 1974~1979 年的五年时间内,石漠化区就增加了约 3212km$^2$。喀斯特区水资源虽丰富,但开采难度大,主要原因是含水介质的强烈非均质及各向异性以及水资源时空分布极其不均匀。

必须指出,虽然在岩溶区进行工程建设时困难大、问题多,但并非所有岩溶区都必然产生上述问题。国内外大量工程实践证明,只要充分掌握岩溶的发育规律,查明影响岩溶发育的因素,预测岩溶对建筑物的危害,并采取有效的防治措施,在岩溶地区是能够进行各种工程建筑的。如在岩溶区修建水利水电工程时,因地制宜地采取"灌、铺、堵、截、导"等措施进行防渗处理;利用碳酸盐岩中所夹的页岩、泥质白云岩等相对隔水层作坝基;利用岩溶发育不均匀性的规律,进行工程选址及提出处理措施;利用溶蚀洼地、地下暗河修建水库,如六郎洞水电站(中国第一座在岩溶地区直接利用地下水发电的水电站);对于大型洞穴可以直接用作厂房和仓库;丰富的岩溶水,可以用作城镇工矿供水和农田灌溉的水源。

总之,为了运用岩溶发育规律来指导岩溶区的工程建设,真正做到兴利除害,开展对岩溶的研究有着重要的理论和实际意义。

# 7.2　岩溶发育机理

索科洛夫认为岩溶发育的基本条件有四个:①具有可溶性岩石;②岩石是透水的;③水必须具有侵蚀性;④水在岩石中应处于不断运动的状态。这四个条件实质上反映了可溶性岩石与具有侵蚀能力的水这两个方面。在具体地质环境中,要保证喀斯特作用能持续进行,必须有水在碳酸盐岩体内的裂隙系统或裂隙-孔隙系统中流动,使具有溶蚀能力的水与可溶性岩石持续地相互接触与相互作用,而且还需要水在其中不断循环与更替,排出饱和的 $Ca^{2+}$ 和补入未饱和的。岩溶不是简单的以室内实验为基础的溶蚀作用,而是溶蚀作用及其所形成的地貌和水文地质现象的综合。从这个观点出发,岩溶发育的基本条件应为三个:①具有可溶性岩石;②具有溶蚀能力的水;③具有良好的水的循环交替条件,即具有良好的地下水的补给、径流和排泄条件。而岩溶发育中最为活跃而积极的是地下水的循环交替条件,它受控于气候、地形地貌、地质结构、地表非可溶岩覆盖及植被发育条件等。在此基础上,讨论影响岩溶发育及控制岩溶发育速度、规模、形态组合、空间分布规律的主要因素。

## 7.2.1　碳酸盐岩的溶蚀机理

碳酸盐是化学上的难溶盐,如碳酸钙在纯水中的溶解度很低。在常压下，温度为 8.7℃时，方解石的溶解度为 10mg/L；温度为 16℃时，溶解度为 13.1mg/L；温度为 25℃时，溶解度为 14.3mg/L。而在每升天然地下水中，碳酸钙的含量可达数百毫克。据研究其原因是：地下水并非纯水，而是化学成分十分复杂的溶液。水中除了最常见的碳酸外，还有无机酸、有机酸和其它盐类。这些化学成分对碳酸盐岩共同起着溶蚀作用。此外，硫酸盐和卤化物的溶蚀是一种纯溶解过程，在一定温度和压强条件下，其溶解度为一常数。而碳酸盐的溶蚀是涉及多相体系的化学平衡的复杂溶解过程；同时，又有某些特殊效应使其溶蚀能力加强。致使岩溶发育既有由表及里的趋势，又有地下岩溶优先并强烈发育的现象。为了阐明碳酸盐岩特殊的溶蚀机理，分析其溶蚀过程及各种效应是很有必要的。

### 7.2.1.1 碳酸盐岩的溶蚀过程

这里以石灰岩为例来说明碳酸盐岩的溶蚀过程。南斯拉夫学者伯格里（Bogli，1960）把石灰岩的溶蚀过程分为四个化学阶段。首先，与水接触的石灰岩，在偶极水分子作用下发生溶解：

$$CaCO_3 \rightleftharpoons Ca^{2+} + CO_3^{2-} \tag{7-1}$$

这时溶解很快，并立即达到平衡。如果水中存在由碳酸、有机酸、无机酸等酸类所解离的 $H^+$ 时，与 $CO_3^{2-}$ 结合成 $HCO_3^-$，使式（7-1）右边的 $CO_3^{2-}$ 不断减少而破坏其平衡，进而促进 $CaCO_3$ 的再度溶解。

第二阶段是原溶解于水中的 $CO_2$ 的反应：

$$H_2O + CO_2 \rightleftharpoons H_2CO_3 \rightleftharpoons H^+ + HCO_3^- \tag{7-2}$$

碳酸电离的 $H^+$ 与式（7-1）的 $CO_3^{2-}$ 化合成碳酸氢根：

$$H^+ + CO_3^{2-} \rightleftharpoons HCO_3^- \tag{7-3}$$

这两个阶段的最终反应是：

$$CaCO_3 + H_2O + CO_2 \rightleftharpoons Ca^{2+} + 2HCO_3^- \tag{7-4}$$

第三阶段是水中物理溶解的 $CO_2$ 的一部分转入化学溶解，即水中部分游离 $CO_2$ 与水化合成为新的碳酸，这样构成一个链反应，其反应式与式（7-2）相同。其结果是不断补充 $H^+$ 的消耗及促进 $CaCO_3$ 的溶解。

第四阶段是由于水中 $CO_2$ 含量和外界（土壤和大气）$CO_2$ 含量也有一个平衡关系，水中 $CO_2$ 减少，平衡就受到破坏，必须吸收外界 $CO_2$ 以便使水中 $CO_2$ 含量重新达到新的平衡，这样又构成一个链反应。

如果在封闭系统中，石灰岩的溶解总量取决于水中最原始的 $CO_2$ 含量，当达到平衡后溶解作用就告停止，甚至使 $CaCO_3$ 从水中析出。但自然界多为开放系统，即水中 $CO_2$ 因溶解石灰岩减少后，可由外界不断得到补充。因此，现代喀斯特学将喀斯特作用视为在地球的岩石圈、水圈、大气圈、生物圈界面上进行的全球碳循环和有关的水循环和钙（镁）循环的一部分，$CO_2$-$H_2O$-$CaCO_3$ 三相不平衡开放系统称为喀斯特动力学系统。从总的来说，岩溶作用是不可逆的过程。这就是碳酸盐岩在水的作用下，形成各种地表和地下地貌形态的根本原因。

可见水中 $CO_2$ 的存在对碳酸盐岩的溶蚀起着决定性的作用。因而，必须了解水中 $CO_2$ 的来源问题。一般来说，水中 $CO_2$ 的来源问题是很复杂的。它来源于大气、土壤中的生物化学作用、变质作用、火山活动及岩层中某些化学作用所产生的 $CO_2$。在岩溶过程中起着重要作用的地下水，其主要来源是大气降水的补给，因此大气和土壤中 $CO_2$ 的含量，决定着地下水中 $CO_2$ 的含量。过去曾一度认为地下水中的 $CO_2$ 主要来源于大气。近年来大量研究成果表明：地下水中的 $CO_2$ 主要来源于土壤；由于土壤中的微生物在其新陈代谢过程中强烈的生物化学作用，使有机物分解为各种有机酸，同时产生大量的 $CO_2$。空气中 $CO_2$ 的正常含量按体积为 0.03%～0.035%，若按气体溶解定律将上述体积含量表示为 $CO_2$ 的分压（$P_{CO_2}$）时，则其 $P_{CO_2}$ 为 0.0003～0.00035atm（1atm＝101325Pa）。但在土壤中，通常 $P_{CO_2}$ 为 0.01～0.02atm，最高可达 0.1。特别是热带、亚热带森林区，土壤中的 $CO_2$ 含量更高。此外是水的温度降低的影响，由于气体的溶解度与温度成正比，就会从气相中吸收更多的 $CO_2$ 进入液相。可见喀斯特动力学系统对气相中 $CO_2$ 含量变化、生物化学作用和液相温度变化都很敏感。

#### 7.2.1.2　混合溶蚀效应

不同成分或不同温度的水混合后，其溶蚀性有所增强，这种增强的溶蚀效应叫做混合溶蚀效应。它是地下洞穴发育不均匀的重要原因。

（1）饱和溶液的混合溶蚀效应

是指两种或两种以上已失去溶蚀能力的饱和水溶液，在碳酸盐岩体内相遇，并发生混合作用，混合后的溶液由原先的饱和状态变成不饱和状态，从而产生新生溶蚀作用，继续溶解碳酸盐岩石。

据实验研究：当溶蚀达饱和状态时，被溶解的 $CaCO_3$ 与平衡的 $CO_2$ 的关系为一非线性函数曲线（图 7-1）。曲线上任意一点表示溶解的 $CaCO_3$ 与水中 $CO_2$ 恰处于的平衡状态；曲线的右下方表明水中 $CO_2$ 含量多于平衡所需的含量，对 $CaCO_3$ 有侵蚀性；曲线左上方代表水中溶解的 $CaCO_3$ 已达过饱和，必须沉淀出一定数量的碳酸盐才能重新达到平衡。如图上 $A$、$B$ 两点都恰位于曲线上，表明两种溶液都处于平衡状态，但两者的成分各不相同，其成分分别如下。

溶液中 $CO_2$ 总量：溶液 $A$ 为 100mg/L；溶液 $B$ 为 700mg/L。

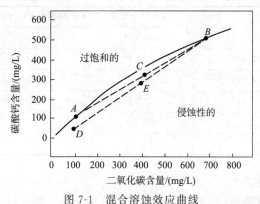

图 7-1　混合溶蚀效应曲线

溶液中溶解的 $CaCO_3$ 总量：溶液 $A$ 为 110mg/L；溶液 $B$ 为 510mg/L。

如果两者以相等体积相混合，则每升含 $CO_2$ 为 400mg，含 $CaCO_3$ 为 310mg，即相当于图上 $A$、$B$ 点连线的中点 $C$。由于平衡曲线为上凸曲线，所以 $A$、$B$ 连线上任一点均位于平衡曲线之下，因此混合后的溶液对碳酸盐岩又重新有了侵蚀性。如图 7-1 中 $C$ 点的情况可以再多溶 20％的碳酸钙。当饱和溶液与非饱和溶液互相混合后，侵蚀性 $CO_2$ 也有所增加，如图 7-1 上的 $B$ 与 $D$ 点以等体积混合而形成的 $E$ 点溶液。

凡有利于水混合的地带，岩溶发育总是比其它地带强烈。这些地带包括：垂直渗入水与地下水相混合的地下水面附近；地下水面以下能使不同成分的水向它汇集的强径流带，如大的溶蚀裂隙或溶蚀管道；不同方向的溶蚀裂隙交汇带；灰岩区地下水的排泄区，如河谷边岸地下水与地表水的混合带等处。

（2）不同温度溶液的混合溶蚀效应

如果有两股温度不同而饱和度相同的水互相混合，或一股水的温度由高温变为低温时，都可产生新的侵蚀性 $CO_2$，继续加强溶蚀作用，这种温度和碳酸钙之间的反比关系，称为温度混合溶蚀效应。前者由实验可知：当温度降低 $(T_2-T_1)℃$ 时，补充溶解 $CaCO_3$ 的量如表 7-1 所示。

**表 7-1 温度降低 $(T_2-T_1)℃$ 时补充溶解 $CaCO_3$ 的量**

| $CaCO_3$ /(mg/L) | 在下列温度冷却时补充溶解 $CaCO_3$ 的量 | | | | | | |
|---|---|---|---|---|---|---|---|
| | 6～0℃ | 10～6℃ | 15～10℃ | 20～15℃ | 24～20℃ | 24～15℃ | 15～6℃ |
| 120 | 1.0 | 0.9 | 1.2 | 1.5 | 1.4 | 2.8 | 2.1 |
| 160 | 2.3 | 1.9 | 2.7 | 2.2 | 3.0 | 6.3 | 6.4 |
| 200 | 4.2 | 3.5 | 5.0 | 5.9 | 5.5 | 11.4 | 8.5 |
| 240 | 6.9 | 5.7 | 8.1 | 9.6 | 8.8 | 19.2 | 12.8 |
| 280 | 10.3 | 8.5 | 12.0 | 14.3 | 12.9 | 27.1 | 20.7 |

实际观察证明，在一般情况下，温度混合溶蚀主要表现在恒温层以上的包气带内。该带内温度的昼夜变化及季节性变化都较大，在一定地质条件下，降水渗入包气带后，在潜水面附近冷却，可促进潜水面附近的洞穴发育。

在温泉地区，从地下深处上升的饱和高温地下水，因温度降低产生大量的游离 $CO_2$，其中一部分 $CO_2$ 则产生补充溶蚀作用。由表 7-2 可知：温泉上升过程中温度不断降低，则溶蚀作用不断加强。温泉的温度愈高，补充溶蚀量也愈大。

**表 7-2 热水冷却时补充溶解 $CaCO_3$ 的量**

| $CaCO_3$/(mg/L) | 在下列温度冷却时补充溶解 $CaCO_3$ 的量 | | | |
|---|---|---|---|---|
| | 30～20℃ | 40～20℃ | 50～20℃ | 50～10℃ |
| 120 | 1.60 | 4.04 | 7.49 | 8.7 |
| 160 | 3.36 | 9.17 | 16.91 | 19.65 |
| 200 | 7.35 | 17.78 | 32.32 | 37.05 |
| 240 | 11.40 | 27.90 | 53.20 | 61.80 |
| 280 | 17.60 | 44.50 | 82.10 | 95.50 |

### 7.2.1.3 其它离子的作用

（1）酸效应（acid effect）

任何酸所解离出的 $H^+$ 都能与碳酸钙溶解后所形成的 $CO_3^{2-}$ 结合成 $HCO_3^-$，从而增加碳酸钙的溶解度。在自然界中，除了 $CO_2$ 溶于水所形成的碳酸对碳酸盐岩的溶蚀有强烈影响外，其次为硫酸的作用，特别是在硫化矿床氧化带中，这种效应最为显著。这是因为在某些铁细菌的作用下，黄铁矿通过以下反应而生成硫酸，即：

$$4FeS_2+15O_2+14H_2O \longrightarrow 4Fe(OH)_3+8H_2SO_4 \tag{7-5}$$

所生成的硫酸与碳酸钙相互作用，一方面加强碳酸钙的溶蚀；另一方面生成新的 $CO_2$，使水中侵蚀性 $CO_2$ 大为增加。其反应如下：

$$CaCO_3+H_2SO_4 \longrightarrow CaSO_4+H_2CO_3 \tag{7-6}$$

$$H_2CO_3 \longrightarrow H_2O+CO_2 \tag{7-7}$$

与硫化矿床氧化带类似，在石灰岩与黑色页岩接触带，岩溶发育往往较强烈，其原因是页岩隔水底板造成渗透水流沿接触带集中，更重要的是黑色页岩中往往含有分散状的黄铁矿颗粒，因其氧化形成硫酸，从而加强碳酸盐的溶蚀。

（2）同离子效应（common ion effect）

水中如溶有与碳酸盐相同的某种离子的物质，如 $CaCl_2$，则由于 $Ca^{2+}$ 浓度增加，会使碳酸钙的溶解度按质量作用定律而有所减小，从而抑制了碳酸钙的溶蚀。

（3）离子强度效应（ionic strength effect）

当溶液中有与碳酸钙不相关的强电解质离子时，这些离子就会以较强的吸引力吸引 $Ca^{2+}$ 和 $CO_3^{2-}$，实质上也就使 $Ca^{2+}$ 与 $CO_3^{2-}$ 之间的引力有所降低。这时，$Ca^{2+}$ 与 $CO_3^{2-}$ 的实际浓度超过其在纯水中的溶度积而仍不沉淀出来，亦即其溶解度有所增大，故可溶解更多的碳酸钙。

### 7.2.2 影响岩溶发育的因素

#### 7.2.2.1 碳酸盐岩岩性的影响

可溶性岩石是岩溶发育的物质基础，这里仅讨论意义最大的碳酸盐岩的化学成分、矿物成分和结构等方面对岩溶发育的影响。

（1）碳酸盐岩化学成分与岩溶发育的关系

碳酸盐岩是碳酸盐矿物含量超过 50% 的沉积岩。其成分比较复杂，主要由方解石、白云石和酸不溶物（泥质、硅质等）组成。

不同类型的碳酸盐岩，其溶解度相差甚大。因此，直接影响岩体的溶蚀强度和溶蚀速度。为了阐明这个问题，在岩溶研究中，可用比溶蚀度和比溶解度这两个指标来表征碳酸盐岩类相对溶蚀的强度和速度。这两个指标的含义是：

$$比溶蚀度\ K_v = \frac{试样溶蚀量（试样试验前后的质量差）}{标准试样溶蚀量（标准试样试验前后的质量差）}$$

$$比溶解度\ K_{ev} = \frac{试样溶解速度（试样单位时间内被溶蚀的量）}{标准试样溶解速度（标准试样单位时间内被溶蚀的量）}$$

以上指标的应用条件是：①标准试样为方解石或轻微大理岩化的亮晶灰岩；②所有试样块件的尺寸相同，或粉碎到相同的粒度；③循环水为高浓度 $CO_2$ 的蒸馏水；④在求 $K_v$ 时，作用的时间一样。

很显然，比溶蚀度 $K_v$ 及比溶解度 $K_{ev}$ 愈大，则岩石的溶蚀强度和溶蚀速度也愈大。1984 年，中国科学院地质研究所张寿越等，通过 72 块样品的室内溶蚀试验，测得碳酸盐岩类型与比溶蚀度的关系如图 7-2 所示。比溶蚀度 $K_v$ 由大到小所对应的碳酸盐岩岩性依次为：灰岩→云灰岩→泥质云灰岩→方解石→大理岩→泥质灰岩→灰云岩→泥质灰云岩→白云岩→泥质白云岩。其它学者也有类似的研究成果。中国地质科学院岩溶地质研究所还作过不同岩性、不同结构、不同环境下碳酸盐岩的野外溶蚀

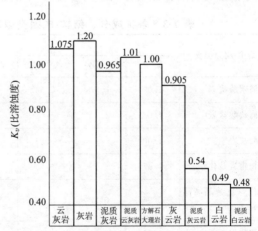

图 7-2 碳酸盐岩类型与比溶蚀度 $K_v$ 值关系

（据张寿越等，1984）

试验。这些研究成果的共同认识是：①方解石含量愈多的岩石，其 $K_v$ 值愈高，岩溶发育愈强烈；相反，白云石含量愈多的岩石，其岩溶发育愈弱；②酸不溶物含量愈大，$K_v$ 值愈小，特别是硅质含量愈高时，岩石愈不易溶蚀；③含有石膏、黄铁矿等的碳酸盐岩，$K_v$ 值

增大，对岩溶发育有利；含有机质、沥青等杂质的碳酸盐岩，其 $K_v$ 值降低，不利于岩溶发育。

（2）岩石结构与岩溶发育的关系

岩石结构与其可溶性的关系非常密切，并直接控制着岩溶的发生和发展变化。比如在化学成分相似的石灰岩中，岩溶发育层位也经常具有选择性。另外，有些地方白云质灰岩、硅质灰岩甚至白云岩中的岩溶也比较发育，这些都与岩石的结构有关。

实践中发现，有些地区的白云岩、白云质灰岩的岩溶比纯灰岩中的岩溶更发育。此外，有的地区灰岩的成分相近，其它条件也相近，但岩溶发育的层位也有选择性。说明仅用岩石成分来解释碳酸盐岩的溶蚀性有一定的片面性。

碳酸盐岩的结构有粒屑结构、泥晶结构、亮晶结构、生物骨架结构及重结晶交代结构等类型。粒屑结构是由流水搬运或波浪作用形成的，而不是正常化学沉淀的以复杂碳酸盐为主的集合体。粒屑相当于砂岩中的砂粒，其粒径下限大于 $10\mu m$，其成因类型有：内碎屑、岩屑、生物碎屑（骨屑、骸粒）、包粒（鲕粒、豆粒）及团粒（似球形或卵形的泥晶集合体）等。泥晶结构是由粒径小于 $10\mu m$ 的碳酸盐软泥组成的，泥晶相当于泥质砂岩中的黏土基质。亮晶是由粒径 $10\mu m$ 或更大的结晶碳酸盐所组成，是正常化学沉积的碳酸盐岩所特有的结构。生物骨架结构是各类生物礁灰岩所特有的结构。重结晶交代结构是化学沉淀的矿物经过重结晶和交代作用转变而成的。

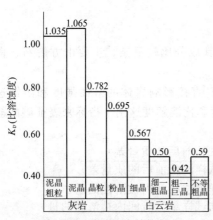

图 7-3　碳酸盐岩结构与比溶蚀度 $K_v$ 值关系

据张寿越等人的室内试验所测定的不同结构碳酸盐岩与比溶蚀度 $K_v$ 关系如图 7-3 所示。此外，表 7-3 中为鄂西及川东各种成分及结构-成因类型的碳酸盐岩比溶蚀度的平均值。

**表 7-3　各种成分、结构-成因类型碳酸盐岩的比溶蚀度平均值**

| 岩石结构-成因类型 | 岩石成分 | | | | | | | |
|---|---|---|---|---|---|---|---|---|
| | 灰岩 | 云灰岩 | 灰云岩 | 白云岩 | 泥质灰岩 | 泥质白云岩 | 泥灰岩 | 泥云岩 |
| 亮晶粒屑碳酸盐岩 | 1.09 | 0.98 | 0.54 | 0.35 | 1.05 | 0.45 | | |
| 泥晶粒屑碳酸盐岩 | 1.03 | 1.15 | | | | | | |
| 泥晶碳酸盐岩 | 1.06 | | 0.57 | 0.49 | 1.46 | 0.53 | | |
| 原地生物礁岩及化学岩 | 1.37 | | | | | | | |
| 成岩交代与重结晶亮晶碳酸盐岩 | 0.96 | 0.83 | 0.52 | 0.33 | | 0.42 | 0.93 | 0.43 |
| 变质碳酸盐岩 | 0.56 | 0.51 | 0.39 | | | | | |

从目前室内试验研究的成果来看，碳酸盐岩的比溶蚀度 $K_v$ 具有以下特点：①碳酸盐岩的成分是比溶蚀度大小的主要控制因素，一般来说，灰岩类皆比白云岩类的比溶蚀度高。当酸不溶物含量较低时，对比溶蚀度的影响极不明显。②泥晶碳酸盐岩的比溶蚀度值一般较高，而成岩交代或重结晶亮晶碳酸盐岩的比溶蚀度值普遍较低。灰岩类依次为：泥晶＞粒

屑＞亮晶；白云岩类依次为：泥晶＞细晶＞中晶＞粗巨晶。③变质碳酸盐岩的比溶蚀度最低，其中变质灰岩类最为明显，可以比非变质灰岩低一半左右。

碳酸盐岩结构对其溶蚀性的影响问题，已为室内试验所证实，究其根本原因，目前还没有合理的理论上的解释，尚待深入研究。国内部分学者从微观角度对碳酸盐岩的溶蚀机理展开大量研究，取得了一定的成果。实验证明，表层和相对浅埋藏的温压条件下，石灰岩的溶解速率和溶解能力大于白云岩，石灰岩的溶蚀作用较白云岩发育；但在深埋藏阶段，由于白云岩的溶解能力大于石灰岩，因此白云岩溶蚀产生的次生空隙较石灰岩更为发育。在相同条件下溶蚀，鲕粒灰岩较微晶灰岩的溶蚀量大。温度和水压力的影响较显著，随着动水压力的增大，岩样表面的孔隙、裂隙增多并加深，温度升高会使结晶体粗大且晶形完好，加剧溶蚀和结晶作用。岩石在发生表面溶蚀的同时也发生了渗透溶蚀，造成岩石强度降低。细粉晶白云岩的晶间溶孔、晶内溶孔更加发育。细粉晶白云岩中白云石溶解成蜂窝状溶解孔，晶间缝溶蚀加大且相互连通。

### 7.2.2.2　气候对岩溶发育的影响

气候是岩溶发育的一个重要因素，它直接影响着参与岩溶作用的水的溶蚀能力和速度，控制着岩溶发育的规模和速度。因此，各气候带内岩溶发育的规模和速度、岩溶形态及其组合特征是大不相同的。气候类型的特征表现为气温、降水量、降水性质、降水的季节分配及蒸发量的大小和变化。其中以气温高低及降水量大小对岩溶发育的影响最大。

水是生物新陈代谢过程中必需的物质，也是岩溶作用中各种化学反应的介质。降水（主要是降雨）量大小影响地下水补给的丰缺，进而影响地下水的循环交替条件。降水通过空气，尤其是通过土壤渗透补给地下水的过程中所获得的游离 $CO_2$，能够大大加强水对碳酸盐岩的溶蚀能力。因此，降水量大的地区比降水量小的地区岩溶发育强烈。

温度高低直接影响各种化学反应速度和生物新陈代谢的快慢，因而对岩溶的发育起着十分重要的作用。据研究，在一个大气压时，溶解于雨水中的 $CO_2$ 随气温升高而减少。如在 1℃ 时为 2.92%，10℃ 时为 2.46%，20℃ 时为 2.14%。这种现象符合亨利-多尔顿定律，似乎与热带区域岩溶发育比温、寒带区域强烈的事实有矛盾。实际并非如此。从水对碳酸盐岩溶蚀能力的成因来看，除了来自大气中的 $CO_2$ 外，还有生物成因和无机成因的 $CO_2$，同时还有无机酸和有机酸的参与。从碳酸盐岩的溶蚀速度来看，它不仅决定于水中所含游离 $CO_2$ 的数量，同时还决定于水中化学反应的速度。据实验，温度每增加 20～30℃ 时，水中所含溶解 $CO_2$ 的数量将减少一半。但温度每增 10℃，化学反应的速度却增加一倍或一倍以上。因此温度增高时，碳酸盐岩的溶蚀量总是增加的。

匈牙利学者提出了全球性范围的碳酸盐岩溶蚀过程中生物化学作用的数量等级评价。从图 7-4 可知，在各种成因的酸类（所示共 5 种）共同作用下，热带（包括干燥热带草原和亚热带信风带）岩溶发育最强烈，而干燥荒原带岩溶作用最微弱，其余 3 个气候带中岩溶发育强度介于二者之间。若以干燥荒原地带岩溶的剥蚀强度定为一个单位，那么高纬冰缘带（包括极地、亚极地和高寒山区）岩溶的剥蚀强度为 5，湿润温带为 8，地中海地带（含干燥草原）为 11，而热带激增为 71。

以上现象是由于各气候带岩溶作用中各动力因素所起的作用不同所致。在高纬冰缘带，大气成因的碳酸在岩溶作用中所占份额最大，而其余各带大气成因的碳酸对岩溶作用影响不大。无机成因的碳酸和无机酸的数量随温度和湿度的提高而增大，除了干燥荒原带外，其岩溶作用的意义并不十分重要。在干旱荒原带，因水分缺乏，生物成因的碳酸和有机酸的活动极其微弱。而在其余气候带中，它们在岩溶作用中的意义都很大。

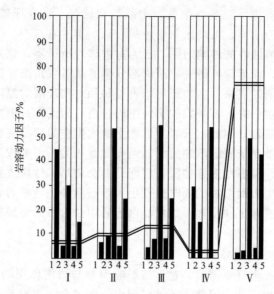

图 7-4 不同气候带主要岩溶动力因子百分比的分配和岩溶剥蚀平均速度

1—大气中碳酸；2—无机碳酸；3—生物碳酸；4—无机酸；5—有机酸；

Ⅰ—高纬冰缘带；Ⅱ—湿润温带；Ⅲ—地中海地带；Ⅳ—干燥荒原带；Ⅴ—副热带

（双线为岩溶剥蚀相对百分强度）

我国地域辽阔，气候类型较多，包括热带、亚热带、温带三大类型以及青藏高寒地区和西北干旱地区。不同气候带中，碳酸盐岩的溶蚀速度、岩溶形态的规模和类型都不相同。由表 7-4 可知：属于副热带的广西中部年溶蚀率为 0.12~0.30mm/a；属于温带的河北西北部年溶蚀率较小，仅为 0.02~0.03mm/a；属于亚热带的湖北三峡的年溶蚀率介于二者之间。

表 7-4 我国某些气候带碳酸盐岩的溶蚀率（据卢耀如等）

| 地 区 | 年降水量/mm | 平均气温/℃ | 年溶蚀率/(mm/a) |
| --- | --- | --- | --- |
| 广西中部 | 1500~2000 | 20~22 | 0.12~0.3 |
| 湖北三峡 | 1000~1200 | 12~15 | 0.06 |
| 四川西部 | 1160~1350 | 9 | 0.04~0.05 |
| 河北西北部 | 400~600 | 6~8 | 0.02~0.03 |

我国不同气候带岩溶发育程度及形态类型各具特点。在以广西为代表的副热带地区，溶蚀、侵蚀-溶蚀起主导作用，岩溶作用充分而强烈，地表为峰林、丘峰与溶洼、溶原，地下溶洞系统及暗河发育，岩溶泉数量多，水量大。四川、湖南、湖北、浙江、安徽南部等地的岩溶也很发育，而以溶丘与溶洼、溶斗为特征，属于亚热带岩溶。河北、山东、山西等省地表岩溶一般不太发育，为常态侵蚀地形，几乎无岩溶封闭负地形，以地下隐伏岩溶为主，岩溶泉数量少，但流量较大而稳定，本区以干谷和岩溶泉为其特征，属于温带岩溶。青藏高原湿润气候区，主要为深切割的高山和极高山，既有冰川、霜冻、泥石流作用，也有岩溶作用，流水侵蚀作用强烈。在剥蚀面上有封闭的岩溶负地形残留，尤其在较低的剥蚀面上残留早期岩溶现象，并进一步发育现代岩溶。温带干旱气候区包括新、藏、青、蒙、川、甘、宁等省全部或一部分，现代溶蚀作用占极次要的地位。早期形成的石芽、溶沟、溶洞、溶斗等逐渐受到破坏。

总之，降水量大、气温高的地区，植物繁茂，死亡的植物在土壤中微生物的作用下，能

产生大量的 $CO_2$ 及各种有机酸。同时，各种化学反应速度快，故本区岩溶发育规模和速度比其余气候区要大。

必须指出，气候对岩溶发育的影响是区域性的因素。因此，气候带可以作为岩溶区划中一级单元考虑的主要因素。但对某一确定地区，甚至某一工程建筑场地内，气候对岩溶发育差异性的影响就不明显了。

#### 7.2.2.3 地形地貌的影响

地形地貌条件是影响地下水的循环交替条件的重要因素，间接影响岩溶发育的规模、速度、类型及空间分布。区域地貌表征着地表水文网的发育特点，反映了局部的和区域性的侵蚀基准面和地下水排泄基准面的性质和分布，控制了地下水的运动趋势和方向，从而也控制了岩溶发育的总趋势。

地面坡度的大小直接影响降水渗入量的大小。在比较平缓的地段，降水所形成的地表径流缓慢，则渗入量就较大，有利于岩溶发育。相反，在地面坡度较陡的地段，地表径流较快，渗入量小，岩溶发育较差。如谷坡地段的地面坡度大于分水岭地段，垂直渗入带内的岩溶发育较分水岭地段要弱。

不同地貌部位上发育的岩溶形态也不相同。在岩溶平原区，垂直渗入带较薄，在地下较浅处就是水平流动带，因此容易形成埋深较浅的溶洞和暗河。在宽平微切割的分水岭地带，垂直渗入带也较薄，可在较浅处发育水平洞穴。在深切的山地、高原或高原边缘地区，垂直渗入带很厚，地下水埋藏很深，以垂直岩溶形态为主，只在很深的地下水面附近才发育水平岩溶形态。

在平坦的岩溶化地面或分水岭地段，若有细沟或坳沟发育，由于沟底低洼，容易集水下渗。因此，在沟底发育的岩溶形态远比沟间地段要多。

在地层岩性、地质构造等条件相同时，岩溶水的补给区与排泄区高差愈大，则地下水的循环交替条件愈好，岩溶发育愈强烈，深度也愈大。

地形地貌条件还影响地区小气候及区域气候的变化。在低纬度的高山区，这种现象比较显著。如位于赤道附近的太平洋中的新几内亚岛。该岛上的高山随着高程的变化，岩溶具有明显的垂直分带性（表 7-5）。

表 7-5 新几内亚岛高山区岩溶的垂直分带

| 岩 溶 形 态 | 最大发育带高度(高程)/m | 岩 溶 形 态 | 最大发育带高度(高程)/m |
|---|---|---|---|
| 石林 | 0～200 | 溶丘与洼地 | 2600～3700 |
| 峰林 | 0～1500 | 溶沟 | 3500～4500 |

#### 7.2.2.4 地质构造的影响

（1）断裂的影响

在可溶盐岩中，由于成岩、构造、风化、卸荷等作用所形成的各种破裂面，是地下水运动的主要通道。它使得岩石中原生孔隙互相沟通，使具有侵蚀能力的水渗入可溶岩内部，为岩溶发育提供有利的条件。在各种成因的破裂面中，以构造作用所形成的断裂（断层和节理裂隙）意义最大。断裂系统的位置、产状、性质、密度、规模及相互组合特点，决定着岩溶的形态、规模、发育速度及空间分布，如沿一组优势裂隙可发育成溶沟、溶槽；沿两组或两组以上裂隙可发育成石芽及落水洞。大型溶蚀洼地的长轴、落水洞与溶斗的平面分带、溶洞和暗河的延伸方向，常与断层或某组优势节理裂隙的走向一致。大型地下溶洞及暗河系，其主、支洞的形态和延伸方向主要受控于断裂的产状及组合特点。规模较大的断层常可构成小型或次级断裂的集水通道，其水源补给充沛，岩溶作用得以不断进行。同时，又能接受不同成分地下水的混合。混合溶蚀加剧了断层带附近的岩溶作用，易于形成规模巨大的洞穴。这就是岩溶作用的差异性和岩溶空间分布不均匀的重要原因。在有利条件下，当具有溶蚀能力的地下水沿断层面向下运动时，可加强深循环带中岩溶的发育。

（2）褶皱的影响

不同构造部位断裂的发育程度是不同的，一般来说，褶皱核部的断裂比翼部的发育强烈。因此，核部的岩溶比翼部的发育强烈，这一结论已为大量的勘探和试验资料所证实。

褶皱的形态、性质及展布方向控制着可溶盐岩的空间分布。因此，也控制了岩溶发育的形态、规模、速度及空间分布。溶蚀洼地的长轴、溶洞和暗河的延伸方向常与褶皱轴向或翼部岩层的走向一致。

褶皱开阔平缓时，碳酸盐岩在地表的分布较广泛，岩溶的分布亦较广泛；在紧密褶皱区，可溶盐岩与非可溶盐岩相间分布，地表侵蚀与溶蚀地貌景观亦呈相间分布，地下洞穴系统横向发展受限，岩溶主要沿岩层走向发育。

（3）岩层组合特征的影响

碳酸岩盐与非可溶盐岩组合特点不同，就会形成各具特色的水文地质结构，从而控制着岩溶的发育和空间分布。自然界中，碳酸盐岩与非碳酸盐岩的组合关系十分复杂，大致可分为以下四种。

① 厚而纯的碳酸盐岩　碳酸盐岩厚百米至数百米时，对岩溶发育最为有利。索科洛夫将这种条件下的碳酸盐岩按地下水的动力特征分为四个带（图7-5），各带岩溶发育的类型、规模和速度是不同的，在剖面上形成岩溶发育的垂直分带现象。

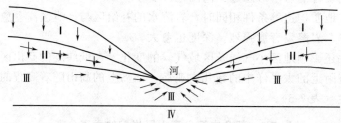

图 7-5　厚而纯的碳酸盐岩区岩溶地下水动力分带

Ⅰ—包气带；Ⅱ—水位季节变化带；Ⅲ—受河流排泄影响的饱水带；Ⅳ—深循环带

（箭头表示地下水的运动方向）

包气带（Ⅰ）：亦称垂直循环带，在地表至地下水高水位之间，降水沿裂隙垂直间歇下渗，常形成溶隙、落水洞、溶斗等垂直岩溶，各溶蚀通道间的连通性一般较差。本带厚度取决于当地气候与地形条件，最厚可达数百米。

地下水位季节变化带（Ⅱ）：在地下水的高水位与低水位之间。地下水作周期性水平与垂直运动，低水位时本带地下水作垂直运动，高水位时地下水大致呈水平运动。因此，本带水平和垂直方向的岩溶均较发育。其厚度取决于当地潜水位的变幅，由数米到数十米。

饱水带（Ⅲ）：在最低地下水位以下，经常饱水，常年受当地水文网排泄影响。在河谷两岸的地下水大致呈水平运动，常形成规模较大、连通性较好的水平洞穴；在河谷底部地下水呈收敛状曲线运动，可形成低于河床以下的深岩溶，其发育深度随水力坡度加大而增加。尤其是当河谷底部有较大的断裂破碎带存在的条件下，在谷底以下数十米甚至上百米仍发育有大型溶洞。

深循环带（Ⅳ）：在当地排泄基准面以下一定深度，地下水不受当地水文网的影响，而受区域地貌和地质构造的控制，向更远更低的区域排泄基准面运动。本带位置较深，水的循环交替迟缓，除局部构造断裂等径流特别有利的部位外，岩溶发育很弱。

　　② 非可溶岩夹碳酸盐岩　砂页岩中夹少量碳酸盐岩属于这一类型。如我国北方石炭系本溪组（$C_{2b}$）的砂页岩中夹有 $1 \sim 3$ 层灰岩，每层厚仅数米。因砂页岩透水性差，构成相对隔水层。所夹灰岩中地下水的循环交替条件很差，因而岩溶发育极弱。

　　③ 碳酸盐岩夹非可溶岩　以碳酸盐岩为主，其中所夹非可溶岩的层次少，厚度很薄，一般厚数十厘米至数米。由于非可溶岩的存在影响了地下水的运动，不一定像①类那样在剖面上同时形成四个水动力分带现象，岩溶发育不如①类充分。当碳酸盐岩厚度较大，所夹非可溶岩埋藏较深时，则对岩溶发育的抑制作用不大。总之，这种组合类型中的岩溶虽不及①类，但较其它各类型的岩溶发育。这种类型在自然界较为常见。

　　④ 碳酸盐岩与非可溶岩互层　由于非可溶岩岩层较多，可形成多层含水层的水动力剖面。每一稳定的非可溶岩层构成相对隔水层，并起局部溶蚀基准面的作用，因而在平缓岩层地区同一地质历史时期中可形成多层岩溶。这时将成层分布的洞穴与侵蚀地貌进行高程对比时应予注意。

　　在线状褶皱区，因横向岩溶作用受非可溶岩的限制，岩溶主要沿岩层走向发育，因而在平面上，岩溶呈条带状分布。总之，该类岩溶发育程度介于②类与③类之间。

　　最后必须指出：影响岩溶水循环交替条件的自然因素很多，诸如气候、地形地貌、地质构造、岩层组合、上部第四系覆盖及地表植被土壤发育情况等。其中以地形地貌和地质构造的影响最大，二者构成地下水循环交替条件的基本骨架。地形地貌与地质构造以不同情况相组合，就会形成补给排泄条件通畅程度和径流途径长短各不相同的各种类型的水循环交替条件。自然界中地下水的循环交替条件是十分复杂的，图 7-6 中仅列举了几种典型情况。

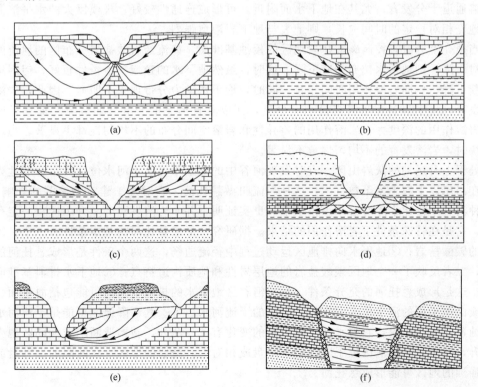

图 7-6

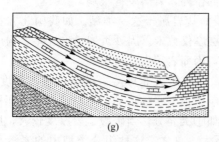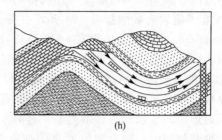

(g)　　　　　　　　　　　　　　　　　　　　(h)

图 7-6　几种典型的水循环交替条件

(a) 厚层灰岩裸露补给河谷排泄；(b) 薄层灰岩裸露补给河谷排泄；(c) 透水盖层渗入分散补给河谷排泄；

(d) 河流洪水倒灌补给；(e) 河流集中补给邻谷排泄；(f) 河谷水经断层间接补给邻谷排泄；

(g) 单斜层裸露补给远谷排泄；(h) 向斜层裸露补给远谷排泄

(图中虚线为地下水位；实线及箭头表示流线)

### 7.2.2.5　新构造运动的影响

新构造运动的性质是十分复杂的，从对岩溶发育的影响来看，地壳的升降运动关系最为重要。其运动的基本形式有上升、下降、相对稳定 3 种。地壳运动的性质、幅度、速度和波及范围，控制着地下水循环交替条件的好坏及其变化趋势，从而控制了岩溶发育的类型、规模、速度、空间分布及岩溶作用的变化趋势。

当地壳相对稳定时，当地局部排泄基准面与地下水面的位置都比较固定，水对碳酸盐岩长时间进行溶蚀作用，地下水动力分带现象及剖面上岩溶垂直分带现象都十分明显，有利于侧向岩溶作用，岩溶形态的规模较大。在地表形成溶盆、溶原、溶洼及峰林地形；在地下各种岩溶通道十分发育，尤其在地下水面附近，可形成连通性较好、规模巨大的水平溶洞和暗河。地壳相对稳定的时间愈长，则地表与地下岩溶愈强烈。

当地壳上升时，控制碳酸盐岩地区的侵蚀基准面，如流经碳酸盐岩分布区的河流的河水位相对下降，则地下水位亦相应下降。这时，虽然地下水的径流排泄条件较好，但因地下水位不断下降，侧向岩溶作用时间短暂；同时，地下水动力分带现象不明显。因此，岩溶不如前者发育，水平溶洞和暗河规模小而少见，而以垂直形态的岩溶（如溶隙、垂直管道）为主，岩溶作用的深度大，岩溶作用的差异性和岩溶空间分布的不均匀性都不显著。当地壳上升愈快时，岩溶发育的不均匀性愈不显著。

处于上升运动的灰岩山区，有时发现河谷中的地下水位低于河水位，甚至有的地方地下水位在河床以下数十米至数百米。这种河流叫做悬托河，它对水工建筑物渗漏的影响极大，在这种河谷中修建水库时必须谨慎从事。事实证明，并非岩溶发育的上升山区，一定存在悬托河，它是在特殊条件下岩溶作用的结果。据研究，形成悬托河的基本条件有三个：①具有深厚的碳酸盐岩；②地下水向排泄区运动过程中径流通畅，这两个条件是形成悬托河的必要条件，二者反映了一个地区碳酸盐岩的地层岩性和地质构造特点；③地下水排泄基准面不断下降。这是形成悬托河的充分条件。悬托河谷区地下水的排泄基准面可能包括海平面、内陆盆地或山前平原的河水位或湖水位、山区的干流河水位等。其下降原因可能是干流河水的垂直侵蚀速度大于支流，它与水文气象因素的变化有关；此外，新构造断陷或大陆区地壳不均衡上升，地下水的排泄区位于断陷的下降盘或相对上升微弱的地区，在断陷的上升盘或相对上升强烈的地区可能形成悬托河。

当地壳下降时，研究区与地下水排泄区之间，水的循环交替条件减弱，岩溶发育较弱。当地壳下降幅度较大时，地下水的活动变得十分迟缓。地表可能为第三纪或第四纪的沉积物所覆盖，覆盖层厚为数米至数十米者为覆盖型岩溶；覆盖层厚度为数十至数百米以上者为掩埋型岩溶。这时已形成的岩溶被深埋于地下，新岩溶作用微弱以至于停止发育。

从更长的地质历史时期来看，与岩溶发育有关的地壳升降运动的三种基本形式，可以构成各种复杂的组合运动形式，如间歇性上升、间歇性下降、振荡性升降等。

当新构造运动处于间歇性上升，即上升—稳定—再上升—再稳定的地区，就会形成水平溶洞成层分布（图7-7）。各层溶洞间高差愈大，则地壳相对上升的幅度愈大；水平溶洞的规模愈大，则地壳相对稳定的时间愈长。同时，这种成层分布的溶洞还可与当地相应的侵蚀地貌，如河流阶地进行对比，以了解岩溶的演变历史。经历振荡性升降运动的地区，岩溶作用由弱到强，由强到弱反复进行，以垂直形态的岩溶为主，水平溶洞规模不大，且其成层性不明显。

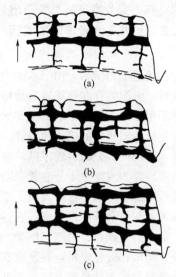

图 7-7　岩溶发育阶段示意
（a）地壳上升时深成岩溶阶段；（b）地壳稳定时的侧向岩溶阶段；（c）地壳再上升时的侧向岩溶转成深成岩溶阶段

处于间歇性下降的地区，岩溶多被埋藏于地下，其规模虽不大，但具有成层性，洞穴中有松散物填充，从层状洞穴的分布情况及填充物的性质，可以查明岩溶发育特点及形成的相对时代，进而了解岩溶的演变历史。这种类型多见于平原或大型盆地区，并能形成覆盖型岩溶或掩埋型岩溶。

# 7.3　岩溶地基稳定性评价

在岩溶区进行工程建设时，因工程类型不同所产生的地基稳定问题不尽相同。这里着重介绍岩溶区工业与民用建筑及坝的地基稳定问题。

### 7.3.1　岩溶地（坝）基变形破坏的主要形式

引起建筑物失事的岩溶地基变形破坏的形式较多，有的与一般地基类同，有的在形成条件、机理和处理措施上都有其特殊性。实践中常见的有以下几种形式。

① 地（坝）基承载力不足：在覆盖型岩溶区，上覆松软土强度较低，或建筑载荷过大，引起地基发生剪切破坏，进而导致建筑物的变形和破坏。

② 地（坝）基不均匀下沉：在覆盖型岩溶区，下伏石芽、溶沟、落水洞、漏斗等造成基岩面的较大起伏，当其上部有性质不同、厚度不等的黏性土分布时，在建筑物附加载荷作用下，产生地基不均匀下沉，从而导致建筑物的倾斜、开裂、倾倒及破坏。

③ 地（坝）基滑动：在裸露型岩溶区，当基础砌置在溶沟、溶隙、落水洞、漏斗附近时，有可能使基础下岩体沿倾向临空的软弱结构面产生滑动，进而引起建筑物的破坏。

④ 地表塌陷：在地（坝）基主要受力层范围内，如有溶洞、暗河、土洞等时，在自然条件下，或因建筑物的附加载荷、抽排地下水等因素作用，引起地面沉陷、开裂，以至地（坝）基突然下沉，形成地表塌陷，进而导致建筑物的破坏。

前两种形式与一般的地质条件大致相同，可用土力学的理论进行研究；地基滑动与边坡稳定的分析方法类似；地表塌陷是岩溶地基变形破坏中最为复杂和特殊的形式，也是本节讨论的重点。此外本节将简要介绍岩溶地区地（坝）基岩体质量分级方法。

### 7.3.2 土洞及地表塌陷的成因

#### 7.3.2.1 地表塌陷及其危害

在覆盖型岩溶区，由于水动力条件的变化，常在上覆土层中形成土洞，若在这种地段进行建筑时，土洞的存在是威胁地基稳定的潜在因素。有时在土洞形成过程中，因上覆土层厚度较薄，不可能在土层中形成天然平衡拱，洞顶垮落不断向上发展，以致达到地表，引起突然塌陷，形成不同规模的陷坑和裂缝。这种作用和现象在自然条件下即可发生。不过，规模较小，发展速度较慢，分布也较零星，对人类工程及经济生活的影响不大。但是，人类工程活动对自然地质环境的改变则十分显著和剧烈。如城市、工矿部门的供水需要开采大量地下水，各种矿床的开采需要排水，都会大幅度地降低地下水位，在降落漏斗中心，地下水埋深可达数十米至数百米，其波及范围也很广。在这种新的条件下，可导致短期内在大范围面积上形成地表塌陷，常常引起铁路、公路、桥梁、水气管道、高压线路的破坏，使工业与民用建筑物等开裂、歪斜、倒塌，破坏农田，甚至造成人身安全事故。有时由于地面开裂，河水、农田和池塘水灌入并淹没矿坑，使采矿不能正常进行。因而它所造成的危害比自然条件下要大得多。所以，地表塌陷不仅直接破坏地基的稳定；而且，还可能引起地区性稳定问题。

#### 7.3.2.2 地表塌陷的分布特征

根据我国大量的实例分析，地表塌陷的分布具有以下特征。

① 地表塌陷在裸露型岩溶区极为少见，主要分布在覆盖型岩溶区。当松散覆盖层的厚度较小时，地表塌陷比厚度大时要严重。一般来说，覆盖层厚度小于 10m 者，塌陷严重；厚度大于 30m 者，塌陷极少。

② 地表塌陷多发生在岩溶发育强烈的地区，如在断裂带附近、褶皱核部、硫化矿床的氧化带、矿体与碳酸盐岩接触部位等。

③ 在抽、排地下水的降落漏斗中心附近，地表塌陷最为密集。

④ 地表塌陷常沿地下水的主要径流方向分布。

⑤ 在接近地下水的排泄区，因地下水位变化受河水位变化的影响频繁而强烈，故地表塌陷亦较强烈。

⑥ 在地形低洼及河谷两岸平缓处易于塌陷。

#### 7.3.2.3 地表塌陷的机理

形成地表塌陷的原因很多，诸如潜蚀、真空吸蚀、高压水气的冲爆、重力、振动、建筑载荷、溶蚀作用、失托增荷（土体位于地下水位之下便受到静水浮力作用，当地下水位下降时，除产生压强差效应外，土体的浮托力也会减小乃至消失，使土体容重增加，产生失托增荷效应）等。目前的认识颇不统一，其中"潜蚀论"在国内外已有不少文献论及。近年来在国内尚有"真空吸蚀论"的倡导，并在实践中取得了一定的效果。现简要介绍这两种论点。

（1）潜蚀论

在覆盖型岩溶区，由于下部碳酸盐岩岩溶发育，存在落水洞、溶隙、溶洞等地下水的良好通道，当天然或人为原因使地下水位大幅度下降时，则地下水的流速和水力梯度亦相应加大，对上覆第四纪土层和洞穴、溶隙中的填充物进行冲蚀、淘空，并将土颗粒随水携走，这时在与碳酸盐岩体顶板接触处的土层中开始形成土洞。土洞的形成改变了土层中的原始应力状态，引起洞顶的坍落。在地下水不断潜蚀及土体重力坍落作用下，土洞不断向上发展成拱形，当土层厚度较大时，可以形成天然平衡拱，土洞停止发展而隐伏于地下；当土层较薄时，土洞不能形成天然平衡拱，其顶部不断坍落，一直达到地表，形成地表塌陷。其发育过程如图 7-8 所示。

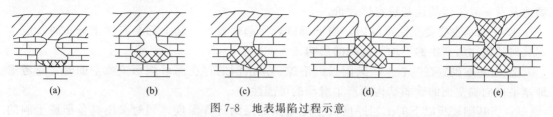

图 7-8 地表塌陷过程示意

（a）土洞未形成以前；（b）土洞初步形成；（c）土洞向上发展；（d）地表塌陷；（e）形成碟形洼地

地表塌陷形成后，地面便成为地表径流汇集的场所，陷坑周壁不断陷落，同时还有地表水携带的物质的堆积作用，使陷坑逐渐形成碟形洼地，土洞和塌陷暂时停止发展。

据研究，土洞的形成须具备三个条件。①下伏基岩中岩溶发育。土洞下部常有溶隙、落水洞、溶洞等与之相沟通，使上覆土层被剥落，坍塌物的堆积有足够的空间。②水动力条件变化大。常因自然及人为因素的影响使地下水位大幅度快速下降，引起上覆土层潜蚀、剥落、坍塌，并堆积于下伏岩洞中，或被高速度的地下水流携走，不致造成坍塌物堵满洞穴空间而抑制土洞的充分发展。③上覆土层较松散且具有一定的厚度，以保证土洞的产生并形成天然平衡拱。若土层较密实，强度较大，则难以产生土洞；若土层厚度过小，土洞的发展将会导致地表塌陷。

总之，岩溶洞穴规模愈大，地下水的水动力条件愈强烈，土层的强度愈低，则土洞的规模愈大，其发展速度亦较快。

可以认为，在覆盖型岩溶区土洞与地表塌陷的形成既有区别，又有密切的联系。土洞的形成是地表塌陷的先决条件，但不一定都发展成地表塌陷；地表塌陷是在特殊条件下（如土层厚度较薄，土洞发展过程中不能形成天然平衡拱时）土洞发展过程中的产物。理解这一点对岩溶地基稳定性评价和勘察是很有必要的。

（2）真空吸蚀论

在相对密闭的承压岩溶水中，由于地下水位大幅度下降，当地下水位低于覆盖层底板（或岩溶洞穴的表面）时，地下水由承压转为无压力状态，在地下水面与覆盖层底板之间形成低气压状态的"真空腔"（或"负压腔"），在真空腔内的水面如同"吸盘"一样，强有力地抽吸着覆盖层底板的土颗粒，使土体遭受"吸蚀掏空"，形成土洞。同时，随着地下水位的不断下降，真空腔内外压差效应不断加剧，引起腔外大气压对覆盖层表面产生一种无形的"冲压"作用，加速了覆盖层结构的宏观破坏，土层强度降低，地面突然发生变形和破坏。这种由于"真空压差"效应对上覆土层所产生的"内吸外压"作用叫做真空吸蚀。这种作用的发生很快，有时发生于瞬间，因而形成突发型塌陷。很显然，这种观点强调了真空压差的内吸外压的作用，而潜蚀论则强调了渗透压力的作用。

此外，还有研究者提出了新的机理，如机械贯穿机理、共振论、胀缩-崩解效应等。

总体来看，更多的研究者或论证或支持上述某个或部分观点，或运用某一机理解释了一些具体的岩溶地面塌陷现象，并在其指导下成功解决了某个或某类工程实际问题，同时，大多数研究者认为，岩溶地面塌陷现象是多机理叠加的结果（实际上是多因素共同作用的结果）。

### 7.3.3　岩溶地基稳定性定性评价

根据已查明的地质条件，包括岩溶发育及分布规律；对稳定性有影响的个体岩溶形态及特征（如溶洞大小、形状、顶板厚度、岩性、洞内填充和地下水活动情况等）；上覆土层岩性、厚度及土洞发育情况；地表建筑载荷的特点及在自然与人为因素影响下地质环境的变化特点等，结合以往的经验，对地基稳定性作出初步评价。这一方法适用于初勘阶段选择建筑场地及对一般工程的地基稳定性评价。

① 在地基主要受压层范围内，当下部基岩面起伏较大，其上部又有软土分布时，应考虑其对建筑物所产生的不均匀沉降的影响。

② 当基础砌置在基岩上，其附近因溶隙、落水洞的存在而可能形成临空面时，应考虑地基沿倾向临空面的软弱结构面产生滑动的可能性。

③ 当基础底板以下的土层厚度大于地基压缩层的计算深度，同时又不具备形成土洞的条件时，如地下水动力条件变化不大，水力梯度小，可以不考虑基岩内的洞穴对地基稳定性的影响。若基础底板以下土层厚度小于地基压缩层的计算深度时，应根据溶洞的大小和形状、顶板厚度、岩体结构及强度、洞内填充情况、地下水活动特点等因素，并结合上部建筑载荷的特点进行洞体稳定性分析，直至作出定量评价。

④ 在地基主要受压层范围内，当溶洞洞体的平面尺寸大于基础尺寸，溶洞顶板厚度小于洞跨，岩性破碎，且洞内未被填充物填满或洞内有水流时，应考虑为不稳定溶洞。

⑤ 对三层或三层以下的民用建筑，或建筑物载荷不大且为无特殊工艺要求的单层厂房，在下列条件下，可以不考虑溶洞对地基稳定性的影响。这些条件有：a. 溶洞已被填充密实，又无被水冲蚀的可能性；b. 洞体较小，基础尺寸大于洞的平面尺寸；c. 在微风化硬质岩石中，洞体顶板厚度接近或大于洞跨。

### 7.3.4 岩溶地基稳定性定量评价

岩溶地基稳定定量评价的理论和方法还很不成熟，下面介绍的方法可供解决实际问题时参考；同时，据此可以确定影响岩溶地基稳定性的主要地质因素，以便指导勘测工作。

#### 7.3.4.1 覆盖型岩溶区

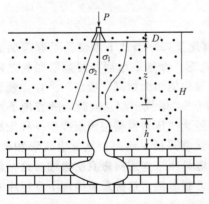

图 7-9 覆盖型岩溶地基稳定性的计算模型
$\sigma_1$—自重压力；$\sigma_2$—附加压力

在评价覆盖型岩溶地基的稳定性时，常常需要考虑上部建筑载荷和土洞的共同作用。其计算模型如图 7-9 所示。

在这种条件下，处于极限状态时的方程式为：

$$H_k = h + z + D \qquad (7\text{-}8)$$

式中，$H_k$ 为极限状态时上覆土层的厚度；$h$ 为土洞高度；$D$ 为基础砌置深度；$z$ 为基础底板以下建筑载荷的有效影响深度。

由式(7-8)可作如下讨论。

① 当 $H > H_k = h + z + D$ 时，说明地基天然土层厚度 $H$ 较大，虽然上部有建筑载荷的作用，下部又有土洞的影响，但地基仍是稳定的。

② 当 $H < H_k = h + z + D$ 时，地基是不稳定的，分两种情况。若土洞已经形成，然后再在上部进行建筑，土洞处在建筑载荷的有效影响深度范围内，这时已经处于平衡状态的土洞因条件恶化而发生新的坍塌，影响地基的稳定；当土洞形成于兴建建筑物之后时，已处于相对稳定的地基，在土洞的影响下稳定条件恶化，如地基沉降复活，将产生地基及建筑物的过量沉降或破坏。

③ 当 $H < h$ 时，仅土洞的发展就可导致地表塌陷。因此当土层较薄，又具备发育土洞条件的地段，已建工程宜搬迁，拟建工程须绕避。

目前，准确确定个体土洞的位置、形态和规模比较困难。在土洞已经形成的地段，可以通过工程地质勘探来查明。在土洞尚未形成，或未作勘探的地段，根据土洞形成的条件，预测个体土洞发育的位置、形态和规模将是十分困难的。为了评价土洞对地基稳定的影响，这里介绍运用平衡拱法来预测土洞高度 $h$。

设土洞发育在开敞型岩洞洞口之上，岩洞洞壁稳定，洞口宽度为 $2b$。据 M. M. 普罗托季亚科诺夫理论，可得土洞坍塌至天然平衡拱时的拱高 $h$，即为土洞的高度：

$$h = \frac{b}{f} \tag{7-9}$$

式中，$b$ 为岩洞洞顶宽度之半；$f$ 为土的坚固性系数。

无黏性土时：
$$f = \tan\varphi \tag{7-10}$$

有黏性土时：
$$f = (\sigma_v \tan\varphi + c)/\sigma_v \tag{7-11}$$

式中，$\varphi$ 为土的内摩擦角；$c$ 为土的黏聚力；$\sigma_v$ 为压应力。

#### 7.3.4.2　裸露型岩溶区

当裸露碳酸盐岩中浅部有隐伏溶洞时，地基稳定性的评价实际上是评价溶洞顶板稳定性问题。溶洞顶板的稳定性与岩性、岩体结构面的分布及其组合关系、顶板厚度、溶洞形态和大小、洞内填充情况、水文地质条件及建筑载荷的特点有关。其定量评价方法虽较多，但还很不成熟，现仅介绍使用洞穴顶板坍塌堵塞法进行粗略计算。

在洞内无地下水搬运的情况下，溶洞顶板坍塌时，因坍塌体松胀，其体积增大，当坍塌至一定高度时，溶洞将被完全堵塞，顶板即不再坍塌，这时洞穴原体积 $V_0$ 与可能坍塌体积 $V_1$ 可用下式表示：

$$V_1 = \frac{V_0}{K-1} \tag{7-12}$$

式中，$K$ 为岩石的涨余系数，石灰岩一般为 1.2。

为简便计，设坍塌前溶洞为柱体，其高为 $h_0$，底面积为 $F$，则柱体体积 $V_0 = Fh_0$。顶板坍塌后，可能形成穹窿或棱锥体，其体积为 $V_1 = Fh_1/3$。由式(7-12) 可得坍塌体高度 $h_1$ 为：

$$h_1 = \frac{3h_0}{K-1} = 15h_0 \tag{7-13}$$

坍塌体也可为柱体，其体积 $V_1 = Fh_1$，则得：

$$h_1 = \frac{h_0}{K-1} = 5h_0 \tag{7-14}$$

根据经验，式(7-14) 已足够安全，即洞穴的坍塌高度是原洞穴高度的 5 倍时，洞穴被全部堵塞。当原洞穴顶板的厚度小于 $5h_0$ 时，可认为是不稳定的。

此式适用条件是：①溶洞顶板为中厚层、薄层岩层且裂隙发育，顶板因溶洞可能塌陷；②仅知洞体高度 $h_0$。

#### 7.3.4.3　岩溶地（坝）基岩体质量分级

地（坝）基的岩溶化岩体的质量通常采用岩体质量分级方法评价。将这种高度非均质复杂岩体，划分为多个级别的工程地质性质类似的岩体，同级岩体可以采用基本相同的地基处理措施。由于分级指标不同而有多种质量分级方法，最常用的有以下两种。

（1）以地基溶蚀程度为主的质量分级

这一分级法以地基岩体的完整性、溶蚀率及地基岩石透水性作为分级的指标，而以溶蚀程度为主，级别划分如表 7-6 所示。

表 7-6　碳酸盐岩坝基溶蚀程度分级

| 级别 | 名称 | 地基岩体完整性 | 地基线溶蚀率/% | 地基岩体透水性 $L_u/L \cdot min \cdot m^{-1} \cdot m^{-1}$ | 地基处理措施 | 工程实例 |
|---|---|---|---|---|---|---|
| I | 微弱溶蚀地基 | 完整性好,仅少数裂隙被溶蚀,隙宽<5cm | <1 | <0.01 | 浅开挖,表面冲洗,固结灌浆或不灌浆 | 红枫、红岩、乌江渡、鲁布革、隔河岩、河床 |
| II | 弱溶蚀地基 | 完整性好,30%~50%的裂隙被溶蚀,隙宽10~30cm | 1~5 | 0.01~0.03 | 浅开挖,溶隙部位局部深挖,重点固结灌浆 | 隔河岩坝址两岸、恶滩、马骝滩 |
| III | 中等溶蚀地基 | 完整性好,50%的裂隙被溶蚀扩大,填充黏土、碎石,隙宽10~30cm,局部有小溶洞 | 5~10 | 0.03~1.0 | 开挖、冲洗、固结、灌浆 | 修文、金江、火石坡、小排吾 |
| IV | 强烈溶蚀地基 | 完整性受到强烈溶蚀破坏,填充黏土、碎块石,隙宽30~50cm,溶洞多处发育 | 10~20 | 1.0~10.0 | 深开挖、全面冲洗、回填、溶洞插筋及固结灌浆 | 窄巷口(右岸)、拔贡(河床)、大洞口(河床) |
| V | 极强溶蚀地基 | 完整性受到溶蚀的极强破坏,填充大量黏土、碎块石,地基溶洞密布,下部尚有隐伏溶洞 | >20 | >10.0 | 深开挖、溶洞回填、插筋及固结灌浆,扩大基础增加垫座 | 三江口(左侧河床) |

（2）以岩体力学性质为主的质量分级

这是一种综合性岩体质量分级法,既考虑到岩体强度,又考虑到岩体变形特性,同时还要考虑到夹泥层、风化程度及溶蚀程度等不良地质因素。这些因素尽可能以有代表性的物理力学参数表示,并建立分级定量指标的计算公式。定性表述的不良地质因素不能进入计算公式,采用折减系数来修正定量指标。

分级定量指标（$M_r$）计算公式如下:

$$M_r = R_s E_s K_v f = \frac{R_w}{30.0} \times \frac{E_o}{0.3 \times 10^4} \left(\frac{v_{pm}}{v_{pr}}\right)^2 \tan\varphi \qquad (7\text{-}15)$$

式中,$R_s$ 为岩石强度与软岩强度上限（30.0MPa）之比;$E_s$ 为岩体变形模量与软岩变形模量上限（$0.3 \times 10^4$MPa）之比;$K_v$ 为岩体完整性系数,以岩体弹性波纵波速度 $v_{pm}$ 与岩石弹性波纵波速度 $v_{pr}$ 之比的平方表示;$f$ 为岩体中对坝基起控制作用的软弱结构面的纯摩擦系数,即 $\tan\varphi$;$R_w$ 为饱和抗压强度,MPa;$E_o$ 为岩体变形模量,MPa。岩体质量按上式中计算得出的各种定量指标划分为 I 、 II 、 III 、 IV 、 V 、 VI 级,其质量分别为优、良、中、差、坏、极坏（表 7-7）。

表 7-7　坝基岩体质量分级及分级指标界限值

| 分级 | 质量评价 | 饱和抗压强度 $R_w$/MPa | 变形模量 $E_o/10^4$MPa | 完整性系数 $K_v$ | 纯摩擦系数 $\tan\varphi$ | 分级指标界限值 |
|---|---|---|---|---|---|---|
| I | 优 | >1000 | >2.0 | >0.85 | >0.8 | >15 |
| II | 良 | 100.0~80.0 | 2.0~1.0 | 0.85~0.75 | 0.8~0.7 | 15~5 |
| III | 中 | 80.0~60.0 | 1.0~0.5 | 0.75~0.65 | 0.7~0.6 | 5~1 |
| IV | 差 | 60.0~30.0 | 0.5~0.3 | 0.65~0.55 | 0.6~0.5 | 1~0.3 |
| V | 坏 | 30.0~10.0 | 0.3~0.1 | 0.55~0.45 | 0.5~0.4 | 0.3~0.02 |
| VI | 极坏 | <10.0 | <0.1 | <0.45 | <0.4 | <0.02 |

根据式(7-15)计算的质量分级指标 $M_r$ 为基本质量指标,如不良地质因素（软弱夹层、风化程度、溶蚀程度）时应对 $M_r$ 进行折减,其折减系数按表 7-8 选取,折减系数以折减百

分数表示，每一因素最大折减不超过 20%。

**表 7-8　坝基岩体质量分级指标 $M_r$ 的折减系数**

| 分级 | 地质因素 | | | | | | |
|---|---|---|---|---|---|---|---|
| | 软弱夹层 | | 风 化 | | 溶 蚀 | | |
| | 倾角/度 | 折减/% | 程度 | 折减/% | 程度 | 面溶蚀率/% | 折减/% |
| （1） | ＞45 | 0 | 新鲜 | 0 | 无 | 0 | 0 |
| （2） | 45～30 | 0～2.5 | 微风化 | 0～2.5 | 很微弱 | 0～0.5 | 0～2.5 |
| （3） | 30～20 | 2.5～5.0 | 弱风化 | 2.5～5.0 | 微弱 | 0.5～3 | 2.5～5.0 |
| （4） | 20～10 | 5.0～10 | 强风化 | 5.0～10 | 强烈 | 3～5 | 5.0～10 |
| （5） | ＜10 | 10～20 | 全风化 | 10～20 | 很强烈 | ＞5 | 10～20 |

### 7.3.5　岩溶地（坝）基的处理措施

当岩溶地（坝）基稳定不能满足要求时，特别是大坝的地基，需经比较复杂的工程处理。处理方法在建筑结构确定的条件下主要归纳为三大方面：一是提高岩体抗压强度；二是提高地基的抗剪强度；三是增强坝基岩体抗渗透能力。这三方面的处理措施则可分别概括为：溶蚀洞隙发育——挖、填、换、跨盖；地基不稳——锚、固、嵌、桩基；渗透变形——铺、截、灌。此外，还有一些其它措施，工程常视具体条件合理选择以下措施。

① 挖填换：当洞穴埋藏不深时，可挖除其中的软弱填充物，回填碎石、灰土、混凝土等，以增强地基强度。

当基础下溶洞埋藏不深，其顶板又不稳定时，可炸开顶板，挖除填充物，回填碎石等。或设置混凝土塞，使建筑载荷传给完整岩体。黏性土地基局部有石芽突出时，可将石芽凿去，回填素土，以调整地基变形。

② 跨盖：当基础下有小溶洞、溶沟、落水洞时，可采用钢筋混凝土梁板跨越；或用刚性大的平板基础覆盖，但支撑点必须放在稳定性较好的岩石上，也可调整柱形基础的柱距。

③ 灌注加固：当基础下洞穴埋藏较深时，可通过钻孔灌注水泥砂浆、混凝土、沥青等，以堵填洞穴、溶隙，提高其强度，或防止洞穴进一步坍塌。

④ 锚、嵌：锚是对坝基岩体进行锚固，用以提高坝基的抗剪强度。嵌则是增加拱坝坝端嵌入深度。

⑤ 桩基：当基岩顶面起伏不平，其上覆土层性质较软弱，厚度又较大，不易清除时，可视建筑物需要作支承桩（图 7-10）或摩擦桩。

⑥ 合理疏导水、气：对水、气的处理不能盲目填堵，应视具体情况合理疏导，主要有以下几种措施。a. 供水或采矿时，抽排地下水的井孔不要过于集中，不要快速大量集中抽排地下水，应使地下水位均匀地缓慢下降，以免形成过大的水力梯度或真空腔。同时，井的进水管应作好反滤，以减少泥沙流失。b. 不过量开采地下水，水位下降不应低于溶洞顶面，以保持岩溶水的承压状态。c. 合理开采地下水，如有多个含水层时，尽量不采上部含水层的水。d. 在可能形成真空腔的部位，安置通气管，利用充气法及

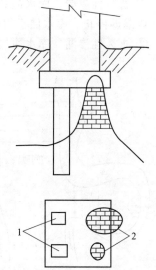

图 7-10　处理石芽附近软土的支承桩
1—桩；2—灰岩

时补充岩溶空腔中的气体，破坏其真空状态，避免形成塌陷的条件。e. 在已产生部分塌陷的地区，要采取分流措施，作好地表水截流和堵漏防渗，防止地表水及降水大量灌入地下，引起土体冲蚀，并扩大和加剧塌陷的发生。

⑦ 铺、截、灌：进行减小坝基渗透压力以保证坝基渗透稳定的铺（铺盖）、截（截水墙）和灌（灌浆帷幕）。

⑧ 绕避：对已查明的洞穴系统或巨大的溶洞和暗河分布区，其稳定条件又很差时，在布置建筑物时宜绕避，重新选择地质条件良好的场地。

⑨ 强夯：覆盖型岩溶区上覆松软土，通过强夯法使其压缩性降低，强度提高，能减少或避免土洞及塌陷的形成。当土层中存在隐伏洞穴时，可用强夯法将其破坏，以消除隐患，达到事先处理的目的。

# 7.4　岩溶渗漏问题评价

碳酸盐岩经岩溶作用后，形成各种复杂的岩溶通道和洞穴，使岩体水文地质条件更加复杂，透水性加大且不均一。在这些地段兴建水利水电工程，由于渗漏量较大，常使水库不能正常蓄水兴利，甚至干涸而根本不能兴利。因此，岩溶渗漏是水利水电工程中主要的工程地质问题之一。

### 7.4.1　渗漏的形式

#### 7.4.1.1　按渗漏通道分类

① 裂隙分散渗漏　岩溶作用的分异性不明显，以溶隙为主。库水通过溶隙或顺层面渗漏，为裂隙脉状分散型渗漏，其分布范围常较大。地下水既有层流也有紊流运动，从宏观上可近似认为是均匀裂隙中的层流运动。

② 管道集中渗漏　在岩溶发育强烈的地段，岩溶作用分异性明显，库水通过岩溶管道系统集中渗漏，渗漏量较大。地下水以紊流运动为主。

#### 7.4.1.2　按库水漏失的特点分类

① 暂时性渗漏　库水饱和，库底包气带的岩溶洞穴和裂隙消耗水量，待洞穴裂隙饱水后，渗漏即停止。库水储于岩体空隙中，不会造成水量的损失。

② 永久性渗漏　库水通过岩溶化岩体流向本河下游、邻谷、低地及干谷等处，造成库水的损失，叫做永久渗漏。它是工程地质研究的重点。例如，在坝区，库水通过坝基及绕坝肩向本河坝后渗漏；在库区，通过库岸经河间地块向邻谷、低地或干流渗漏，或通过库岸经河弯地段向本河下游渗漏（图 7-11）；在悬托河谷区，库水通过库底垂直渗透，至地下水面后向本河下游或更远的区域性排泄区（如干流）渗漏。

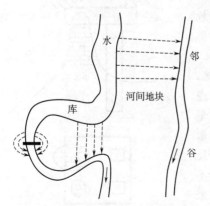

图 7-11　水库永久渗漏的形式

### 7.4.2　影响渗漏的因素

影响水库渗漏的因素很多，诸如地形地貌、地层岩性、地质构造、岩溶发育和水文地质条件等。在预测水库是否产生渗漏及其严重程度时，应抓住反应渗漏问题的两个关键：①渗漏通道的研究，分析通道的类型（洞穴、裂隙、孔隙、断层破碎带）、规模、位置、延伸方向和连通性，其中自库水入渗段至可能渗漏的排泄区之间，渗漏通道的规模和连通性对水库渗漏的影响最大。若通过连通性好的岩溶管道渗漏，则其渗漏量较大，应予以重视。渗漏通道是水库渗漏的必要条件。②水文地质条件的研究，其核心是分析拟建水库的河流和库水位与地下水位的关系。只要河间地块和河弯地段的地下分水岭高于设计库水位，即便岩体中的通道规模较大，连通性较好，也不会向邻谷及经河弯地段向本河下游产生永久性渗漏。因此，查明地下分水岭高程与河水位及库水位的关系，是分析水库渗漏的本质和关键，它是水库渗漏的充分条件。但是，查明地下水分水岭需要投入大量的勘探工作；同时，地下水分水岭的高程和位置是随时间、季节而变动的。因此，用地下水分水岭与河水位及库水位的关系来评价水库渗漏时，在初勘阶段应该谨慎。全面地说，应把它与渗漏通道的分析结合起来。

碳酸盐岩地区水库渗漏的分析，本章不作全面介绍，仅从岩溶发育特点、地质构造及水文地质条件对渗漏通道及地下水分水岭的影响来分析水库的渗漏问题。

### 7.4.2.1　岩溶的影响

碳酸盐岩经岩溶作用后，形成各种地下岩溶，如溶隙、溶洞、暗河等，使岩体的透水性加大，常构成水库渗漏的主要通道。岩溶发育程度是决定渗漏通道大小的根本因素。当以溶孔、溶隙为主时，对渗漏的影响不大；当岩溶发育强烈，分布广泛，深度较大，又有大型溶洞及地下暗河存在时，一旦渗漏，其量很大，常常影响工程的正常使用。

此外，岩溶发育程度又是影响渗漏通道连通性的重要因素。岩溶作用初期，以孤立的溶隙和管道为主，不易形成通向渗漏排泄区（如邻谷）的通道，即不易形成永久性渗漏。当碳酸盐岩经长期岩溶作用后，形成各种强烈发育的岩溶，同时，存在通向邻谷的水平洞穴，其高程又在库水位以下时，可能造成向邻谷的永久性渗漏。

一个地区的岩溶在平面分布上常具分带性规律，即在平面上呈现非岩溶区和不同程度的岩溶区（如弱岩溶区、中等岩溶区、强岩溶区等）的带状分布。这种现象受控于地层岩性、地质构造、地形地貌和水文地质条件的综合因素。因此，质纯易溶的灰岩、褶皱核部、断层和裂隙密集带、可溶岩与非可溶岩接触带和碳酸盐岩硫化矿床的氧化带等的位置和分布处，就可能是岩溶发育较其它地带更为强烈的地带，一旦渗漏，其量可能较其它地带大。

在新构造运动影响下，山区岩溶在剖面上具有成层性，即多层水平溶洞（或暗河）分布在剖面的不同高程上，各层溶洞之间多为溶隙或规模不大的垂直洞穴所沟通。水平溶洞是一定地质时期中岩溶分异作用的优胜者，其规模在该地质时期所形成的洞穴中最大，故对渗漏的意义最大。当水平溶洞低于库水位，其连通性又较好时，对水库渗漏影响较大。当最低一层溶洞在库水位以上时，则对水库渗漏影响不大。

### 7.4.2.2　地质构造的影响

如果说渗漏通道的大小主要受控于岩溶规模，那么渗漏通道的连通性主要决定于地质构造的特点。本章第 2 节讨论了褶皱和断层对岩溶发育规模、速度和空间分布规律的影响，这里着重介绍褶皱和断层对碳酸盐岩空间分布的影响，便于从宏观上分析地质构造对岩溶渗漏通道连通性的影响。褶皱和断层对岩溶渗漏通道的影响是十分复杂的，主要表现在以下几个方面。

① 厚而纯的平缓碳酸盐岩分布区，无相对隔水层，或隔水层深埋于河床以下时，岩溶发育深度较大，地下水埋藏较深，尤其是在山区常构成严重的水库渗漏。

② 在夹有相对隔水层的纵向谷（河流流向与岩层走向一致）中，河流所处构造部位不同，褶皱对岩溶通道连通性及渗漏的严重性的影响是不同的。在向斜河谷两岸，岩溶虽较发育，当隔水层能起到较好的封闭作用时，则库水不会向邻谷渗漏（图 7-12）。在背斜河谷中，当碳酸盐岩分布在库水位以下而岩层倾角较缓时，碳酸盐岩可能在邻谷出露，这时可能

产生向邻谷渗漏［图 7-13(a)］；当岩层倾角较陡时，碳酸盐岩可能深埋于邻谷谷底以下，即便岩溶发育也不会产生向邻谷渗漏［图 7-13(b)］。在单斜河谷中修建水库时，渗漏问题将主要存在于岩层倾向库外的一岸。

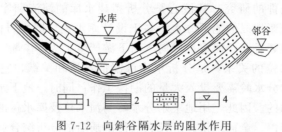

图 7-12　向斜谷隔水层的阻水作用

1—岩溶化灰岩；2—页岩；3—砂岩；4—水位

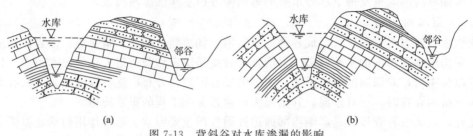

(a)　　　　　　　　　　　　　　(b)

图 7-13　背斜谷对水库渗漏的影响

(a) 岩层倾角平缓可能渗漏；(b) 岩层倾角较陡不可能渗漏

③ 在横向谷（河流流向与岩层走向垂直）中修建水库常是不利的，因为在这种条件下，库区的碳酸盐岩与邻谷联系起来，容易产生向邻谷渗漏。但是在坝址区，只要充分利用相对隔水层，坝基和绕坝肩的渗漏是可以避免或减少的，见图 7-14。

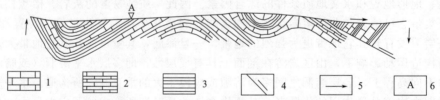

图 7-14　横向谷中选坝时隔水层的利用

1—厚层灰岩；2—薄层灰岩；3—页岩；4—断层；5—河流流向；6—适宜建坝处

④ 断层对碳酸盐岩空间分布的影响是十分复杂的。由于断层错动，可以沟通或切断库区碳酸盐岩与邻谷的联系，造成复杂的渗漏条件。图 7-15(a) 为断层切断向邻谷的渗漏通道，这时不会产生向邻谷渗漏。图 7-15(b) 为断层使碳酸盐向邻谷渗漏的通道沟通。

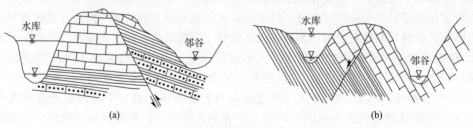

(a)　　　　　　　　　　　　　　(b)

图 7-15　断层与可能渗漏通道的关系

⑤ 在河间地块中，相对隔水层虽未出露地表，但其分布在库水位以上，如碳酸盐岩中有侵入的岩浆岩（图 7-16）；或因褶皱使碳酸盐岩下部的砂页岩隆起并高于库水位时，均不会产生向邻谷渗漏。

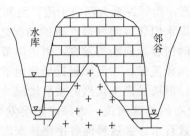

图 7-16　岩浆岩切断可能向邻谷的渗漏通道

### 7.4.2.3　河谷区水文地质特征的影响

建库河流的河水及库水位与河谷两岸地下水位及邻谷河水位的组合关系不同，可构成水文地质特征各异的河谷类型，据此可将河谷分为补给型、排泄型和悬托型三种。其中排泄型及悬托型为岩溶发育区所特有。各种类型的河谷对水库渗漏的影响是不同的（图 7-17）。

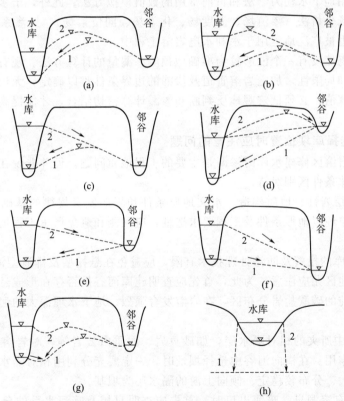

图 7-17　地下水位对水库渗漏的影响
1—建水库前地下水位；2—建水库后地下水位

① 补给型　建库前两岸地下水或两岸地下水及邻谷河水均匀补给建库河流。这时仅当河间地下水分水岭高程在建库河的河水位与库水位之间，且回水后地下水分水岭消失 [图 7-17(c)]；或当建库前，河间地下水及邻谷河水均补给建库河流，因设计库水位高于邻谷

河水位而形成反补给时［图 7-17(e)］，库水将向邻谷渗漏，其余情况下不会产生渗漏［图 7-17(a)、(b)、(d)］。

② 排泄型 建库前河水补给地下水，建库后肯定会产生库水向邻谷永久渗漏。图 7-17(f) 所示为建库河系小河或支流，而邻谷系大河或干流，河间地块岩溶发育，其地下水位低于建库河水位。这常是岩溶区库水向邻谷渗漏最严重的情况之一。一般经地表调查分析后，即可作出是否渗漏的结论。有时河谷纵向断裂发育，因边岸带混合溶蚀效应使得岩溶洞穴异常发育，形成平行河流的纵向强径流带，在河岸附近局部地下水位低于河水位及河间地下水位时，这时虽不会向邻谷渗漏，但极易产生强烈的坝肩渗漏［图 7-17(g)］。

③ 悬托型 在碳酸盐岩分布的山区河流，因深成岩溶发育而形成区域性地下水位不断下降，有的在河床以下数十至数百米，在这种河谷中修建水库时，将沿整个库底产生垂直渗漏［图 7-17(h)］，然后向远处区域性基准面排泄。应尽量避免在悬托型河谷段修坝建库。

岩溶地区修建大坝水库，岩溶渗漏是最主要的工程地质问题，评价岩溶渗漏量是非常必要的。渗漏量计算的可靠性取决于对边界条件的分析、计算参数的确定和计算模型的概化。根据我国 1949 年以来在岩溶地区开展水库建设的实践经验，水库岩溶渗漏的计算方法主要有地下水动力学方法、水力学方法、逻辑信息法、模糊综合评价法、数量化理论、汇流理论法、神经网络预测法以及数值模拟方法。《水利水电工程水文地质勘察规范》（SL 373—2007）中也有采用地下水动力学法和目前常用的数值模拟方法。此外，十多种岩溶工程地质分析方法，如四场分析法（渗流场、温度场、化学场、同位素场）、压渗系数分析法、岩溶趋势面分析法等也被广泛地运用于水利水电岩溶工程中。

但是，迄今仍然没有一个能够较为准确地预测渗漏量的计算方法。现有的几种方法均有一定的应用条件和局限性，加之岩溶管道及渗漏的边界条件难以确定，无论何种方法的计算结果均只能是概算值，必须把宏观地质判断和渗漏计算密切结合，才能提高水库岩溶渗漏的定量评价水平。

### 7.4.3 岩溶区选择库坝位置时应注意的问题

实践证明，岩溶区修建水库时渗漏是主要的工程地质问题。但并非说在岩溶区不能修建水库，而须视具体条件区别对待。

① 在查明地层岩性、地质构造、水文地质条件和岩溶发育规律的基础上，选择良好的库坝位置，切忌单纯以地形条件及工程要求选址，应预测和避免严重工程地质问题所带来的问题。

② 中小型水库的投资及防渗处理技术有限，应避免在悬托型及排泄型河谷上筑坝建库。在北方干旱少雨地区尤应注意。为此，首先应查明建库河谷是否存在形成悬托河的三个基本条件。对于厚而纯的碳酸盐岩分布区，在岩溶发育强烈、地下水埋深大的河段上建坝时，一定要持慎重态度。

③ 碳酸盐岩中所夹的相对隔水层，如砂页岩、泥质白云岩等，对岩溶发育和水库渗漏都有重要的控制作用。在横向河谷中选择坝址时，一定要充分利用相对隔水层的天然防渗作用，选择厚度较大、分布较稳定、倾向上游的隔水层为坝基。

④ 河谷两岸有溶洞泉、暗河出口时，首先应查明泉域及暗河水系的分布特点，尤应注意两岸顺河方向岩溶发育情况及其与溶洞泉或暗河的联系。若坝址选在溶洞泉或暗河口的上游河段时，应查明库水与溶洞泉或暗河连通的可能性。在这种条件下，坝址宜建在溶洞泉或暗河出口的下游河段处，以避免渗漏及其它后患。

⑤ 利用岩溶发育规律来选择库坝位置及控制工程规模。如河谷两岸早期岩溶十分发育，规模较大的水平溶洞呈层分布，但其位置较高，而近期河谷强烈深切，两岸无水平溶洞分

布，以垂直溶隙为主。当设计库水位控制在最低一层水平溶洞以下，即在深切峡谷段时，则可减少库坝区的渗漏。

#### 7.4.4　岩溶渗漏的防治措施

在水利水电建设中，防治岩溶渗漏的具体措施较多，归纳起来主要包括两个方面：一是降低岩体的透水性，截断渗漏的通道；二是合理导水导气。前一点是容易理解的，但大量实践证明，不顾具体条件一概堵截，有时反而事与愿违，其关键是处理措施与具体的地质条件是否适应。在我国水利建设实践中，采用灌、铺、堵、截、导等方法处理岩溶渗漏问题，已总结了行之有效的经验，并取得了良好效果。

##### 7.4.4.1　灌浆

借助钻孔向地下渗漏通道灌注水泥、沥青、黏土浆液，填充岩体中的洞穴、裂隙，以降低岩体的透水性，形成灌浆帷幕，达到防渗的目的。为了最经济有效地设置防渗帷幕，帷幕线的方向原则上以垂直河流和地下水等水位线为宜，帷幕深度应达到相对隔水层顶板，帷幕宽度应达河谷两岸与库水位相等的地下水位处，或达两岸岩溶发育极微弱处。此法适于以溶隙及规模较小的洞穴为主且深度较大的河段。

##### 7.4.4.2　铺盖

在坝上游或水库某一部位，用透水性小的黏性土或混凝土填筑成人工铺盖，以处理地表附近面积较大的分散性渗漏通道。它适用于地表岩溶不发育，而以溶隙、小洞穴为主的地段。实践中对库底的处理，常以黏性土作成水平铺盖（图 7-18），这要求当地有大量的透水性小的黏性土，铺盖厚度取决于坝基地质条件、铺盖土料的透水性和设计库水位。铺盖范围最好向两岸及向上游与相对隔水层相连接，若上游无隔水层时，则铺盖向上游可适当延长，但应有所控制，否则因铺盖面积过大，通过铺盖本身的渗漏量相应增加，达不到防渗目的。因此，铺盖向上游的长度应通过试验进行方案比较后确定。

必须指出，当库中碳酸盐岩上部有厚度较大、透水性较小的残坡积、冲洪积等黏性土时，切忌乱挖，要充分利用这些土层作天然铺盖。

##### 7.4.4.3　堵洞

用块石、砂、混凝土、黏性土等材料，堵塞规模较大的岩溶洞穴，如堵塞井状落水洞、漏斗等（图 7-19），这是处理岩溶集中渗漏通道的有效办法。还可视具体情况，再辅以喷浆处理。

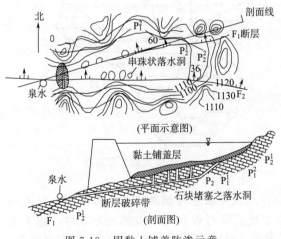

图 7-18　用黏土铺盖防渗示意

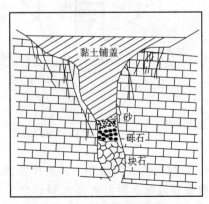

图 7-19　堵塞落水洞示意

#### 7.4.4.4 截渗

截渗是指在地下岩溶管道的集中漏水处，用混凝土或浆砌块石等筑成截水墙，多用于截断水平集中渗漏通道，这时截水墙要求能足以承受地下水的水头压力。

#### 7.4.4.5 疏导

库区岩溶十分发育，落水洞和暗河互相沟通，洞中地下水位变幅较大，有时在库底有反复岩溶泉出露时，任意堵塞洞穴是不恰当的。当洪水期地下水位上升，可能形成较高的水、气压力，破坏堵体或形成新的洞穴和塌陷。而当枯水期地下水位下降，在被堵塞或天然封闭条件较好的洞穴中，可能形成负压，因"真空吸蚀"也会破坏堵体或形成新的洞穴和塌陷。这两种作用都会加剧水库的渗漏，这种现象在我国不乏实例。疏导的主要内容包括：围（隔），即用围坝或烟筒式围井，将水库中的喀斯特落水洞或竖井包围起来防止渗漏；引，即将渗漏水流引走，以降低坝基下部过大的扬压力及渗透压力，防止地基渗漏破坏所引起的更大渗漏损失；排，即排除水库蓄水后聚集在溶洞或管道中的气体，以防止气爆破坏溶洞周围岩体或堵塞体而引起的渗漏。在我国水利建设实践中常采用以下的疏导措施。

① 修建自动启闭闸门　它是安装在需要排水减压的洞口的一种活动门（图7-20），适于解决地下水暴涨和水击等原因产生的气水正压力问题。活动门的工作原理是：当地下水、气压力大于库水压力时，闸门被顶开，水或气体逸入库内，以消除过大气、水压力的作用；反之，当水、气压力小于库水压力时，闸门又自动关闭。这样，既能直接防治水库渗漏，又能避免高压水气压力引起库底坍塌和渗漏。

② 修建烟囱式调压井　调压井是在落水洞口修建的可以通风排气，又可调节水压的建筑物。井口必须高于最高库水位，其内径一般与落水洞直径相近。若内径过小，对于突然增大的压力（如水击作用）缺乏足够的调压容积，影响调压效果。地下水在调压井管内可以自由升降，洪水期地下水上升至高于库水位时，既可逸出井外，也可作为地下洞穴的补气通道，以破坏负压问题。烟囱式调压井是在水库中间的落水洞洞口上修建的直立式建筑物（图7-21），借以疏导水气，要求建材及建筑物隔水性良好。因高度过大时施工较困难，故此法宜于库水较浅部位。

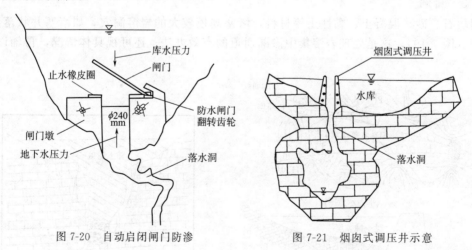

图7-20　自动启闭闸门防渗　　　　　图7-21　烟囱式调压井示意

③ 修建卧管式调压井　其工作原理、所起作用及要求均与烟囱式调压井相同。它适用于修建在靠近库岸附近的落水洞口之上，其主要优点是可以利用山坡的地形条件，施工方便，结构要求较低。这种构筑物与前者的区别在于，混凝土卧管的不同高度上留有泄水孔，根据不同库水位，打开相应的泄水孔，当地下水位高于库水位时，既能补给水库水量，又解

决了调压容积过小的矛盾（图 7-22）。

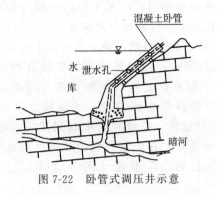

图 7-22 卧管式调压井示意

#### 7.4.4.6 喷

用喷涂水泥砂浆的办法将库边分散渗漏的溶蚀裂隙予以堵塞。

# 7.5 岩溶地面塌陷

### 7.5.1 概述

地面塌陷或沉陷（land collapse）是地面垂直变形破坏的一种形式。岩溶地面塌陷是指覆盖在溶蚀洞穴发育的可溶性岩层之上的松散土石体在外动力因素作用下向洞穴运移而导致的地面变形破坏，其表现形式以塌陷为主，并多呈圆锥形塌陷坑。岩溶塌陷一般规模较小，发展速度缓慢，不致给人类生活带来突然的影响。但在人类工程活动中，诸如在抽取岩溶水作为供水来源、岩溶地区矿山排水疏干时，产生的岩溶塌陷规模较大，突发性强，常出现在人类聚集地区，给地面建筑物和人类安全带来严重威胁，可构成地区性的环境地质灾害。

有关岩溶地面塌陷的机理已在 7.3 中论述过了，故本节主要就人类工程活动引起地面塌陷的实例及形成条件、分布特点等加以讨论。

由人类活动引起的岩溶地面塌陷，其实际过程可通过以下实例说明。图 7-23 表示美国佛罗里达州冬季公园（winter park）的覆盖型岩溶洞穴引起地面塌陷的两种形式。图 7-23（a）表示在岩溶洞穴发育的石灰岩层之上有黏土岩顶板将洞穴与上覆的松散砂层隔开。由于

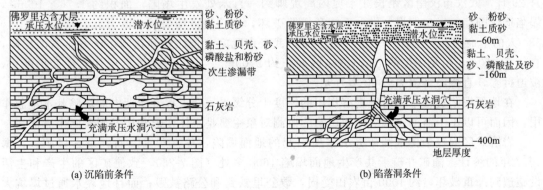

图 7-23 佛罗里达岩溶地形两种洞穴的形式

岩溶含水层（佛罗里达含水层）承压水位在黏土岩顶板以上，沿黏土岩裂隙中的有压渗流作用使裂隙扩大并逐渐形成次生渗漏通道，沟通了松散砂层与岩溶洞穴之间的联系。图 7-23（b）表示在黏土岩顶板中存在着天然竖井或落水洞使覆盖层与洞穴相连通。

在 1930—1950 年期间，由于抽水活动，佛罗里达含水层承压水位下降了 6.5m 或更多。地下水位下降使洞穴中水压力降低，以及渗流对洞穴填充物的冲蚀和潜蚀作用，触发了表层松散材料的散解，并向下顺垂直或倾斜的通道进入深部岩溶洞穴中，使残留的上覆地层失去支撑力。残留层下弯并产生张裂隙，地面随之下陷，形成碟形洼地［图 7-24（a）］。无支撑的上覆层的散解过程，持续到落水洞和其它陷落通道被填满，地下水位的变动不再能对填充物施加影响为止。在陷落过程中地面塌陷范围不断扩大，以塌陷通道为中心形成最大直径 100m 左右的塌陷盆地［图 7-24（b）］。整个塌陷过程持续了 48h（1981 年 5 月 8 日到 9 日）。

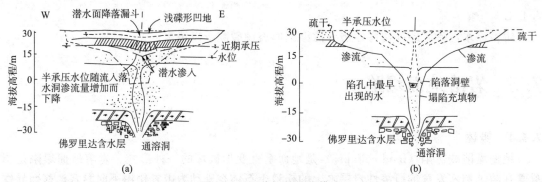

图 7-24 沉陷坑的组成模型
(a) 早期阶段（非固结沉积物下移至落水洞，留下无支撑上覆层）；(b) 沉陷阶段
（无支撑层陷入落水洞，持续进行到落水洞和洞穴被填充）

我国是碳酸盐岩系广泛分布的国家，覆盖型岩溶区在碳酸盐岩地区中占较大比例。这些地区又往往是工农业建设所必需开发利用的场地。随着人类工程活动范围的扩展、强度的增加，改变了这些地区的水文地质、工程地质条件，于是地面塌陷灾害频繁出现。如武汉市有明确记载的岩溶塌陷于 1931 年 8 月发生在武昌区丁公街，塌陷曾导致江堤溃口，白沙洲淹没。自 1977 年以来，武汉市先后在汉阳区中南轧钢厂、武昌区阮家巷、陆家街、江夏区范湖乡金水村、毛坦港、市司法学校、青菱乡锋火村、乌龙泉京广线、汉南区陡埠村等地发生了岩溶塌陷。随着城市的发展，岩溶塌陷对人类生命财产造成的危害日渐突出。2008 年 2 月 29 日，武汉市汉南区距长江干堤内离堤脚约一百米处发生塌陷，面积约 $1.76 \times 10^4 \, \text{m}^2$，塌陷造成围墙、民房倒塌，供电系统和道路破坏，直接经济损失约 800 万元，威胁 176 户，584 人的生命财产安全。2006 年 4 月 9 日，武汉市阮家巷长江紫都花园小区发生岩溶塌陷，直径 8～10m，可见深度约 7m，影响区面积约 2700m²。小区内两栋六层住宅楼变形严重，被迫拆除，直接经济损失 2000 多万元。

在地面塌陷过程中，由于岩溶作用的速度十分缓慢，在工程寿命期内对塌陷基本不起作用，因而可以不予监测。岩溶地面塌陷的监测对象主要是土体变形和诱发因素两个方面。

岩溶矿区因疏于排水和矿井突水所引起的地面塌陷，危害严重。如广东凡口矿区，据1977 年的统计，随矿井疏干共产生地面塌陷 1600 多处（图 7-25），致使矿区的生产和生活设施遭到严重破坏，约 1000 亩农田受损，数公里铁路和公路被毁；而且地表水通过塌坑大量灌入井下，威胁采矿安全，大大增加了排水费用。湖南煤炭坝矿区，每当出现大量突水后，在与突水点之间存在的密切水利联系的地下径流带方向或地段上，地面塌陷的规模和范围都有突变性增加。1969 年底该矿的竹山矿井发生大突水后，原塌陷地段上的塌坑由 20 个迅速增加到数百个，密集成群，连成一片。

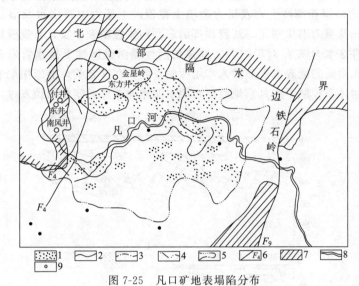

图 7-25 凡口矿地表塌陷分布

1—塌陷点；2—双主孔抽水塌陷范围；3—+50m 坑道排水时塌陷范围；4—0m 坑道突水塌陷范围；

5——40m 坑道排水塌陷范围；6—断层；7—隔水层；8—河流；9—钻孔

（据广东省地矿局）

建于覆盖型岩溶地区的城市因大量抽汲岩溶水，引起地面塌陷，也是比较普遍的。如桂林市随着市政建设的发展，抽汲岩溶水量日渐增大，地面塌陷也日趋频繁。据近年的统计，抽水塌坑共有 216 个，占全区塌坑总数的 48.4%。贵州水城盆地是一个由峰林峰丛环绕的坡立谷。该区原自然环境良好，地面未见塌陷。但自 1968 年开始，因工业建设需要抽汲岩溶水，随之产生塌陷。截至 1988 年底，盆地东南段内 14 口井，在井周出现塌坑 805 个（图7-26）。广西玉林市因抽汲岩溶水地面塌陷也比较严重。该市一化工厂一口抽水井，当水位降深 10m 时周围地面发生 130 余处塌陷，范围约 0.13km$^2$，导致邻近的火电厂主要设备基础倾斜、储水池漏水、仓库开裂、办公楼不均匀沉降等多种危害。

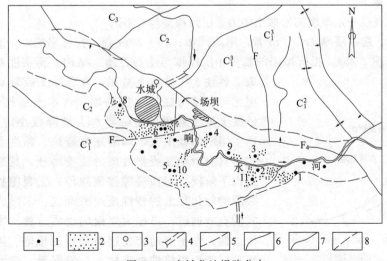

图 7-26 水城盆地塌陷分布

1—抽水井；2—塌陷点；3—泉水；4—地下河及出口；5—第四系地层界线；6—地层界线；7—断层；8—推测断层

地面塌陷也可因爆破震动、地下管道漏水等原因而诱发。武汉市武昌区陆家街于1988年5月10日发生地面塌陷，陷坑呈圆形，直径22m，深10m，位于长江高河漫滩上。塌陷区地质结构上部为15～30m厚粉细砂土，表层为杂填土覆盖；下部为中石炭世及早二叠世白云质灰岩和灰岩。经电法及重力勘探判定，灰岩顶部沿东西向张性断裂中发育有规模较大的岩溶洞穴并与第四系潜水存在水力联系（图7-27）。塌陷的产生是由该区地下排水管道多年漏水产生的潜蚀作用和连续大雨后的地表水强烈渗入作用所触发的。在这之前，类似塌陷事件在同一地貌单元和构造、岩溶体系控制下的其它地点，也因水文地质条件的变化而诱发过。

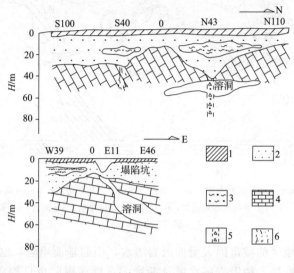

图 7-27 陆家街塌陷坑地质断面

1—杂填土；2—粉细砂土；3—淤泥质粉细砂土；4—灰岩；5—断裂破碎带；6—大溶蚀裂隙

上述实例证明，岩溶地面塌陷的发生与特定地质环境和水动力条件的变化有着密切的联系。

### 7.5.2 岩溶地面塌陷的形成条件

大量实例表明，岩溶地面塌陷的形成与特定的地貌、岩性、地质结构和水文地质因素有关，基本条件如下。

（1）出现在以一定厚度的松散土体为盖层的覆盖型岩溶区

一般认为，覆盖层厚度<10m者，塌陷严重；10～30m者，容易塌陷；>30m者，塌陷可能性很小（图7-28）。抵抗塌陷的临界土层厚度与土石性质、结构、密实度及湿度状态有关。砂性土比黏性土易塌；含砾黏土或具双层结构的土层比均一结构黏性土层易塌；含水土层比干土层易塌。砂性土抗渗透变形的临界水力坡降较小，孔隙率较高，产生塌陷的概率大，塌陷速度较快。黏性土塌陷破坏形式常具有滑动流或塑性流的流变特征，其破坏过程需经过以下阶段：①微裂隙渗流阶段；②裂隙扩大，出现沿裂隙的软化黏土的塑性流或滑动流；③形成通向岩溶洞穴的有效通道，出现大规模的物质运移；④覆盖层中产生土洞；⑤土洞向上发展引起地面塌陷。因此，黏性土覆盖层产生塌陷的概率较小，发展慢，完成地面塌陷的过程较长。在研究塌陷形成条件时，应首先找出覆盖土

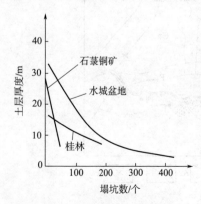

图 7-28 土层厚度与塌坑数关系

层产生塌陷的临界厚度，以便对地面塌陷的可能性作出初步评价。

（2）覆盖层以下可溶性基岩浅部岩溶发育

可溶岩顶界面上有开口岩溶管道（落水洞、岩溶竖井），具有搬运、储存大量冲蚀物所必需的通道和空间。一般情况下，断裂带附近、褶皱轴部、硫化矿床的氧化带、矿体与碳酸岩接触部位等常为岩溶集中发育地带，因而也是地面塌陷的可能部位。再者，岩溶洞穴的填充率及填充物胶结程度愈高，出现塌陷的可能性相对愈小。因此，在抽取岩溶水或矿山排水设计中应该注意保护洞穴填充物的稳定性。

（3）具有引起土体变形、破坏的作用力

该作用力的主要来源是地下水静、动水压力和土体自重。前者对土体渗透变形和滑动运移起主导作用，后者则对土体塌陷过程起促进作用。导致塌陷的水动力条件包括：大流量强力排水引起水动力条件急剧变化；抽（排）水量不稳定引起地下水位的频繁升降；连续降雨引起地下水位急剧回升；大量抽水使岩溶含水层承压水位降至盖层与基岩界面附近，形成真空或负压。图 7-29 所示为广东曲塘矿区零米中段突水时水位降深、排水量与塌陷关系曲线。说明水位降深愈大，排水量愈大，地面塌陷愈强烈，相关性极好。实践证明，当地下水位普遍降低到可溶岩顶面以下，特别是位于强岩溶含水带以下时，水动力作用削弱，地面塌陷不再发生或发展。

（4）具备上述条件的河床两侧平缓低阶地或地形低洼处

这是有利于地面塌陷的地貌条件。岩溶地区河床两侧的岩溶十分发育，覆盖层薄，且往往为较松散的粉细砂土和亚砂土，岩溶水与河水之间的水力联系极为密切。当采、排地下水时，促使河水渗入补给地下水，增强了对溶洞

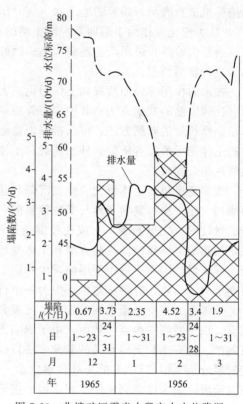

图 7-29　曲塘矿区零米中段突水水位降深、
排水量与塌陷关系曲线

| 塌陷/(个/日) | 0.67 | 3.73 | 2.35 | 4.52 | 3.4 | 1.9 |
|---|---|---|---|---|---|---|
| 日 | 1～23 | 24～31 | 1～31 | 1～23 | 24～28 | 1～31 |
| 月 | | 12 | 1 | 2 | | 3 |
| 年 | | 1965 | | 1956 | | |

填充物的侵蚀，故河床两侧易产生塌陷。地形低洼地段往往是地下岩溶发育的地面标志，在这样的地段采、排地下水时，就为地下水对土体的侵蚀搬运作用创造了条件。同时，洼地内积水又加强了这种作用的进行。因此地形低洼地段产生的塌陷，一般规模大、数量多。洼地又往往是古塌陷被外来物质逐渐填充形成的。所以洼地内的堆积物较松散，强度低，在采、排地下水时易被侵蚀。

### 7.5.3　岩溶地面塌陷监测与预测

#### 7.5.3.1　岩溶塌陷主要监测方法

岩溶塌陷的监测方法归纳起来可分为直接监测法和间接监测法两类。

直接监测法就是通过直接监测地下土体或地面的变形来判断地面塌陷的方法，如监测地面沉降、地面和房屋开裂等常规方法，以及地质雷达和光导纤维等监测地下土体变形的非常规方法。

间接监测法主要有岩溶管道系统中水（气）压力的动态变化传感器自动监测技术。

① 地质雷达的工作原理　由发射天线向地下发射高频电磁波，通过接收天线接收从地

下不同电性界面上反射回来的信号。当地下物体的介电常数差异较大时，就会形成反射界面，电磁波在介质中传播时，其路径、电磁场强度等随介质的电磁性质及几何形态而变化。所以，根据接收波的传播时间、频率等资料，可推断介质的结构。由于发生扰动、形成土洞的地下土体与其周围的原状土体具有明显不同的介电常数，因此，通过地质雷达定期、定线路的探测扫描对比，就可以推断地下土体的变化，从而达到监测土洞的形成、发展过程的目的，进而预测岩溶塌陷。

② 岩溶管道系统中水（气）压力的动态变化传感器自动监测技术监测原理　室内岩溶塌陷模拟试验表明，频繁的地下水（气）压力的变化，会造成第四系土层的变形破坏。当水（气）压力变化或作用于第四系底部土层的水力坡度达到该地层土体的临界值时，第四系土层就会发生破坏，进而产生地面塌陷。因此，通过监测地下水（气）压力的变化可以对岩溶塌陷进行监测预报。

在水的作用、外加荷载和土体弱化三大诱发因素中，目前对地下水的动态和地面变形监测有比较成熟的技术方法。其中岩溶管道系统中水（气）压力的动态变化传感器自动监测技术是一个长效的监测方法，可以很好地监测地下水动态。其监测结果可以作为追踪、了解和掌握土体变形的参考依据。外加荷载和土体弱化的监测一般通过工程设计、施工管理以及行政管理等来实现。

土体变形包括土体形变、地面沉降和建（构）筑物变形破坏等。其中地面标高降低和地面倾斜、建（构）筑物变形与变位等目前一般采用已经成熟的、常规的监测方法，如精密水准测量技术、GPS 技术、合成孔径雷达干涉测量技术等进行监测。这些监测技术的监测成果是精确的、可靠的。这些方法在土体变形已经引起地面变形和建（构）筑物变位反映后才有实际效果，因而更适用于塌陷发生和应急抢险阶段或塌陷区域的工程施工过程等临时性的短期监测。当然，群测群防也不失为一个行之有效的方法。

土体形变主要是指土洞的发生、发展和砂性土体及软弱土体的内部变形，是塌陷监测的重点，也是监测的难点。然而，由于塌陷土体形变具有隐蔽性、长期性和突发性的特点，其有效的、具有工程实践意义的监测方法目前尚在积极探索中。如地质雷达技术、基于布里渊光时域分析（BOTDA）的光纤传感技术、电磁波时域反射技术（TDR）等，多处于试验和研究阶段，尚未检索到实际工程案例的报道。国外在 1984～1987 年已尝试运用地质雷达进行潜在塌陷的监测工作，如美国学者 Benson 等在北卡罗来纳州威尔明顿西南部的一条军用铁路进行了试验。近几十年来，尤其是 21 世纪以来，我国学者也在积极开展监测方面的研究和试验工作。

### 7.5.3.2　岩溶地面塌陷预测

进行岩溶地面塌陷预测的首要任务，是对预测区的地质背景进行综合研究，在分析地质构造、地貌、水文地质条件及岩溶洞穴分布的基础上，根据采、排地下水及已有塌陷点的分布状况，进行定性预测，圈定出稳定区和可能塌陷区；对可能塌陷区再按塌陷严重程度不同，划分出不同的危险区段。随后即可编制预测图，并据此提出重要建筑物的保护方案或塌陷防治措施。

所需基本资料应包括：岩溶区地下洞穴的分布；洞穴以上的基岩顶板或覆盖层的厚度、岩性、地质结构及其工程地质性质；有关的地下水含水层的水文地质特征；区域水文、气象条件以及研究地区或类似地区的地面塌陷历史等。

我国目前在岩溶地面塌陷预测中，将塌陷的发育程度划分为四个等级：

Ⅰ 严重塌陷区——塌陷不同程度地发育，其分布多呈星散状，局部地段形成密集带；

Ⅱ 显著塌陷区——部分地段有塌陷发育，其分布多呈稀疏状，个别情况下也可能出现密集塌陷；

　　Ⅲ 微弱塌陷区——塌陷个别出现；

　　Ⅳ 稳定区——无塌陷发育。

目前，对岩溶地面塌陷的预测，基本上仅限于空间位置的预测，尽管偶尔有文献提及塌陷时间预测，但都是初步的尝试，塌陷历时预测等则鲜有报道，而且，预测内容和精度远没有达到预期的要求。此外，受对塌陷机理认识的限制，目前的预测几乎都与诱发因素紧密联系，包括所有的确定性模型和不确定性模型，使得所建立的预测模型多为个案，缺乏通用性，因而也称不上真正的预测模型。

目前的确定性模型预测仅限于土洞型塌陷机理，沙漏型和泥流型塌陷预测仅仅才起步，可用于工程应用的综合地质预测模型于 2016 年才正式被总结提出。

# 思考题

1. 岩溶发育需要哪些基本条件？
2. 碳酸盐岩的溶蚀机理主要有哪些过程和效应？
3. 影响岩溶发育的主要因素有哪些？
4. 中国北方和南方岩溶有何区别？
5. 岩溶地（坝）基变形破坏的主要形式有哪些？结合工程案例说明对工程的危害。
6. 地表塌陷的潜蚀论和真空吸蚀论的主要观点是什么？结合文献查阅说明地面塌陷还有哪些机理？
7. 岩溶地基稳定性的定量评价方法有哪些？岩溶地（坝）基的主要处理措施有哪些？
8. 岩溶渗漏的类型及影响因素有哪些？岩溶渗漏防治有哪些主要措施？
9. 岩溶区选择库坝位置的主要原则是什么？
10. 岩溶塌陷的形成条件是什么？
11. 岩溶塌陷主要监测和预测方法有哪些？有哪些新的监测技术与预测方法？

# 参考文献

[1] 张倬元. 工程地质分析原理 [M]. 北京：地质出版社，1981.
[2] 张咸恭. 中国工程地质学 [M]. 北京：科学出版社，2000.
[3] 邹成杰. 水利水电岩溶工程地质 [M]. 北京：水利电力出版社，1994.
[4] 王思敬，黄鼎成. 中国工程地质世纪成就 [M]. 北京：地质出版社，2004.
[5] 王思敬. 中国岩石力学与工程：世纪成就 [M]. 南京：河海大学出版社，2004.
[6] 纪万斌. 工程塌陷与治理 [M]. 北京：地震出版社，1998.
[7] 罗国煜. 论工程地质学基本理论 [J]. 江苏地质，2001.
[8] 李智毅，王智济，杨裕云. 工程地质学基础 [M]. 武汉：中国地质大学出版社，1990.
[9] 李智毅，唐辉明. 岩土工程勘察 [M]. 武汉：中国地质大学出版社，2000.
[10] 《工程地质手册》编委会. 工程地质手册 [M]. 北京：中国建筑工业出版社，1992.
[11] 《岩土工程手册》编委会. 岩土工程手册 [M]. 北京：中国建筑工业出版社，1995.
[12] 李瑜，朱平，雷明堂，等. 岩溶地面塌陷监测技术与方法 [J]. 中国岩溶，2005（02）：103-108.
[13] 金晓文，陈植华，曾斌，等. 岩溶塌陷机理定量研究的初步思考 [J]. 中国岩溶，2013，32（04）：437-446.
[14] 徐卫国，赵桂荣. 论岩溶塌陷形成机理 [J]. 煤炭学报，1986（02）：1-11.

[15] 罗小杰，沈建．我国岩溶地面塌陷研究进展与展望 [J]．中国岩溶，2018，37（01）：101-111.

[16] 雷明堂，李瑜，蒋小珍，等．岩溶塌陷灾害监测预报技术与方法初步研究——以桂林市柘木村岩溶塌陷监测为例 [J]．中国地质灾害与防治学报，2004（S1）：148-152.

[17] 钱建平．桂林市岩溶塌陷的基本特征和防治对策 [J]．矿产与地质，2007（02）：200-204.

[18] 刘琦，卢耀如，张凤娥，等．温度与动水压力作用下灰岩微观溶蚀的定性分析 [J]．岩土力学，2010，31（S2）：149-154.

[19] 姜伏伟．岩溶塌陷发育机理模式研究 [J]．中国岩溶，2017，36（06）：759-763.

[20] 谭开鸥，李玉生．重庆地区的岩溶塌陷及其形成机理 [J]．中国地质灾害与防治学报，1995（03）：23-27.

[21] 毛健全，李景阳，顾悦，等．岩溶水库渗漏的数学-地质模型-逻辑信息法在岩溶水库渗漏评价中的应用 [J]．中国岩溶，1988（01）：47-57.

[22] 杨桂芳，姚长宏，王增银，等．BP 神经网络在岩溶水库渗漏评价中的应用 [J]．中国岩溶，2000（01）：75-82.

[23] 刘鹏瑞，刘长宪，姜超，等．武汉市工程施工引发岩溶塌陷机理分析 [J]．中国岩溶，2017，36（06）：830-835.

[24] 王三丁，张令明．湖南省涟源市岩溶地面塌陷特征分析 [J]．中国地质灾害与防治学报，2007（02）：122-126.

[25] 郑晓明，金小刚，陈标典，等．湖北武汉岩溶塌陷成因机理与致塌模式 [J]．中国地质灾害与防治学报，2019，30（05）：75-82.

[26] 高雪池．托底灌浆技术在岩溶塌陷防治中的应用研究 [J]．公路，2004（08）：116-119.

[27] 宫昆峰．浅谈岩溶地区地面塌陷及处理 [J]．岩土工程界，2004（12）：56-58.

[28] 余政兴，金福喜，段选亮．河床透-阻型岩溶塌陷形成机理 [J]．中国地质灾害与防治学报，2020，31（02）：57-66.

[29] 吕延豪，孙雪兵，王金龙．长江一级阶地隧道盾构施工岩溶塌陷防治措施研究 [J]．人民长江，2020，51（10）：133-137.

[30] 闫士民，闫长虹，刘健．人工神经网络在徐州岩溶地面塌陷评价中的应用 [J]．江苏地质，2007（01）：45-49.

# 第8章 泥 石 流

## 8.1 概 述

泥石流 (mud-rock flow) 是发生在山区的一种含有大量泥砂、石块的暂时性湍急水流。由于它具有强大的破坏力，往往在很短暂的时间内造成工程设施、农田的严重破坏和生命财产的严重损失，所以是严重威胁山区居民生存和工程建设的一种地质灾害。

泥石流活动过程与一般山洪活动的根本区别在于，这种由固体和液体（即土石和水）两相物质组成的液体中固体物质的含量很大，有时可超过水体量。它的活动特点是：在一个地段上往往突然爆发，能量巨大，来势凶猛，历时短暂，复发频繁，破坏力强大。

泥石流的地理分布广泛。据不完全统计，全世界有近70个国家不同程度地遭受过泥石流袭击，主要分布在亚洲、欧洲和南、北美洲。我国山区面积占国土面积的2/3，在广大的高、中山区，广泛分布着数以万计的泥石流沟和潜在泥石流沟。每年6～8月的暴雨季节，泥石流灾害频繁发生。特别是我国西部地区，近年来泥石流灾害造成的人民生命财产损失相当严重。

在国外，数十年来有多起泥石流招致严重灾害的报道。例如，苏联位于天山山脉北麓的阿拉木图市曾遭受过多次泥石流侵袭。1921年7月8日，由于天气骤热，高山大量冰雪融化，又倾泻暴雨，将堆积于山坡、沟谷中的大量石块和泥沙携带走，形成一股间隔30～60s的呈波浪式前进的泥石洪流，袭击阿拉木图城。把街道冲成了深河床，房屋连同基础和人一起被摧毁，有400余人丧生，500多所房屋被毁。泥石流发生的4h内，山谷雷鸣，地面颤动，将数百吨固体物质堆于数十公里以外的田园上，平均厚度1.5～2m。

我国的许多山区都不同程度地爆发过泥石流，其中尤以西藏东南部和川滇山区最为严重。据不完全统计，1990～1995年，平均每年死亡372人，1996～2000年，平均每年死亡1156人，给国民经济造成的损失高达200亿。尤以铁路、公路等交通网络受泥石流危害最大，铁路以宝成、宝天和成昆线最为严重。例如，1981年7月9日利子依达沟泥石流，将一列正在从隧道中驶出的旅客列车的两辆机车和前两节车厢，连同桥梁一起冲入大渡河，另两节车厢颠覆于桥下，死亡275人，直接经济损失2000万元。是我国铁路史上最惨重的泥石流灾难。城镇区危害最严重的是"8·7"甘肃舟曲泥石流。2010年8月7日22时，甘肃南部舟曲县城东北部山区突降特大暴雨，降雨量达97mm、持续40多分钟，引发三眼峪、罗家峪等四条沟系发生特大泥石流灾害（图8-1、图8-2）。该泥石流长约5km、平均宽度300m、平均厚度5m，总体积750万立方米，流经区域被夷为平地。8月8日凌晨舟曲县城白龙江段堵塞，形成堰塞湖，县城低洼地段已被江水淹没。截至2010年9月7日，此泥石流灾害中遇难1557人，失踪284人，累计门诊治疗2315人。

鉴于泥石流的严重危害性，所以对这一工程动力地质作用的形成条件、时空分布规律、特征和防治措施等加以研究，具有重要的实际意义。我国自20世纪50年代起就开展了泥石

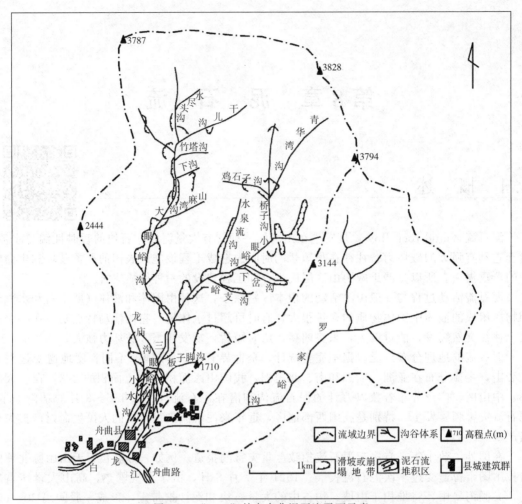

图 8-1 "8·7"甘肃舟曲泥石流平面示意

图 8-2 "8·7"甘肃舟曲泥石流舟曲县城灾后影像

流研究，目前已经在一些科研、生产部门建立了专门的泥石流研究机构，开展对泥石流的科学考察、定位观测和模型试验研究等工作，初步查明了我国泥石流分布、形成和发展的基本特征，并采取了一些行之有效的防治措施，取得了重大的经济效益和社会效益。

早期的泥石流研究，侧重于发生过程的观察、地貌现象的描述和形成环境的分析，这也是泥石流研究和认识过程的必由之路。1970 年，Johnson 提出了世界上第一个泥石流运动模型：宾汉黏性流模型。这一模型的提出，标志着泥石流机理研究的重要进展，并在欧美形成学派，一直影响至今。1980 年，Takahashi 提出了另一个泥石流运动模型：拜格诺膨胀流模型。这一模型的提出，标志着泥石流机理研究的又一重要进展，形成了新的学派，在国际上有较大影响。1986 年，Cheng 将宾汉黏性流模型和拜格诺膨胀流模型结合，提出了黏塑流模型，认为是通用于黏性和稀性泥石流的运动模型。1993 年，O'Brien 对宾汉黏性流模型和拜格诺膨胀流模型的结合作了新的尝试，提出了膨胀塑流模型。这一模型有一定的实用性，被认为是与 Johnson 模型和 Takahashi 模型相提并论的成果。1995 年，周必凡采用颗粒散体流理论，建立了黏性泥石流运动模型。这一模型得到了实验和原型观测数据的验证。1998 年，Huang 提出了泥石流的赫谢尔-伯克利模型（Herschel-Bulkley-Model）。这一新的模型，已开始被泥石流界同行们所引用，具有一定影响。同年，倪晋仁和王光谦将固液两相流理论与颗粒流理论相结合，建立了泥石流的结构两相流模型，在方法上取得了新的突破。这一模型提供了描述泥石流运动的守恒方程，还可据此在一定条件下求得泥石流的速度分布、浓度分布、脉动速度分布、阻力特性、输移率、侵蚀率、堆积率，并模化非稳定泥石流的运动特征。2000 年，Chen 采用拉格朗日（Lagrange）计算方法，模拟泥石流流速和流深。同年，倪晋仁等采用欧拉与拉格朗日（Euler-Lagrange）相结合的方法，求解泥石流的结构两相流模型。应用数学方法求解泥石流基本方程，并解释泥石流的各种现象，是现代动力地貌过程研究从定性描述转向定量分析的一个显著标志。

以地学为基础，以数学理论、力学机制研究为核心，以现代高新技术为依托，并与上述诸学科相辅相成，集成研究，是我国泥石流学科在 21 世纪再攀高峰的必由之路。泥石流危险性评价能够准确、快捷反映区域泥石流活动现状和发展趋势，能够高度概括和预测泥石流对人类生命和财产可能造成的危害程度，是泥石流防治工作中一项重要的非工程措施，危险性评价是泥石流危害预测的重要内容之一。

# 8.2 泥石流形成条件与分布

## 8.2.1 泥石流形成条件

### 8.2.1.1 地形条件

泥石流总是发生在陡峻的山岳地区，一般是顺着纵坡降较大的狭窄沟谷活动的，可以是干涸的嶂谷、冲沟，也可以是有水流的河谷。每一处泥石流自成一个流域。典型的泥石流流域可划分为形成区、流通区和堆积区三个区段（图 8-3）。

① 泥石流的形成区（上游） 多为三面环山、一面出口的半圆形宽阔地段，周围山坡陡峻，多为 30°～60° 的陡坡。其面积大者可达数平方公里至数十平方公里。坡体往往光秃破碎，无植被覆盖。斜坡常被冲沟切割，且有崩塌、滑坡发育。这样的地形条件，有利于汇集周围山坡上的水流和固体物质。

② 泥石流流通区（中游） 是泥石流搬运通过的地段，多为狭窄而深切的峡谷或冲沟，谷壁陡峻而纵坡降较大，且多陡坎和跌水。所以泥石流物质进入本区后具有极强的冲刷能

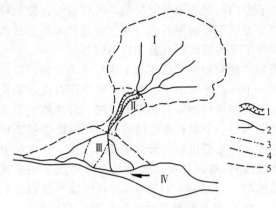

图 8-3　典型泥石流流域示意
Ⅰ—泥石流形成区；Ⅱ—泥石流流通区；
Ⅲ—泥石流堆积区；Ⅳ—泥石流堵塞河流形成的湖泊
1—峡谷；2—有水沟床；3—无水沟床；
4—分区界线；5—流域界线

力，将沟床和沟壁上冲刷下来的土石携走。流通区纵坡的陡缓、曲直和长短，对泥石流的强度有很大影响。当纵坡陡长而顺直时，泥石流流动通畅，可直泄下游，造成很大危害。反之，则由于易堵塞停积或改道因而削弱了能量。

③ 泥石流堆积区（下游）　泥石流堆积区是泥石流物质的停积场所。一般位于山口外或山间盆地的边缘，地形较平缓。由于地形豁然开阔平坦，泥石流的动能急剧变小，最终停积下来，形成扇形、锥形或带形的堆积体。典型的地貌形态为洪积扇，其地面往往垄岗起伏，坎坷不平，大小石块混杂。由于泥石流复发频繁，所以堆积扇会不断淤高扩展，到一定程度后逐渐减弱泥石流对下游地段的破坏作用。

以上所述的是典型泥石流流域的情况。由于泥石流流域的地形、地貌条件不同，有些泥石流流域上述三个区段不易明显分开，甚至流通区或堆积区有可能缺失。

### 8.2.1.2　地质条件

地质条件决定了松散固体物质的来源，也为泥石流活动提供动能。

泥石流强烈活动的山区，都是地质构造复杂、岩石风化破碎、新构造运动活跃、地震频发、崩滑灾害多发的地段。这样的地段，既为泥石流活动准备了丰富的固体物质来源，又因地形高耸陡峻、高差对比大，为泥石流活动提供了强大的动能优势。例如，南北向地震带是我国最强烈的地震带，也是我国泥石流最活跃的地带。其中的东川小江泥石流、西昌安宁河泥石流、武都白龙江泥石流和天水渭河泥石流，都是我国最著名的泥石流带。

在泥石流形成区内有大量易于被水流侵蚀冲刷的疏松土石堆积物，是泥石流形成的最重要条件。堆积物的成因多种多样，有重力堆积的、风化残积的、坡积的、冰碛的或冰水沉积的等类型。它们的粒度、成分相差悬殊，巨大漂砾和粉、黏粒互相混杂。一旦湿化饱水后，易于坍塌而被冲刷。此外，泥石流源地常见的基岩，往往是片岩、千枚岩、板岩、泥页岩和凝灰岩等软弱岩层。

### 8.2.1.3　气象水文条件

泥石流形成必须有强烈的暂时性地表径流，它为爆发泥石流提供动力条件。暂时性地表径流来源于暴雨、冰雪融化和溃决水体等。由此可将泥石流划分为暴雨型、冰雪融化型和水体溃决型等类型。

我国除西北、内蒙古地区外，大部分地区受热带、亚热带湿热气团的影响，由季风气候控制，降水季节集中。暴雨型泥石流是我国最主要的泥石流类型。在云南、四川山区，受孟加拉湾暖湿气流影响较强烈，在西南季候风控制下，夏秋多暴雨，降雨历时短，强度大。如云南东川地区的一次暴雨，6h 降水量 180mm，最大降雨强度达 55mm/h，形成了历史上罕见的特大暴雨型泥石流。在东部地区则受太平洋暖湿气团影响，夏秋多热带风暴。如 1981 年 8 号强热带风暴侵袭东北，使辽宁老帽山地区下了特大暴雨，6h 降水量 395mm，其中最大降雨强度为 116.5mm/h，爆发了一场巨大的泥石流。

有冰川分布和大量积雪的高山区，当夏天冰雪强烈消融时，可为泥石流提供丰富的地表径流。西藏波密地区、新疆的天山山区即属于这种情况。在这些地区，泥石流形成有时还与冰川湖的突然溃决有关。

由上述可知，泥石流的发生有一定的时空分布规律。在时间上，多发生在降雨集中的雨汛期或高山冰雪强烈消融的季节，主要是每年的夏季。在空间上，多分布于新构造活动强烈的陡峻山区。

在自然条件作用下，由于人类活动导致地质和生态环境的恶化，更促使泥石流活动加剧。山区滥伐森林，不合理开垦土地，破坏植被和生态平衡，造成水土流失，并产生大面积山体崩塌和滑坡，为泥石流爆发提供了固体物质来源。川西和滇东北山区成为我国最严重的泥石流活动区的另一重要原因，就是由于近一个多世纪以来滥伐森林资源而导致植被退化。此外，采矿堆渣和水库溃决等，也可导致泥石流发生。

### 8.2.2　泥石流分布

泥石流分布格局明显受山区地形、断裂构造、岩石性质、季风气候以及人类活动等因素控制。我国山区面积广大，约占国土总面积的 2/3；又处于东南季风和西南季风的活跃区，降水集中；此外，我国还处在世界上最强的两个地震带——环太平洋地震带和地中海-喜马拉雅地震带之间，地壳运动剧烈、地震强度大、频率高。在这样的环境因素综合影响下，具备了爆发泥石流的基本条件。因此，我国泥石流分布广泛、活动频繁。

我国泥石流分布，受山地环境制约，具有明显的区域性规律。泥石流的密集地带，是从青藏高原西端的帕米尔高原向东延伸，经喜马拉雅山区，穿越波密-察隅山地向东南呈弧形扩展的，经滇西北和川西的横断山区折向东北，沿乌蒙山，北转大凉山、邛崃山，过秦岭东折，沿黄土高原东南部及太行山、燕山，至辽西、辽东及长白山地（图 8-4）。这一泥石流连续分布地

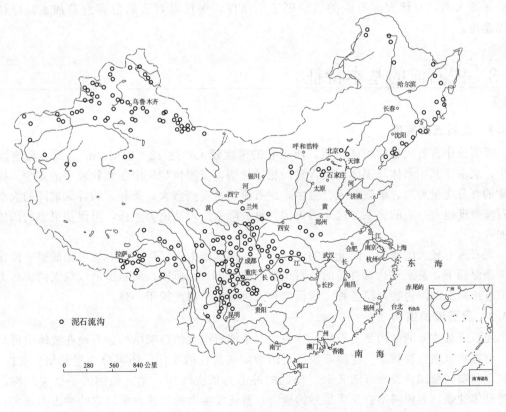

图 8-4　中国泥石流分布略图

带，在地质上近期构造活动强烈、复杂，地震频繁且强度大，崩滑现象发育；在地势上，是我国台阶式地形转折最明显之处，地面高差悬殊、起伏大；在气候上，湿热的西南季风和东南季风向北、西方向推进，遇地形升高而易形成灾害暴雨地带，降水历时短，强度大。

在上述特有的山地环境诸因素的综合作用下，我国泥石流活动有如下特点。

（1）分布广泛

在我国各种气候带和高度带的山区都有泥石流发育。根据山区气候环境的差异以及对泥石流活动的影响程度不同，大致可划分出三个大活动区：西南季风气候影响的泥石流极强活动区、东南季风气候影响的泥石流强烈活动区和内陆气候影响的泥石流弱活动区（图8-4）。

（2）类型齐全

我国山地环境各异，加之人文活动影响也不相同，因而泥石流的类型较多。例如，按地表径流来源不同，分为冰雪融化型、暴雨型和水体溃决型等；按泥石流的物质组成，分为水石流型泥石流、泥石流型泥石流和泥水流型泥石流三种。

（3）活动频繁

我国各泥石流活动区，以青藏高原边缘山区和川滇山区为泥石流最发育、活动最频繁的地区。例如，新疆波密地区古乡沟冰川泥石流，自再次复活以来，年年频繁爆发，每年冲出山外的固体物质约1000万立方米。

（4）危害严重

我国是泥石流灾情最严重的国家之一。据统计，全国遭受泥石流危害和威胁的县、市有100多个，已影响到国民经济各个部门，尤其是山区铁路受害最大。近几年，随着山区经济建设的发展，人类对自然界不合理的开发和利用，使自然环境遭受严重破坏，生态平衡失调，直接为泥石流的活动创造了条件，促使泥石流的危害愈益加重，应注意严加防范。

# 8.3　泥石流的基本特征

### 8.3.1　泥石流的密度

泥石流中含有大量的固体物质，所以它的密度较大，达$12\sim24kN/m^3$。泥石流密度的大小，取决于其中水体与固体物质含量的相对比例以及固体物质中细颗粒成分的多少。固体物质的百分含量愈高、细颗粒成分愈多，泥石流的密度则愈大。此外，沟谷纵坡降的大小与泥石流密度也有一定的关系。这是因为沟谷纵坡降愈大，冲刷力愈强，可促使更多的固体物质加入。

泥石流有较大的密度，因此它的浮托力大，搬运能力强，巨大的石块可像航船一样在泥流中漂浮而下，甚至重达数百吨的巨石也能被搬出山口。所以，泥石流能以惊人的破坏力摧毁前进道路上的障碍物，使各种工程设施和人民的生命财产毁于一旦。

### 8.3.2　泥石流的结构

泥石流最主要的结构是由石块、砂粒、泥浆体所组成的格架结构。石块在浆体中可呈悬浮、支撑和沉底三种状态。伴随石块含量的增加和粒径的变化，还可分为星悬型、支撑型、叠置型和镶嵌型四种类型（图8-5）。他们的冲击力依次增加，尤其是镶嵌型格架结构，运动时整体性强，石块间不会发生猛烈的撞击，普遍发生力的传递，所以它的冲击力最大，危害最为严重。

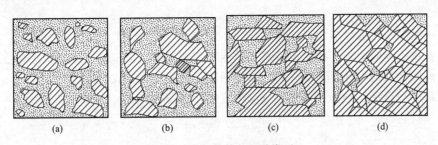

图 8-5　格架结构的四种类型

（a）星悬型；（b）支撑型；（c）叠置型；（d）镶嵌型

### 8.3.3　泥石流的流态

泥石流流态主要受水体量与固体物质的比值以及固体物质的粒径级配所制约。泥石流体大多属于似宾汉体（泥浆体系宾汉体），所以其流动理论多以宾汉体流变方程为基础。但是，当泥石流中固体物质较少，且以粗砂砾石为主时，则与牛顿体紊流流变方程类同。

据研究，泥石流流态主要有紊动流、扰动流和蠕动流三种。各种流态的特征如下。

#### 8.3.3.1　紊动流

紊动流与挟砂水流的紊流大体相同。尤其是稀性泥石流浆体的结构十分脆弱，一旦起动，结构便遭破坏。故稀性泥石流体流变方程与水流紊流流变方程相同，即：

$$\tau = \rho_d l^2 \left(\frac{dV_d}{dy}\right)^2 \tag{8-1}$$

式中，$\tau$ 为切应力；$\rho_d$ 为泥石流体密度；$l$ 为混合长度；$\frac{dV_d}{dy}$ 为流速梯度；$V_d$ 为泥石流体中距沟床底 $y$ 处的流速。

#### 8.3.3.2　扰动流

扰动流是黏性泥石流最常见的一种流态。黏性泥浆体的结构强度大，流体运动时，结构只遭部分破坏。若流体中无石块，流态则为塞流或层流。有了石块，流态便发生变化。泥石流运动时，由于流速由底部向表面递增，就会使大、小石块相互发生猛烈撞击。流速愈大，撞击愈强烈。这种流态即为扰动流。扰动流的流变方程是以宾汉体方程为基础的，即：

$$\tau = K_o \tau_\beta + K_\omega \eta_d \frac{dV_d}{dy} + \rho_d (K_c l)^m \left(\frac{dV_d}{dy}\right)^2 \tag{8-2}$$

式中，$K_o$、$K_\omega$、$K_c$ 分别为泥石流体与结构变化和扰动强度有关的修正系数；$m$ 为指数，一般取 2；$\tau_\beta$ 为宾汉极限切力；$\eta_d$ 为泥石流体的黏度（似刚性系数）；其它符号意义同式(8-1)。

#### 8.3.3.3　蠕动流

当黏性泥石流流速较小、流速梯度也较小、流体中的石块移动和转动缓慢时，其流态为蠕动流。蠕动流是一种似层流，流线大致平行，其流变方程为：

$$\tau = K_o \tau_\beta + \eta_d \frac{dV_d}{dy} \approx \tau_\beta + \eta_d \frac{dV_d}{dy} \tag{8-3}$$

总之，稀性泥石流多呈紊动流；黏性泥石流多为扰动流；但在沟床顺直、纵坡平缓而石块又较小时，可为蠕动流。随着泥石流沟床条件的变化，这三种流态是可以相互转化的。

#### 8.3.3.4 泥石流流速的确定

对泥石流流速的确定，稀性泥石流和黏性泥石流多采用半理论、半经验计算公式，但都有一定的地区性和局限性。下面介绍一下我国所采用的计算公式。

铁道部第一设计院推荐的稀性泥石流流速的计算公式为：

$$V_d = \frac{15.3}{\alpha} R_d^{2/3} I^{3/8}$$ (8-4)

式中，$V_d$ 为泥石流断面平均流速，m/s；$R_d$ 为泥石流体的水力半径，m；$I$ 为泥位纵坡降，%；$\alpha$ 为阻力系数，$\alpha = (\varphi \rho_s + 1)^{1/2}$，其中 $\varphi$ 为修正系数，$\varphi = \dfrac{\rho_d - 1}{\rho_s - \rho_d}$，$\rho_d$ 为泥石流密度，$\rho_s$ 为泥石流固体物质的密度，单位均为 t/m³。陈光曦等根据东川几条典型黏性泥石流沟的观测资料等，推荐黏性泥石流流速的计算公式为：

$$V_d = KH^{2/3} I^{1/5}$$ (8-5)

式中，$H$ 为泥石流泥深，m；$I$ 为泥位纵坡降，%；$K$ 为流速系数，可查表获得（表 8-1）。

**表 8-1 黏性泥石流流速系数**

| 流速系数 | 泥深 $H/\mathrm{m}$ | | | |
| --- | --- | --- | --- | --- |
| | <2.5 | 3 | 4 | 5 |
| $K$ | 10 | 9 | 7 | 5 |

### 8.3.4 泥石流的直进性

由于泥石流体携带了大量固体物质，在流途上遇沟谷转弯处或障碍物时，受阻而将部分物质堆积下来，使沟床迅速抬高，产生弯道超高或冲起爬高，猛烈冲击而越过沟岸或摧毁障碍物，甚至截弯取直，冲出新道而向下游奔泻，这就是泥石流的直进性。一般的情况是：流体愈黏稠，直进性愈强，冲击力就愈大。

### 8.3.5 泥石流的脉动性

由于泥石流具有宾汉体的性质和运动阻塞特性，故流动不均匀，往往形成阵流，这就是泥石流的脉动性。

脉动性是泥石流运动过程区别于山洪过程的又一特性。一般的洪流过程线是单峰（少数为双峰）型涨落曲线；而泥石流爆发时，过程线则为如图 8-6 所示的似正弦曲线，上涨曲线较下落曲线要陡峻些，整个过程线几乎以相等的时间间隔一阵一阵地流动，这种脉动性运动又称为阵性运动或波状运动。有时一场泥石流出现几阵、几十阵至上百阵，阵的前锋表现为大的泥石流龙头，高达几米至几十米，具有极大的冲击力。

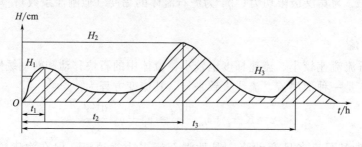

图 8-6 泥石流过程线

# 8.4　泥石流的分类

　　泥石流的分类是对泥石流本质的概括，为研究和防治的需要而进行的。
国内外学者先后提出了多种泥石流分类方案，它们一般是按某一特征或标志分类的，下面介绍三种常用的分类方案。

## 8.4.1　按泥石流流域形态分类

### 8.4.1.1　标准型泥石流

　　标准型泥石流流域呈扇形，其面积较大，能明显地划分出形成区、流通区和堆积区（图 8-3）。

### 8.4.1.2　河谷型泥石流

　　河谷型泥石流流域呈狭长条形，形成区多为河流上游的沟谷，固体物质来源于沟谷中分散的坍滑体。沟谷中一般常年有水，故水源较丰富。流通区与堆积区往往不能明显分开，在流通区内既有冲刷，又有堆积（图 8-7）。

### 8.4.1.3　山坡型泥石流

　　山坡型泥石流流域呈斗状，流域面积较小，无明显流通区，形成区与堆积区直接相连（图 8-8）。

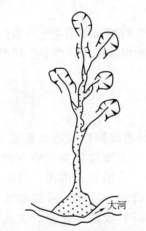

图 8-7　河谷型泥石流流域示意

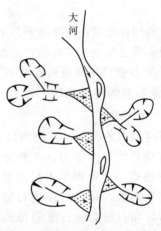

图 8-8　山坡型泥石流流域示意

## 8.4.2　按泥石流的物质组成分类

### 8.4.2.1　水石流型泥石流

　　这种类型的泥石流一般含有非常不均匀的石块和砂砾，黏土质细粒物质含量少，且在泥石流运动过程中极易被冲洗掉。所以水石流型泥石流的堆积物常常是很粗大的碎屑物质。

### 8.4.2.2　泥石流型泥石流

　　这类泥石流既含有很不均一的粗碎屑物质，又含有相当多的黏土质细粒物质。因具有一定的黏结性，所以泥石流型泥石流的堆积物常形成为黏结较牢固的土石混合物。

### 8.4.2.3　泥水流型泥石流

　　固体物质基本上由细碎屑和黏土物质所组成，粗碎屑物含量很少，甚至没有。此类泥石流主要分布在我国黄土高原地区。

### 8.4.3 按泥石流体性质分类

#### 8.4.3.1 黏性泥石流

这类泥石流含有大量的细粒黏土物质，固体物质含量占 40%～60%，最高可达 80%。水和泥砂、石块凝聚成一个黏稠的整体，黏性很大。它的密度大（$1.6～2.4t/m^3$），浮托力强。当它在流途上经过弯道或遇障碍物时，有明显的爬高和截弯取直作用，并不一定循沟床运动。

黏性泥石流在堆积区不发生散流，而是以狭窄带状如长舌一样向下奔泻和堆积。堆积物地面坎坷不平，停积时堆积物无分选性；且结构往往与运动相同，较密实。

#### 8.4.3.2 稀性泥石流

在这类泥石流中，水是主要成分，固体物质占 10%～40%，且细粒物质少，因而不能形成黏稠的整体。在运动过程中，水泥浆的运动速度远远大于石块的运动速度，石块以滚动或跃移方式下泄。它具有极强的冲刷力，常在短时间内将原先填满堆积物的沟床下切成几米至十几米的深槽。

稀性泥石流在堆积区呈扇状散流，将原来的堆积扇切割成条条深沟。堆积后水泥浆逐渐流失。堆积物地面较平坦，结构较松散，层次不明显。沿流途的停积物有一定的分选性。

# 8.5 泥石流的地貌作用过程

泥石流同样也是山区环境条件下的一种外动力，对地表的刻蚀作用是十分强烈的，所塑造的地貌类型也是十分丰富的，有泥石流的侵蚀作用刻蚀的侵蚀地貌、堆积作用塑造的堆积地貌和侵蚀-堆积作用塑造的侵蚀-堆积地貌等。

### 8.5.1 泥石流的侵蚀地貌

#### 8.5.1.1 破碎坡

泥石流强大的冲刷、掏蚀和碰撞作用不仅使岸坡和山坡坡脚物质不断被卷入泥石流，而且具有强烈的下蚀作用，不断加深沟谷，使沟道岸坡和山坡坡脚形成临空面，导致岸坡和山坡物质在自重和暴雨径流的共同作用下，发生坍塌、崩塌、滑塌、滑坡和坡面泥石流等灾变现象。结果，在泥石流流域的山坡上，不仅坍塌、崩塌、滑塌和滑坡的痕迹星罗棋布，而且坡面泥石流刻蚀的小沟道穿插其中，从而形成斑痕累累、支离破碎的山坡，称为破碎坡。

#### 8.5.1.2 基岩谷

泥石流由于具有巨大的下蚀和侧蚀能力，因此在石质山区残坡积不发育的流域内，往往由于固相物质不足，在发生泥石流时，将流域内能输移的物质几乎全部转化为泥石流输移出流域，形成沟谷两岸及床底均由基岩组成并遭强烈磨蚀的谷地。这种谷地称为基岩谷。

#### 8.5.1.3 角峰

泥石流角峰也是泥石流强烈下蚀和侧蚀的结果。它的形成与冰川角峰的形成是不同的。冰川角峰是坚硬基岩在运动缓慢、能量巨大、刨蚀和挖蚀能力极强的冰川作用下形成的，因此规模大，一般分布在雪线以上的冰斗后缘或两侧。泥石流角峰往往位于两条泥石流沟谷之间，是由松散堆积体和破碎岩体组成的分水岭，其两侧在泥石流的强烈下蚀和侧蚀作用下，不断发生塌陷、崩塌和滑塌等重力侵蚀现象，致使分水岭遭强烈破坏，解体为许多大小不

一、高低不等的山峰，称为泥石流角峰。因此泥石流角峰规模小，一般分布在较大泥石流沟谷形成区的小沟谷之间。

泥石流侵蚀地貌是泥石流的侵蚀作用所塑造的地貌类型。一个流域内，如果有泥石流侵蚀地貌存在，就可把这个流域确定为泥石流流域，因此泥石流侵蚀地貌是野外考察和遥感判释时，判断泥石流沟谷的重要地貌标志，因此对泥石流的侵蚀地貌应认真进行研究。

### 8.5.2 泥石流的堆积地貌

泥石流的堆积作用所塑造的地貌类型丰富多彩，是泥石流地貌的主要类型。由于泥石流的性质、物质组成、运动的动力机制和堆积环境等不同，其堆积形态也不同。大致可分为堆积扇、堆积垄岗、堆积龙头和堆积斑等，下面分别进行讨论。

#### 8.5.2.1 泥石流堆积扇

泥石流堆积扇是泥石流堆积地貌的主要类型。根据其外部形态，泥石流堆积扇又可细分为下列类型。

① 串珠状堆积扇　泥石流串珠状堆积扇的形成，取决于泥石流的性质、规模和堆积区的地貌形态。当堆积区的坡度比较一致，黏性泥石流和稀性或过渡性泥石流相间出现时，黏性泥石流因密度大、黏度高、$\tau_\beta$ 值大、流动性差，一出山口便发生堆积；稀性泥石流因密度小、黏度低、$\tau_\beta$ 值小、流动性大，出山口后要流动一段距离才发生堆积。于是黏性泥石流堆积体和稀性泥石流堆积体之间保持一段距离，这段距离由沟道或一条带状泥石流堆积相连接。当堆积区坡度由上至下逐渐变缓，规模不同的泥石流相间出现时，规模小的泥石流，能量相对较小，流动较缓，一出山口便发生堆积；规模大的泥石流，能量大，流动快，出山口后要运动一段距离才发生堆积，于是大规模泥石流堆积体和小规模泥石流堆积体之间保持一段距离，这段距离一般也由沟道或一条带状泥石流堆积相连接。当堆积区由陡缓相间的地形组成时，泥石流在缓坡运动因阻力增大而发生堆积，在陡坡运动因能量增大而停止堆积，一般来说，有几个缓坡地，就形成几个堆积体，堆积体之间也由沟道或一条带状泥石流堆积相连接。

② 上叠式堆积扇　通常由黏性泥石流堆积所构成。它主要是由于泥石流规模不断依次缩小所致，即大规模泥石流堆积体形成之后，发生较小规模的泥石流时，其堆积体覆盖在原大规模堆积体之上，形成第一个上叠式堆积体；其后若再发生更小规模的泥石流，其堆积体便依次覆盖在前一次堆积体之上，形成第二个、第三个上叠式堆积体。泥石流不断发生，上叠式堆积体不断增多，最终形成由多级堆积体构成的泥石流上叠式堆积扇。

③ 侧叠式堆积扇　泥石流堆积扇，一般中泓部分较高。当中泓部分高到一定程度时，两侧相对成为低洼地，再度爆发泥石流时，可能因中泓部位进一步增高而导致流体改道，进入一侧或两侧低洼地，形成新的堆积体，并部分超覆在原堆积体侧方上部，形成侧叠式堆积扇。

④ 复合式堆积扇　一般大规模泥石流堆积扇，多为复合式堆积扇。在泥石流活动初期，堆积区的地形一般比较平缓、单一，泥石流的堆积形态也比较单一，或者形成上叠式堆积扇，或者形成侧叠式堆积扇，或者形成串珠状堆积扇等。随着泥石流堆积的增加，堆积区的地形变得十分复杂，泥石流的堆积形态也随之变复杂。不仅在不同场次的泥石流活动中产生不同的堆积形态，就是在同一场泥石流活动中也产生不同的堆积形态。这些不同形态的泥石流堆积扇相互交织，反复重叠，最终形成规模巨大的复合式泥石流堆积扇。可见复合式泥石流堆积扇是泥石流沟口堆积的终极产物。

这里还应指出的一点是，无论泥石流的串珠状堆积扇，还是上叠式堆积扇或侧叠式堆积扇，都是泥石流的特性和堆积区域的环境条件共同作用的产物，一般与新构造运动不发生联系，因此通常不能作为新构造活动的论据。

⑤ 分流堆积扇　当泥石流的弯道超高高度超过弯道凹岸岸坡高度较大时，泥石流便形成分流，分流流体到达主河高阶地、平台或流域自身的老泥石流堆积平台时，由于地形变得平缓、开阔，于是发生堆积，其堆积过程与沟口堆积过程一致，但因为泥石流不是每次都形成分流，因此其堆积体的发育也受到控制，多形成较单一的堆积扇，很难形成大规模的复合式堆积扇。

⑥ 堆积锥　泥石流堆积锥通常由崩塌、滑塌或滑坡转化而成的坡面泥石流的堆积所构成。因坡面泥石流密度大、运动距离短，加之坡面与主河（沟）的结合部地形起伏变化大，因此流体一到坡脚，便因能量急剧降低而迅速发生堆积，因此堆积体纵、横向比降都比沟谷泥石流堆积体的大。由于形态似圆锥体，通称为堆积锥。

⑦ 堆积扇群　在泥石流活动活跃的地区，泥石流沟谷往往沿主河密集分布，泥石流堆积扇在主河阶地或河漫滩上迅速发展扩大，致使各堆积扇相互连接甚至部分超覆，形成泥石流堆积扇群。

⑧ 堆积石海　泥石流堆积体形成后，多数堆积体中含有大量块石。若山洪或高含砂山洪改造堆积体时，把表面细粒物质冲走，这些块石便出露于堆积体表面，形成犹若海洋般的巨石堆积，一般称为石海。

#### 8.5.2.2　堆积垄岗

泥石流垄岗状堆积，经自重压实便演化成泥石流堆积垄岗。泥石流堆积垄岗可分为下列几种。

① 侧积垄岗　是黏性泥石流运动到宽谷段形成的侧方堆积，经过自重压实发展而成的垄岗状堆积地貌。

② 超高堆积垄岗　是泥石流的弯道超高形成的垄岗状堆积，经自重压实后，演化而成的垄岗状堆积地貌。在野外考察中，在泥石流沟谷的弯道上，常分布有泥石流超高堆积垄岗。

③ 分流堆积垄岗　发生于弯道的分流泥石流，一般规模较小，后续流补给有限。当分流堆积不足以形成扇状堆积时，便在主河高阶地或平台上形成垄岗状堆积。这种垄岗状堆积经自重压实后，便演化为分流堆积垄岗。

#### 8.5.2.3　堆积龙头

泥石流的满床堆积形成若干以龙头为中心的堆积体。这些龙头堆积体经自重作用压实后，便发展为堆积龙头，一条沟谷往往有若干堆积龙头。由于堆积龙头横亘沟谷，因此常常遭到山洪或高含砂山洪的破坏，形成残缺的堆积龙头。

#### 8.5.2.4　堆积斑

泥石流弯道抛高流体，撒落在凹岸山坡或平台上，形成斑状堆积。斑状堆积经过蒸发和脱水干缩，便形成泥石流堆积斑。

泥石流堆积地貌是泥石流塑造的主要地貌类型。在任何一个流域，只要有泥石流堆积地貌的存在，就可把这个流域确定为泥石流流域，因此无论是泥石流堆积扇、堆积锥，还是堆积垄岗、堆积龙头和堆积斑，都是野外考察时判别泥石流沟谷的重要地貌标志，其中堆积扇、堆积锥和堆积垄岗还可作为遥感解译泥石流时判别泥石流沟谷的重要地貌标志。

### 8.5.3　泥石流的侵蚀-堆积地貌

泥石流的侵蚀-堆积地貌是泥石流的侵蚀作用和堆积作用共同塑造的地貌类型，其既反映了泥石流的侵蚀状态，又反映了泥石流的堆积状态，因此也是研究泥石流的重要内容之一，下面分别进行讨论。

#### 8.5.3.1　阶地

泥石流阶地主要分布在泥石流沟谷的流通区及非主要形成区，是泥石流满床堆积再遭小规模泥石流或山洪与高含砂山洪侵蚀、改造的结果。在高频率泥石流沟谷内，泥石流阶地发育不充分、不完善，前一场泥石流的满床堆积经改造后留下的阶地，被后一场规模相似或更大的泥石流所破坏，因此往往为短命阶地；在低或较低频率的泥石流沟谷内，泥石流阶地发育充分、完善，或较充分、较完善。一场泥石流形成满床堆积后，经山洪或高含砂山洪改造形成阶地后，由于山洪和高含砂山洪的反复下蚀、改造，沟谷不断被加深，阶地不断增高。相隔较长时间后，若爆发规模相同或略小、略大的泥石流，都不可能达到上次形成的泥石流阶地面的高度，尽管部分阶地可能遭到强烈破坏，但大部分或部分阶地仍被保存下来。当然第二场泥石流形成满床堆积后，由于沟道被淤高，上次形成的阶地高度将被降低。第二场泥石流形成的满床堆积，经山洪或高含砂水流冲刷、改造后，形成第二级泥石流阶地。在一些泥石流沟谷较开阔的地段，往往形成多级泥石流阶地。

#### 8.5.3.2　葫芦谷

被软弱岩体与坚硬岩体相间分为几段的泥石流沟谷，在泥石流（含山洪）的长期下蚀和侧蚀作用下，软弱岩体分布段风化和侵蚀作用强烈，山坡上崩塌、滑塌、滑坡和坡面泥石流发育，沟谷平缓、开阔，成为宽谷（盆地）；坚硬岩石分布段风化和侵蚀作用微弱，山坡上崩塌、滑塌和滑坡很少，沟谷陡急、狭窄，成为峡谷。发生泥石流时，在坚硬岩体分布段，泥石流能量很大，将峡谷内的松散堆积向下输移，但由于岩体坚硬难以下切，因此仍维持峡谷形态；在软弱岩体分布段，山坡平缓，两岸供给的松散碎屑物质量大，加之沟床宽缓，流速较低，输移能力不足，于是形成大量的堆积。结果，软弱岩体分布段的宽谷（盆地）越变越开阔、平缓；坚硬岩体分布段仍很陡峻、狭窄，于是形成若干宽谷（盆地）与峡谷相连接的地貌形态，在平面上整个沟谷状似葫芦，故称为葫芦谷。

#### 8.5.3.3　多变谷

当泥石流流域的固体物质补给十分充足时，其规模往往取决于降水特征（强度、总量、过程）。当降水强度、降水总量很大，历时甚短，衰减极快时，泥石流规模很大，在较短时间内不仅能把山坡补给的大量固相物质输移出沟谷，而且也能把沟床的大量固相物质侵蚀、输移出沟谷，造成沟谷的强烈下切，形成窄深型沟谷；当降水强度不大，但降水总量大、历时长、衰减缓慢时，泥石流难于形成，或即使形成也规模较小，无力将山坡和沟源补给的固相物质输移出沟，大量物质在沟床内产生堆积，于是沟床被抬高，形成宽浅型沟谷。泥石流沟谷随着时间的延续，在较短时间内时而切深变窄，时而堆高变宽。这种形态成为部分泥石流沟谷的一大特征。凡具有这一特征的泥石流沟谷，称为多变谷。

#### 8.5.3.4　缝隙堆积基岩谷

当泥石流体通过的沟谷的两岸或一岸由缝隙发育的基岩构成时，泥石流极易在侧压力作用下被挤进基岩缝隙内，形成缝隙堆积。这里把沟谷两岸或一岸基岩缝隙内具有泥石流堆积的谷地，称为缝隙堆积基岩谷。缝隙堆积基岩谷形成时，通常被掩埋，一般不易被发现；但当泥石流或山洪及高含砂山洪将沟谷刷深，两岸基岩出露时，缝隙堆积也会暴露出来，这时可对其进行深入研究。

泥石流侵蚀-堆积地貌，既储存了泥石流的侵蚀信息，又储存了泥石流的堆积信息，因此与泥石流的侵蚀地貌和堆积地貌一样，不仅具有重要的研究意义，而且也是野外考察和遥感解译判别泥石流时的重要地貌标志，尤其是缝隙堆积基岩谷地，还可作为判别泥石流最高泥位的重要地貌标志之一。

# 8.6　泥石流危险度区划

随着山区经济建设的发展，人类经济活动的加剧，生态平衡遭破坏，泥石流活动日益频繁，危害日趋严重，成为山区经济发展、资源开发利用和环境保护中的一个突出问题。为了保护生态环境，减轻灾害，合理开发资源，促进经济发展，不仅要开展单沟、多沟和小区域泥石流治理，而且更为重要的是进行大区域，乃至全国泥石流危险区划，为山区建设和防灾提供科学依据。

泥石流危险区域是在区域泥石流规律研究基础上，根据区域泥石流危险程度和发育状况确定其危险等级，进行高层次的综合危险区划而划分的。

泥石流危险区划必须遵循以下原则：①相似性与差异性原则，将相似的、相对一致的地区划归为一个区域，将不相似的地区划归为另一区域；相似不等于相同，差异有大有小，所以相似性和差异性不但受"层次"的影响，还受"程度"的影响。②区域完整性原则，泥石流是自然灾害的一种，从其发生学角度来看，考虑某种自然区域的完整性，即以某类自然区划为基础较好。③综合性原则，影响泥石流发生、发展和危险程度的因素很多，为避免使用单一因素判定的局限性和针对性，贯彻综合性原则是非常必要的。④主导因素原则，在综合分析各因素并选出相关因素后，还需进一步抓住主要矛盾，确定主导因素。然后找出主次因素间的关系，分析他们的密切程度，从而为确定各因素的权重提供理论依据。

除了上述原则，区划还必须有定量指标作为划分依据。指标的选择和量化是危险区划的基础，指标选择和量化的合理与否，直接关系到区划的成功与否。这里从泥石流的分布情况和影响泥石流形成的地质、地貌、水文气象、森林植被和人类活动五大方面着手，初选了 18 个参考指标（表 8-2）。利用灰色系统理论将收集来的某区域的指标样本进行关联度分析，选择出其中关联度好的几个因素为泥石流危险度区划的定量指标。在选定指标后乘以各自的权重后求和，即可得到某个区域的泥石流危险度（$W\tilde{X}D$），查表 8-3 即可确定该区的危险等级。

**表 8-2　泥石流危险度区划定量指标候选表**

| 主　导　因　素 | 泥石流分布密度（$R_1$） | | | |
| --- | --- | --- | --- | --- |
| 地质指标 | 地貌指标 | 水文气象指标 | 森林植被指标 | 人类活动指标 |
| 岩石风化程度系数（$R_2$） | 自然区最大高差（$R_6$） | 洪灾出现频率（$R_9$） | 森林覆盖率（$R_{14}$） | 平均农业人口密度（$R_{16}$） |
| 平均地震烈度（$R_3$） | ≥25°坡地面积百分比（$R_7$） | 年平均月降雨量变差系数（$R_{10}$） | 植被覆盖率（$R_{15}$） | ≥25°耕地面积（$R_{17}$） |
| 断裂带密度（$R_4$） | ≥15°坡地面积百分比（$R_8$） | 年平均≥50mm 暴雨日数（$R_{11}$） | | 年平均开荒面积（$R_{18}$） |
| 地震发生频率（$R_5$） | | 年平均≥25mm 暴雨日数（$R_{12}$） | | |
| | | 年平均月降雨量（$R_{13}$） | | |

**表 8-3　泥石流危险区划分级标准及防治对策**

| 区域危险度（$W\tilde{X}D$） | 危险等级 | 危险性评价 | 防　治　对　策 |
| --- | --- | --- | --- |
| ≤12 | 一级危险区 | 轻度危险 | 加强水土保持,防止新的水土流失 |
| 12～24 | 二级危险区 | 中度危险 | 区内重点泥石流沟需要治理,注意监测发展趋势 |
| 24≤$W\tilde{X}D$<30 | 三级危险区 | 高度危险 | 区内关键泥石流沟急需治理,给予重点投资 |
| 30≤$W\tilde{X}D$≤36 | 四级危险区 | 极端危险 | 以防为主,尽量减少灾害损失 |

　　根据泥石流危险区划原则、定量指标和多年来在泥石流研究工作的成果资料，编制了全国泥石流分布及其灾害危险区划。其内容表现我国境内泥石流的类型、活动程度、危害状况，并按泥石流流域体系及危险程度划分大区、亚区两个等级。大区以泥石流灾害集中地区的大水系（流域）单元为基础，综合考虑流域内地理环境结构及泥石流特征灾害程度进行分区，把全国分成 4 个大区、15 个亚区（图 8-9 和表 8-4）。必须指出，各大区范围内泥石流危险程度在空间上或时间上具有分段性、被动性特点，即在区域内部有着明显的地域差异，年内或年际间亦有显著的差别。

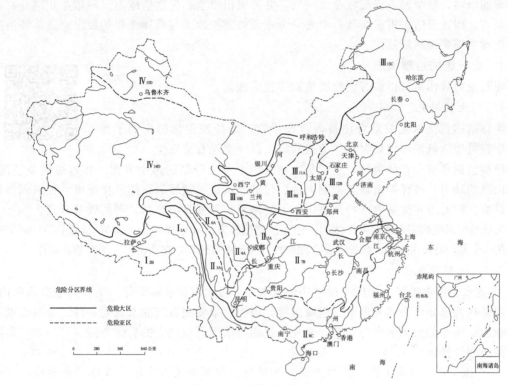

图 8-9　中国泥石流危险分区

**表 8-4　中国泥石流危险分区**

| 大　区 | 亚　区 | 大　区 | 亚　区 |
|---|---|---|---|
| Ⅰ 西南印度洋流域极大危险的泥石流区 | Ⅰ$_{1A}$ 怒江最危险区<br>Ⅰ$_{2B}$ 雅鲁藏布江中等危险区 | Ⅲ 东北太平洋流域危险的泥石流区 | Ⅲ$_{9B}$ 泾河、洛河中等危险区<br>Ⅲ$_{10B}$ 黄河上游中等危险区<br>Ⅲ$_{11A}$ 黄河中游最危险区<br>Ⅲ$_{12B}$ 黄、淮、海中等危险区<br>Ⅲ$_{13C}$ 松花江、辽河较危险区 |
| Ⅱ 东南太平洋流域最危险的泥石流区 | Ⅱ$_{3A}$ 金沙江、澜沧江最危险区<br>Ⅱ$_{4A}$ 岷江最危险区<br>Ⅱ$_{5A}$ 嘉陵江最危险区<br>Ⅱ$_{6A}$ 雅砻江最危险区<br>Ⅱ$_{7B}$ 长江中等危险区<br>Ⅱ$_{8C}$ 珠江较危险区 | Ⅳ 内流及北冰洋流域一般或无危险的泥石流区 | Ⅳ$_{14D}$ 新、藏内流微弱或无危险区<br>Ⅳ$_{15D}$ 额尔齐斯河微弱危险区 |

　　亚区在大区内，以大区支流流域为基本单位，按泥石流活动的影响因素，如容重、排泄量、物质组成、流体性质及危害程度等，优先以危害方式、危害程度和人类活动集聚程度等

综合特点为重点进行划分。其中，把危险程度分成4个级别，即极端危险；高度危险；中度危险；轻度危险或无危险。

# 8.7 泥石流防治

为了有效地防治泥石流灾害，应从山地环境的特点和泥石流演化发展规律出发，贯彻综合治理的原则，整个泥石流流域全面规划，并要突出重点；生物措施与工程措施相结合，要因地制宜、因害设防、讲求实效；要充分考虑到被防护地区与具体工程的要求。具体防治措施有治理措施和预防措施。

## 8.7.1 泥石流的治理措施

泥石流的具体治理措施有生物措施和工程措施。

### 8.7.1.1 生物措施

生物措施包括恢复或培育植被，合理耕牧，维持较优化的生态平衡。这些措施可使流域坡面得到保护，免遭冲刷，以控制泥石流发生。

植被包括草被和森林两种，它们是生物措施中不可分割的两个方面。植被可调节径流，削弱山洪的动力；可保护山坡，抑制剥蚀、侵蚀和风蚀，减缓岩石的风化速度，控制固体物质的供给。因此应在流域内（特别是中、上游地段）加强封山育林，严禁毁林开荒。

为使此项措施切实有效地发挥作用，还需注意造林方法和选择树种。幼苗成活后要严格管理；严防森林火灾，消灭病虫害。此外，要合理耕牧，甚至停耕还林，在崩滑地段绝对禁止耕作。

### 8.7.1.2 工程措施

① 蓄水、引水工程 这类工程包括调洪水库、截水沟和引水渠等。工程建于形成区内，其作用是拦截部分或大部分洪水、削减洪峰，以控制暴发泥石流的水动力条件。大型引水渠修建稳固而矮小的截流坝作为渠首，避免经过崩滑地段而应在它的后缘外侧通过，并严防渗漏、溃决和失排。

② 支挡工程 这类工程包括挡土墙、护坡等。在形成区内崩塌、滑坡严重地段，可在坡脚处修建挡墙和护坡，以保护坡面及坡脚，稳定斜坡。此外，当流域内某段因山体不稳，树木难以"定居"时，应先辅以支挡建筑物以稳定山体，生物措施才能奏效。

③ 拦挡工程 这类工程多布置在流通区内，修建拦挡泥石流的坝体，也称谷坊坝。它的作用主要是拦泥滞流和护床固岸。目前国内外挡坝的种类繁多。从结构来看，可分为实体坝和格栅坝。从坝高和保护对象的作用来看，可分为低矮的挡坝群和单独高坝。挡坝群是国内外广泛采用的防治工程，沿沟修筑一系列高5~10m的低坝或石墙，坝（墙）身上应留有水孔以宣泄水流，坝顶留有溢流口可宣泄洪水。我国这种坝一般采用圬工砌筑。为了能使较多的泥砂、石块停积下来，必须选择合适的坝（墙）间距 $L$，可按下式计算（图8-10）。

$$L = \frac{H}{I - I_0} \tag{8-6}$$

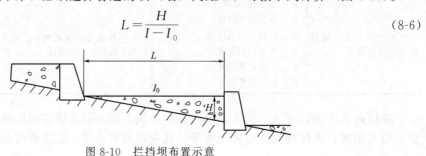

图8-10 拦挡坝布置示意

式中，$H$ 为坝（墙）高；$I$ 为沟床纵坡降；$I_0$ 为泥石流堆积物表面纵坡降，一般经验值为原始沟床纵坡降的 $40\%\sim80\%$，也可用经验公式计算。

若泥石流沟下游有大城市或重大工程受威胁时，则应修筑高坝。如美国洛杉矶在 20 世纪 30 年代建成了两座高坝，均为堆石坝，分别高 82m 和 114m，后来又修筑了两座分别高 90m 和 100m 的堆石坝。它们为确保 700 万人口的洛杉矶市的安全起了很大作用。苏联在小阿拉木图河上修筑的麦杰奥坝，经第二期工程后，坝高 145m，是当今世界上最高的泥石流挡坝。它是确保具有 80 万人口的阿拉木图市安全的最主要泥石流防治工程。

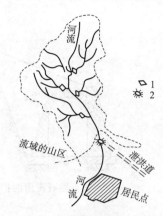

图 8-11　排导工程配置示意
1—坝-堤防；2—导流堤

④ 排导工程　这类工程包括排导沟、渡槽、急流槽、导流堤等，多数建在流通区和堆积区。最常见的排导工程是设有导流堤的排导沟（泄洪道）。它们的作用是调整流向，防止漫流，以保护附近的居民点、工矿点和交通线路（图 8-11）。

⑤ 储淤工程　这类工程包括拦淤库和储淤场。前者设置于流通区内，就是修筑拦挡坝，形成泥石流库，后者一般设置于堆积区的后沿，工程通常由导流堤、拦淤堤和溢流堰组成。储淤工程的主要作用是在一定期限内、一定程度上将泥石流物质在指定地段停淤，从而削减下泄的固体物质总量及洪峰流量。

上述各项生物措施和工程措施，在一条泥石流沟的全流域经常是综合采用的。如图 8-12 所示为综合治理西昌黑沙河泥石流的概况。

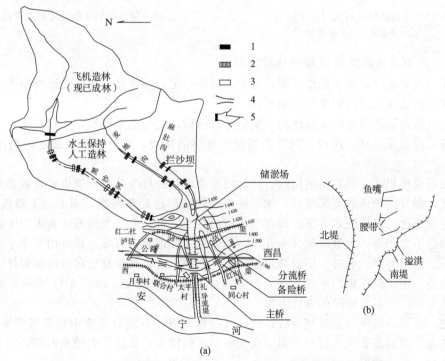

图 8-12　综合治理西昌黑沙河泥石流概况

（a）平面布置图；（b）导流堤及储淤场放大图

1—设计第一期拦沙坝；2—设计第二期拦沙坝；3—设计第三期拦沙坝；4—导流堤；5—已竣工水库

　　我国公路和铁道部门在泥石流地段的线路、站场，也采取了很多行之有效的防治措施。如跨越泥石流的桥梁、涵洞，穿过泥石流的护路明洞、护路廊道、隧道、渡槽等（图 8-13～图 8-16）。

图 8-13　防止泥石流用的护路明洞

图 8-14　用于在路堤上方排放泥石流的钢筋混凝土护路廊道

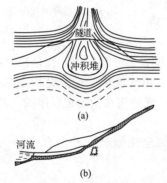

图 8-15　用隧道从泥石流沟床下面通过
(a) 平面图；(b) 剖面图

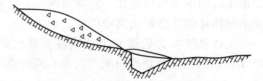

图 8-16　用渡槽引导泥石流越过道路上空

### 8.7.1.3　泥石流地段交通线路的选择问题

　　在泥石流形成区，由于地形开阔，且坡体极不稳定，一般是不容许交通线路通过的。所以交通线路应选在流通区和堆积区通过。

　　在泥石流流通区通过的交通线路，要修建跨越桥，此处地形狭窄，工程量小。但因冲刷强烈，桥梁极易受毁坏。所以，只有当线路有足够的高程，沟壁又比较稳定的情况下才能通过。

　　在泥石流堆积区，可有扇前绕避、扇后绕避及扇身通过等几种方案进行比较选择。扇前绕避方案，即在洪积扇的前部绕过。如果洪积扇的前部已紧靠河岸，则不得不修筑跨河桥，在河的对岸绕过。扇后绕避方案，即在洪积扇的后部通过，此处为流通区和堆积区的过渡地带，冲刷已不太严重，大量堆积又未开始，所以是比较理想的方案。最好用高净空大跨度单孔或明洞、隧道的形式通过。扇身通过的方案，原则上应该是愈靠近扇身前部愈好，而且需修建跨扇桥。由于洪积扇的不断发展，将会迫使线路不断改变。如图 8-17 所示为成昆铁路通过西昌安宁河泥石流地段的选线方案。

　　总之，在泥石流地段选择交通线路时，应尽量绕避泥石流分布集中且危害严重的地段。当受其它条件限制而必须通过时，则应根据泥石流的特点，从受影响较小的部位，采用最经济、安全的工程形式通过。

### 8.7.2　泥石流的预防措施

　　泥石流预测预报是泥石流预防的主要措施，也是泥石流研究的重要内容。对泥石流的成功预测预报，可以减轻以至消除泥石流的危害或可能预防泥石流的形成。

#### 8.7.2.1 泥石流空间预测

这项工作的主要内容是编制不同比例尺的泥石流分布图。根据研究地域大小和用途不同，编制出小、中、大三种不同比例尺的图件。

小比例尺泥石流分布图也可叫一览图，比例尺1:100万或更小。主要是为了判明一个省或全国的泥石流危险地区的概略分布状况，如图8-4所示。

中、大比例尺泥石流分布图一般在泥石流危险地区编制。

中比例泥石流分布图的比例尺1:10万~1:50万。主要作用是研究泥石流形成的一般规律和形成条件，并估算出某个地区范围内的危险度。

大比例尺泥石流分布图的比例尺1:1万~1:5万。主要作用是详细评价某地及其临区的泥石流现象，以及某条大泥石流沟流域的特征。它是用以拟定泥石流防治措施和建立监测网的基本图件。

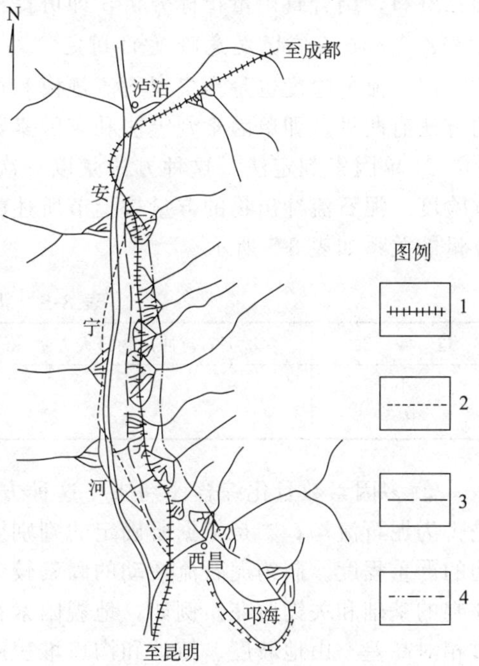

图 8-17 成昆铁路通过西昌安宁河
泥石流地段的选线方案
1—选定的扇身通过方案；2—扇前绕避一方案；
3—扇前绕避二方案；4—扇后绕避方案

#### 8.7.2.2 泥石流时间预报

泥石流的爆发是在一定的地形、地质条件下，由于强烈的地表径流激发所致。因此，有可能用临界降水量或临界径流量等指标来预报泥石流。这就是泥石流的气象水文预报。近年来，我国学者开展了暴雨型泥石流时间预报的研究。

泥石流的发生与降雨强度的关系比较密切。为了突出降雨强度对泥石流爆发的作用，提出了"灾害暴雨"的概念，它的定义是：突如其来的、稀遇的、强度大的、能造成灾害的猛烈降雨。由此激发的泥石流，即灾害暴雨泥石流。

进行灾害暴雨泥石流预报的主要气象指标有泥石流发生季节指标、天气尺度系统指标、日降雨量指标及小时雨强指标。

灾害暴雨泥石流发生季节，既是长期预报的依据，又是短期预报的参考。我国灾害暴雨泥石流发生季节有明显的地区差异。根据这一差异，可提出各地区泥石流预报的月份指标。

天气尺度系统不同，灾害暴雨影响的面以及泥石流发生的范围就有很大差别。我国灾害暴雨泥石流发生的天气系统地区差异明显。沿海地区主要是热带风暴，西南、西北地区主要是低涡和切变线。可根据历史上及近年来的泥石流资料统计分析，依其影响的天气系统的主次，确定各地区预报的主要和次要天气系统指标。

一个地区的暴雨量级愈大，发生灾害暴雨泥石流的概率和规模也愈大。我国地域面积广大，各地发生泥石流的暴雨量级差别也比较大。如东南沿海地区及四川盆地边缘山地，特大或大暴雨（>200mm 或 100~200mm）才能发生灾害性泥石流；而在西北地区，大雨（25~50mm）就有可能发生灾害性泥石流。

泥石流发生与降雨强度的关系更为密切。雨强大，发生泥石流的危险性就愈大。我国各地区发生灾害暴雨泥石流的雨强指标也存在差别。根据已发生的一些典型灾害暴雨泥石流的雨强资料，结合日雨量指标分析，即可提出各地区灾害暴雨泥石流预报的小时雨强指标。

### 8.7.2.3　泥石流爆发危险度的判定

泥石流危险度也是预报泥石流规模和可能危害程度的一个指标。目前判定泥石流危险度的方法有两种，即单因素判定法和多因素数量化综合评判法。

① 单因素判定法　这种方法是以一次泥石流冲出物的最大方量来判定流域内的泥石流危险度。泥石流冲出物的方量按上节所述的方法确定。危险度大小与一次泥石流冲出物最大方量的关系如表 8-5 所示。

表 8-5　泥石流危险度等级

| 危　险　度 | 一次泥石流冲出物最大方量/m³ | 危　险　度 | 一次泥石流冲出物最大方量/m³ |
| --- | --- | --- | --- |
| 小 | $\leq 10^4$ | 大 | $10^5 \sim 10^6$ |
| 中等 | $10^4 \sim 10^5$ | 特大 | $>10^6$ |

② 多因素数量化综合评判法　这种方法包括两个内容：一是根据各种判别因素，判定是否为泥石流沟；二是依据所确定的判别因素的量级，判定其在一定的暴雨激发下泥石流活动的严重程度。制约泥石流活动的因素较多，要进行综合分析，分出主次。这是数量化综合评判的基础和关键所在。例如，地貌因素在泥石流形成中所起的作用，可选择流域面积、地形相对高差、山地坡度、植被和沟口堆积扇等项目，每个项目按可能的活动规模和强度，用一定的级差（一般为四个）来表示，并分别赋值。这样，就可列出评判因素的反应矩阵，求得危险度。

根据危险度值的大小，评判某条泥石流沟爆发泥石流的严重程度。严重程度可划分为严重、中等、轻微和非泥石流沟四级。

# 思考题

1. 沟谷型泥石流和坡面型泥石流有何异同？
2. 黏性泥石流与稀性泥石流有何异同？
3. 泥石流的形成条件是什么？
4. 泥石流有什么基本特征？
5. 泥石流分类有哪些？
6. 如何进行泥石流危险度区划？
7. 泥石流防治有哪些方法与措施？
8. 如何从科学技术发展角度看待泥石流预测问题？
9. 我国地质条件格局与泥石流分布格局有何关系？
10. 泥石流作用的地貌现象有哪些？
11. 从地质环境保护角度如何防止泥石流的发生？

# 参考文献

[1]　中国科学院-水利部成都山地灾害与环境研究所. 中国泥石流 [M]. 北京：商务印书馆，2000.
[2]　中国科学院成都山地灾害与环境研究所. 第二届全国泥石流学术会议论文集 [M]. 北京：科学出版

社，1991.

[3] C.M 弗莱施曼．泥石流［M］．姚德基，译．北京：科学出版社，1986.

[4] 蒋忠信，陈光曦，等．中国山区道路灾害防治［M］．重庆：重庆大学出版社，1996.

[5] 中国科学院成都地理所．泥石流论文集（1）［M］．重庆：科学技术文献出版社重庆分社，1981.

[6] 陈景武．云南东川蒋家沟泥石流爆发与暴雨关系的初步分析．中国科学院兰州冰川冻土研究所集刊（第 4 号）［M］．北京：科学出版社，1985.

[7] 姚令侃．降雨泥石流形成要素的分析——灰色系统理论在处理德尔菲法调查结果上的应用［J］．水土保持通报，1987（02）：34-40.

[8] 田连权，张信宝，吴积善．试论泥石流的形成过程．泥石流论文集（1）［M］．重庆：科学技术文献出版社重庆分社，1981.

[9] 池谷浩，钟敦伦，译．泥石流分类．水文地质与工程地质第二辑［M］．重庆：科学技术文献出版社重庆分社，1980.

[10] 库尔金．论泥石流的分类．地理译文集（泥石流专辑）（4）［M］．姚德基，译．成都：中国科学院成都地理研究所，1980.

[11] 杜榕桓，康志成，章书成．试论我国泥石流分类．全国泥石流防治经验交流会议论文集［M］．重庆：科学技术文献出版社重庆分社，1983.

[12] 徐道明．泥石流成因和分类．中国科学院兰州冰川冻土研究所集刊（4）［M］．北京：科学出版社，1985.

[13] 荆绍华．泥石流的类型和等级与工程防治［J］．水土保持通报，1985（01）：9-12.

[14] 田连权，吴积善，康志成，等．泥石流侵蚀搬运与堆积［M］．成都：成都地图出版社，1993.

[15] 唐邦兴，柳素清，刘世建．中国泥石流分布及其灾害危险区划图（1：600 万）［M］．成都：成都地图出版社，1991.

[16] 刘希林，唐川．泥石流危险性评价［M］．北京：科学出版社，1995.

[17] 唐邦兴，刘希林，柳素清．中国泥石流危险区划的探讨［J］．//中国自然灾害灾情分析与减灾对策．武汉：湖北科技出版社，1992.

[18] 谭炳炎．泥石流沟严重程度的数量化综合评判［J］．水土保持通报，1986，6（1）：51-57.

[19] 刘希林．泥石流危险度判定的研究［J］．灾害学，1988（03）：12-17.

[20] 刘希林，莫多闻．泥石流风险评价［M］．成都：四川科学技术出版社，2003.

[21] 陈光曦，王继康，王林海．泥石流防治［M］．北京：中国铁道出版社，1983.

[22] 中国科学院成都山地灾害与环境研究所．泥石流研究与防治［M］．成都：四川科学技术出版社，1985.

[23] 周必凡，李德基，罗德富，等．泥石流防治指南［M］．北京：科学出版社，1991.

[24] 王继康．泥石流防治工程技术［M］．北京：中国铁道出版社，1996.

[25] 吴积善，田连权，等．泥石流及其综合治理［M］．北京：科学出版社，1993.

[26] 姚一江．坡面泥石流的类型、分布规律及防治［J］．中国水土保持，1991.

[27] 吴积善，田连权，康志成，等．泥石流及其综合防治［M］．北京：科学出版社，1993.

[28] 杜榕桓，章书成，唐邦兴，等．泥石流研究内容与发展方向的探讨．中国科学院兰州冰川冻土研究所编．中国科学院兰州冰川冻土研究所集刊（第 4 号）［M］．北京：科学出版社，1985.

[29] 唐川，梁京涛．汶川震区北川 9.24 暴雨泥石流特征研究［J］．工程地质学报，2008，16（06）：751-758.

[30] 唐川，李为乐，丁军，等．汶川震区映秀镇“8·14”特大泥石流灾害调查［J］．地球科学（中国地质大学学报），2011，36（01）：172-180.

[31] 陈鹏宇，乔景顺，彭祖武，等．基于等级相关的泥石流危险因子筛选与危险度评价［J］．岩土力学，2013，34（05）：1409-1415.

[32] 崔鹏．我国泥石流防治进展［J］．中国水土保持科学，2009，7（05）：7-13＋31.

[33] 杨东旭，游勇，陈晓清，等．汶川震区狭陡型泥石流典型特征与防治［J］．水文地质工程地质，2015，42（01）：146-153.

[34] 谢涛，徐小林，陈洪凯．泥石流拦挡坝研究现状及发展趋势［J］．中国地质灾害与防治学报，2017，28（02）：137-145.

[35] 江峰．泥石流防治工程设计的若干问题初探［J］．中国地质灾害与防治学报，2009，20（04）：36-40.

# 第9章 地面沉降

## 9.1 概述

地面沉降（land subsidence）是指地壳表面在内、外力地质作用与人类活动的作用下产生的地壳表面某一局部范围内或大面积的、区域性的沉降活动，其垂直位移一般大于水平位移。地面沉降的特点是发展比较缓慢，无仪器观测难以察觉，一旦发生，即使除去地面沉降的原因也难以完全恢复。不同地区由于其地质结构与影响因素不同，导致其地面沉降的范围与沉降速率不同。一般而言，地面沉降的面积较大，沉降速率多在 80mm/a 以上。

诱发地面沉降的因素包括自然地质和人类工程活动两大类。地面沉降可以由单一因素诱发，而在许多情况下是几种因素综合作用的结果。在诸因素中，人类工程活动常起着重要的作用。纵观国内外地面沉降的实例分析表明，绝大多数地面沉降是由于抽取地下液体（水与石油）引起的。

由于地面沉降与人类工程活动有着直接的联系，它常常产生于具备了特定地质环境的工业化和城市化地区，给这些地区的社会经济发展、城市建设、环境保护和人类生活带来危害。地面沉降所引起的不良后果包括：沿海城市低地面积扩大，海堤高度下降而引起海水倒灌，海港建筑物抗破坏和装卸能力降低，油田区地面运输线和地下管线扭曲断裂，城市建筑物基础脱空开裂，桥梁净空减小，城市供水及给排水系统失效以及因长期过量抽取地下水而导致的地下水资源枯竭和水质恶化等。

19 世纪末以来，随着世界范围内人类工程活动强度和规模的不断增大，在许多具备适宜的地质环境的地区陆续出现了地面下沉现象。在诸多实例中，由于人类抽取地下液体的工程活动而引起地面沉降的情况最为普遍。意大利的威尼斯是最早被发现因抽取地下水而产生地面沉降的城市。之后，日本、美国、墨西哥、中国、欧洲和东南亚一些国家中的许多位于沿海或低平原上的城市地区，由于抽取地下液体的工程活动，均先后出现了较严重的地面沉降问题。

地面沉降分析的理论基础是 Terzaghi 于 1925 年提出的有效应力原理和一维固结理论。地面沉降是由多种动力地质因素，特别是人类活动所引起的工程动力地质现象，它对城市环境和工程建设都不利。因此，地面沉降是工程地质学重要的研究内容。

## 9.2 地面沉降的诱发因素及地质环境

地面沉降的发生和发展需具备必要的地质环境和诱发因素。弄清产生地面沉降的地质环境，有助于在区域规划中及时判定地面沉降可能产生的地域、部位；而对诱发因素的分析则有助于地面沉降机制的研究、发展过程的预测、制订合理的资源开发计划和采取有效的防治措施。

### 9.2.1 地面沉降的诱发因素

不同因素所诱发的地面沉降的范围、速率及持续时间不同。一个地区的地面沉降可由单一因素所诱发，也可是多种因素综合诱发的结果。概括各种诱发因素大致可归纳为两大类。

#### 9.2.1.1 自然动力地质因素

（1）地球内营力作用

它包括地壳近期下降运动、地震、火山运动与基底构造等。由地壳运动所引起的地面下降是在漫长的地质历史时期中缓慢地进行的，其沉降速率较低。例如，我国天津地区第四纪以来的地壳年平均沉降速率约为 $0.17\sim0.2$mm，近期的年平均下降速率为 $1\sim2$mm。但是在地壳沉降区内的不同地点下降速率并非完全一致，常常表现出相对不均一性。这种相对沉降差可能对某些地区的水准基点产生影响，从而影响地面沉降量的测量精度。图 9-1 反映了京津地区三个主要水准基点 $1969\sim$ 1983 年的高程变化。地震或火山活动常引起地面的陷落。一些已经发生地面沉降的地区，在大震后可能引起短时期的沉降速率增加。1976 年唐山 7.8 级强震后，附近地区出现了三个下沉中心，其展布方向（NE30°）与发震主断裂走向一致，最大沉降速率达 1358mm/a（图 9-2），但震后一年即转为平稳。这表明上述作用一般不会造成长期沉降后果。

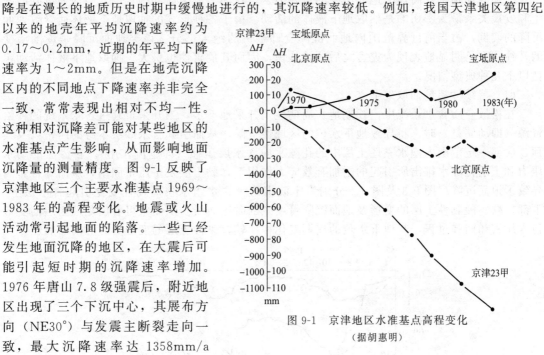

图 9-1 京津地区水准基点高程变化
（据胡惠明）

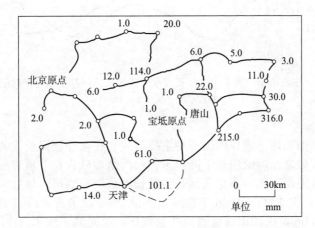

图 9-2 京津唐地区 1975～1976 年（地震期）水准点平均速率
（据胡惠明）

（2）地球外营力作用

它包括溶解、氧化、冻融与蒸发等作用。地下水对土中易溶盐类的溶解、土壤中有机组分的氧化、地表松散沉积物中水分的蒸发等，均可能造成土体孔隙率或密度的变化，促进土体自重固结过程而引起地面下降。就全球范围而言，大气圈的温度变化可引起极地冰盖和陆地小冰川的融化或冻结。它除在气候上有累积效应外，还将引起海水体积的变化和海平面的升降。100 年来，世界海平面上升了 $10.16 \sim 12.7cm$，平均每年上升 $1 \sim 1.2mm$。这导致了大陆沿海地带地面相对降低，出现现代海侵和海岸后退现象。

#### 9.2.1.2　人类活动因素

人类活动是诱发高速率地面沉降的重要因素。在诸多人类活动因素中，与地面沉降的发生和发展关系最为密切的是抽取地下液体的活动。由于各种形式的抽取地下液体而导致地面沉降的实例，占当前世界范围内地面沉降全部事例的绝大部分。该类地面沉降是逐渐演变的，往往在已明显地表现为灾害之后才被认识，因而其危害性也最大。抽取地下液体活动包括以下几种典型情况。

（1）持续性超量抽取地下水

在松散介质含水系统中，长期地、周期性地开采地下水，当开采量超过含水系统的补给资源（即动储量）时，将导致地下水位的区域性下降，从而引起含水砂层本身的压密以及其顶、底部一定范围内饱水黏性土层中的孔隙水向含水层运移（即越流作用）。在渗流的动水压力和土层孔隙水排出所引起的附加有效应力作用下，黏土层发生压密固结，从而综合影响导致了地面沉降。图 9-3 及图 9-4 分别为宁波市第一含水组水位周期性变化引起含水层上、下部，软、硬黏性土层的变形及地面沉降量增减的时序曲线。从图中可看出黏性土层的变形包含压密和回弹过程，与地下水位的周期变化相比较，黏性土层的变形具有时间滞后性。

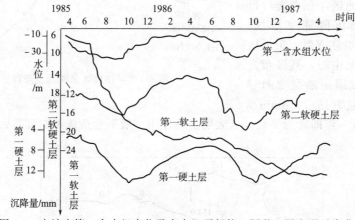

图 9-3　宁波市第一含水组水位及含水组顶部软、硬黏土层变形时序曲线

（据沈孝宇、林丹等，1988）

（2）开采石油

开采石油是人工抽取地下液体的另一种重要形式，在某些埋藏较浅的半固结砂岩含油层中，抽取石油可引起砂岩孔隙液压的下降，未完全固结的砂岩在上覆岩层自重压力作用下继续固结，引起采油区地面下沉。典型实例是美国长滩威明顿油田，该地区含油气层位于地下 $600 \sim 1500m$ 深度内，自 $1926 \sim 1968$ 年期间，共钻 2800 口油井，采出油气 $5.2 \times 10^9 Mm^3$，其地面总沉降量达 9.0m，使油田设施遭到严重破坏。经向油层注水（$1.75 \times 10^5 m^3/d$）后沉降停止并有少量地面回弹。此外，某些封闭油藏中存在着异常孔隙压力（超孔隙液体压力），当采油过程导致超孔隙液压消散时，含油砂岩孔隙结构将发生调整，孔隙率下降，岩层总体积减小，在上覆地层随之"松动"的条件下，导致油田地面沉降。

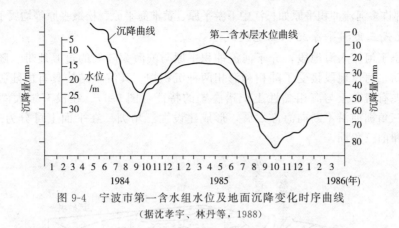

图 9-4 宁波市第一含水组水位及地面沉降变化时序曲线

(据沈孝宇、林丹等，1988)

(3) 开采水溶性气体

日本新隅因开采水溶性天然气——甲烷，而持续地大量抽水，导致开采层地下水位下降及含气层的压缩，产生了大幅度的地面沉降。

人类活动对地面沉降的诱发因素还包括：大面积农田灌溉引起敏感性土的水浸压缩；地面高载荷建筑群相对集中时，其静载荷超过土体极限载荷而引起的地面持续变形；在静载荷长期作用下软土的蠕变引起的地面沉降；地面振动载荷引起的地面沉陷；有机质土疏干引发的地面沉降；洞穴塌陷引发的地面沉降等。

### 9.2.2 地面沉降的地质环境

世界许多实例表明，地面沉降一般发生在未完全固结成岩的近代沉积地层中，其密实度较低，孔隙度较高，孔隙中常为液体所充满。地面沉降过程实质上是这些地层的渗透固结过程的继续。其沉降量大小和不均匀性受控于地层类型和地质结构，基于这一观点，可将产生地面沉降的主要地质环境模式归纳为以下几种。

#### 9.2.2.1 近代河流冲积环境模式

近代河流冲积环境模式以河流中下游高弯度河流沉积相为主。属于这种模式的河流常处于现代地壳沉降带中，河床迁移频率高，因而沉积物特征为多旋回的河床沉积土——下粗上细的粗粒土和泛原沉积土，并呈以细粒黏性土为主的多层交错叠置结构。一般来说，粗粒土层平面分布呈条带状或树枝状，侧向连续性较差。不同层序的细粒土层相互衔接包围在砂体的上、下及两侧，其剖面如图 9-5 所示。

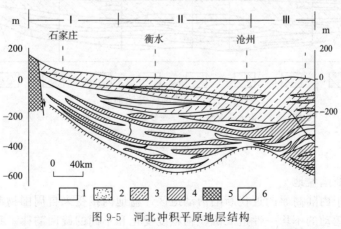

图 9-5 河北冲积平原地层结构

1—卵砾石；2—砂；3—粉土；4—黏土；5—基岩；6—断层

我国东部许多河流冲积平原如长江中下游平原、黄淮海平原、松嫩平原等均属于此种类型。

### 9.2.2.2　近代三角洲平原沉积环境模式

三角洲位于河流入海地段，介于河流冲积平原与滨海大陆架的过渡地带。随着地壳的节奏性升降运动，河口地段接受了陆相和海相两种沉积物。其沉积结构具有由陆源碎屑——以中细砂为主夹有机黏土与海相黏性土交错叠置的特征（图 9-6）。在没有强大潮流和波浪能量作用时，三角洲前沿不断向海洋发展，形成建设性三角洲。在平面上可分为三角洲平原、三角洲前沿和前三角洲。

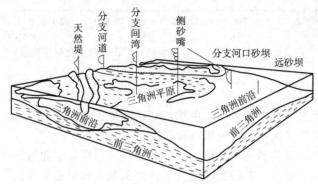

图 9-6　三角洲沉积环境模式

我国长江三角洲主体部分属于建设性三角洲，并继续向外淤积扩展，形成广阔的三角洲平原。上海、常州、无锡等城市的地面沉降均为这种地质环境模式。

### 9.2.2.3　断陷盆地沉积环境模式

断陷盆地沉积环境模式一般位于三面环山、中部以断块下降为主的近代活动性地区。盆地在下降过程中不断接受来自周围剥蚀区的碎屑物质，堆积了多种成因的、粒度不均一的沉积层。沉积物结构受断陷速率和节奏的控制。在这类地质环境中，两大类诱发因素均可能导致较严重的地面沉降。按其地理位置可分为临海式断陷盆地和内陆式断陷盆地两种类型。

（1）临海式断陷盆地

这类盆地位于滨海地区，常受到近期海侵影响。其沉积结构由海陆交互相地层组成。我国台北和宁波盆地（图 9-7）均属于这种模式，并已产生了地面沉降现象。

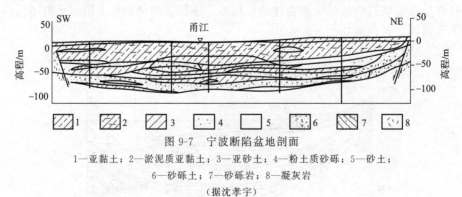

图 9-7　宁波断陷盆地剖面

1—亚黏土；2—淤泥质亚黏土；3—亚砂土；4—粉土质砂砾；5—砂土；

6—砂砾土；7—砂砾岩；8—凝灰岩

（据沈孝宇）

（2）内陆式断陷盆地

这类盆地位于内陆高原的近代断陷活动地区。盆地内接受来自周围物源区的多种成因的陆相沉积。断陷运动的不均一性造成沉积物粒度变化和不同的旋回韵律。我国汾渭地堑中的盆地属于此种类型。其新生界沉积层总厚度自北向南增加，最大厚度达 8000m 左右。其中大同盆地新生界厚 2000～3000m，由第四系冲、洪积砂砾层及湖相黏土层交错沉积而成，下部为第三系半固结砂岩、黏土岩或玄武岩，由太古界变质岩构成基底。近年来，随着该区采煤工业及坑口电厂的建设，工业抽用地下水量与日俱增，地下水位大幅度下降，地面沉降速率约 2mm/a。

# 9.3　承压水位下降引起的地面沉降机制分析

### 9.3.1　机制分析

位于未固结或半固结疏松沉积层地区内的大城市，因为潜水易于污染，往往开发深层的承压水作为工业及生活用水的水源。承压水在开采的过程中，由于承压水位的下降导致有效应力增加，土颗粒压密，发生地面沉降。

在孔隙承压含水层中，抽汲地下水所引起的承压水位的降低，必然要使含水层本身和其上、下相对隔水层中的孔隙水压力随之减小。根据有效应力原理可知，土中由覆盖层载荷引起的总应力是由孔隙中的水和土颗粒骨架共同承担的。由水承担的部分称为孔隙水压力（$p_w$），它不能引起土层的压密，故又称为中性压力；而由土骨架承担的部分则能直接造成土层的压密，故称为有效应力（$p_s$）；二者之和等于总应力。假定抽水过程中土层内的总应力不变，那么孔隙水压力的减小必然导致土中有效应力的等量增大，结果就会引起土层成比例地固结。由于区域性地面沉降范围较广阔，压缩层厚度与沉降范围相比较，又相对较小，因此无论从理论或实际应用上，都可以把这类由于抽水引起的地面沉降问题按一维固结问题处理。

在天然条件下，由于地质结构的不同，抽水所引起的土层中孔隙水压力及有效应力的变化，可有不同的模式，如图 9-8 所示。为简化讨论，这里仅以三层结构条件下单层抽水的情况为例，对抽水过程中土层中应力的转变及土层的固结问题进行具体分析。

在三层结构及天然状态条件下，如果下部承压含水层中的承压水位与上部潜水含水层的水位一致，如图 9-9 所示，那么图中的 $GG'$ 线将代表由土层自重所造成的总应力线，$HC$ 线则将代表土层中的天然孔隙水压力线。根据这两条线，可以很方便地求得任意深度土单元体的天然孔隙水压力值 $p_w^0$ 和天然有效应力值 $p_s^0$。假定抽水使下部含水层的承压水位降低 $\Delta h$ 然后长期稳定，其结果就会使土层中的孔隙水压力由 $p_w^0$ 降至 $p_w^{\Delta h}$。由于土层内的各点最终都将获得一个最大有效应力增值 $\Delta p_s = p_s^{\Delta h} - p_s^0$，所以黏土层中总的最大有效应力增值将等于 $\triangle ABH'$ 的面积，而砂层中总的有效应力增值则将等于 $\square AH'CD$ 的面积。

上述有效应力的增大必将导致土层的固结和压密。根据土力学的原理，砂层和黏土层的最终压密量将分别等于：

$$S = \frac{\gamma_w S_{\square AH'CD}}{E} = \frac{\gamma_w \Delta h H_{砂}}{E} \tag{9-1}$$

$$S_\infty = \frac{a_v}{1+\varepsilon_0}\gamma_w S_{\triangle ABH'} = \frac{a_v}{2(1+\varepsilon_0)}\gamma_w \Delta h H_{黏} \tag{9-2}$$

式中，$S$ 为砂层的压密量；$\gamma_w$ 为水的容重；$\Delta h$ 为承压水位的降低值；$E$ 为砂层的弹性模量；$H_{砂}$ 为砂层的厚度；$S_\infty$ 为黏土层的最终压密量；$\varepsilon_0$ 为黏土层的孔隙比；$H_{黏}$ 为黏土层的厚度；$a_v$ 为黏土层的压缩系数。

砂层与黏土层两者压密量之和就是地面沉降的总量。

由于透水性能的显著差异，上述孔隙水压力减小，有效应力相应增大的过程，在砂层和

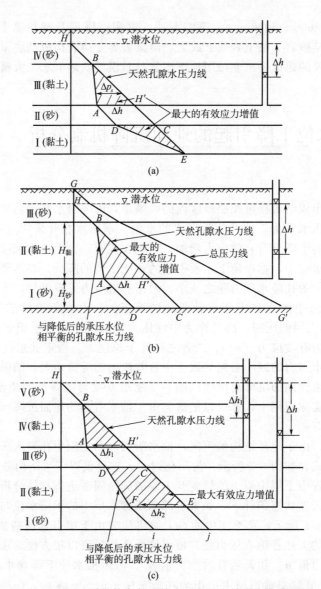

图 9-8　不同地质结构条件下抽水引起的有效应力变化图解

黏土层中的表现是截然不同的。在砂层中，这一过程基本上可以认为是"瞬时"完成的，也就是说，随着承压水位的降低，砂层内的有效应力随着多余水分的排出而迅速地增至与降低后的承压水位相平衡的程度（即达到 $AD$ 线），所以砂层的压密变化也是"瞬时"完成的；然而在黏土层中，它却进行得十分缓慢，随着时间的推移，标志着固结进展程度的应力转换线逐渐地向最终边界线 $AB$ 推进［如图 9-9(b)］，而达到 $AB$ 线（与降低后的承压水位相平衡的孔隙水压力线）所需的时间，正如模型试验（图 9-10）所表明的，往往需要几个月、几年甚至几十年（取决于土层厚度和透水性）。这样，在承压水位降低后，直到应力转变过程（也就是固结过程）最终完成之前的相当长的一段时间内，黏土层中始终不同程度地存在高于与新的承压水位相平衡的孔隙水压力，这部分孔隙水压力通常被称为剩余孔隙水压力或超孔隙水压力。土层内现有的剩余孔隙水压力的大小，是衡量该土层在现存的应力条件下可能最终产生的固结、压密的强烈程度的重要标志，通常可以通过实测加以查明。

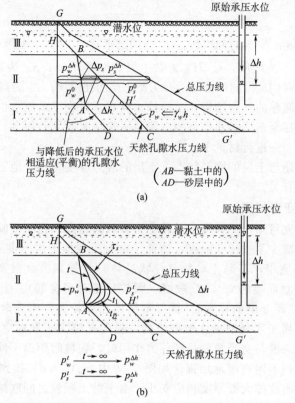

图 9-9 三层结构条件下单层抽水引起的有效应力的变化及黏土层的压密

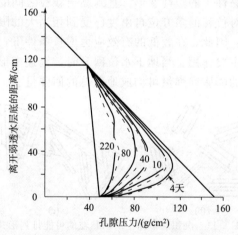

图 9-10 由承压水位降低引起的土层固结的模型试验结果

根据土的单向固结理论,可按下式计算黏土层的压密过程:

$$S_t = S_\infty Q \tag{9-3}$$

$$Q = 1 - \frac{8}{\pi^2}\left(e^{-N} + \frac{1}{9}e^{-9N} + \frac{1}{25}e^{-25N} + \cdots\right) \approx 1 - 0.8e^{-N} \tag{9-4}$$

$$N = nt \tag{9-5}$$

$$n = \frac{\pi^2}{4} \times \frac{C_v}{H_{黏}^2} \tag{9-6}$$

$$C_v = \frac{K(1+\varepsilon_0)}{a_v \gamma_w} \qquad (9\text{-}7)$$

式中，$Q$ 为固结度；$N$ 为时间因数；$C_v$ 为固结系数，$cm^2/s$；$K$ 为渗透系数，$cm/s$；$\gamma_w$ 为水的容重，$g/cm^3$；$t$ 为时间，$s$；$H_\text{黏}$ 为黏土层的厚度，$cm$；$S_\infty$ 为黏土层的最终压密量；$S_t$ 为承压水位降低后时间 $t$ 内的压密量；$\varepsilon_0$ 为黏土层的孔隙比；$a_v$ 为黏土层的压缩系数。

以上通过一种较简单的三层结构、单层抽水模式，讨论了承压水位下降引起地面沉降的机制。其它多层结构甚至多层抽水类型的沉降，尽管情况要复杂得多，但其基本机制仍然是相同的，所以就不再——进行讨论了。

另外，地面沉降还与土层的固结状态、土层的应力应变特性、地下水位的变化与特点和黏土层的微观结构等有关。

### 9.3.2　黏性土层的变形机理

从微观结构的研究可知，土体压缩过程是土颗粒间距离和孔隙空间减小以及土粒重新排列的过程。这些变化减少了土体孔隙度，增加了密度，并使土层厚度变小。对黏性土而言，在不同成因的沉积环境中，其黏土矿物（片状晶体）的排列方式或微结构可分四种类型：①絮凝型（颗粒呈端对面接触）；②分散型（颗粒呈面对面接触）；③片架型（颗粒杂乱排列）；④片堆型（颗粒高度定向排列）。絮凝型结构孔隙较大，而分散型结构孔隙较小。图9-11 中（a）和（b）属于絮凝型或片架型结构，粒间孔隙大，颗粒之间为"弱联结"的开放式排列，微结构复杂度高。当颗粒受到外力作用时，颗粒间距离不同程度地减小，相对位置发生变化，定向排列不同程度地加强。如图 9-11 中（c）、（d）排列形式，属片堆型或分散型结构，此时土体密度加大而厚度相应变小。由于黏土颗粒之间联结方式的不规律性和颗粒变位的多向性，其颗粒之间的相对位置变化一般是不可逆的。这种土颗粒变位的不可逆过程在宏观上的表现，即为黏性土的塑性变形。直到黏土颗粒之间的接触关系基本上达到"硬联结"程度，颗粒之间相对位移的多方位自由度已受到相当大的限制时，黏性土体变形才有可能呈现弹性介质的特点。因此，在较低的有效应力增长条件下，黏土层的压密和非弹性的永久变形在地面沉降中起主要作用。当地下水位回升时，上述变形不能恢复；只有黏性土弹性变形的量值部分和砂层的膨胀回弹量可构成地面总的回弹量。

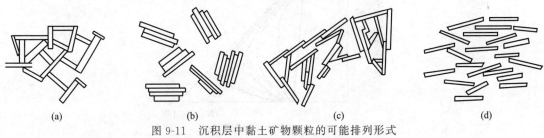

图 9-11　沉积层中黏土矿物颗粒的可能排列形式
(a)、(b) 开放工作式排列；(c)、(d) 压缩时排列形式的变化

此外，黏性土层孔隙水压力的调整需要较长的时间，即有效应力增长与黏性土相应的压密变形过程之间存在着时间滞后。因此，地面沉降的开始可能与抽水所引起的水位下降同步，但沉降过程的结束则常滞后于该地下水位的下降期。这就是地面沉降过程常较抽液过程时间滞后的原因。

### 9.3.3　黏性土层固结历史

土体自沉积后在各种自然地质作用下所经历的固结变形过程称为土体的固结历史。可以由密度与应力之间的相关曲线形式来反映。图 9-12 表示了黏性土在天然沉积载荷条件下的一般固结变形及成岩过程，以及由于地壳上升而带来的侵蚀或冰退作用产生的卸荷回弹过程。该过程由含水量（孔隙比）与垂直有效应力的关系表示，并同时表示了相应过程中土体强度及水平有效应力与垂直有效应力之间的关系。未完全固结成岩的黏性土体的固结历史相当于 $a \to b \to c$ 过程，即天然（原始）固结过程，或 $a \to b \to c \to d$ 过程，即天然（原始）固结-回弹过程。已固结成岩的地层其固结历史相当于 $a \to b \to c \to c'$ 过程。成岩后的岩体在上覆载荷卸除条件下，因岩石已具强联结结构，其孔隙度将基本保持恒定而不出现明显的回弹（即 $c' \to e$ 过程）。任一黏性土层的原始固结或原始回弹的半对数曲线（$e\text{-}\lg p$）的斜率（即压缩指数 $C_c$ 或回弹指数 $C_e$）反映了该土层的固结历史特征，$e\text{-}p$ 或 $e\text{-}\lg p$ 曲线上的任一点表达了土层固结历史中某一特定阶段的固结状态。

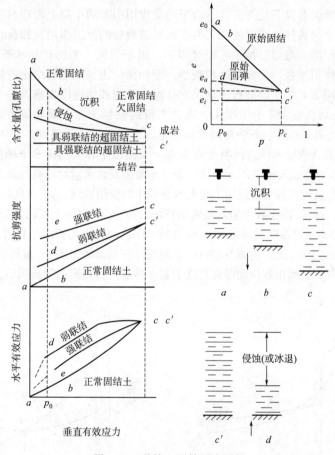

图 9-12　黏性土固结历史图解

$a$—沉积初期，正常固结；$b$—地壳下降过程中的连续沉积，正常固结或欠固结；$c$—沉积终止；$c'$—在地层自重载荷有效应力下固结成岩；$d$—因侵蚀或冰退等卸荷作用的回弹过程，超固结；$e$—成岩后卸荷过程，超固结

（据阿特韦尔等修改）

### 9.3.4　黏性土的固结状态

各种成因的黏性土体所经历的地质历史大致可由其目前所呈现的固结状态反映出来。对固结状态的判别一般通过对土体的先期（预）固结压力 $p_c$ 和现今所受到的有效覆盖压力 $p_0$ 进行对比来决定。按前期固结比 $OCR = p_c / p_0$，可将黏性土固结状态分为三种类型。

#### 9.3.4.1　正常固结状态

当 $OCR = 1$ 或 $p_c = p_0$ 时，表明在现今有效覆盖压力下，地层已完成相应的固结过程。

该土层在沉积和压密过程中未产生其它变动。

### 9.3.4.2 欠固结状态

$OCR<1$ 或 $p_c<p_0$ 时，表征土层的自重固结过程尚在继续。产生欠固结状态的原因之一是上覆土层的堆积速率超过土层本身的固结速率；其它的原因是土层的物理化学条件的变化。例如当土的含水量降低时，胶体颗粒减少，离子分散度降低，因而，土粒扩散层厚度减小，粒间孔隙度增加。在这种条件下，正常固结或超固结土有可能因孔隙度的增加而转变为欠固结状态。此外，土中生物造孔活动、冰融作用等也可能导致土层欠固结。

### 9.3.4.3 超固结状态

$OCR>1$ 或 $p_c>p_0$ 时，表征土层在历史上曾经受过高于现今地层覆盖压力的有效应力。形成土层超固结的原因有以下几方面。①由于地质作用引起的土层上覆载荷的减小。例如，由于地壳上升，上部土层被侵蚀或剥蚀；大面积冰川覆盖后的冰退作用（卸荷作用）等。②矿化孔隙水的物理化学作用。海相黏性土堆积过程中，由于含钠、钙的矿化水的作用，土粒凝集，颗粒和粒团间胶结作用增强，使固体体积减小，海相黏性土呈现超固结土的特征。黄土在多次浸水和反复淋滤作用下，其水溶液析出物填充孔隙，粒间胶结强度提高，也常使黄土有较高的 $p_c$ 值而表现为超固结状态。③干缩作用。高含水量的黏性土在干燥环境中因水分蒸发而干化收缩，呈现超固结特点。在其它条件相同的情况下，黏性土的液限越高，土体干化收缩量越大。图 9-13 表示土液限及含水量不同的两类土在失水、干化作用和天然压密下的固结曲线。图 9-13（a）表示土液限小且含水量较低，图 9-13（b）表示土液限及含水量均较高。$ab$ 线表示各土的理论压密固结过程。$acdfg$ 代表各土在经历干化失水过程中的固结曲线。$d$、$e$ 点均代表土体固结状态发生变化的临界点，在 $fe$ 段中各土呈现超固结特征，在 $eg$ 段中各土表现为欠固结特征，$e$ 点所对应的压力值 $p_e$ 与高压固结实验测定的 $p$ 值相当。比较两种土的固结过程可知，图 9-13（a）土干化收缩量小于图 9-13（b）土，而图 9-13（b）土的超压密状态的范围 $fe$ 显然大于图 9-13（a）土。④人类工程活动如打桩、碾压和振动等也可能引起土体在一定范围内的超固结。

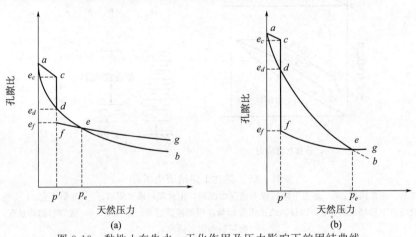

图 9-13 黏性土在失水、干化作用及压力影响下的固结曲线

[（a）图土液限较 （b）图小]

（据杰尼索夫）

从以上讨论中可以看出，只有在第一种情况下，土层的超固结状态是由于地层静载荷的预压固结作用而形成的，其 $p_c$ 值确切反映了土体固结历史中的最大有效应力值。在其它情况下，黏性土的超固结状态的形成与土的物理化学条件及气候条件有关。此时，由实验测定的 $p_c$ 值仅反映黏性土体固结历史中所具有的最大结构强度。在适当条件下，固结状态可以

相互转化。因而，在研究黏性土体固结状态时应结合土体的地质历史对黏性土体的形成机制和固结历史进行全面剖析，从而对其变形趋势作出正确预测。

# 9.4　地面沉降的预测

研究地面沉降问题的重点在于研究其形成和发展规律，以便对其可能出现的地点、范围和灾害规模作出早期预测。在一些已经出现地面沉降灾害的地区，预测的目的在于指出灾害可能继续发展的趋势并寻求有效的防治措施。显然，对于那些具备产生地面沉降灾害的地质环境而尚未进行大规模工程开发活动的地区，早期预测对区域的合理规划和开发、土地利用决策的制订具有重要意义。

## 9.4.1　预测所需要资料与预测成果

### 9.4.1.1　预测所需要的地质资料

① 区域新构造运动发展史、晚中生代和新生代沉积环境、区域地质结构；

② 场地的沉积环境、年代与所属地貌单元，如第四纪冲积、湖积或浅海相沉积的平原或盆地以及古河道、洼地、河间地块等微地貌情况；

③ 第四纪松散堆积物的岩性、厚度与埋藏条件；

④ 最大取水深度范围内的主要可压缩层和含水层的变形特征；

⑤ 第四纪含水层的水文地质特征，如含水层的颗粒组成、岩性特点、渗透性与单位出水量等；

⑥ 地下水的埋深与承压性及各含水层之间的水力联系；

⑦ 地下水天然条件下的补给、径流与排泄条件及有关参数；

⑧ 历年来地下水的采灌量和实际开采的含水层、段；

⑨ 历年来各含水层水位的变化幅度与速率；

⑩ 地下水位下降漏斗的形成与发展过程，以及灌水时地下水反漏斗的形成与变化；

⑪ 地面沉降对已有建筑物的影响。

### 9.4.1.2　预测性图件

预测图件应包括各种基础性地质图件；反映砂层、黏性土层厚度变化，地下水位或液压变化以及其它人类活动诱发因素指标变化的等值线图；通过综合分析做出的地面沉降发展趋势分区预测图等。所编制的地区性预测图件，应尽可能详细表明在预计的地下液压降低或其它人类活动因素影响下，预期的沉降区范围和沉降幅度。

### 9.4.1.3　预测性曲线

在定量数据齐全的条件下，应对可能沉降区作出综合性的沉降定量预测。在抽液地区作综合性预测，要求有较精确的地层结构剖面及相应的岩土物理力学研究数据。通过相应的应力和变形的计算和分析，预测不同抽液方案条件下可压缩层中释液的速度及可能压缩量。

所有的预测资料可以由变量的时序曲线或变量之间的相关曲线来表示，以便与其它图件配合，为制订资源合理开发方案及沉降灾害防治措施提供依据。

## 9.4.2　地面沉降的预测方法

国内外许多学者对地下流体开采引起的地面沉降提出了许多不同的预测方法。

### 9.4.2.1　常规方法

分层总和法是目前计算地基沉降量的常用方法。其计算理论在土力学中均有介绍，这里不再重复。

对砂或砂砾层的变形按弹性理论考虑，其变形可在短时间内完成。计算模型参见式 (9-8)，或写成下列形式：

$$\Delta S = \frac{\rho_w g \Delta h}{E_s} H_0$$

$$\Delta p_e = \rho_w g \Delta h \tag{9-8}$$

式中，$\Delta S$ 为砂层的变形量，cm；$\Delta h$ 为水头变化值，m；$\rho_w$ 为水的密度，$t/m^3$；$g$ 为重力加速度，$9.81 m/s^2$；$H_0$ 为砂层的初始厚度，m；$E_s$ 为砂土变形模量，$E_s = 1/m_v$（$m_v$ 为体积压缩系数），MPa；$\Delta p_e$ 为压强变化值。

对于黏性土层的变形，应按其变形机制选择适当的计算模型进行计算。常用的计算模型是以固结理论为基础考虑土体变形特征的理论计算方法。有关计算公式见土力学有关书籍。

#### 9.4.2.2 数理统计法

早期的影响函数法是根据实际观察到的地下变形与地面沉降的资料作统计分析，得到变形（沉降）随时间变化的函数关系，以此预测将来的沉降。

该法的优点是直观、简单、明了，缺点是需要大量的观测资料，预测中不能反映地下岩土介质的本构关系，只能总结特定地点的资料应用于本地点，普遍适用性差。

灰色理论根据因素之间发展态势的相似或相异程度来衡量因素间关联程度，对样本量的多少没有太多要求，也不需要典型的分布规律。灰色 $GM$（1，1）预测模型是生成数据模型，它使原始数据生成出现某种规律，再以微分方程进行建模，使其建立的模型具有较高的精度，通过逆生成而求得预测值。该模型曾经运用于预测兖州、苏州的地面沉降。

#### 9.4.2.3 准三维计算法

该方法对于含水层考虑平面方向的渗流，而对于低渗透系数的弱透水层，仅考虑其垂直方向的渗流。土体变形以太沙基一维固结理论为基础，分析固结作用时，假定水流和土的变形主要在垂直方向出现，忽略侧向的任何变形，在垂直方向上简化为一维固结问题。太沙基一维固结理论基本微分方程如下：

$$\frac{\partial u}{\partial t} = C_c \frac{\partial^2 u}{\partial z^2}$$

$$C_c = \frac{K}{\gamma_w m_c} = (1+e) \frac{K}{\gamma_w \alpha_c} \tag{9-9}$$

式中，$K$ 为渗透系数；$\gamma_w$ 为水的重度；$m_c$ 为体积压缩系数；$\alpha_c$ 为压缩系数；$e$ 为孔隙比；$u$ 为孔隙水压力；$C_c$ 为固结系数。

① 两步计算模型　在该模型中，地下水渗流与地面沉降分析是分两步进行的，即先由基于轴对称假定的三维地下水流模型分析计算地下水头变化，然后，根据地下水头计算有效应力的变化，进而计算各土层的变形量，变形量之和就是地面沉降。这种处理方法将两个相关参数（单位储水系数 $\mu$ 和土的压缩系数 $\alpha_v$）独立地使用。

② 部分耦合模型　在两步模型的基础上，将地下水流动问题和固结问题合成一步进行分析，按照单位储水系数的物理意义将 $\mu$ 和 $\alpha_v$ 联系起来，仅考虑垂直方向变形，而水平方向只考虑渗流，不考虑变形。对弱透水层不建立水流方程，渗流做源汇项处理。

这些模型目前尚无法满足复杂地质、水文地质条件的要求，同时难以满足日益增长的高精度预警预报的需要。与实际情况相比，上述模型还存在很多问题。

#### 9.4.2.4 基于真三维水流模型的计算法

该方法是三维地下水渗流与地面沉降的一体化分析法，考虑三维方向的渗流和一维固结，并考虑储水率的变化，储水率的变化与 $e\text{-}\lg p$ 曲线的斜率 $C'$、有效应力和孔隙比有关，于是同时对含水层和弱透水层建立渗流方程。其基本渗流方程张量表达式如下：

$$\frac{\partial}{\partial x_i}\left(K_{ij}\frac{\partial h}{\partial x_j}\right) - q = \frac{\partial S_w}{\partial i}$$
$$i, j = 1, 2, 3(1 : x, 2 : y, 3 : z) \tag{9-10}$$

式中，$K_{ij}$ 为渗透系数；$h$ 为全水头；$q$ 为外部流量；$S_w$ 为储水率。

该方法还被用来分析日本房总半岛由于大规模地下水溶性天然气的开采活动引起的地面沉降。

基于真三维水流模型的计算方法考虑了弱透水层的渗流，充分模拟了地下水的三维渗流，但是它仍有不足之处：①土层变形采用一维模型并不能表达现场的实际情况；②不能考虑现场初始的应力条件；③不能考虑地裂缝；④对土体采用线弹性模型并不合适；⑤由于土体变形的滞后性，使得土体的变形特性非常复杂，这与模型中的假定有一定的差距。

### 9.4.2.5　三维完全耦合模型

该模型将三维渗流与三维固结完全耦合。比奥（Biot）在 1941 年提出理论上比较严格的三维渗流固结理论，他将土骨架的变形同孔隙水的渗流结合起来考虑，并且不做固结过程中总应力为常量的假设。该方法根据静力平衡条件、土的应力应变关系、变形协调条件和孔隙水的渗流连续条件建立反映渗流固结过程的微分方程。然后，根据实际工程问题的初始条件与边界条件求解，得出渗流固结过程中土体中任意点的孔隙水压力与位移。

该模型计算复杂，占用计算空间大，耗时多，许多参数难以确定。

## 9.4.3　地面沉降预测实例

在受地面沉降灾害影响的诸多实例中，意大利威尼斯的预测工作具有典型的实际意义。图 9-14 表示威尼斯两个地下水开采区（Mavghera 及 Trochetto）在 1952～1969 年抽取地下水纪录的标准化模型基础上，对五种不同的未来抽水计划所导致的地下水位下降或恢复趋势作出预测。预测表明，按 1969 年的开采速率继续抽水，将导致地下水位继续降低（曲线①、②）；部分停止抽水并适当减少开采量，可保证地下水位缓慢回升（曲线③、④）；而完全停止抽水，封闭抽水井后，地下水位有可能在 2000 年以后恢复到最初状态（曲线⑤）。

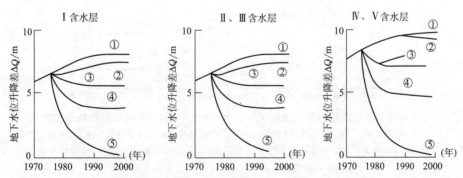

图 9-14　意大利威尼斯地下含水层组的预测抽降曲线（①和②）及恢复曲线（③、④、⑤）

（表示了 1973～2000 年期间五种不同抽水计划的预测变化曲线）

①—在 Mavghera 及 Trochetto 两地均按 1969 年开采率抽水；②—在 Trochetto 停止抽水而 Mavghera 继续按 1969 年开采率抽水；③—Trochetto 停止抽水，在 Mavghera 继续按 1969 年抽水量的 75% 抽水；④—Trochetto 同②和③，Mavghera 抽水量减至 1969 年的 50%；⑤—封闭所有抽水井

（据 Gambolati，Gatto 和 Freeze，1974）

图 9-15 表示在 1952～1969 年资料标准化基础上，按上述五种抽水计划所推出的地面沉

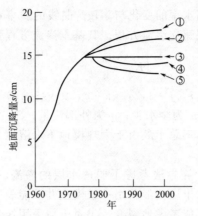

图 9-15　意大利威尼斯未来地面沉降预测，按预测抽降和给定不同

抽水计划的水头变量推算

（据 Gambolati，Gatto 和 Freeze，1974.9）

降发展趋势。由甘伯拉提（G. Gambolati）、伽图（P. Gatto）和佛里兹（R. A. Freeze）在 1974 年作出的预测表明，在 1969 年开采量的基础上，威尼斯的未来最大地面沉降量将保持在 3cm 的等级上；而减少抽水量可导致地面沉降的终止甚至产生少量的地面回升。

美国得克萨斯州休斯敦地区的预测工作，是在对该区两个主要含水层在 1943～1973 年期间承压水位下降及地面沉降的观测资料进行比较的基础上进行的。在建立了标准化模型后，按两种不同用水形式作了到 2025 年的地面沉降预测。图 9-16 表示了 1973 年以前的实测沉降值及按两种不同用水形式到 2025 年的地面沉降预测。这项预测为该地区的水资源管理和环境地质灾害的治理提供了依据。

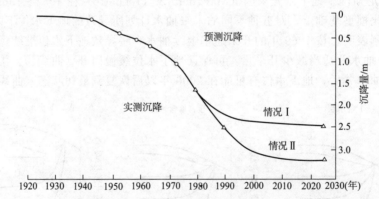

图 9-16　得克萨斯州休斯敦地区在 1920～2025 年期间实测及预测地面沉降

情况 I —到 1980 年，AltaLoma Sand 和 Evangeline 含水层承压水位每年分别下降 2.4m 和 2.1m，
1980 年以后不再下降；情况 II —到 1990 年，AltaLoma Sand 和 Evangeline 含水层承压
水位每年分别下降 2.4m 和 2.1m，1990 年后不再下降

（据 Gabrysch 和 Bonnett，1975）

上面两个实例表明，地面沉降的预测是一种有条件的预测。它说明当某种实际措施继续实施时可能出现的现象，同时它也是对沉降规模和范围的预测，因而属于综合性预测。

### 9.4.4　地面沉降的测量系统

为了准确地测量沉降区地面以下各压缩土层的变形量，需要设置有效的监测设备，组成地面沉降长期观测站。目前普遍采用在沉降层中分别埋设观测标点-沉降标的方法，并对各标点进行精密水准测量以确定各沉降层的变形量。同时观测各压缩层的孔隙水压力变化及各开采含水层的地下水位。在此基础上进行综合分析以作为预测及防治的依据。沉降标有以下类型。

#### 9.4.4.1  基岩标

基岩标是埋设于稳定的基岩中的标杆式地面水准基点，其结构如图 9-17 所示。在测量地面沉降区各观测标点水准高程时以基岩标作为标准点。基岩标点应选在地质构造稳定且基岩埋藏较浅的地区。

#### 9.4.4.2  分层标

分层标是埋设在地面沉降区内不同深度压缩层中的水准观测标。通常是在同一个观测地点、不同深度的沉降层中分别埋标，组成分层标组，结构见图 9-18。通过对分层标的定期水准测量，可以得到不同深度测点处土层的高程变化并据此计算土层的压缩和回弹量。

#### 9.4.4.3  地面标

地面标是埋设于地表的水准标点。通过地面标的观测只能得到地面的总变形量。

为了观测黏性土压缩层内孔隙水压力的变化，应配合分层标设置相应的孔隙水压力观测系统，其结构如图 9-19 所示。每一饱水黏性土层中孔隙水压力测点单面排水应不少于 3 个，双面排水不少于 5 个，以便确定孔隙水压力的变化过程及黏性土层的排水特点，并据此确定有效应力的增值。

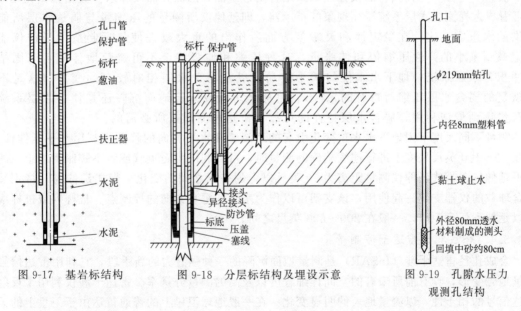

图 9-17  基岩标结构　　　图 9-18  分层标结构及埋设示意　　　图 9-19  孔隙水压力
观测孔结构

### 9.4.5  地面沉降的测量方法

目前，国内外地面沉降的测量方法主要有水准测量、全球定位系统（GPS）测量、延伸仪测量与合成孔径雷达干涉（InSAR）测量等方法。

#### 9.4.5.1  水准测量

在 20 世纪 80 年代全球定位系统（GPS）问世之前，开展地面调查的最普通仪器是经纬仪，或者是 50 年代就开始利用的光电测距仪（一种电子测距装置，简称 DEM），如果只确定垂直位移，水准测量仪是首选仪器。水准测量技术是调查人员通过使用精确的望远镜和刻度尺,将高度从一个已知参照点导向其它的点。尽管它很简单,但该方法可能很精确。对于大地水准测量,0.05 英尺❶的高度变化在数英里的距离上都可以测量出来。在更大尺度范围内,水准测量和 DEM 测量的误差增加。当调查的范围小于 5 英里或更小的范围,并且所希望的空间密度高的时候,由于水准测量精确度高且相对便宜,所以仍然得到普遍利用。对于高程调查来说,大型的区域网络保证了全球定位系统调查的更有效利用。

### 9.4.5.2 全球定位系统(GPS)

地壳运动调查和测量的革命发生在 20 世纪 80 年代早期,当时的卫星 NAVSTAR GPS 试验表明,在距离 5~25 英里以上的点之间获得百万分之一的精确度是可能的。自从 1995 年 7 月 17 日以来,带有 24 颗卫星的 NAVSTAR 一直在运行,在北美,6 颗卫星就可以将其全部覆盖起来。在地面沉降和其它地壳运动的调查中,当两个 GPS 接收机(每个观测点一个)同时从 4 个或更多的卫星接收到信号的时候,就可以确定两个点的相对位置。当在某一时间间隔后卫星重新通过同一位置的时候,各点之间在该时间间隔内所发生的相对位移就可以测量出来。大地测量网络就可以按照这种方式进行调查。

### 9.4.5.3 延伸仪测量

钻孔延伸仪可以记录地表与参照点或钻孔底部"地下桩标"之间垂直距离的连续变化。在含水层系统被压缩的地区,延伸仪是确定某一点精确连续变形的最有效手段。如果地下桩标设在被压缩的含水层系统的基底之下,延伸仪可作为当地大地测量调查的稳定参照点或起始点。为了同时测量不同深度的含水层系统的压缩值,目前的设计中将多阶段延伸仪合并到一个仪器中。作为一种独特的仪器,如果结合附近观测井的测井曲线和水位数据,钻孔延伸仪可看成是探测含水层系统压缩现象的指示器,即延伸仪所测量的压缩量与弱透水层所能提供的水量成正比。在稳定性和灵敏度方面所作出的重大改进使最近制造的延伸仪能够记录到微小的弹性压缩值和伸张量,这种压缩和伸张甚至不可避免地伴随着未固结的冲积含水层系统中地下水水位的微小波动,以及弱含水层相对较大的变形(这是不可恢复的弱含水层压缩所特有的)。不管目标是防止或减轻地面沉降还是使含水层系统储存量得到最佳利用,弱含水层特性的可靠评价是预测模拟所必需的。

测量不同尺度下因地下水水位变化引起的地裂缝在水平方向的移动可利用水平延伸仪。当在 10~100 英尺尺度上进行连续精确的测量时,可以利用由石英管或者不膨胀钢线组成的水平延伸仪。带式延伸仪测量距离为 10 英尺以上的桩标之间的变化。带式延伸仪与特别装有含球粒的仪器支架一起使用,该支架可以作为水平和垂直方向的控制点。桩标列或桩标线可以延伸到任意距离,一般在 200~600 英尺之间。

### 9.4.5.4 合成孔径雷达干涉测量

合成孔径雷达干涉(InSAR)是测量地面沉降的一种强有力的新手段,它利用雷达信号测量地壳变形,具有前所未有的空间详细程度以及高的测量分辨率。雷达干涉仪利用了反射雷达信号的相干性,以测量地表的明显变化。在一般地球卫星上的普通雷达由于卫星上的天线大小受到限制,所以地面分辨率很低,约为 3~4 英里,而合成孔径雷达利用卫星沿其轨道的移动,重新精确地构筑(合成)了可操作的大型天线,形成了数十英尺数量级的高空间分辨的成像能力。在由卫星雷达所生成的典型 InSAR 图像上,图像单元(像素)的大小可以小到 100 平方英尺,大到 10 万平方英尺,具体取决于如何进行图像处理。

在理想的条件下,分辨一个像素在 0.4 英寸(10mm)或更小的高度变化是可能的。干

---

❶ 1 英尺=0.3048m。

涉图是根据两个雷达扫描相元之间的干涉型式所生成的，这两个雷达扫描几乎来自相同的天线位置（视角），但时间不同。实践表明，可用雷达干涉图对构造和火山应变有关的地表变形进行高密度空间填图，而且潜力巨大。InSAR 可用来对地热田和油气田有关的局部地壳变形和地面沉降进行填图。InSAR 还用来对含水层系统压缩引起的区域范围的地面沉降进行填图。

# 9.5　地面沉降的控制与治理

对地面沉降的研究过程，实质上也是寻求控制或避免地面沉降灾害的有效方法和措施的过程。换言之，解决了地面产生沉降的机制问题，也就不难得到控制和治理这种灾害的手段和方法。当前对地面沉降的控制和治理措施可分两类。

## 9.5.1　已经产生地面沉降的地区

对已产生地面沉降的地区，基本措施是进行地下水资源管理，防治方法主要有：

① 压缩地下水开采量，减少水位降深幅度。在地面沉降剧烈的情况下，应暂时停止开采地下水。

② 向含水层进行人工回灌。回灌时要严格控制回灌水源的水质标准，以防止地下水被污染。并要根据地下水动态和地面沉降规律，制定合理的回灌方案；选择适宜的地点和部位向被开采的含水层、含油层施行人工注水或压水，使含水（油、气）层中孔隙液压保持在初始平衡状态上，使沉降层中因抽液所产生的有效应力增量 $\Delta p_e$ 减小到最低限度，总的有效应力 $p_e$ 低于该层的预固结应力 $p_c$。在抽水引起海水入侵和地下水质恶化的海岸地带，人工回灌井应布置在海水和淡水体的分界线附近，以防止淡水体的缩小或水质恶化。利用不同回灌季节、不同灌入水温度调整回灌层次及时间，实施回灌水地下保温节能措施。冬灌低温水作为夏季工业降温水源，夏灌高温水作为冬季热水来源。把地表水的蓄积贮存与地下水回灌结合起来，建立地面及地下联合调节水库，是合理利用水资源的一个有效途径。一方面利用地面蓄水体有效补给地下含水层，扩大人工补给来源；另一方面利用地层孔隙空间贮存地表余水，形成地下水库以增加地下水贮存资源。

③ 调整地下水开采层次，进行合理开采。适当开采更深层地下水或以地面水源代替地下水源，具体措施如下：以地面水源的工业自来水厂代替地下水供水源地；停止开采引起沉降量较大的含水层而改为利用深部可压缩性较小的含水层或基岩裂隙水；根据预测方案限制地下水的开采量或停止开采地下水。

④ 在沿海低平原地带修筑或加高挡潮堤、防洪堤，防止海水倒灌、淹没低洼地区。

⑤ 改造低洼地形，人工填土加高地面。

⑥ 改建城市给、排水系统和输油、气管线，整修因沉降而被破坏的交通线路等线性工程，使之适应地面沉降后的情况。

⑦ 修改城市建设规划，调整城市功能分区及总体布局。规划中的重要建筑物要避开沉降区。

## 9.5.2　可能发生地面沉降的地区

对可能发生地面沉降的地区，应预测地面沉降的可能性及危害程度。预防措施有：

① 估算沉降量，并预测其发展趋势；

② 结合水资源评价，研究确定地下水资源的合理开采方案，在最小的地面沉降量条件下抽取最大可能的地下水开采量；

③ 采取适当的建筑措施，如避免在沉降中心或严重沉降地区建设一级建筑物，在进行房屋、道路、管道、堤坝、水井等规划设计时，预先对可能发生的地面沉降量作充分考虑。

# 思考题

1. 我国城市地面沉降的主要原因有哪些？
2. 地面沉降的诱发因素有哪些？持续性超量抽取地下水是如何引起地面沉降的？
3. 产生地面沉降的地质环境模式有哪些？
4. 土的固结状态对地面变形有何影响？
5. 地面沉降的监测方法有哪些，各有何优缺点？
6. 地面沉降的预测方法有哪些，各有何优缺点？
7. 地面沉降的控制与治理的原则与措施有哪些？
8. 哪些新技术可以用于地面沉降研究？

# 参考文献

[1] 李智毅，杨裕云，王智济. 工程地质学基础 [M]. 北京：中国地质大学出版社，1990.
[2] 《工程地质手册》编委会. 工程地质手册 [M]. 5 版. 北京：中国建筑工业出版社，2018.
[3] 张咸恭，王思敬，张倬元，等. 中国工程地质学 [M]. 北京：科学出版社，2000.
[4] 殷跃平，张作辰，张开军. 我国地面沉降现状及防治对策研究 [J]. 中国地质灾害与防治学报，2005，16 (2)：1-8.
[5] 亓军强，施斌，蔡奕，等. 美国的地面沉降及其对策研究 [J]. 西安工程学院学报，2002，24 (4)：58.
[6] 徐曙光. 美国地面沉降调查研究 [J]. 国土资源情报，2001 (12)：15-21.
[7] 薛禹群，张云，叶淑君. 中国地面沉降及其需要解决的几个问题 [J]. 第四纪研究，2003，23 (6)：585-593.
[8] 张倬元，王士天，王兰生. 工程地质分析原理 [M]. 2 版. 北京：地质出版社，1994.
[9] 许烨霜，余恕国，沈水龙. 地下水开采引起地面沉降预测方法的现状与未来 [J]. 防灾减灾工程学报，2006，26 (3)：352-357.

# 第 10 章　渗透变形

## 10.1　概　述

渗流是指地下水在岩土体孔隙中的运动。单位体积岩土体受到的渗透作用力称渗透力。当渗透力达到一定值时，岩土中的颗粒发生移动，甚至一定体积的岩土体发生悬浮或移动，这种作用和现象叫做渗透变形（seepage deformation），由此产生的工程地质问题即是渗透稳定问题。

由于渗透变形持续发展，在岩土体中形成渗透通道或洞穴，除导致堤坝工程溃决外，还使地表发生沉降、塌陷、开裂和滑坡等。可见渗透变形既能直接引起工程建筑物（主要是水利工程）变形和破坏，又常常是地面沉降、地表塌陷、地裂缝和滑坡等地质灾害的诱发因素之一。

在自然条件下，地下水的流速较慢，水力坡度较小，发生渗透变形现象比较少见，发展速度也较缓慢。一般情况下渗透变形主要发生在无黏性土和黏聚力较小的粉土中，如在河岸两侧洪水迅速消落时，因岸坡地下水下降滞后，形成较大的水头差和水力坡度，引起岸坡土颗粒移动流失，年复一年，使阶地掏空，阶面塌陷成漏斗，有时在阶地前缘形成滑坡。又如在覆盖型岩溶区，下覆碳酸盐岩中发育各种管道洞穴，地下水径流排泄较通畅，上部第四纪松软土长期在地下水动力作用下，形成不同规模的土洞和塌陷，造成农田和建筑物的破坏。

最常见的渗透变形现象，是由于人类工程活动改变地下水动力条件后发生的，其规模之大、数量之多、发展速度之快，是天然条件下发生的渗透变形所不能比拟的。在这种条件下，不仅无黏性土发生渗透变形，具有一定黏聚力的黏性土、岩体裂隙和洞穴的充填物、全风化岩石、断层破碎带及泥化夹层等也可能发生。

在人类工程活动中以水利水电工程对地下水动力条件影响最大，所诱发的渗透变形灾害也最严重。建筑在厚度较大的第四纪松软冲积物上的土石坝，因未清基及防治措施不当，在水库蓄水过程中坝后发生水砂翻滚、地面浮动、坝坡坍滑和塌陷，坝前出现陷坑和裂隙等。如不及时处理，坝后水砂大量流失，不断沿坝基溯源发展，形成地下管道，当与坝前入渗段沟通后即由坝基孔隙流转化为管道流后将会迅速造成溃坝事故。因而渗透稳定性常是土石坝的主要工程地质问题之一。据国际大坝委员会统计数据，在 11000 多座失事和溃决破坏的大坝中，有超过 45% 是坝基或坝体渗透变形造成的。对我国 1954～2018 年间发生溃决的 3541座大坝进行抽样分析，60 座案例中属于渗透变形的约占 70%。

美国爱达荷州 Teton 坝溃决事故，就是因坝基渗透变形造成的。该坝为土质心墙坝，最大坝高 126.5m，坝顶高程 1625m，坝顶长 945m，1975年建成。心墙材料为含黏土及砾石的粉砂，心墙两侧为砂、卵石及砾石坝壳。大坝心墙用开挖深 33.5m 的齿槽切断冲积层，槽体用粉砂土回填。1976 年 6 月初蓄水接近正常蓄水位，6 月 3 日在距下游坝趾约 430m 处开始渗水，6月5日中午溃坝失事。事故造成3.6亿立方米水量下泄，淹没农田4万多公顷，死亡14人，无家可归者25000人，损失4亿美元。溃坝原因是岸坡坝段齿槽边坡较陡，岩体刚度较大，心墙土体在齿槽内形成支撑拱，拱下土体的自重应力减小，当库水由岩石裂缝流至齿槽时，高压水就会对齿槽土体产生劈裂而通向齿槽下游岩石裂隙，造成土体管涌而最终导致大坝溃决。

我国青海省海南藏族自治州共和县沟后水库垮坝事故，是由坝体渗透变形导致的。大坝为钢筋混凝土面板砂砾石坝，最大坝高71m，坝顶长265m，宽7m，设有5m高的防浪墙。水库设计总库容为330万立方米，坝顶高程为3281m，正常蓄水位、设计洪水位和校核洪水位均为3278m，汛期限制水位3276.72m。1993年8月27日13点下游坝脚以上出现9处瓶口大漏水点；21点值班人员听到闷雷般巨响，坝上出现水、土、石翻滚现象；22点40分左右大坝溃决；23点40分洪水到达恰卜恰镇，造成300多人死亡，直接经济损失达1.53亿元。溃坝原因是面板顶端与挡水墙底板连接的水平缝橡胶止水片埋设质量低劣、严重漏水，使挡水墙底板与砂卵石间产生接触冲刷及坝体砂卵石产生管涌，导致挡水墙沉陷倾倒断裂，库水漫过挡水墙冲刷坝体最终导致溃坝。

我国江河湖泊众多，全国大小堤防工程数以千万公里计，堤高虽不及水坝，但堤身和堤基结构复杂，同时受地表水特别是洪水和地下水的作用，堤后地形平坦，常是城乡人口集聚，良田沃土广布，工、农、商各业发达的地区。堤防一旦溃决，淹没范围极大，生命财产损失极为严重。其原因常与堤基渗透变形有关。因此，每年汛期国家都要投入大量人力和物资来保护这一生命线工程。

1998年汛期，我国长江流域出现了百年罕见的大洪水，据长江水利委员会统计，长江中下游堤防累计出现各类险情73825处，其中管涌险情26005处，占35.1%；发生较大险情1702处，其中管涌险情872处，占52.1%；长江干流堤防出现较大险情698处，其中管涌险情366处，占52.1%；洞庭湖区堤防出现较大险情626处，其中管涌险情343处，占54.2%。8月1日，位于湖北省嘉鱼县境内的簰洲湾民垸中堡村堤段，因渗透变形发生溃口，大堤溃口处长约760m，堤后被洪水冲刷，形成$1.4 \times 10^5 m^2$的大坑，堤内$158 km^2$土地被淹，5.7万人被迫撤离家园，造成了严重的灾害；8月7日，九江地区的水位只升不降，一座从乌石矶到赛城湖的长达17.46km的堤坝尤为紧张，堤坝的拦腰处出现了一个直径一米多长的水柱，管涌随之出现，大坝危在旦夕，危急时刻解放军战士跳入洪水用身体堵住管涌，最终保卫了人民的生命和财产的安全。

除了水库大坝和堤防工程外，其它工程中也常遇到渗透变形带来的危害。如各种建筑开挖基坑，或进行地下工程开挖时，遇饱水砂土沿坑壁坍滑，坑底水砂翻滚，工程界俗称"流砂"，严重影响正常施工和人身安全，有时危及邻近建筑物的稳定。在覆盖型岩溶区，为工农业和生活供水开采地下水，或开采地下矿产排水时，均使地下水位大幅下降，形成较大的水头差和水力坡度，使上覆松软土随抽、排水井或岩溶洞穴带走，形成土洞和塌陷，破坏农田和地表建筑物。为保证水工建筑物的稳定所设置的排水沟和减压井，因反滤层设计或施工不当，被泥沙淤堵后丧失排水效果而危及工程安全。水库岸坡的松软土，当库水位迅速下降形成较大的水头差和水力坡度时，可能因渗透变形而导致滑坡灾害。因此，研究渗透变形具有广泛而重要的现实意义。

考虑到水库大坝和堤防工程地基渗透变形的危害最大，同时所作的勘察研究较深入，积累的经验较多，本章主要介绍坝（堤）地基渗透稳定性的预测和评价。

## 10.2　渗透变形的条件和机理

### 10.2.1　渗透变形产生的必要条件

据大量渗透变形现象及原因分析，发生渗透变形需同时具备以下三个必要条件。

#### 10.2.1.1　存在可能被渗流带走的松软土石

众所周知，岩体因较高的黏聚力其强度远高于土体，除泥化夹层、断层破碎带、全风化带和洞穴裂隙中的松软充填物强度低，可能被渗流潜蚀携走外，一般是不会发生渗透变形的。不含或含黏粒少的卵砾类土和砂类土，无黏聚力或黏聚力极小，俗称无黏性土，其强度取决于颗粒组成和密实度，抵抗渗流作用的能力较低。其中尤以颗粒较细的砂类土的抗渗强度更低。黏性土因颗粒及孔隙细小，粒间具水胶连接，除遇水易崩解、分散性强的黏性土（如黄土类土、低液限粉土）外，一般整体性较好，抗渗强度比砂类土高。实践证明，最易发生渗透变形的是砂类土中的粉细砂土和具分散性的粉土。因此，预测和评价渗透变形时，要在对松软岩土体勘察研究的同时，特别注意对粉细砂土和分散性粉土性质和空间分布的勘察研究。

#### 10.2.1.2　具备强烈的水动力条件

渗流的水动力条件是导致渗透变形的主要动力因素，渗流水动力强弱常用水力坡度和渗透速度来表示。在自然条件下因岩土介质阻力的影响，与地表水流比较，渗流的水动力一般较弱。但在山区因地壳强烈上升，河流侵蚀切割形成的谷坡地带，或地下水滞后于洪水消落的岸坡地带，均可能形成较强的水动力条件。

渗流强烈的水动力条件主要是人类工程活动引起的。如工农业和城乡供水需要开采地下水，基坑施工和开采各种矿产需要排除地下水，都会引起地下水位下降而使水头差加大，导致水动力条件加强。

水利水电工程中人工兴建的拦河大坝，高达数十米至数百米，在数十米至数百米的水头差作用下，坝基将会产生强烈的水动力条件。这就是松软土坝基如不作防渗处理，或处理不当，常会发生渗透变形的主要原因。

因此，为渗透变形预测评价进行工程地质勘察时，除自然因素外，要特别注意人类工程活动对地下水动力条件影响的研究。

#### 10.2.1.3　存在渗流出逸的临空条件

当渗透变形只发生在土体内部，如坝基下部卵砾类土粗粒骨架中的细颗粒被渗流带走后，仍在土体孔隙中移动，难以造成细粒大量流失，则不会形成孔洞和管道而危及地基和上部建筑物的安全稳定。当存在渗流出逸的临空条件时，在出逸段往往水力坡度较大，又会为土粒不断流失提供临空条件，只有这样才可能促进渗透变形向上游不断溯源发展。

最典型的渗流出逸的临空部位是坝（堤）后河床、排水沟、人工取土坑、冲沟等低洼处。此外，人工开挖的施工基坑的坑底和坑壁，人工开凿的抽水井和排水井，覆盖型岩溶的洞穴等，都可能为渗流携带大量土颗粒流失提供临空条件。

### 10.2.2　渗透变形产生的充分条件和机理

从渗透变形的条件出发，渗流的水动力强弱可用渗透压力来表示，所谓渗透压力是指渗流作用于单位土体的渗透力。土的最大抗渗能力可用抗渗强度来表示，所谓抗渗强度是指单位体积的土体抵抗渗流作用的最大能力。在渗流作用下，土体的渗透稳定性决定于渗透压力

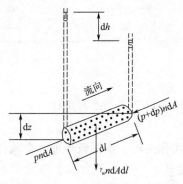

图 10-1 渗透压力对土体的作用

与抗渗强度之间矛盾的发展演化过程。

以上介绍的渗透变形的三个必要条件，是从发生渗透变形的可能性出发，对主要影响因素的概括，只有当渗透压力大于土的抗渗强度时才是发生渗透变形的充分条件。

渗流作用于土体上的力叫做渗透力，同时，土体对在其孔隙中运动的渗流存在阻力，当忽略渗流的惯性力时，渗透压力与土体对渗流的阻力大小相等，方向相反。渗透压力的大小可通过水土相互作用效应，采用地下水动力学的理论求解。在渗流场中沿流线方向任取一个微分土体（图 10-1），为一长为 $dl$、截面积为 $dA$ 的单元土柱，沿流线方向作用在土柱中孔隙水流上的力如下（设沿流线方向为正）。

土柱两端土粒的孔隙水压力差（表面力，$\phi$）为：

$$\phi = -dpn\,dA = \gamma_w(-dh+dz)n\,dA \tag{10-1}$$

土柱中孔隙水流的自重在流线方向的分力（$\phi_t$）为：

$$\phi_t = -n\gamma_w\,dA\,dl\,\frac{dz}{dl} \tag{10-2}$$

渗流所遇到的阻力为土骨架对孔隙水流的摩阻力，设该力均匀分布于土体内。令 $f_d$ 为单位土体中的孔隙水流所受到的阻力，则该土柱孔隙中的水流所受的总阻力（$F$）为：

$$F = -f_d\,dA\,dl \tag{10-3}$$

令 $p_e$ 为土柱两端土粒截面上所受的孔隙水压力（表面力），该力以同样大小传给土柱内的水体，即：

$$p_e = -dp(1-n)dA = \gamma_w(-dh+dz)(1-n)dA \tag{10-4}$$

土柱内土粒所受水的浮力以同样大小作用于水体，该力在流线方向上的分力（$p_b$）为：

$$p_b = -(1-n)\gamma_w\,dA\,dl\,\frac{dz}{dl} \tag{10-5}$$

略去渗流的惯性力，上述各力的代数和应为零。经整理后得到式（10-6）：

$$f_d = \gamma_w\frac{dh}{dl} \tag{10-6}$$

因为渗流作用在土粒上的力正是水流所遇阻力的反力，二者大小相等，方向相反，设单位体积土体沿渗流方向所受的渗透压力为 $f$，则由式（10-6）得下式：

$$f = -f_d = -\gamma_w\frac{dh}{dl} = \gamma_w J \tag{10-7}$$

以上各式中符号如图 10-1 所示。其中，$p$ 为土体单位面积孔隙水压力；$dA$、$dl$ 分别为土柱的断面积和长度；$dh$、$dz$ 分别为土柱两端水头差和势差；$n$ 为土的孔隙率；$\gamma_w$ 为水的重度；$J$ 为 $dl$ 土柱中平均水力坡度。

当 $\gamma_w = 10\text{kN/m}^3$ 时，由式（10-7）可得：

$$f = 10J \tag{10-8}$$

以上分析可知，渗透压力是个矢量，其方向与渗流的流线平行，作用于土体上的渗透压力大小与水力坡度成正比。当渗透压力的单位用 $\text{kN/m}^3$ 表示时，单位土体所受的渗透压力在数值上等于渗流沿单位土体运动时水力坡度的 10 倍。因此，渗流场中水力坡度大的部位，所受渗透压力也大，这对于渗透变形的评价十分便利。

在渗流作用下，土粒开始发生移动时的水力坡度叫做土的临界水力坡度（$J_c$），它表征了土体抗渗强度的大小。因此，在预测评价渗透变形时，从力学机理上看，渗透压力大于土的抗渗强度时，是发生渗透变形的充分条件；从实用角度来看，可以认为渗流的实际水力坡度（J）大于土的临界水力坡度时，是发生渗透变形的充分条件。

实践证明，渗透变形多发生在未作清基和未进行处理的土石坝坝基中。有的水库大坝（堤）工程上下游水头差仅数米，坝底附近平均水力坡度仅百分之几时，坝后出逸段就出现冒水翻砂现象，严重者造成溃坝事故。其根本原因是坝基各部位的渗透压力和水力坡度分布不均匀，水力坡度大的部位如坝后出逸段，其值不仅远大于坝基的平均水力坡度，而且还超出了临界水力坡度，严重者不断经历渐进性变形过程而导致坝（堤）溃决，即由局部变形导致整体破坏。这就是坝基渗透稳定问题的主要特点。

因此，区分整个渗流场的平均水力坡度与局部地段水力坡度的差别，深入开展影响水力坡度分布不均匀性因素的研究是十分必要的。经分析研究表明，水力坡度分布不均匀主要是由于坝（堤）基渗流场特征和复杂的地质结构造成的。

这里所指的渗流场特征是不同形态流网中流线方向不同，据此可分为流线平行型、放射型（注水孔、压水孔、孤丘地形）、向心型（抽、排水坑井）和曲线绕流型等。水坝（堤）地基具有典型的曲线绕流型特征（图 10-2）。在不同方向渗透压力作用下，即使同一种土的颗粒，移动的难易即抗渗强度也是不同的。说明渗透压力和抗渗强度均为矢量。

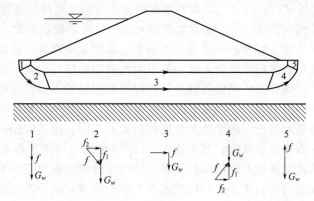

图 10-2　坝基渗流方向不同时渗透压力与土的重力方向关系示意
$f$—渗透压力；$f_1$，$f_2$—渗透压力 $f$ 的垂直分力与水平分力；$G_w$—土的浮重

由图 10-2 可知，坝前入渗段地下水由上向下运动，经过渡段至坝底呈水平运动，再经过渡段至由下向上运动的坝后出逸段，大致可分五段。各段渗透压力方向与土的自重方向是不同的，则土的抗渗强度也不同。若以临界水力坡度（$J_c$）表示土的抗渗强度，经初步研究，当坝基为同一种土层时，各地段土的抗渗强度由大到小为 $J_{5c} > J_{4c} > J_{3c} > J_{2c} > J_{1c}$。表明出逸段附近的临界水力坡度比坝下水平渗透段及坝前入渗段大，因此，当坝后发生渗透变形时若不及时处理，任其发展是很危险的。

由于土的类型、性质（特别是透水性）、厚度、空间分布及各类土层的组合不同，坝基的地质结构大致可分为：单层结构、双层结构（常以上部为弱透水层、下部为强透水层为主）、等厚多层结构、不等厚多层结构等。在具曲线运动的地下水作用下，不同地质结构坝基中渗透压力的分布是不均匀的，极易形成渗透压力集中现象。

据模型试验和数值模拟表明，即使在单层结构坝基和给定水头差条件下，坝基各部位水力坡度的大小也是不同的。坝前入渗段和坝后出逸段的水力坡度比坝底板以下径流段的水力坡度大，这可能是由于坝前地表水流转入孔隙水流和坝后孔隙水流转为地表水流时，因流态突变所造成的局部水头突然损失所致。此外，水力坡度随着距坝脚距离的增大而减小，随着距坝底板的距离的增大而减小，其原因显然是由于在给定上下游水头差条件下渗径不同所致。

非均质复杂地质结构的坝基，对渗透压力或水力坡度不均匀分布的影响更大。在渗流场中沿渗流方向任取一流股中的土柱，当上下游断面面积和渗透系数不等时，具空间流特征。据水流连续性原理可得以下公式：

$$\frac{J_1}{J_2} = \frac{A_2 K_2}{A_1 K_1} = \frac{b_2 h_2 K_2}{b_1 h_1 K_1} \tag{10-9}$$

式中，$J_1$、$J_2$分别为上下游过水断面的平均水力坡度；$A_1$、$b_1$、$h_1$、$K_1$分别为上游过水断面的面积、透水层宽度、厚度和渗透系数；$A_2$、$b_2$、$h_2$、$K_2$分别为下游过水断面的面积、透水层宽度、厚度和渗透系数。

当透水层的宽度很大或相等时可按平面流考虑，则有

$$\frac{J_1}{J_2} = \frac{h_2 K_2}{h_1 K_1} \tag{10-10}$$

当$A_1 = A_2$时，则有

$$\frac{J_1}{J_2} = \frac{K_2}{K_1} \tag{10-11}$$

由式（10-9）可知，沿流线方向上下游过水断面的面积和渗透系数与其相应水力坡度成反比。对于平面流时［式（10-10）］，水力坡度的大小与透水层厚度和渗透系数成反比；当透水层厚度相等时［式（10-11）］，水力坡度的大小与渗透系数成反比。即沿渗流方向过水断面面积和渗透系数小者，容易形成渗透压力和水力坡度集中现象，其值可达渗流场平均水力坡度或过水断面面积和渗透系数较大地段的水力坡度的数倍乃至几个数量级。这种现象是由于透水性、厚度、空间分布不同的各种土层，以及各土层的不同组合所构成的复杂坝基地质结构的影响所致。一般来说，在坝基有限空间范围内，土层厚度和空间分布（宽度）变化不显著，大者相差数倍，而土层的渗透系数变化较大，不同土层其值相差达几个数量级，有时同类型土的渗透系数相差达数倍，甚至达1~2个数量级。可见渗透系数对坝基实际水力坡度的影响更大。因此加强坝基地质结构和各土层透水性的勘察研究是十分必要的。

综上所述，造成渗透压力大于土的抗渗强度的因素较多，除了因自然和人为因素使渗流场形成较大的总水头差外，还有因流网形态不同和地质结构不同所形成的渗透压力集中现象，其中尤其要注意复杂的非均质地基地质结构对渗透压力分布不均匀的影响。

# 10.3 渗透变形的类型及判别

### 10.3.1 渗透变形的类型

松软土的颗粒组成和渗流场的地质结构十分复杂，在渗流作用下，渗透压力方向与土粒的重力方向和不同土层接触面的方向随地而异，松软土受力方式、渗透变形的类型和难易程度是不同的。因此，对不同类型的渗透变形的预测评价方法和防治措施也是不同的。目前国内外对渗透变形类型的认识和分类尚未统一，因此，对渗透变形的类型进行划分是必要的。

如前所述，水利水电工程中的堤防和水坝地基所发生的渗透变形最为常见和严重，所作的研究最为深入，这里采用《水利水电工程地质勘察规范》对渗透变形类型的划分意见。

#### 10.3.1.1 管涌

在渗流作用下，细颗粒沿土体骨架中的孔道发生移动或被带走的现象叫做管涌，工程界

曾称为潜蚀（图 10-3）。管涌主要发生在不均匀的卵砾类土和砂类土中，根据渗透方向与重力方向的关系可分为垂直管涌和水平管涌。管涌通常是由于工程活动而引起的，但在有地下水出露的斜坡、岸边或有地下水溢出的地带也有发生。

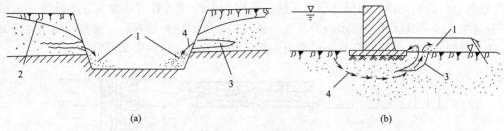

(a)　　　　　　　　　　　　　(b)

图 10-3　管涌破坏示意

（a）斜坡条件时；（b）地基条件时

1—管涌堆积颗粒；2—地下水位；3—管涌通道；4—渗流方向

[据《工程地质手册》（第五版）]

### 10.3.1.2　流土

在渗流作用下，一定体积的土颗粒同时发生移动，或一定体积的土体发生悬浮隆起和顶穿的现象叫做流土（图 10-4）。流土主要发生在颗粒级配均匀而细的粉、细砂中，当水头差或水力坡度较大时，粉土、黏性土及岩体中的泥化夹层、断层破碎带、全风化岩及裂隙洞穴中的充填物也可能发生流土。从发生的部位看主要在渗流的出逸处，如堤防工程和水库大坝下游坡脚附近，自然斜坡泉口附近，施工基坑的坑底和坑壁等处。

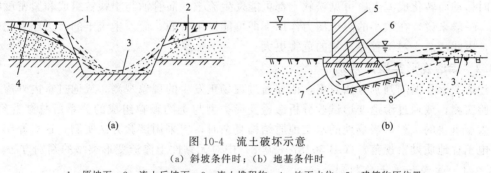

(a)　　　　　　　　　　　　　(b)

图 10-4　流土破坏示意

（a）斜坡条件时；（b）地基条件时

1—原坡面；2—流土后坡面；3—流土堆积物；4—地下水位；5—建筑物原位置；

6—流土后建筑物位置；7—滑动面；8—流土发生区

[据《工程地质手册》（第五版）]

### 10.3.1.3　接触冲刷

渗流沿着渗透系数相差悬殊的两种土层接触面带走细颗粒的现象叫做接触冲刷（图 10-5）。这种现象主要发生在漂石和卵石等巨粒土与砂类土和粉土接触处，当地下水沿着颗粒组成相差悬殊的两层土的接触面方向运动时，因前者渗透系数和流速远大于后者，细粒土层的颗粒如同地表水对渠道、河床那样的侵蚀，被渗流冲刷带走。

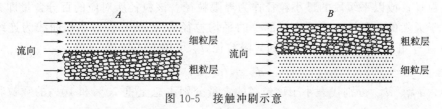

图 10-5　接触冲刷示意

#### 10.3.1.4 接触流失

渗流垂直渗透系数相差悬殊的两种土层接触面运动时，将细粒土层的颗粒带到粗粒层中的现象叫做接触流失（图10-6）。当反滤层设计或施工不当时，在渗流作用下，被保护土层（常为砂类土）的颗粒被带到反滤层中，使反滤层失去设计功效。如抽水井的反滤层被堵而使流量减少；坝后减压井和排水沟的反滤层被保护土层的颗粒堵塞后，使渗流出逸处排泄不畅，达不到坝后排水减压的目的，严重时可能危及坝基和坝体的安全稳定。

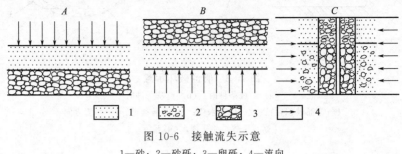

图10-6 接触流失示意

1—砂；2—砂砾；3—卵砾；4—流向

上面划分的四种渗透变形中，流土和管涌主要出现在单一土层中，接触冲刷和接触流失多出现在多层结构土层中。此外从颗粒运动的方式看，接触冲刷和接触流失多以单个颗粒独立运动为主，因此管涌和流土是最主要的渗透变形类型。

管涌主要发生在颗粒组成不均匀、粗粒孔隙中的细粒较少且填充不密实的无黏性土中，一般来说对于这种土当水力坡度不大时，即能发生管涌；当水力坡度足够大时，土中粗细颗粒同时移动而转化成流土。可见松软土都可能发生流土，而管涌与土颗粒组成和紧密度密切相关。一般来说，在较小的渗透压力作用下即可能发生管涌，而发生流土的渗透压力比管涌时大，因此，流土对工程建筑物的危害更大。

### 10.3.2 渗透变形类型的判别

渗透变形类型的判别方法较多，诸如通过现场正发生的现象观测，或通过室内外渗透变形试验实测，或通过渗透变形试验分析渗透变形类型与土的颗粒组成的关系所总结的经验。对于大型重要的工程，当场地的水文地质结构复杂时，应采用试验方法实测。这里介绍《水利水电工程地质勘察规范》（GB 50487—2008）中对无黏性土渗透变形类型的判别方法。

#### 10.3.2.1 管涌和流土的判别

不均匀系数 $C_u$（$d_{60}/d_{10}$，$d_{60}$、$d_{10}$ 分别代表小于该粒径的含量占总土重60%和10%的颗粒粒径）小于或等于5的土可判为流土。对于不均匀系数 $C_u$ 大于5的土，当细颗粒含量 $p_c \geqslant 35\%$ 时，为流土；当 $p_c < 25\%$ 时，为管涌；当 $25\% \leqslant p_c < 35\%$ 时，为过渡型。渗透变形的类型取决于土的紧密程度、颗粒组成和形状，可能为管涌，也可能为流土。

细颗粒含量 $p_c$ 和粗、细颗粒的界限粒径 $d_f$ 可根据土的颗粒组成累积曲线分别确定。对累积曲线为不连续级配缺乏某级粒组的土，累积曲线中至少有一个以上粒组的颗粒含量小于或等于3%的平缓段（图10-7中Ⅲ），则以平缓段粒组的最大和最小粒径的平均值作为粗、细粒界限粒径；或以平缓段的最小粒径作为界限粒径。该粒径所对应的百分含量即为细颗粒含量。对于天然的无黏性土，不连续部分的平均粒径多为2mm。对累积曲线为连续级配的土（图10-7中Ⅱ），区分粗、细颗粒的界限粒径 $d_f$ 可用下式计算：

$$d_f = \sqrt{d_{70}d_{10}} \tag{10-12}$$

式中，$d_{70}$、$d_{10}$ 分别代表小于该粒径的含量分别占总土重70%和10%的颗粒粒径。相

应于 $d_f$ 的含量为细粒含量 $p_c$。

由上述判别方法可知，土的颗粒分析累积曲线和分布曲线形状可在一定程度上反映渗透变形类型。如图 10-7 所示，Ⅰ型（瀑布式）累积曲线者一般产生管涌，Ⅱ型（直线式）累积曲线者易在较高的水力梯度下产生流土，Ⅲ型（阶梯式）累积曲线者多为管涌，有时为流土。分布曲线呈陡峭单峰者一般不发生管涌，而呈双峰或多峰且缺乏中间粒径者多发生管涌。

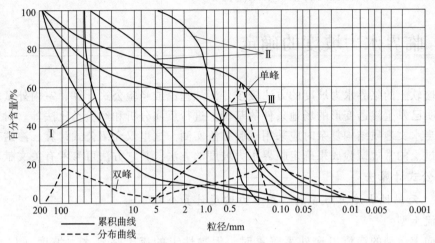

图 10-7　颗粒分布曲线形式与渗透变形类型
Ⅰ—管涌；Ⅱ—流土；Ⅲ—管涌或流土

#### 10.3.2.2　接触冲刷的判别

对于双层结构的地基，符合下列条件时将不会发生接触冲刷：

$$\frac{D_{10}}{d_{10}} \leqslant 10 \tag{10-13}$$

同时两层土的不均匀系数均满足下式：

$$C_u \leqslant 10 \tag{10-14}$$

式中，$D_{10}$、$d_{10}$ 分别为粗粒和细粒土层的颗粒粒径，小于该粒径的含量占总土重的 10%；$C_u$ 含义同上。

上述为《水利水电工程地质勘察规范》（GB 50487—2008）介绍的判别方法，而《水力发电工程地质勘察规范》（GB 50287—2016）认为当两层土的不均匀系数 $C_u$ 均小于或等于10，且符合下列条件时，不会发生接触冲刷：

$$\frac{D_{20}}{d_{20}} \leqslant 8 \tag{10-15}$$

式中，$D_{20}$、$d_{20}$ 分别为粗粒和细粒土层的颗粒粒径，小于该粒径的含量占总土重的 20%。

#### 10.3.2.3　接触流失的判别

当渗流由下向上垂直于粗细土层接触面运动，符合下列条件时将不会发生接触流失。

当土层的不均匀系数 $C_u \leqslant 5$ 时，满足下式：

$$\frac{D_{15}}{d_{85}} \leqslant 5 \tag{10-16}$$

式中，$D_{15}$ 为粗粒土层的颗粒粒径，小于该粒径的含量占总土重的 15%；$d_{85}$ 为细粒土层的颗粒粒径，小于该粒径的含量占总土重的 85%。

或当土层的不均匀系数 $C_u \leqslant 10$ 时，满足下式：

$$\frac{D_{20}}{d_{70}} \leqslant 7 \tag{10-17}$$

式中，$D_{20}$ 为粗粒土层的颗粒粒径，小于该粒径的含量占总土重的 20%；$d_{70}$ 为细粒土层的颗粒粒径，小于该粒径的含量占总土重的 70%。

# 10.4　临界水力坡度的确定

确定松软土的临界水力坡度的方法较多，诸如理论或经验公式计算、室内外试验方法实测，在查明已发生渗透变形的场地条件的基础上进行反演分析和经验类比法等。对于大型重要工程，当水文地质结构复杂时应采用试验方法实测。这里仅介绍公式计算、渗透变形试验实测和通过土的常规试验成果确定临界水力坡度的方法。其它方法可参考有关文献和规范。

## 10.4.1　公式计算法

### 10.4.1.1　无黏性土流土与管涌临界水力坡度计算公式

（1）流土型

由下向上运动的渗流出逸处无盖重时，无黏性土的流土临界水力坡度（$J_c$）可用式（10-18）计算：

$$J_c = \left(\frac{\rho_s}{\rho_w} - 1\right)(1 - n) \tag{10-18}$$

式中，$\rho_s$ 为土粒密度；$\rho_w$ 为水的密度；$n$ 为土的孔隙度。

式（10-18）由 K. 太沙基提出，被大部分规范采纳，已广泛用于渗透稳定性的初步评价，该式计算结果在数值上与土体的浮重度相等，其原理是由下向上运动的渗流，当作用在单位体积土体上的渗透压力等于土的浮重度时处于极限平衡状态，土体开始发生移动和悬浮。此式对于疏松的砂类土其计算值与试验值比较一致。

因式（10-18）只考虑渗透压力与土体浮重度的平衡，未计摩擦力和黏聚力对土体抗渗强度的影响。E. A. 扎马林通过砂土室内渗透变形试验，建议对式（10-18）给予修正：

$$J_c = \left(\frac{\rho_s}{\rho_w} - 1\right)(1 - n) + 0.5n \tag{10-19}$$

（2）管涌型或过渡型

根据《水力发电工程地质勘察规范》（GB 50287—2016），管涌型或过渡型的临界水力坡度宜采用式（10-20）计算：

$$J_c = 2.2\left(\frac{\rho_s}{\rho_w} - 1\right)(1 - n)^2 \frac{d_5}{d_{20}} \tag{10-20}$$

式中，$d_5$、$d_{20}$ 分别为小于该粒径的含量占总土重的 5% 和 20% 的颗粒粒径，mm。

管涌型的临界水力坡度也可以采用式（10-21）计算：

$$J_c = \frac{42d_3}{\sqrt{\dfrac{K}{n^3}}} \tag{10-21}$$

式中，$K$ 为土的渗透系数，cm/s；$d_3$ 为小于该粒径的含量占总土重 3% 的颗粒粒径，mm。

土的渗透系数 $K$ 应通过渗透试验测定，若无渗透系数试验资料，可以根据式（10-22）计算近似值：

$$K = 2.34n^3 d_{20}^2 \tag{10-22}$$

式中，$d_{20}$ 为小于该粒径的含量占总土重 20% 的颗粒粒径，mm。

**10.4.1.2　黏性土流土临界水力坡度计算公式**

根据《水力发电工程地质勘察规范》（GB 50287—2016），黏性土流土临界水力坡度可按式（10-23）计算：

$$J_c = \frac{4c}{\gamma_w D_0} + 1.25(\frac{\rho_s}{\rho_w} - 1)(1 - n) \tag{10-23}$$

$$c = 0.2W_L - 3.5 \tag{10-24}$$

式中，$c$ 为土的抗渗凝聚力，kPa，由式（10-24）确定；$\gamma_w$ 为水的容重，kN/m³；$D_0$ 取 1.0m；$W_L$ 为土的液限含水量，%。

**10.4.1.3　渗流沿斜坡出逸时流土临界水力坡度计算公式**

当渗流沿斜坡出逸时，可用下式计算流土临界水力坡度：

$$J_c = G_w(\cos\alpha \tan\varphi - \sin\alpha)/\gamma_w \tag{10-25}$$

式中，$G_w$ 为土体的浮重度；$\varphi$ 为土的内摩擦角；$\gamma_w$ 为水的容重；$\alpha$ 为斜坡坡角。

由于土体的颗粒组成、颗粒形状、排列方式及其受力条件复杂，难以用理论公式确定接触冲刷和接触流失的临界水力坡度。对于大型工程，地基的临界水力坡度宜用试验方法确定。

**10.4.2　试验法实测临界水力坡度**

试验法可分为现场和室内试验两大类。现场试验的最大优点是能保持土体的原状结构，其方法较多，当试验土层埋藏较深时可采用钻孔压水试验法；当试验土层和地下水埋藏较浅，但下伏相对隔水层埋藏较深时可用围堰法；当试验土层、地下水位和相对隔水层埋藏较浅时可用堤坝法等。图 10-8 为封闭堤坝式现场渗透变形试验，试验层位和场地选择、试验设备和各项准备工作完成后，开始向注水井缓慢加水时水头不应过大，其初始水力坡度应小于大坝设计控制或经验允许水力坡度。然后以 0.05 的水力坡度逐级升高注水坑的水位，每级水位应酌情稳定 1～4 小时，在各级水位作用下每 10 分钟观测一次注水和排水流量，随时察看观测坑中变形情况，计算渗透系数（$K$）和渗透速度（$v$），并及时绘制水力坡度与渗透速度关系曲线（图 10-9），通过对观测坑底渗透变形现象的宏观观察和图 10-9 中关系曲线的拐点（如 $A$ 点）确定临界水力坡度。

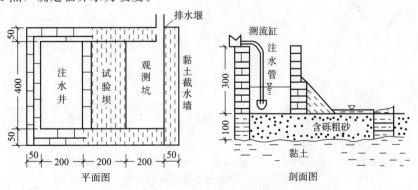

图 10-8　封闭堤坝式现场渗透变形试验装置（单位：cm）

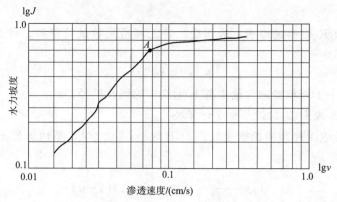

图 10-9　试样水力坡度与渗透速度关系曲线

　　室内试验的主要优点是经济简便，又能较好地反映现场试验土层的颗粒组成。各种类型渗透变形的临界水力坡度都可通过室内试验实测，其试验方法有尺寸不同的垂直渗透变形试验、水平渗透变形试验和渗流槽试验等。这里主要介绍《土工试验方法标准》（GB/T 50123—2019）中粗颗粒土的渗透变形试验，图 10-10 为试验所采用的垂直渗透变形仪和水平渗透变形仪示意图。开始试验前，应对仪器进行检查，然后进行试样的制备以及饱和工作，再根据工程要求确定是否在试验过程中在试样顶面施加荷载，对于垂直渗透仪，通过活塞及上透水板对试样施加荷载，对于水平渗透仪，通过上盖板对试样施加荷载。试验时，需先根据颗粒组成大致判断试样渗透变形的破坏形式，选择初始渗透坡降及渗透坡降递增值；通过提升供水箱，使其水面高于渗透容器的溢水口（上进水口）保持常水头差，形成初始渗透坡降；对管涌土，加第一级水头时，初始渗透坡降可为 0.02~0.03，然后一般可按 0.05、0.1、0.15、0.2、0.3、0.4、0.5、0.7、1.0、1.5、2.0…坡降递增，但在接近临界坡降时，

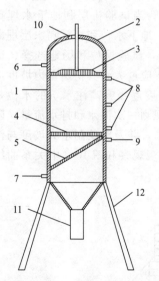

1—筒身；2—上盖；3—上透水板；4—下透水板；
5—斜透水板；6—上进水口（溢水口）；
7—下进水口（溢水口）；8—测压孔；9—排气孔；
10—上排气孔；11—集砂器；12—支架

(a)垂直渗透变形仪

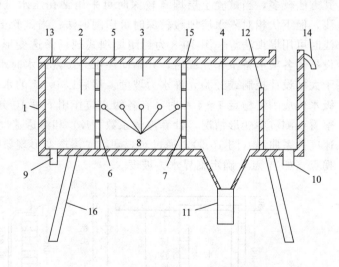

1—筒；2—进水段；3—试样段；4—出水段；5—上盖板；
6—上游透水板；7—下游透水板；8—测压孔；9—上游放水口（放水口）；
10—下游放水口；11—集砂器；12—格栅；13—上游排气孔；
14—下游溢水口；15—橡皮止水；16—支架

(b)水平渗透变形仪

图 10-10　室内渗透变形试验装置

（据《土工试验方法标准》，2019）

渗透坡降递增值应适当减小，对于非管涌土，初始渗透坡降可适当提高，渗透坡降递增值应适当放大；每次升高水头 30min 至 1h 后，测记测压管水位和渗水量，仔细观察试验过程中出现的各种现象，如果连续 3 次测得的水位及渗水量基本稳定，又无异常现象，即可提升至下一级水头；重复进行，直至试样破坏或当水头不能再继续增加时，即可结束试验。与前述现场渗透变形试验类似，绘制与图 10-9 相似的水力坡度与渗透速度关系曲线，可通过曲线的拐点和宏观破坏现象的观察确定临界水力坡度。

### 10.4.3 据土的颗粒组成和透水性确定临界水力坡度

我国水利水电科学研究院开展了大量无黏性土在上升渗流条件下的室内渗透变形试验，通过分析整理，编制了临界水力坡度与细粒含量的关系曲线（图 10-11）和临界水力坡度与渗透系数的关系曲线（图 10-12）。使用时不必进行复杂的渗透变形特殊试验，只需进行土颗粒组成和透水性等常规试验，即可方便地从图中查到相应的临界水力坡度。

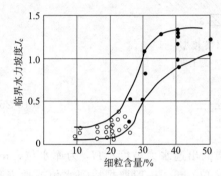

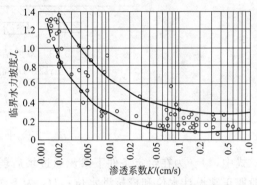

图 10-11　临界水力坡度与细粒含量关系曲线　　图 10-12　临界水力坡度与渗透系数关系曲线

由图 10-11 和图 10-12 可以看出，随着土中细粒含量的增加和渗透系数的变小，其临界水力坡度增大。其中细粒含量可用 10.3.2 节的方法确定。据《工程地质手册》（第五版）相关内容，该方法主要推荐用于管涌破坏临界水力梯度的确定，应用图 10-11 时需注意：当土中的细粒含量大于 35% 时，由于趋向于流土破坏，应同时进行流土破坏可能性评价。

图中绘有上、下限两条曲线，使用时可视试验结果可靠性、工程重要性和地质条件的复杂性等因素酌情考虑。

## 10.5　实际水力坡度的预测

传统工程地质的渗透稳定性评价中，主要是在查明建筑场地工程地质条件的基础上，进行土的抗渗强度即临界水力坡度的研究，为设计部门提供临界水力坡度或允许水力坡度，由设计部门进行渗透稳定性评价和渗流控制设计。至今对各种工况下渗流场中渗透压力即实际水力坡度的预测还是个薄弱的环节。同时，渗流场中土的类型、厚度、工程地质性质尤其是土的透水性变化较大，水文地质结构复杂，在给定水头差条件下，渗流场中实际水力坡度的空间分布极不均匀，因此，加强实际水力坡度预测的勘察研究是十分必要的。

实际水力坡度（水力比降、水力梯度）是指渗流沿流线方向上单位渗径的水头损失。预测实际水力坡度的方法较多，诸如解析法、观测资料统计分析、电模拟法、数值模拟法和渗流槽模型试验等。实践中可根据工程地质条件的复杂性、工程的规模和重要性、勘察阶段和研究深度进行选择。一般条件下，宜采用数种方法以便相互验证比较。

这些方法的基本原理、具体做法和技术要求可参考有关文献和规程。这里仅简要介绍以下几种适用于堤坝地基实际水力坡度的预测方法。

### 10.5.1 理论公式法

在边界条件和地质结构比较简单的双层结构坝基（图 10-13），坝（堤）后渗流出逸段上部弱透水层的平均水力坡度可采用下式计算。

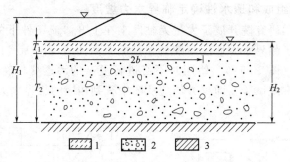

图 10-13 双层结构坝基计算模型
1—粉土；2—卵石混合土；3—黏土岩

$$J_B = \frac{H_1 - H_2}{2T_1 + 2b\sqrt{\dfrac{K_1 T_1}{K_2 T_2}}} \tag{10-26}$$

式中，$J_B$ 为在给定条件下渗流通过坝后弱透水层的出逸水力坡度；$H_1$ 为库水位，m，一般取正常设计水位和校核洪水位；$H_2$ 为下游坝后水位，m，一般取坝后河水位或地表高程；$T_1$、$T_2$ 分别为上部和下部土层的厚度，m；$K_1$、$K_2$ 分别为上、下土层的渗透系数，m/d；$2b$ 为坝底宽度，m。

推导此式时，假设渗流主要通过下部强透水土层，通过上部弱透水土层的渗流量忽略不计。只有当 $\dfrac{T_2}{T_1} > 10$ 及 $\dfrac{K_2}{K_1} > 10$ 时，才能满足这一使用条件。

坝基水平渗透段的平均水力坡度（$J_H$）可用下式计算：

$$J_H = \frac{(H_1 - y_0) - (H_2 + y_0)}{2b} \tag{10-27}$$

式中，$y_0$ 为通过上部弱透水层的水头损失，其值可由下式计算。

$$y_0 = \frac{H_1 - H_2}{2 + 2b\sqrt{\dfrac{K_1}{K_2}\dfrac{1}{T_1 T_2}}} \tag{10-28}$$

当坝前因自然或人为因素影响缺失上部弱透水层，其它条件同图 10-13 时，渗流通过坝后上部弱透水层的平均出逸水力坡度（$J_B$）可用下式计算：

$$J_B = \frac{H_1 - H_2}{T_1 + 2b\sqrt{\dfrac{K_1 T_1}{K_2 T_2}}} \tag{10-29}$$

这时坝基水平渗透段的水力坡度（$J_H$）可用下式计算：

$$J_H = \frac{H_1 - (H_2 + y_0)}{2b} \tag{10-30}$$

### 10.5.2　统计分析法

大部分水利水电工程常对坝基、坝体布设了地下水位监测网，有的工程由于对坝基防渗处理不彻底，存在安全隐患，工程竣工后不敢正常蓄水，多年来进行长期监测工作，一直处于较低的库水位工作状态，不能发挥其正常效益。在这种条件下可利用已有的水位监测资料，对库水位与各观测孔地下水位的关系进行统计分析，在此基础上预测高库水位（如正常设计水位和校核洪水位）时各观测孔的相应水位，并进一步预测拟评价部位的水力坡度。

为了做好这一工作，仅提供几点注意事项和技术要求。

① 了解地下水位观测网的布置、各观测孔的结构、埋设深度、所反应的进水段土层和工作状态等，分析其所代表的水文地质结构单元和功能。

② 搜集库水位、各观测孔地下水位历年观测资料，同时搜集水文气象、坝基和绕坝渗漏及坝后地表水位等资料。

③ 编绘库水位与各观测孔水位的时间过程曲线（图 10-14）。

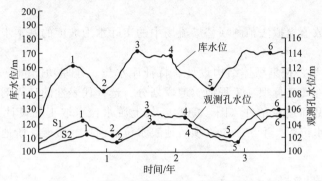

图 10-14　库水位和观测孔水位时间过程曲线

④ 据图 10-14 曲线的形态，分析受库水位波动影响的各观测孔水位的相关点，相关点的判别宜遵循以下原则：a. 库水位与观测孔水位时间过程曲线的形态和变化趋势具有相似性，这是判别单因素相关性分析的基础。b. 相关点位于过程曲线的峰、谷对应点的水位。c. 相关点位于过程曲线平缓段的平均水位。d. 相关点位于过程曲线斜率突变处的水位。e. 考虑各观测孔水位相对库水位变化的时间滞后性。f. 相关点数量应满足统计样本数的要求。

⑤ 据相关点的记录编制各观测孔水位与库水位关系散点图（图 10-15），并用数理统计方法分析求解各孔的相关统计方程式。有时观测孔水位受到多种因素的影响，除库水位外，还有降水、绕坝肩渗漏、坝后渠道渗漏、泄洪和发电尾水、下游河流洪水位顶托等，使坝后和坝基地下水位升高，严重者形成地下水由坝后向上游运动的"反常"现象（如陆浑水库）。当仍以库水影响为主时，应在水位过程曲线分析中排除其它因素，只进行单因素相关分析（如图 10-15）。若多种因素影响都较显著时，可同时作多因素和单因素相关分析，将两个统计公式中计算的地下水位大者作为高库水位时预测地下水位的依据。

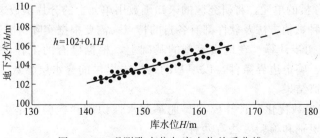

图 10-15　观测孔水位与库水位关系曲线

⑥ 据统计方程式采用外延法分别预测正常库水位、校核洪水位等高水位时，各观测孔的相应地下水位。在此基础上对坝基各代表性渗透剖面，据上、下游观测孔的预测水位和相应渗径，分别计算坝基水平渗透段、坝后出逸段或其它部位的水力坡度。当观测孔较多时，可利用各孔的预测水位，编制流网或等水位（头）线图，然后据此计算坝基各部位的水力坡度。

### 10.5.3　数值模拟法

坝基渗流计算是在已知定解条件下，通过求解渗流基本方程以求得渗流场内的水头分布和渗流量等要素。

由于坝（堤）体材料和结构及坝基岩土类型、性质、厚度、空间分布、边界条件复杂，通常难以采用解析法计算预测地下水的实际水力坡度。采用数值模拟法不仅可以解决复杂地基地质结构和边界条件下的渗流计算难题，而且还能确定在给定水头差条件下，渗流场中各个部位的水力坡度。因此，近年来数值模拟方法在工程岩土体稳定性和地下水渗流计算中得到了广泛的应用。

下面介绍运用数值模拟法预测坝基渗流场中的实际水力坡度的基本步骤、注意事项和技术要求。

① 建立地质模型。搜集坝体结构设计、特征库水位、建库功能和技术要求等资料，研究坝区工程地质条件，进行坝基工程地质地段划分，选择代表性的计算剖面。在此基础上概化水文地质结构模型和边界条件（图 10-16）。其上游水位可取工程设计的特征水位，如正常库水位和校核洪水位等。下游水位取坝后地表水位或河床、漫滩、阶地表面高程等。

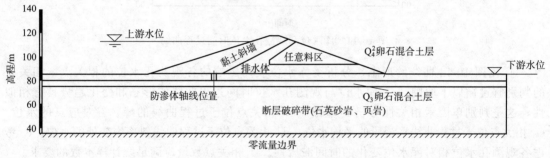

图 10-16　坝基渗流计算模型

② 选取数值方法。三维地下水流动问题控制方程是地下水渗流计算的基本数学模型，而绝大多数数学模型是无法用解析解求解的，数值化就是将数学模型转化为可解的数值模型。目前常用的数值化方法包括有限差分法、有限单元法、边界单元法和有限分析法，其中最常用的是有限差分法和有限单元法。有限差分法的基本思想在于用有限个离散点的集合代替连续变化的区域，用差商近似代替导数，将偏微分方程及其定解条件离散为有限个线性代数方程求解，其代表性软件是 MODEFLOW 系列。有限元法是将结构离散化，把复杂的对象转化为有限个容易分析的单元，将研究区的未知函数用单元上的分片函数来近似表达，典型软件为 FEFLOW。每种数值方法及软件都有各自的特点，需要根据实际情况及目标需要选用。

③ 参数准备与初步计算。在地质模型的基础上，根据已有的工程设计和工程地质勘察资料建立计算模型、确定边界条件，以坝基勘察报告提供的含水层参数为初始值，开展数值计算，得到初步模拟结果。

④ 模型检验与参数优化。计算模型与地基透水性识别和检验，是决定预测结果精确性最重要的环节。其识别和检验方法有两种。

　　a. 已建堤坝并有水位观测资料时，将模拟结果与实测结果进行对比，不断调整坝基各透水层的渗透系数，直至与计算剖面中若干观测孔的水位拟合、满足精度要求为止，最后将拟合后的各透水层的渗透系数作为预测渗流场特征的计算参数。

　　b. 拟建堤坝尚无水位观测资料时，可采用数值模拟法进行敏感性分析，不断调整坝基各透水层（有时含坝体材料）的渗透系数，探讨当拟评价部位如坝基隐伏断层破碎带，或易发生渗透变形的坝后渗流出逸段等的水力坡度最大时，各透水层渗透系数的最优组合，最后将采用最优组合时各透水层的渗透系数作为坝基渗流模拟的参数。

　　⑤ 水力梯度预测。基于校正后的模型开展数值计算，模拟不同工况时渗流场中水头分布特征，绘制流网图或等水头线图（图 10-17），并计算不同工况时坝基各部位相应水力坡度。

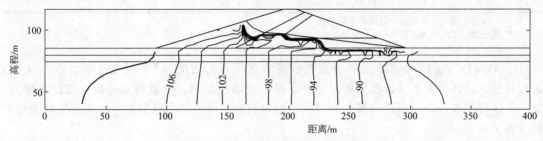

图 10-17　正常库水位时坝基水头等值线

# 10.6　坝基渗透稳定性评价

　　坝基渗透稳定性评价是防治必要性决策及防治方案和结构设计的主要依据。一般条件下宜遵循以下程序。

　　① 在对坝基工程地质勘察资料深入分析研究的基础上，从评价渗透稳定性的要求出发，根据坝基工程地质条件的差异性，进行坝基工程地质区段划分。

　　② 分析影响渗透变形的因素，对坝基各区段的渗透稳定性进行定性评价，查明最易发生渗透变形土层的空间分布、易变形的部位及其影响因素。

　　③ 对可能发生渗透变形部位的土（岩）层，通过各种方法（宜两种以上）确定土的临界水力坡度。

　　④ 选择代表各区段的工程地质剖面，概化工程地质模型，分析渗流的状态特征，以便确定选择二维或三维数值模拟方法，同时采用其它方法预测不同工况时坝基实际水力坡度。

　　⑤ 合理确定安全系数和允许水力坡度。安全系数和允许水力坡度是决定水工建筑物安全稳定和经济合理这对矛盾的重要因素。对于大型重要工程或需进行防渗措施设计的工程，一般常需采用各种方法确定临界水力坡度，这时的允许水力坡度可用式（10-31）计算：

$$J_y = \frac{J_c}{K_s} \tag{10-31}$$

　　式中，$J_y$、$J_c$ 分别为允许水力坡度和临界水力坡度；$K_s$ 为安全系数。

　　安全系数的确定是比较复杂的问题，国内外和我国各部门间存在不同认识。我国《水利水电工程地质勘察规范》（GB 50487—2008）和《水力发电工程地质勘察规范》（GB 50287—2016）中规定确定无黏性土的允许水力坡度时取 1.5～2.0 的安全系数；当渗透稳定对水工建筑物的危害较大时，取 2.0 的安全系数；对于特别重要的工程也可用 2.5 的安全系数。一般实践中视工程规模和重要性、坝区工程地质条件的复杂程度、对有关渗透变形各种参数的研究深度和精确性、渗透变形的类型等综合考虑其取值。如前所述,大型重要工程取高值,一般工程及中小型工程取低值;流土取高值,管涌取低值;条件复杂者取高值,简单者取低值等。

对于规划和可行性研究阶段及中小型水利工程,可以表 10-1 和其它文献中的允许水力坡度作为大型工程初步评价和中小型工程防渗设计的参考。

**表 10-1 无黏性土允许水力坡度**(据《水利水电工程地质勘察规范》)

| 渗透变形类型 | 流 土 型 | | | 过 渡 型 | 管 涌 型 | |
| --- | --- | --- | --- | --- | --- | --- |
| 土的特性 | $C_u \leqslant 3$ | $3 < C_u \leqslant 5$ | $C_u \geqslant 5$ | | 级配连续 | 级配不连续 |
| 允许水力坡度 | 0.25~0.35 | 0.35~0.50 | 0.50~0.80 | 0.25~0.40 | 0.15~0.25 | 0.10~0.20 |

注:1. 本表不适用于渗流出口有反滤层的情况。
　　2. $C_u$ 为土的不均匀系数。

⑥ 将各种工况时对坝基渗流场预测所得的实际水力坡度($J$)与允许水力坡度($J_y$)进行比较,以评价发生渗透变形的可能性、发生变形的部位、严重性及范围。在此基础上,基于各区段代表性剖面评价结果,同时考虑地形和地质条件圈出可能发生渗透变形范围的平面分布。

对于以漫滩、阶地为地基的堤防工程和水库大坝(多为副坝)工程,除了评价渗透变形的范围外,还要评价坝后或堤内因地基渗漏引起地下水位上升而导致的浸没灾害,因为在这种地形条件下,正是良田沃土广布和村镇集聚的地方。

如前所述,当 $J > J_y$ 时,将发生渗透变形;当 $J < J_y$ 时,不会发生渗透变形,据此可确定坝后变形区的范围。同时要考虑浸没的影响范围,地下水位埋深小于等于临界埋深的范围为浸没区,将发生浸没,形成沼泽或盐渍化;当地下水位埋深大于其临界埋深时,为安全区(图 10-18)。

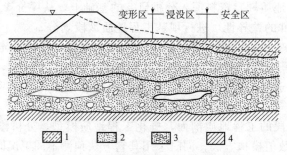

图 10-18　坝基渗透稳定性评价示意剖面
1—粉土;2—砂土;3—卵石混合土;4—黏土岩

# 10.7　渗透变形防治

防治水坝(堤防)等水利工程地基渗透变形的总体原则是,通过工程措施控制地基渗流,调整渗透压力(实际水力坡度)的空间分布,使渗透压力集中于不易发生渗透变形的坝前部位或抗渗强度(临界水力坡度)较高的土层中,使易产生渗透变形的坝后渗流出逸段或抗渗强度较低的土层分布处的实际水力坡度降低,达到确保坝(堤)基安全稳定的目的。

为此，在上游地下水的补给区和径流区应以防渗截流措施为主；在下游地下水出逸段应以排水减压和反滤盖重措施为主。

### 10.7.1 防渗截流工程

防渗截流工程可分两类：水平防渗铺盖和垂直防渗的截水槽（墙）、混凝土防渗墙、灌浆帷幕及垂直防渗铺塑等。

#### 10.7.1.1 垂直防渗工程

（1）截水槽（墙）

当坝基透水层厚度不大，一般为数米或十余米时，可用截水槽（墙）防渗，即将透水性大的土层如卵砾类土和砂类土全部挖除，并深入至其下部的相对隔水层中，然后再用透水性小的黏性土回填夯实，其上部与坝体心墙或斜墙相连（图 10-19），且横贯整个河床并伸到两岸。截水槽（墙）上部与坝体防渗体连成整体，下部与基岩或不透水土基紧密结合，形成一个从上到下、从河床到两岸的完整截渗体系。该方法具有结构简单、工作可靠、截渗效果好的特点。

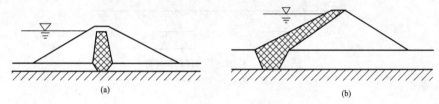

图 10-19 截水槽（墙）示意
（a）心墙坝；（b）均质斜墙坝

（2）混凝土防渗墙

当坝基透水层厚度较大，如厚度大于 20m，全部挖除强透水层在技术上存在困难时，采用混凝土防渗墙防渗是比较有效和经济的措施。混凝土防渗墙是通过钻探（如乌卡斯）凿槽后，回填混凝土，形成垂直防渗体（图 10-20）。也可采用高压喷射灌浆法形成一定厚度的垂直防渗墙。混凝土防渗墙防渗效果好，所需人力少，无需大量开挖，施工速度较快，但所需设备较多，施工技术要求较高。

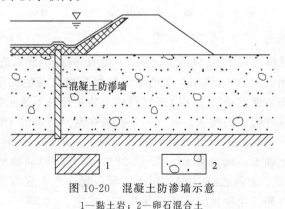

图 10-20 混凝土防渗墙示意
1—黏土岩；2—卵石混合土

（3）灌浆帷幕

当坝基透水层厚度较大，如厚度大于 20m，或采用其它防渗截水措施不可行时，可采用灌浆帷幕的防渗技术。灌浆帷幕是钻探造孔至预计深度后，采用水泥浆液或水泥与黏土混合浆液或化学浆液（如丙凝等）灌入透水层中，形成一定厚度的防渗帷幕。其灌浆材料和配比可通过试验确定。按灌浆孔底部是否深入到相对不透水层可划分为封闭式灌浆帷幕（图 10-21）和悬挂式灌浆帷幕（图 10-22）。实际选用时应视江河性质特点而定，对于地上悬河（如黄河郑州以东）两岸的堤防工程，因河床高于两岸地面，河水补给两岸地下水，可与水坝工程一样采用封闭式灌浆帷幕。但对于平水期地下水补给河水，而汛期河水补给两岸地下水的河流，如长江下游荆州至武汉河段，采用上述封闭式灌浆帷幕虽能防治堤基渗透变形，但平水期时地下水向河流的径流排泄受阻，使堤内地下水位上升，将对广大良田和城乡造成浸没灾害。在这种条件下，应采用深入到部分强透水层的悬挂式灌浆帷幕。灌浆帷幕具有材料来源广泛、施工便捷、造价低、质量容易控制等特点，在长江下游堤防加固中发挥了重要作用。

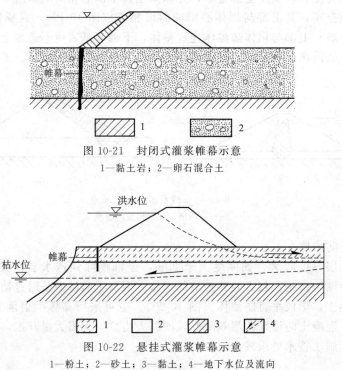

图 10-21　封闭式灌浆帷幕示意

1—黏土岩；2—卵石混合土

图 10-22　悬挂式灌浆帷幕示意

1—粉土；2—砂土；3—黏土；4—地下水位及流向

（4）垂直防渗铺塑

当坝基透水层埋藏深度在 12m 以内、透水层中大于 5cm 的颗粒含量不超过 10％且少量大石块的最大粒径不超过 15cm、透水层中的水位和颗粒组成满足泥浆固壁要求时，可采用垂直防渗铺塑。垂直防渗铺塑是将土工合成材料（主要是相对不透水的土工膜和透水反滤的土工织物）用于坝基垂直防渗的技术。首先用开槽机在需要防渗的土体中垂直开出槽孔，并以泥浆稳固槽壁，然后将与槽深相当的卷土状土工膜下入槽内，倒转轴卷，使土工膜展开，最后在土工膜两侧填土即形成防渗帷幕（图 10-23）。垂直防渗铺塑所采用的防渗材料一般为聚乙烯（PE）土工膜、聚氯乙烯（PVC）土工膜、复合土工膜或防水塑料板等，这类材料防渗效果好，且具有施工速度快、造价低等特点。

上述垂直防渗工程实质上是通过人工方法将强透水层改良成微弱透水的地下构筑物，使水头损失和渗透压力集中在垂直防渗工程上，而使坝后剩余水头和出逸段的水力坡度大大降低，达到防治渗透变形的目的。同时，能显著降低坝基渗漏损失。与灌浆帷幕类似，其它类型的垂直防渗措施也分封闭式和悬挂式，具体应视江河的径流补给特点选用。

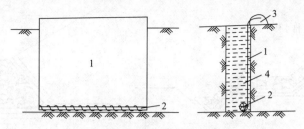

图 10-23　土工膜铺设示意

1—膜片；2—卷筒；3—预留膜；4—泥浆槽孔

（据颜宏亮和于雪峰，2009）

#### 10.7.1.2　水平防渗铺盖

当坝基透水层厚度过大，垂直防治工程在技术上十分困难，经济上不合理时，可采用水平防渗铺盖（图 10-24）。即在坝前铺填黏性土将透水层覆盖，其长度一般为上下游水头差的 5～10 倍，其厚度由下游向上游逐渐变薄，上游末端厚 0.5～1.0m，下游与坝体的斜墙或心墙连接，允许垂直水力坡降为 4～6。铺盖的功能是在给定上下游总水头差条件下，延长渗径，使坝基的平均水力坡降低，同时，又使水头损失和渗透压力集中于坝前铺盖，而使坝后剩余水头和出逸段水力坡度大大降低。水平防渗铺盖可就地取材、施工简单。黏性土料渗透系数应小于 $10^{-5}$cm/s，且至少要小于坝基透水层渗透系数的 100 倍。对于小型工程或低坝，经技术论证后也可用土工膜作水平防渗铺盖。

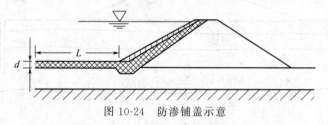

图 10-24　防渗铺盖示意

### 10.7.2　排水减压和反滤盖重工程

#### 10.7.2.1　排水减压工程

当坝后微弱透水的黏性土层较薄时，可在坝脚附近设置排水体，排水体的形式主要有贴坡式、棱体式、褥垫式和混合式（图 10-25）。贴坡式又称表层排水，设置在下游坡底部，由 1～3 层堆石或砌石构成，在石块和坝坡之间设置反滤层 [图 10-25（a）]；棱体式为在下游坝脚处用块石堆成棱体，需设反滤层，还可起到保护下游坝脚不受尾水淘刷且增加坝体稳定的作用 [图 10-25（b）]；褥垫式为用块石、砾石平铺在靠下游侧的坝基上，并在其周围布置反滤层而构成的水平排水体，伸入坝体长度小于 1/3～1/4 坝底宽 [图 10-25（c）]；混合式为上述几种排水方式混合使用，如图 10-25（d），为贴坡、褥垫、棱体排水相结合的方式。

当黏性土层较厚，开挖排水沟危及坝坡稳定时，或黏性土层下为透水性较弱的粉细砂土，排水沟的效果不好且需排泄深部卵砾类土中的水时，宜采用钻探法开凿减压井（图 10-26），其井径、井距、深度和排水量由现场试验和数值模拟确定。必要时采用排水沟和减压井相结合的方法，共同作用达到排水减压的目的。

#### 10.7.2.2　反滤盖重工程

为保护坝后渗流出逸段土层不发生渗透变形，可以采用背水侧压渗盖重的方法。如图 10-27 所示的堤防中，上游设置水平铺盖，下游铺设压渗盖重，采用透水堆石，盖重后的堤坝应满足下式。

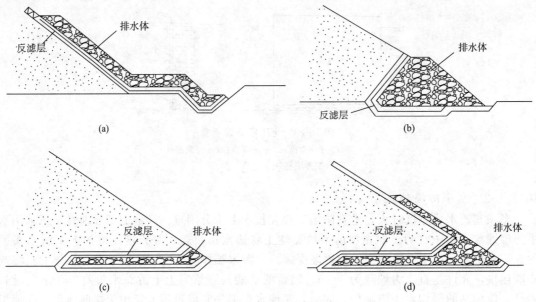

图 10-25 下游排水体结构

（a）贴坡式；（b）棱体式；（c）褥垫式；（d）混合式

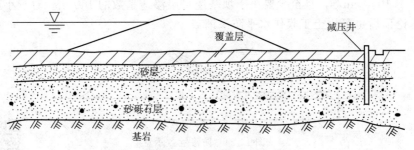

图 10-26 减压井示意

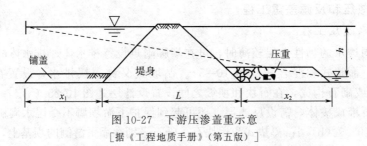

图 10-27 下游压渗盖重示意

［据《工程地质手册》（第五版）］

$$J_y \geqslant \frac{h}{x_1 + L + x_2} \qquad (10\text{-}32)$$

式中，$J_y$ 为最大允许水力坡降，与堤基材料有关，据表 10-2 取值。

表 10-2 最大允许水力坡降取值表［据《工程地质手册》（第五版）］

| 堤基材料 | $J_y$ | 堤基材料 | $J_y$ |
|---|---|---|---|
| 极细砂、粉土 | 0.056 | 粗砂 | 0.083 |
| 中、细砂 | 0.067 | 砂砾石 | 0.111 |

在压重材料设计时，可直接用透水性较大土料覆盖设置反滤层，常沿渗流方向由细到粗

设三层，每层厚视需要而定，一般 15～50cm，对反滤层材料应满足以下要求：①每层内部的颗粒不应移动；②细粒层的颗粒不应穿过相邻的粗粒层的孔隙；③被保护土层的颗粒不应穿过反滤层；④反滤层比被保护土层的透水性大，排水通畅，能起到减压盖重的作用。关于反滤层设计可视被保护土层颗粒组成，采用试验或经验法确定。

　　管涌险情较严重时，在冒水孔处可设置反滤围井（图 10-28）。清除杂物，挖去软泥，周围用土袋做成围井，井壁与地面严密接触，井内按反滤要求，分层铺设滤料，围井高度以能使冒水不挟带泥沙为宜，在井口安设排水管使渗出清水流走，以防溢流冲塌井壁。

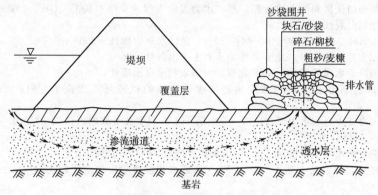

图 10-28　反滤围井示意

　　在水利工程实践中，拟定防治坝基渗透变形措施时，应综合考虑其它工程地质问题的处理措施，并应在方案论证的基础上择优。

# 思考题

1. 渗透变形的产生条件是什么？
2. 渗透变形的机理是什么？
3. 渗透变形有哪些类型？如何根据土的颗粒组成判断渗透变形的类型？
4. 实际水力坡度、临界水力坡度和允许水力坡度有何区别？
5. 如何确定实际水力坡度、临界水力坡度与允许水力坡度？
6. 坝基渗透稳定性评价的一般步骤是什么？
7. 渗透变形的防治措施有哪些？
8. 诱发渗透变形灾害的原因有哪些？

# 参考文献

［1］　刘建刚，陈建生，赵淮炳．堤基渗透变形与计算分析［J］．长江科学院院报，2001，18（6）：37-39.
［2］　张家发，吴昌瑜，李胜常，等．堤防加固工程中防渗墙的防渗效果及应用条件研究［J］．长江科学院院报，2001，18（5）：56-60.
［3］　水利水电部水利水电规划设计院．水利水电工程地质手册［S］．北京：水利电力出版社，1985.
［4］　工程地质手册编委会．工程地质手册（第五版）［S］．北京：中国建筑工业出版社，2018.
［5］　李智毅，王智济，杨裕云，等．工程地质学基础［M］．武汉：中国地质大学出版社，1990.
［6］　杨裕云，杨红刚．堤防工程地质病害与防治决策应注意的问题［J］// 程国栋．山的呼唤——工程地

质学与可持续发展．北京：地震出版社，1999，236-240.

[7] 杨裕云，杨红刚，吴有才．与地下水作用有关的地质灾害［J］．水文地质工程地质，2004，31（增刊）：1-7.

[8] 华东水利学院土力学教研室．土工原理与计算（上册）［M］．北京：水利出版社，1980.

[9] 张家发，朱国胜，曹敦侣．堤基渗透变形扩展过程和悬挂式防渗墙控制作用的数值模拟研究［J］．长江科学院院报，2004，21（6）：47-50.

[10] 张倬元，王士天，王兰生．工程地质分析原理［M］．北京：地质出版社，1994.

[11] 中华人民共和国水利部．水利水电工程地质勘察规范（GB 50487—2008）［S］．北京：中国计划出版社，2009.

[12] 中华人民共和国住房和城乡建设部，等．水力发电工程地质勘察规范（GB 50287—2016）［S］．北京：中国计划出版社，2016.

[13] 颜宏亮，于雪峰．水利工程施工［M］．郑州：黄河水利出版社，2009.

[14] 王英华．水工建筑物［M］．北京：中国水利水电出版社，2002.

[15] 颜宏亮，闫滨．水工建筑物［M］．北京：中国水利水电出版社，2012.

[16] 王保田，陈勇．悬挂式防渗墙控制堤基渗透变形的机理与工程应用［M］．北京：科学出版社，2010.

[17] 顾淦臣．国内外土石坝重大事故剖析——对若干土石坝重大事故的再认识［J］．水利水电科技进展，1997（01）：15-22＋67.

[18] 张占君．沟后水库垮坝警世录［J］．中国水利，1995（01）：21-22.

[19] 胡健，张祥达，魏志诚．基于 FEFLOW 在地下水数值模拟中的应用综述［J］．地下水，2020，42（01）：9-13.

[20] 张丽娜．土坝震害评估方法研究［D］．哈尔滨：中国地震局工程力学研究所，2008.

[21] Mark Foster, Robin Fell, Matt Spannagle. The statistics of embankment dam failures and accidents [J]. Canadian Geotechnical Journal, 2000, 37 (5): 1000-1024.

[22] 李宏恩，马桂珍，王芳，等．2000—2018 年中国水库溃坝规律分析与对策［J］．水利水运工程学报，2021（05）：101-111.

[23] 张建云，杨正华，蒋金平．我国水库大坝病险及溃决规律分析［J］．中国科学：技术科学，2017，47（12）：1313-1320.

[24] 中华人民共和国住房和城乡建设部，等．土工试验方法标准（GBT 50123—2019）［S］．北京：中国计划出版社，2019.

[25] 丁留谦，张启义，姚秋玲．1998 年长江流域管涌险情特点分析［J］．水利水电技术，2007（02）：44-45＋69.

# 第三篇
## 工程地质技术与方法

# 第 11 章 工程地质模拟与评价

## 11.1 概 述

现代工程建设的规模越来越大,场地条件越来越复杂,工程地质问题也越来越复杂。随着科技的发展,解决工程地质问题的数值模拟和物理模拟的理论和方法发展迅速,使得解决的工程地质问题更加广泛,研究的课题更加深入。一方面,飞速发展的工程地质学不断地提出新的难题,用现有的数学、力学理论对其无法作出确切的描述,工程地质模拟为解决这类问题提供了可能的手段;另一方面,模拟方法的不断成功应用,深化了人们对许多工程地质现象的理解,有力地推动了工程地质学科的定量化进程。

模拟是分析和解决复杂工程地质问题的有效手段。几十年来,工程地质工作者充分吸取相关学科先进研究成果,结合大量工程实践,形成了重视工程地质原型、以工程地质模型为基础的工程地质模拟分析方法。模拟研究按采用的手段可分为数值模拟与物理模拟两大类型。数值模拟主要包括有限元、边界元和离散元等方法;物理模拟包括光弹模拟、电模拟和相似材料模拟试验等。

模拟研究的基本任务是通过再现复杂工程地质现象的形成和演化过程,对以下问题进行论证:①验证地质分析所建立的机制模型或概念模型是否符合实际,并对其演化机制进行深入的量化分析;②量化评价地质现象演化过程中,各主要控制要素之间及其与主导内、外作用力间的相互关系,论证所建立的分析评价模型是否合理;③量化评价地质现象或过程在所处环境条件下的演化和发展趋势,论证所建立的预测模型是否可信;④量化评价工程设计或治理措施的效果,优化拟定的对策和方案。

工程地质评价就是通过一定的勘察手段,应用工程地质学及其它相关学科的原理和方法,分析与工程相关联地质体的性质、特征以及各种特征之间的相互关系,论证工程地质条件或地质环境对工程建筑物的适宜程度以及相关的工程地质问题。其结果可直接为工程设计提供相关参数和设计依据。工程地质问题的复杂性给工程地质的评价造成了极大的困难。到目前为止,很难找到一种通用的办法去评价所有工程的工程地质问题。本章主要阐述和总结从工程地质模型建立到实施工程地质数值模拟、物理模拟的过程和工作思路,并介绍工程地质评价方法。

## 11.2 工程地质模型与模拟

### 11.2.1 工程地质模型

工程地质模拟是解决工程地质问题的手段,其正确与否在很大程度上取决于对工程地质条件的研究和工程地质模型的正确性,而且必须通过工程地质实践加以检验。

地质模型是在工程地质条件综合分析的基础上，对工程地质体的概括或简化。地质体是在漫长地质历史时期形成的复杂体系，它不仅表现在岩性的复杂多变，还表现在地质结构面的千差万别，而且这些因素随着时间和空间都不断变化着。因此，通过理论的本构关系和计算模型来模拟这种复杂的过程和现象就不可避免地存在着偏差。

同时还应当看到，人们对地质体的认识仍在不断深化和发展着，有一些问题目前仍不能很好地认识和解决。如对与时间有关的变形和断裂现象仍处于不断的探索之中，对与之相关的模拟期望过高是不切合实际的。

再者，岩土体物理力学参数的选取在很大程度上决定了模拟结果的精确程度。由于参数的随机性和不确定性，它们的选取就成为工程地质模拟中的关键问题之一。因此，对参数必须进行适当的统计处理，从概率分析和可靠性分析的角度提供模拟参数。

可见，工程地质模拟并不是绝对的定量化方法，它正处在不断的完善和发展之中。

在工程地质研究中，模拟是为了正确描述研究对象，预测和解决工程实际问题；同时，在分析过程中，深化对研究对象及其模型的认识。模拟结果的合理性在很大程度上取决于模型建立的正确性和输入参数的可靠性。

模型乃实体简化而不失真的摹体。研究对象不加以简化，难以用数学语言描述，无法模拟；模型如果失真，也就不是实体的摹体。判断是否失真的准则是"等效性"，即模型对于激励的响应与实体是否一致或近似，简而言之，等效性是处理特定问题时，在功能上模型对于实体的一致性或相似性。一般认为，当模拟结果以一定精度再现，并与观测数据系统或现象类似时，便认为模型结果良好，但须注意问题的多解性，不注意问题的多解性常常是数值计算失误的重要原因。

对于地质体缺乏充分正确的认识，受主观直觉的引导，或对模型本身缺乏实质性的认识，在实际资料的处理中，边界条件、初始条件和尺度效应的确定等方面往往就会偏离实际，这将会导致建立一个不符合问题本质的地质模型或力学模型。因此，在工程地质模拟中，模型的正确建立是至关重要的一步。

计算机广泛应用于工程地质定量研究，加快了工程地质问题定量研究的步伐。与此同时，也出现了一种倾向，即认为先进的计算方法与计算手段必然获得可靠的计算结果。其实，无论计算方法与计算手段多么先进，计算结果的可靠性最终仍然取决于计算的人，取决于对工程地质条件的正确理解与概化。因此，基础地质调查、工程地质条件研究、工程地质问题的定性分析并不因为先进模拟手段的出现而失去其作用，相反，它们在工程地质模拟中显得更为重要。

## 11.2.2　工程地质模拟的工作步骤

### 11.2.2.1　工程地质条件的调研

工程地质条件的查明是工程地质问题分析，也是模拟分析的基础和前提。对于工程地质条件的调研，不仅限于地质测绘，野外坑槽钻探、试验和长期观测也是常用的手段。各具体的工程地质问题所侧重的调研内容不尽相同，如区域稳定性问题，着重研究的是地壳现代应力场特征、断裂的现代活动与地震以及与此相关的水文地质条件等。值得注意的是，岩土体物理力学参数的测试，与地质体本构关系相关的地质条件的查明是本阶段不可忽视的工作。

### 11.2.2.2　工程地质模型的概化

地质模型是在工程地质条件综合分析的基础上，对工程地质体的概括或简化，也就是通常所说的定性研究结论的归纳，故也可称为"概念模型"。如对水库诱发地震控制性断裂的认识、地质边界条件、水文地质条件的组合特征、断层危险性分区分带及对可能震中的判断等，即可看作水库诱发地震的地质模型。应当看到，这种对地质体的认识必须是全面的、总体的，否则只能看作是模型的某一部分。可以认为，工程地质工作的主要任务就是在查明工程地质条件的基础上论证地质模型，解决工程地质问题。

### 11.2.2.3 力学模型的建立

在地质模型的基础上，通过合理的抽象、简化和概括，可建立工程地质模拟分析的力学模型。力学模型是直接用作数值计算或物理模拟的，因此它必须突出控制工程地质问题的主导因素，既能准确地反映地质体的客观实际，同时又具有力学分析的可能性、计算机条件保障的可行性或模型试验的可操作性。与力学模型建立直接相关的几个问题包括：①具有相对独立的力学结构范围的选取；②地质条件（如断裂的地质条件）的确定；③计算边界条件（位移边界条件、应力边界条件和混合边界条件）的选用等。

### 11.2.2.4 模拟结果的检验

模拟应当满足一定的精度和可靠度。除通过适当的数学手段进行检验外，最根本的方法是将计算结果与实际工程地质条件对比。检验时如果只挑选少数的数据核对，可能由于机会上的巧合，结论仍是错误的。因此，只有针对具体的问题，采用整套的数据，才能取得真正符合实际的检验效果。如果模拟结果存在较大的误差，应分析原因，或着手改善输入数据，或修改力学模型和模拟方法，有时需要对工程地质模型进行调整。

# 11.3 工程地质评价

工程地质评价是一个系统的工作。本节介绍工程地质评价的基本原则、评价内容、评价方法和评价结果的应用等内容。

## 11.3.1 评价的基本原则

工程地质学是为工程建设服务的地质科学，其出发点包括工程和地质两个方面。它不是纯粹意义上的地质问题研究，它融合工程和地质两个方面，根据工程建筑物的特征分析研究地质条件。这是工程地质区别于其它地质学科的关键，也是工程地质分析评价的基本出发点。因此，工程地质评价的基本原则为：

① 以工程地质资料的收集为基础，以保证工程建筑物的安全、环境和经济目标；

② 密切结合工程建筑物对地质条件的要求，针对建筑物的特点论述工程地质条件的优劣；

③ 强调地质条件与建筑物的相互适应性，即针对不同的地质条件，做不同特性建筑物的设计；同时针对不同建筑物的特性，对地质条件做相应的改良。

## 11.3.2 评价的对象

进行工程地质评价，首先要确定评价对象。工程地质评价的对象因工程的需要而不同。

评价对象大可对一个坝址、一个地区、一个河段进行评价，如三峡坝址工程地质评价、某地区工程地质评价等；中可对一个建筑物进行评价，如某地下厂房工程地质评价、某边坡稳定性工程地质评价、某大楼工程地质评价等；小可对一个建筑物的某一具体部位进行评价，如地下厂房左边墙工程地质评价、溢洪道右边墩工程地质评价、某大桥桥墩工程地质评价等。

## 11.3.3 评价的内容

工程地质评价一般来说应包括分项评价和综合评价两部分。分项评价是对工程建筑物或工程区有影响的各种工程地质因素进行逐项分析评价；综合评价是对工程建筑物或工程区的工程地质条件的优劣进行总体的分析评价。分项评价是综合评价的基础，综合评价是分项评价的结论，同时，综合评价也是采取工程地质措施和工程设计的依据。

由于工程或建筑物具有不同的特点，工程地质评价内容不尽相同。有时可能是一些大项，如对某一个完整的工程来说，可能包括区域环境、地形地貌、地层岩性、地质构造、风化卸荷、岩体结构及重量、水文地质条件、岩体物理力学性质等；有时可能是一些小项，如对建筑物的某一具体部位有影响的可能就是一条断层，甚至是断层宽度、延伸长度、断层填充物、起伏差、发育密度等。

### 11.3.4 评价结果

工程地质评价结果一般包括以下三种类型。

#### 11.3.4.1 可行性评价

针对一个工程项目或工程建筑物，从工程地质条件的角度来说是否可行，即为可行性评价。这种评价的结果只有两个：可行或不可行。这种评价往往是在工程勘察的早期阶段作出，一般它是一种比较粗略的、概念性的评价。

#### 11.3.4.2 优劣评价

工程中往往仅给出可行与否是不够的。一般来讲，由于工程地质条件的复杂性，任何地质体都存在一定的地质缺陷，将地质缺陷作适当的处理就可以对地质条件进行改良，变不可行为可行。工程处理的工程量往往与地质缺陷的严重程度有关。因此，工程地质条件的评价也就应该是针对不同的地质条件给出不同程度的评价，这种评价可以称为工程地质条件的优劣评价。目前对优劣程度尚无统一的级别和划分标准，可以划分为好、较好、一般、较差、差五等。

#### 11.3.4.3 量值评价

工程实际中，有时用优劣评价仍显得粗糙，难于进行方案的比较，因此有时需要进行定量的评价。由于工程地质条件的复杂性和资料的有限性，完全做到定量评价常是困难的。但对于一个具体的工程地质问题，或某一具体的工程部位，或某一个或几个工程地质指标，是可以用数值的大小作出评价的。这种数值评价有时是一个数值，如岩体质量指标（RQD）、斜坡稳定性系数、抗滑安全系数、抗剪指标、安全坡角等；也可以是一个给定的值，如某一条件的优劣可以分别赋予不同的分值。

在工程建设中，工程地质的勘察一般按阶段进行，不同的行业，其阶段的划分方法不尽一致。如规划阶段、可行性研究阶段、初步设计阶段等。一般来讲，评价结果是与工作阶段相适应的，在较早的设计阶段中，工程地质的评价一般以定性为主，进行总体的、原则性的评价；而在较后的阶段中，工程地质的评价将具体化、定量化，是进行某一具体部位工程地质条件或地质问题的评价。

# 11.4 工程地质评价基本方法

工程地质评价方法较多，其基本方法可归纳为五种，即经验判别法（分区分类分级类比法）、标准对比法、图解分析法、数值计算法和物理模拟法。下面就前 4 种方法进行讨论。

### 11.4.1 分区分类分级类比法

分区、分类、分级是工程地质分析评价的基本方法。勘察工作前期，地质资料比较缺乏，分区、分类、分级往往必不可少；即使到了施工期，此种方法也常常被采用。将某一工程区或地质体进行分区、分类或分级，并对各区段或类别给出不同的描述和评价，这样就有了定量或半定量的结论。

这种方法使用得很广，如区域稳定性分区、工程地质岩组分类、边坡工程地质分段、建设场地工程地质分区与适宜性分区、岩体质量分类和硐室围岩分类等。实际上，即使目前的规程规范或有关资料中没有现成的分区分类标准，工作中也可以自行制订标准，对该工程的某一地质体或某一区段作出适宜的分析评价。

### 11.4.2 标准对比法

标准对比法就是首先建立一个可供参考的标准，然后将工程建设中所面对的工程地质条件与参考的标准进行对比分析，从而对该工程的工程地质条件进行优劣的评价。

根据参考标准目前制定与否，可以分为已建标准对比法和未建标准对比法。

#### 11.4.2.1 已建标准对比法

工程地质经过多年的研究和工程实践，已积累了大量的资料和数据，形成了系统的规程规范，如水利水电工程地质勘察规范、水利水电工程地质各规划设计阶段工程地质勘察工作深度和质量要求、工程岩体分类规程、堤防工程地质勘察规程等。有些是一些单项标准，如硐室围岩分类、坝基岩体分类、岩石强度分类、岩心采取率分类等。在一个工程中，如果要评价某一项地质条件的优劣，我们只需将被评价工程的有关评价因子与上述相应标准进行对比，就可以形成该工程的某一评价因子或综合工程地质条件评价结果。这种方法是工程地质评价中目前所采用的最基本的方法。

#### 11.4.2.2 未建标准对比法

由于工程地质条件的多样性和复杂性，加上认知的局限性，在工程地质评价中目前还有相当多的项目没有制定出一个通用的标准，这就给工程地质评价带来了困难。为了解决这一问题，实际工程中可以针对工程的特性，自行制订适合于本工程的标准，如对工程部位进行分区、对工程地质条件进行分类分级等，在此基础上对各部或各项工程地质条件进行评价。

### 11.4.3 图解分析法

在工程地质评价中，某些问题或某些项目有时可以用图表表示。常用的方法有以下几种。

#### 11.4.3.1 图表图解分析法

图表分析是工程地质评价中最常用的一种方法。根据已取得的某些地质指标，与相关图件进行对比或绘制相关的图件，就可判断出工程地质条件的优劣。如知道了砂砾石的级配后，与混凝土用骨料级配标准界线图进行对比，就可以知道此砂砾石是否可以用作混凝土骨料。现行各种规程、规范的后附图表相当一部分均属于此类图表。

利用图解形式直接对工程地质条件进行分析判断，如边坡块体稳定节理玫瑰花图、实体比例投影图、楔形体赤平投影和全空间赤平投影均属此类方法。

#### 11.4.3.2 图算分析法

为了克服图解分析法的缺陷，可以在作图的基础上进行相关计算，从而对相关工程地质条件作出评价。典型例子就是坐标投影法。这种方法是以正投影理论为基础，并吸收赤平极射投影的某些概念方法。它基本包括两部分：一是块体几何条件（包括块体的形状、大小、重量、重心、空间位置、截面面积及各块体间的关系等）的确定；二是块体的力系分析，用坐标投影可以求出作用在块体上各种力的合力和合力偶矩，进而分析判断块体的稳定性。

#### 11.4.4　数值计算法

数值计算法包括数学计算和数值模拟两部分。数学计算是利用数学的方法对工程地质的某些指标或数据进行统计计算，从而对工程地质条件进行分析评价。如岩土体物理力学指标的统计、天然建筑材料储量的计算等均属于此类方法。数值模拟是在建立工程地质模型的基础上，对工程地质体进行二维或三维的应力-应变状况模拟，从而对相关工程地质问题进行分析评价。工程地质评价中目前使用的计算方法种类较多，如刚体极限平衡法、数值模拟分析法和应用数学法。

刚体极限平衡法是研究岩土体稳定性时常用的方法。此方法概念明确，遵循库仑判据，方法简单，为国内外许多工程所应用。它在确定的某一滑动面、临空面等边界条件及其地质结构模型（或概化地质模型）基础上，采用合理的参数计算分析各块体在刚性条件下的受力状态，从而分析评价各块体或某一地质体的稳定性状态。

应用的数学方法较多，主要包括模糊数学法、概率分析法等。

在工程地质分析评价中，目前正向多因素综合评价的方向发展。由于工程地质系统的复杂多样性和某些指标的分散性，究竟应该考虑哪些最基本的因素？这些因素用什么指标反映？如何综合评价？针对这些问题，采用模糊数学的方法来解决并已取得了初步成果。

概率分析评价目前也已在工程地质问题分析中采用。以边坡稳定性为例，以极限平衡法分析边坡稳定性时，安全系数 $Kc$ 是一系列参数的函数，表示为：

$$Kc = f(X_1, X_2, \cdots, X_n) \tag{11-1}$$

式中，$X_1$，$X_2$，…，$X_n$ 是一些具有某种分布的随机变量，所以安全系数 $Kc$ 也是随机变量，且按一定的分布规律在一定范围内变化。为了求得 $Kc$ 的分布，首先要确定各计算参数的分布形式及其密度函数，通过计算，确定边坡的破坏概率。

## 11.5　工程地质数值模拟与物理模拟

#### 11.5.1　工程地质数值模拟的主要方法

在工程地质问题分析中，最常用的数值模拟方法包括有限单元法、离散单元法和边界单元法。这些数值模拟方法都有各自的优缺点以及适用条件，
不能笼统地说哪种方法更好，一般需根据具体工程地质问题的特点及其边界条件加以选用。

有限差分法是最早出现的数值模拟方法，在计算机出现以前就有了，它至今在解决一些工程地质问题中仍然有效。有限单元法从 20 世纪 50 年代开始盛行，现已蔚为大观。边界单元法是 70 年代兴起的一种数值模拟方法，由于它有降维作用，且计算精度高，对于解决无限域或单无限域问题最为理想，所以很适合于岩土体工程地质问题分析。半解析元法即有限条法，是数理方程的解析方法与数值方法相结合的求解方法，借用部分解析解以减少纯数值方法的计算工作量，适用于解决高维、无限域及动力场问题。离散单元法最早是 Cundall 在 1971 年提出来的，以后发展极快，是一种很有发展前途的数值模拟方法。无界元法是为了解决有限元法所遇到的"计算范围和边界条件不易确定"而提出来的，是解决岩石力学问题的另一类有效方法。

为了解决复杂的工程地质问题，对各种数值模拟分析方法要扬长避短，集中各种数值模拟方法的优点。近年来数值模拟方法的耦合分析有了长足的进步，如有限单元法与边界单元法耦合，有限单元法与离散单元法耦合及边界单元法与离散单元法耦合等都有了不少应用，解决了不少复杂条件的数值模拟问题。

一般而言，数值模拟方法可分为区域型和边界型两大类：区域型数值模拟方法主要包括有限单元法、有限差分法和离散单元法等；边界型数值模拟方法主要是边界单元法。

采用差分法时，将所考虑的区域分割网格，用差分近似代替微分，把微分方程变换成差分方程。也就是通过数学上的近似，把求解微分方程的问题变换成求解节点未知量的代数方程组的问题。

采用有限单元法时，将所考虑的区域分割成有限大小的小区域（单元），这些单元仅在有限个节点上相连接。根据变分原理把微分方程变换成变分方程。它是通过物理上的近似，把求解微分方程的问题变换成易于求解节点未知量的代数方程组的问题。

离散单元法与有限单元法类似，它假定单元块体是刚体，块体单元通过角和边相接触，其力学行为由物理方程和运动方程控制。与有限单元法不同的是，它可以允许单元间相互脱离，单元可以产生较大的非弹性变形。

采用边界单元法时，根据积分定理，将区域内的微分方程变换成边界上的积分方程。然后将边界分割成有限大小的边界单元，把边界积分方程离散成代数方程。同样把求解微分方程变换成求解边界节点未知量的代数方程组，然后由边界节点上的值求出区域内任一点的函数值。

有限单元法是应用最广的数值模拟方法，根据不同的本构方程，目前广泛使用的是线弹性有限元法、弹塑性有限元法、损伤有限元法、统计岩土模型有限元法等。

岩土体不同于一般固体力学研究的对象，有限单元法、边界单元法、有限差分法等均能成功地运用于均质或较均质岩土体问题。数值模拟方法甚至可以通过方法本身的发展，如引入节理单元、增强非线性分析能力等手段，来分析含不连续界面和多介质的较复杂的岩土体的力学行为。但随着科学的发展和对岩土体认识的进一步深化，仅靠固体力学中常用的方法已不能满足工程地质、岩土力学数值分析的要求。显然，工程地质、岩土力学数值模拟问题比其它工程力学问题复杂得多，迫切需要建立更加简捷有效的新的数值模拟方法。正是基于这一原因，新的数值模拟方法一直是国际上研究的热点，近年来发展迅速。新出现的数值模拟方法主要有：有限单元法中的节理单元法、块体理论、不连续变形分析、快速拉格朗日法、块体弹簧元法、无网络伽辽金法和数值流形法。这些方法对解决工程地质、岩土工程特殊问题特别有效。

### 11.5.2 工程地质物理模拟的设计

工程地质物理模拟按相似理论，除要求几何的、力学的相似以外，还要求原型和模型材料具有相似的变形破裂过程特征，它们的应力（$\sigma$）和应变（$\varepsilon$）曲线应符合如下关系：

$$C_\varepsilon = 1, C'_\varepsilon = 1 \tag{11-2}$$

式中，$C_\varepsilon$ 为应变相似系数（原型 $\varepsilon_p$ 与模型 $\varepsilon_m$ 的比值，下同）；$C'_\varepsilon$ 为残余应变相似系数。根据量纲分析，可导出如下关系：

$$C_\sigma = C_E C_\varepsilon, \quad C_\delta = C_L \tag{11-3}$$

$$C_\sigma = C_L C_\rho \tag{11-4}$$

式中，$C_\sigma$、$C_E$、$C_\delta$、$C_L$ 和 $C_\rho$ 分别为应力、弹模（变模）、几何尺寸、位移量和材料密度的相似系数。

在模型设计中，按照设计拟定的几何相似系数，则可根据公式组（11-3）推算出其它各项系数，据此确定材料的选择、模型制作及加载系统的设计。

#### 11.5.2.1 模型类型

工程地质模型可定性和定量地反映天然岩体受力特性，其按模型维数可分为平面模型和三维模型，平面模型又分为平面应力模型和平面应变模型；按模拟的详略程度可分为大块体模型和小块体模型；按制作方式分为现浇式和预制块体拼装式；按模拟的性质及试验性质可分为应力模型、强度破坏模型和稳定模型。

#### 11.5.2.2　模型材料

模型材料的研究是工程地质模型试验十分重要的内容，它关系到模型试验的成功与否。根据相似要求，岩石相似材料应满足容重大、强度和变形模量低、弹塑性及流变性与岩体相似的要求，模型材料的本构关系和岩石材料以及断层、软弱夹层等结构面的本构关系基本相似。但是，要找到完全相似的模型材料十分困难，一般根据要研究问题的性质，寻找满足主要参数相似的材料。岩石相似材料一般以水、机油、石蜡油、石膏、水泥等为黏结剂，以重晶石粉、铁粉、砂、膨润土等为集料，通过压制、捣实、浇筑或压实形成。水泥和石膏用来配置高强度模型材料，机油和石蜡油用来配置低强度模型材料。重晶石粉和铁粉用来增加容重，重晶石粉稳定性好；铁粉容易锈蚀，锈蚀后容重显著降低。清华大学推出的模型材料，如以石膏和水为胶结剂、以重晶石粉和石灰石粉为填料、以甘油为添加剂的材料，重度为 $20.5 \sim 21.0 \mathrm{kN \cdot m^{-3}}$，抗压强度为 $0.064 \sim 0.177 \mathrm{MPa}$，变形模量为 $88.3 \sim 411.9 \mathrm{MPa}$，采用浇注成型；以水、重晶石粉、膨润土组成的相似材料，重度为 $28.5 \sim 29.6 \mathrm{kN \cdot m^{-3}}$，抗压强度为 $0.102 \sim 0.5 \mathrm{MPa}$，采用压模成型；以水、石膏、铅粉、铁粉组成的相似材料，重度为 $25 \mathrm{kN \cdot m^{-3}}$，抗压强度为 $0.2 \sim 2.0 \mathrm{MPa}$，变形模量为 $196 \sim 1833 \mathrm{MPa}$，采用压模成型。国内模型几何比例尺一般为 $150 \sim 200$。

由于弱面和破碎带等往往是控制岩体稳定的关键因素，所以对于沿弱面和破碎带滑动的稳定问题，模型夹层材料的相似性必须得到满足。意大利结构与模型试验研究所在这方面做了大量工作，采用酒精、清漆、润滑油、滑石、石灰石等材料的不同组成来模拟不同的摩擦角。我国清华大学水利系试验室等单位采用打字纸、蜡光纸、锡、电化铝、聚酯薄膜、聚乙烯薄膜、聚四氟乙烯薄膜、二硫化钼、黄油等来模拟，通过不同的组合可以获得 $0.1 \sim 1.0$ 的摩擦系数。研究表明，蜡光纸、打字纸、滑石粉、清漆、环氧树脂、黄油等受温度、湿度的影响较大，而锡、电化铝、聚酯薄膜、聚乙烯和二硫化钼等受温度、湿度的影响较小，是较好的结构面模拟材料。沈大利、杨若琼等采用惰性材料和耐高温、高压的材料，研制出随着温度升高而摩擦系数不变的块体材料，可用于模拟夹层抗剪强度不变的特性。

#### 11.5.2.3　加载系统

载荷的模拟是模型试验技术的重要内容之一，通常模拟的载荷种类主要有岩体或结构自重、地应力、地震力、渗透水压力、上下游水压力、水库淤沙压力等。常用的模拟方法分别为以下五种。①岩体自重属于体积力，一般采用材料的容重来模拟，如清华大学采用吊重使其自动满足自重应力梯度的条件。②水工建筑物上、下游静水压力的模拟，采用三角形加载和梯形加载两种方法。当载荷量级较小时，采用液压加载和气压加载，前者一般使用装有水、氯化锌水溶液或碳酸钾水溶液等不同容重的溶液或悬浊液的乳胶袋来施加，后者是利用充有气压的乳胶袋对模型加载。当载荷量级较大时，采用千斤顶施加，该方法广泛应用于岩石力学模型试验中，其主要优点是能够根据需要，连续调节千斤顶内的油压，满足破坏试验的超载要求。③扬压力分为渗透压力和浮托力。渗透压力的模拟是模型试验中的一个难点，特别是同时模拟渗透压力和层面抗剪强度值，至今还没有比较成熟、比较完善的方法。其复杂性在于渗透压力是一种体积力，而其大小和方向都是三维的，模拟起来很困难。意大利结构与模型试验研究所在伊泰普大坝模型试验中成功运用充气沙袋来模拟层面的渗透压力，用砂与砂之间的滑动来模拟层面的 $f$ 值，但要找到合适的砂子或调整 $f$ 值十分困难。浮托力的模拟，经常采用下游水位以下的坝体和岩体自重按浮容重考虑。④地震力的模拟，一般将地震惯性力简化为与岩体重量成正比的静力来施加。其方法是将模型沿地震力方向倾斜某一角度，使岩体自重沿倾斜方向的分力等于地震惯性力。若模型倾斜有困难时，可采用降低块体间摩擦系数的方法来反映地震惯性力的作用。较为完善的办法是将整个模型置放在振动台上，由三维振动台模拟动力环境。动载荷可在作用面上安装振动器施加，按要求模拟振动效应。⑤在岩质高边坡和地下硐室开挖的岩石力学模型中，地应力往往成为一种最主要的载荷。地应力主要有自重应力和构造应力，其中重力应力场由模拟岩体自重形成，在模拟材料容重中考虑；而构造应力场，根据实测地应力资料，造成适当的应力边界条件来形成，常用千斤顶和加荷垫块在岩基边界实施加载。

为了使模型在试验过程中能充分反映岩（土）体自重在演进中的作用，最好能使模型的重度与原型接近。在大型模型试验中，必要的自重载荷补偿，可采用拉杆补压系统对模型分层加压。拉杆通过橡皮圈与施加拉力的底座相联结，橡皮圈的多少确定了拉杆承受的拉应力的大小，以此模拟重力场梯度。小型模型试验，可将模型放在离心机转斗中，通过高速旋转增加自重应力。

### 11.5.2.4 测量系统

模型观测的主要内容为应力、应变、位移、裂缝和破坏形态，测量的主要仪器和方法有电阻应变片和应变仪、位移传感器、摄像录像等。地质力学模型材料变形模量比较低，以位移观测为主。

相似材料模型试验要求位移计具备微型、轻质、灵敏度高、稳定性好并能遥测及自动记录等优点。电阻应变片仅能在弹性范围内变形，所以在低强度、低变形材料的岩石力学模型上，一般都不宜使用电阻应变片来测量，只有在特殊情况下，如需测量锚杆等的应变时才使用。测量模型外部位移的常规位移计是百分表、千分表等类位移计，目前，该类位移计正逐渐被电测类位移计所取代。如清华大学从日本引进的电感式位移计，具有灵敏度高、变形量大的特点，能用简单仪器测量大于 0.001mm 的变形量，非常适宜于自动记录系统。同时，CCD 图像处理法等光学技术正在被研究用来测量模型的位移及其变化过程。对于三维模型来说，仅测量表面位移是不能满足要求的。为解决内部位移的测量问题，清华大学研制了精度高的小型双向电阻式位移传感器，同时，于 2003 年引进了日本的 UCM-8B 新型微机监控自动采集系统和德国的 UPM-100 微机监控自动采集系统等测量设备。

根据模型试验的特点和特殊要求，我国开发采用了下列测试技术：①跟踪摄影或快速摄影；②静电复印碳粉网格，用以观察测量模型大变形后破裂出现部位和特征；③白光散斑法，测量重点测试部位全断面面内微量位移形迹；④投影网格法，用以测量软材料模型大断面群点面内位移；⑤影像云纹法，用以测量较软材料模型全断面或一定面积的离面位移。

### 11.5.3 工程地质模拟的应用

#### 11.5.3.1 工程地质现象机制的研究

工程地质模拟对于分析工程地质现象的机制具有特殊的意义。通过工程地质模拟，揭示出一些工程地质现象的新规律，从而为工程地质问题的分析提供一种新的手段。近年来，工程地质工作者已在这方面积累了越来越多的经验。

对工程地质现象与过程的模拟，主要是根据岩土体现有的变形破坏特征或发展阶段，在建立工程地质或岩体力学模型的基础上，再现工程岩土体过去的变形破坏发展演化历史，从而从整体上分析岩土体变形破坏的内部作用过程及其全过程演化机制。一般来说，这种模拟的意义并不在于具体数值的"准确性"，而在于对规律的探索。

#### 11.5.3.2 反分析

反分析技术是近年来岩土力学和工程地质领域中最重要的进展之一，它已成为学科前沿热点课题。总体而言，反分析可分为应力反分析和位移反分析两类。由于反分析涉及复杂的分析计算，它必须通过数值法求解。

位移反分析是通过岩土体边界条件的确定和岩土体位移的实测，建立合适的计算模型，求取岩土力学参数。

通过实测获得某些点的应力值资料，推测一定范围内应力场的状况是工程地质研究中的一个很重要的内容，是工程岩体稳定性分析必不可少的资料，通过应力的反分析，不仅可以得到工程区地应力场的总体认识，而且可以获得工程岩体应力边界条件。

### 11.5.3.3　工程岩土体位移场和应力场的模拟

在已知工程区岩土体边界条件和外载荷的情况下，通过模拟可以得到位移场和应力场分布的细节及其与外界条件的关系，这是数值模拟方法的基本功能。

### 11.5.3.4　岩土体稳定性模拟

通过对岩土体变形破坏规律的模拟，可以分析其变形破坏的过程，评价其稳定性性状，并预测其未来变化。一般而言，可以解决两类问题：一是在已知边界条件和地质模型条件下的模拟再现，即通过模拟再现过去的发展历史，从而评价工程岩土体的稳定性现状，并在此基础上，通过对模型的时间延拓，预测其稳定性未来发展变化的趋势或失稳破坏方式；二是在边界条件及主导因素不甚清楚条件下的模拟验证，即以不同的边界条件和主导因素建立力学模型，进行模拟，确定出对地质体变形破坏现状特征和演化阶段拟合得最好的模型，从而确定岩土体变形破坏的边界条件和主导因素，进而评价其稳定性。

### 11.5.3.5　信息化设计与施工

通过施工过程中新揭示的岩土体地质特征和变形破坏规律，随时修正设计和施工方案是工程地质和岩土工程的又一发展趋势，岩体结构面、网络模拟技术和数值模拟是实现这一目标的重要手段。

工程地质模拟不是一个简单的"运算"或"试验"过程，而是包含着从野外工程地质调查到室内综合研究、地质力学模型概化、模型制作与测试、计算模拟和野外验证的全过程，它的可靠性和准确性在很大程度上取决于对地质原型认识的正确性。

## 思考题

1. 工程地质模型概化要点有哪些？
2. 工程地质模拟的基本步骤是什么？
3. 工程地质评价有哪些常用方法？
4. 以某类工程地质问题为例论述针对复杂系统的研究方法。
5. 物理模拟系统由哪些部分构成？
6. 工程地质问题的物理模拟可以采用哪些新技术？

## 参考文献

[1]　潘别桐，黄润秋. 工程地质数值法 [M]. 北京：地质出版社，1993.
[2]　唐辉明，晏鄂川，胡新丽. 工程地质数值模拟的理论与方法 [M]. 武汉：中国地质大学出版社，2001.

［3］　唐辉明，陈建平，刘若荣．公路岩土工程信息化设计的理论与方法［M］．武汉：中国地质大学出版社，2003．

［4］　晏鄂川，唐辉明．工程岩体稳定性评价与利用［M］．武汉：中国地质大学出版社，2002．

［5］　潘别桐，唐辉明．工程地质数值法［M］．武汉：中国地质大学出版社，1988．

［6］　黄润秋，尚岳全．工程地质数值模拟［M］．成都：成都科技大学出版社，1991．

［7］　唐辉明，晏同珍．岩体断裂力学理论与方法［M］．武汉：中国地质大学出版社，1992．

［8］　晏同珍．水文工程地质与环境保护［M］．武汉：中国地质大学出版社，1997．

［9］　徐光黎，潘别桐，唐辉明，等．岩体结构模型与应用［M］．武汉：中国地质大学出版社，1992．

［10］　Yan Tongzhen & Tang Huiming. Global Environment changes & Engineering Geology［M］. 武汉：中国地质大学出版社，1998．

［11］　Tang Huiming. A study of rock slope stability by the metnod of damage mechanics［J］. 8th International IAEG Congress，A. A. Balkema，1998．

［12］　Rudnicki J. W. Geomechanics［J］. International Journal of Solids and Structures，2000，37：349-358．

［13］　Rowe R E，Base G D. Model Analysis and Testing as a Design Tool［J］. Proceedings，Institution of Civil Engineers，1996，33，183-199．

［14］　Rowe R E，Best B C. The Use of Model Analysis and Testing in Bridge Design［M］//Preliminary Publication. 7th Congress of the International Association for Bridge and Structural Engineering. Rio de Janeiro，1964：115-121．

［15］　周维垣．高等岩石力学［M］．北京：中国水力电力出版社，1990．

［16］　陈兴华，等．脆性材料结构模型试验［M］．北京：水利电力出版社，1984．

［17］　李瓒，等，混凝土拱坝设计［M］．北京：中国电力出版社，2000．

［18］　肖明耀．实验误差估计与数据处理［M］．北京：科学出版社，1980．

［19］　毛英泰．误差理论与精度分析［M］．北京：国防工业出版社，1982．

［20］　周维垣，赵吉东，黄岩松，等．高拱坝稳定性评价和准则研究［J］．混凝土坝技术（水利水电混凝土坝信息网），2002，3：8-13．

［21］　E. 富马加利．静力学模型与地力学模型［M］．蒋彭年等译．北京：水利出版社，1979．

［22］　徐能雄．适于数值模拟的三维工程地质建模方法［J］．岩土工程学报，2009，31（11）：1710-1716．

［23］　谭儒蛟，杨旭朝，胡瑞林．反倾岩体边坡变形机制与稳定性评价研究综述［J］．岩土力学，2009，30（S2）：479-484＋523．

［24］　刘传正，刘艳辉．论地质灾害防治与地质环境利用［J］．吉林大学学报（地球科学版），2012，42（05）：1469-1476．

# 第 12 章　工程地质勘察

## 12.1　概　述

工程地质勘察是工程建设的前期工作，它运用地质、工程地质等相关学科的理论和技术方法，在建设场地及其附近地段进行调查研究，查明、分析、评价场地的地质、环境特征和岩土工程条件，为工程建设的正确规划、设计、施工和运行等提供可靠的地质资料，以保证工程建筑物的安全稳定、经济合理和正常使用。所以，工程方案的选择、建筑物的配置、设计参数的确定等，都必须以工程地质勘察资料为依据，这就是工程地质勘察的基本任务。而其具体任务归纳如下。

① 阐述建筑场地的工程地质条件，指出场地内不良地质现象的发育情况及其对工程建设的影响，对场地稳定性作出评价。

② 查明工程范围内岩土体的分布、性状和地下水活动条件，提供设计、施工和整治所需要的地质资料和岩土技术参数。

③ 分析、研究有关的工程地质问题，并作出评价结论。

④ 对场地内建筑总平面布置、各类岩土工程设计、岩土体加固处理、不良地质现象整治等具体方案作出论证和建议。

⑤ 预测工程施工和工程运行对地质环境和周围建筑物的影响，并提出保护措施的建议。

为了完成工程地质勘察任务，并取得完善的勘察成果，工程地质勘察的知识体系除了勘察的相关理论和技术要求之外，还必须有一套行之有效的勘察方法和技术手段，以及各种方法与手段的配合使用，这些勘察方法和技术手段包括工程地质测绘、工程地质勘探（包括物探、钻探、坑探）和取样、工程地质试验、工程地质长期观测、勘察成果的整理等。上述各方法的原理和详细研究内容将分节论述。

## 12.2　工程地质勘察基本技术要求

### 12.2.1　工程地质勘察的分级

工程地质勘察等级划分的主要目的是勘察工作量的布置。按《岩土工程勘察规范》GB 50021—2009（以下简称《规范》）规定，岩土工程勘察的等级是由工程重要性等级、场地和地基的复杂程度三项因素决定的。首先应分别对三项因素进行分级，在此基础上进行综合分析确定勘察的等级划分。

#### 12.2.1.1　工程重要性等级

工程重要性等级是根据工程的规模和特征以及由于岩土工程问题造成工程破坏或影响的后果的严重性来划分的。《规范》将工程重要性等级划分为三级（表 12-1）：一级工程、二级工程和三级工程。

表 12-1　工程重要性等级划分标准

| 重要性等级 | 破坏后果 | 工程类型 |
|---|---|---|
| 一级工程 | 很严重 | 重要工程 |
| 二级工程 | 严　重 | 一般工程 |
| 三级工程 | 不严重 | 次要工程 |

### 12.2.1.2　场地（复杂程度）等级

根据场地的复杂程度，可按下列规定划分为三个等级（表 12-2）：一级场地（复杂场地）、二级场地（中等复杂场地）、三级场地（简单场地）。

表 12-2　场地（复杂程度）等级划分标准

| 场地条件 | 等级 | | |
|---|---|---|---|
| | 一级场地 | 二级场地 | 三级场地 |
| 建筑抗震稳定性 | 危险 | 不利 | 有利或地震设防烈度≤6度 |
| 不良地质作用 | 强烈发育 | 一般发育 | 不发育 |
| 地质环境破坏程度 | 已经或可能受到强烈破坏 | 已经或可能受到一般破坏 | 基本未受破坏 |
| 地形地貌条件 | 复杂 | 较复杂 | 简单 |
| 地下水对工程影响 | 水文地质条件复杂、需专门研究 | 基础位于地下水位以下 | 无影响 |

注：1. 一、二级场地各条件中只要符合其中任一条件者即可。

2. 从一级开始，向二级、三级推定，以最先满足的为准。

3. 对建筑抗震有利、不利和危险地段的划分，应按现行国家标准《建筑抗震设计规范》（GB 50011）的规定确定。

### 12.2.1.3　地基（复杂程度）等级

根据地基的复杂程度，可按下列规定划分为三个地基等级（表 12-3）：一级地基、二级地基和三级地基，其确定方法与场地等级确定方法一样。

表 12-3　地基（复杂程度）等级划分标准

| 地基等级 | 岩土种类 | 岩土介质性质 | 特殊性岩土 |
|---|---|---|---|
| 一级地基 | 多 | 变化大 | 严重湿陷、膨胀、盐渍、污染的特殊性岩土，及其它需专门处理的岩土 |
| 二级地基 | 较多 | 变化较大 | 除"一级"规定以外的特殊性岩土 |
| 三级地基 | 单一 | 变化不大 | 无 |

### 12.2.1.4　工程地质勘察等级

综合上述三项因素的分级，可按下列条件划分工程地质勘察的等级（表 12-4）。

表 12-4　工程地质勘察等级划分

| 勘察等级 | 勘察等级的划分标准 |
|---|---|
| 甲级 | 在工程重要性、场地复杂程度和地基复杂程度等级中，有一项或多项为一级 |
| 乙级 | 除勘察等级为甲级和丙级以外的勘察项目 |
| 丙级 | 工程重要性、场地复杂程度和地基复杂程度等级均为三级 |

注：建筑在岩质地基上的一级工程，当场地复杂程度等级和地基复杂程度等级均为三级时，工程地质勘察等级可定为乙级。

### 12.2.2　工程地质勘察阶段

工程地质勘察是为工程建设服务的，它的基本任务就是为工程设计、施工以及岩土体治理加固等提供地质资料和必要的技术参数，对有关的工程地质问题作出评价，以保证设计工作的完成和顺利施工。因此，工程地质勘察也相应地划分为由低级到高级的各个阶段，即可行性研究勘察、初步勘察和详细勘察三个阶段。以上是工程地质勘察阶段划分的一般规定。当然，对工程地质条件复杂或有特殊施工要求的重要工程，还需要进行施工勘察；对一些规模不大且工程地质条件简单的场地，或有建筑经验的地区，可以简化勘察阶段。

可行性研究勘察主要满足选址或确定场地的要求，其主要任务是对拟选场址的稳定性和适宜性作出工程地质评价，进行技术、经济认证和方案比较，满足确定场地的要求。本阶段的勘察方法，主要是在搜集、分析已有资料的基础上进行现场踏勘，了解场地的工程地质条件。如果场地工程地质条件比较复杂，已有资料不足以说明问题时，应进行工程地质测绘和必要的勘探工作。

初步勘察的目的是密切结合工程初步设计的要求，提出岩土工程方案设计和论证。其主要任务是在可行性研究勘察的基础上，对场地内建筑地段的稳定性作出岩土工程评价，并为确定建筑总平面布置、主要建筑物的岩土工程方案和不良地质现象的防治工程方案等进行论证，以满足初步设计或扩大初步设计的要求。此阶段是工程地质勘察的重要阶段，也是整个工程设计的重要阶段。本阶段的勘察方法，在分析已有资料的基础上，根据需要进行工程地质测绘，并以勘探、物探和原位测试为主。

详细勘察的目的是对岩土工程设计、岩土体处理与加固、不良地质现象的防治工程进行计算与评价，以满足施工图设计的要求。此阶段应按不同建筑物或建筑群提出详细的岩土工程资料和设计所需的岩土技术参数。显然，该阶段勘察范围仅局限于建筑物所在的地段内，所要求的成果资料精细可靠，而且许多是计算参数。本阶段勘察方法以勘探和原位测试为主。

### 12.2.3　工程地质勘察任务设计

工程地质勘察任务设计就是对查明拟建工程场地及其周围环境中未知的工程地质条件所需做的工程地质勘察工作的设计。一般应根据拟建工程的结构设计对工程地质资料的需求情况，进行工程地质勘察工作的以下设计：

① 要求达到的目的；

② 要求查明和评价的主要工程地质问题；

③ 要求提供的岩土参数；

④ 勘察工作内容、方法及工作量；

⑤ 各项勘察工作的技术要求或应遵循的规范等技术标准；

⑥ 对特殊岩土和专门地质条件的勘察要求；

⑦ 对勘察工作的建议；

⑧ 对提交成果的要求；

⑨ 工作进度；

⑩ 其它需要说明的问题。

工程地质勘察设计既是工程地质勘察工作的基础，也是检查和监督工程地质勘察质量的主要依据，它还直接控制了工程地质勘察的投资总额。至于具体工程的详细设计要求，不同的规范有不同的规定，在实际工程中，应在根据工程的类别选择合适的勘察规范后，再按照所选规范的具体规定和业主的要求进行。

在工程地质勘察设计已经完成，并已确定了承担工程地质勘察任务的承包商之后，由业主下达给承包商的工程地质勘察委托书即为工程地质勘察任务书。其内容应包括：

① 工程名称、地点及任务来源；

② 勘察阶段、等级及目的；

③ 工程概况：工程类型、规模、结构特点、载荷大小及分布情况、基础形式和埋置深度，工程场地的地形、地貌和地质特征、已往勘察工作及资料概况等；

④ 勘察工作内容、方法及工程量；

⑤ 应提交资料的形式、内容、比例尺及数量等；

⑥ 工作进行程序、进度要求及需注意的问题；

⑦ 勘探点的平面布置图、勘探线的预想剖面图、勘探孔的预想柱状图。

实际工作中拟定任务书时，应根据勘察设计要求及场地的具体条件选择其中的有关项目编写。

## 12.3 工程地质测绘

工程地质测绘是岩土工程勘察的基础工作，一般在可行性研究或初步勘察阶段进行。这一方法的本质是运用地质、工程地质理论，对地面的地质现象进行观察和描述，分析其性质和规律，并借以推断地下地质情况，为勘探、测试工作等提供依据。

在地形地貌和地质条件比较复杂的场地，必须进行工程地质测绘；但对地形平坦、地质条件简单且较狭小的场地，可用调查代替工程地质测绘。测绘成果不但可以直接用于工程设计，而且为其它类型的勘察工作奠定了基础。高精度的工程地质测绘，可有效地查明测绘工作建筑区或场地的工程地质条件，并且大大缩短了工期，节约了投资，提高了勘察工作的效率。可以说，工程地质测绘是认识场地工程地质条件最经济、最有效的方法。

工程地质测绘可分为两种：一种是以全面查明工程地质条件为主要目的的综合性测绘；另一种是对某一工程地质要素进行调查的专门性测绘。无论何者，都服务于工程的规划、设计和施工，使用时都有特定的目的。

工程地质测绘具有如下特点。

① 工程地质学对地质现象的研究，应围绕工程的要求进行。对工程安全、经济和正常使用有影响的不良地质现象，应详细研究其分布、规模、形成机制、影响因素，定性和定量分析其对工程的影响程度，并预测其发展演化趋势，提出防治对策和措施。而对与工程无关的一般性地质现象可不予以注意，这是工程地质测绘与一般地质测绘的重要区别。

② 工程地质测绘要求的精度较高。对一些地质现象的观察描述，除了定性阐明其成因和性质外，还要测定必要的定量指标。例如，岩土物理力学参数，节理裂隙的产状、隙宽和密度等。所以，应在测绘期间，配合以一定的勘探、取样和实验工作，携带简易的勘探和测试工具。

③ 为了满足工程设计和施工的要求，工程地质测绘经常采用大比例尺专门性测绘。各种地质现象的观测点需借助经纬仪、水准仪等精密仪器测定其位置和高程，并标测在地形图上。

### 12.3.1 工程地质测绘内容

工程地质测绘主要研究工程地质条件。在实际工作中，应根据勘察阶段的要求和测绘比例尺大小，分别对工程地质条件的各个要素进行调查与研究。

#### 12.3.1.1　岩土体的研究

岩土体是产生各种地质现象的物质基础，它是工程地质测绘的主要研究内容。对岩土体的研究要求查明测绘区内地层岩性、岩土分布特征及成因类型、岩相变化特点等，要特别注意研究性质软弱及性质特殊的软土、软岩、软弱夹层、破碎岩体、膨胀土、可溶岩等；注意查清易于造成渗漏的砂砾石层及岩溶化灰岩分布情况，它们的存在会给工程带来极大的麻烦，有时需要做特殊的工程处理。

工程地质测绘应注重岩土体物理力学性质的定量研究，以便更好地判断岩土的工程性质，分析它们与工程建筑相互作用的关系。

工程地质测绘填图单元的划分视比例尺大小而定，小比例尺测绘基本上采用地层学单位；大比例尺测绘则应考虑岩土工程地质性质的差异划分出更小的填图单元。

#### 12.3.1.2　地质构造的研究

地质构造对工程建设的区域稳定性、场地稳定性和工程岩土体稳定性来说，都是极重要的因素；而且它又控制着地形地貌、水文地质条件和不良地质现象的发育和分布。所以地质构造是工程地质测绘的重要内容。

工程地质测绘中要研究褶皱的形态、产状、分布，断裂的性质、规模、产状、活动性以及构造岩的性质、胶结等，节理、裂隙的分布延伸、填充、粗糙度、网络系统特征；研究第四系土体的厚度、土层组合及空间分布情况；要注意分析地质构造与工程建筑的关系。

在工程地质测绘中研究地质构造时，主要运用地质历史分析和地质力学的原理和方法。节理、裂隙的研究对岩体工程尤为重要，它控制工程岩体的稳定性，对岩体节理、裂隙系统的研究要进行统计分析工作，找出其在不同方位发育的程度及相互切割组合关系，目前常用玫瑰图、极点图和等密度图等图解法和计算机网络模拟分析方法。

#### 12.3.1.3　地形地貌研究

地形地貌对于建筑场地选择、建筑物合理布局、研究新构造运动及物理地质现象等都有十分重要的意义。研究内容包括：研究地形几何形态特征如地形切割密度及深度，山脊（坡）形态、高程、坡度，沟谷发育形态及方向等；划分地貌单元并研究各地貌单元的特征、成因类型等；研究地形地貌发育与岩性、构造、物理地质现象之间的关系。

中小比例尺工程地质测绘着重研究地貌单元的成因类型及宏观结构特征；大比例尺工程地质测绘则应侧重研究与工程建筑布局和设计有直接关系的微地貌及有关细部特征。

#### 12.3.1.4　水文地质条件研究

在工程地质测绘中，研究水文地质的主要目的，是为研究与地下水活动有关的岩土工程问题和不良地质现象提供资料。在研究水文地质条件时，尤其要搞清楚地下水的赋存与活动情况。在工程地质测绘过程中通过地质构造和地层岩性分析，结合地下水的天然和人工露头以及地表水的研究，查明含水层和隔水层、埋藏与分布、岩土透水性、地下水类型、地下水位、水质、水量、地下水动态等，必要时应配合取样分析、动态长观、渗流实验等研究工作。

#### 12.3.1.5　工程动力地质现象的研究

工程动力地质现象的存在常常给建筑区地质环境和人类工程活动带来许多麻烦，有时会造成重大灾害。同时，工程动力地质现象研究对于预测工程地质问题也是十分有益的。工程地质测绘中应以岩性、构造、地形地貌、水文地质调查为基础，查清工程动力地质现象的存在情况，进一步分析其发育发展规律、形成条件和机制，判明其目前所处状态及对建筑物和地质环境的影响。

#### 12.3.1.6 天然建筑材料研究

天然建筑材料的储量、质量、开采运输条件，都直接关系到工程造价和建筑结构形式的选择。因此，在工程测绘中要注意寻找天然建筑料场，对其质量和数量作出初步评价。

### 12.3.2 工程地质测绘范围、比例尺和精度

#### 12.3.2.1 工程地质测绘范围

在进行工程地质测绘时，测绘范围原则上应包括场地及其附近地段。若选择的范围过大，会增大工作量；范围过小，不能有效查明工程地质条件，满足不了工程建设的要求。因此需要选择合理的测绘范围。根据实践经验，一般由以下三方面来确定工程地质测绘范围。

① 建筑物的类型、规模 建筑物的类型、规模不同，对地质环境的作用方式、强度、影响范围也就不同。在实际工程中，应根据建筑物的具体类型来选择合理的测绘范围。例如，大型水库的修建，由于水文地质和工程地质条件的改变，往往引起较大范围地质环境的改变；而一般民用建筑物载荷使小范围内的地质环境发生变化。那么，前者的测绘范围至少要包括地下水影响到的地区，而后者的测绘范围不需很大。

② 建筑物规划和设计阶段 在建筑物规划和设计的初级阶段，涉及范围较大、多个场地方案的比较，测绘范围应包括与这些方案有关的所有地区。但当建筑物场地选定以后，尤其是勘察设计的后期阶段，只对某个具体场地或建筑位置进行大比例尺的工程地质测绘，其测绘范围只局限于某建筑区的小范围内。可见，工程地质测绘范围是随着勘察阶段的提高而越来越小。

③ 工程地质条件的复杂程度 一般的情况是：工程地质条件愈复杂，研究程度愈差，工程地质测绘范围愈大。工程地质条件的复杂程度主要包含两种情况。一种情况是场地内工程地质条件很复杂。例如，构造变动强烈，有活断层分布；不良地质现象强烈发育；地形地貌条件十分复杂等。另一种情况是场地内工程地质条件比较简单，但场地附近有危害建筑物安全的不良地质现象存在。例如，山区城镇往往兴建于地形比较平坦开阔的洪积扇上，一旦泥石流爆发，则有可能摧毁建筑物。显然，以上两种情况都必须适当扩大工程地质测绘的范围，以能充分查明工程地质条件、解决工程地质问题为原则。

#### 12.3.2.2 工程地质测绘比例尺

工程地质测绘比例尺主要取决于勘察阶段、建筑物类型、规模和工程地质条件复杂程度。

建筑物规划和设计的初级阶段一般是属于选址性质的，往往有若干个比较场地，测绘范围较大，对地质条件的研究详细程度并不高，所以采用的比例尺比较小。随着设计阶段的提高，设计方案越来越具体，需要更加充分详细的地质资料，所采用的比例尺就逐渐加大。当进入到设计后期阶段时，为了解决与施工有关的专门问题，所选用的比例尺可以很大。

在同一规划和设计阶段内，比例尺的选择取决于建筑物类型、规模和场地工程地质条件复杂程度。当其工程地质条件比较复杂，工程建筑物又很重要时，就需要采用较大的测绘比例尺。总之，规划和设计各阶段所采用的测绘比例尺都应限于一定的范围之内。

根据国际惯例和我国各勘察部门的经验，工程地质测绘比例尺一般采用如下规定：

① 可行性研究勘察阶段 $1:50000\sim1:5000$，属小、中比例尺测绘；

② 初步勘察阶段 $1:10000\sim1:2000$，属中、大比例尺测绘；

③ 详细勘察阶段 $1:2000\sim1:500$，属大比例尺测绘。

注：条件复杂时，以上比例尺适当放大。

### 12.3.2.3　工程地质测绘精度

工程地质测绘的精度包含两层意思，即对野外各种地质现象观察描述的详细程度，以及各种地质现象在工程地质图上表示的详细程度和准确程度。为了确保工程地质测绘的质量，这个精度要求必须与测绘比例尺相适应。对工程有重要影响的地质单元体可采用扩大比例尺表示；地质界线和地质观测点的测绘精度在图上不应低于 3mm。

地质观测点的布置、密度和定位应满足下列要求：

① 在地质构造线、地层接触线、岩性分界线、标准层位和每个地质单元体应有地质观测点；

② 地质观测点的密度应根据场地的地貌、地质条件、成图比例尺和工程要求等确定，并应具有代表性；

③ 地质观测点应充分利用天然和已有的人工露头，当露头少时，应根据具体情况布置一定数量的探坑或探槽；

④ 地质观测点的定位应根据精度要求选用适当方法；地质构造线、地层接触线、岩性分界线、软弱夹层、地下水露头和不良地质作用等特殊地质观测点，宜用仪器定位。

# 12.4　工程地质勘探与取样

## 12.4.1　工程地质勘探

通过工程地质测绘对地面基本地质情况有了初步了解以后，为了进一步探明地下隐伏的地质现象，了解地质现象的空间变化规律，需要进行工程地质勘探。工程地质勘探是一种手段，包括钻探、井探、槽探、坑探、洞探、物探与触探等。

工程地质勘探的主要任务是：

① 探明地下有关的地质情况，如地层岩性、断裂构造、地下水位、滑动面位置等。

② 为深部取样及现场试验提供条件。通过勘探工程，采取岩土样及水样供室内试验、分析；同时勘探形成的坑孔可以为现场原位试验（如岩土性质试验、地应力测量、水文地质试验等）提供场所。

③ 利用勘探坑孔可以进行某些项目的长期观测以及不良地质现象处理等工作。

下面分别论述工程地质钻探、工程地质坑探和工程地质物探各自的应用条件、所能解决的问题。

### 12.4.1.1　工程地质钻探

钻探是广泛应用于工程地质勘察的一种"直接"勘探手段，能较好地了解地下地质情况。与坑探、物探相比较，钻探有其突出的优点，它可以在各种环境下进行，一般不受地形、地质条件的限制，能直接观察岩心和取样，勘探精度较高；能提供原位测试及监测工作；勘探深度大，效率较高。因此，不同类型、结构和规模的建筑物，在不同的勘察阶段，不同的环境和工程地质条件下，凡是布置勘探工作的地段，一般均需采用此类勘探手段。但是，由于钻探工作耗费人力、物力和财力较多，要在工程地质测绘及物探的基础上合理布置钻探工作。

（1）常用的钻探方法和设备

在我国工程勘探中采用的钻探方法有冲击钻探、回转钻探和振动钻探等；按动力来源又将它们分为人力的和机械的两种。机械回转钻探的钻进效率高，孔深大，又能采取岩心，所以在工程地质钻探中使用最广泛。

现将目前我国岩土工程勘探中采用的钻进方法、主要钻具及其适用条件和优缺点列于表
12-5 中。

表 12-5　岩土工程钻探的方法、适用条件、主要钻具及优越性

| 钻探方法 | | | 适用条件 | 主要钻具 | 优　点 | 缺　点 |
|---|---|---|---|---|---|---|
| 冲击钻探 | 人力 | | 黏性土,黄土,砂,砂卵石层,不太坚硬的岩层 | 洛阳铲,钢丝绳(或竹弓)钻(锥)探,管钻 | 设备简单,经济,一般不用冲洗液,能准确揭露含水层 | 劳动强度大,难以取得完整岩心,孔深较浅,仅宜钻直孔 |
| | 机械 | | 除上述外,还可用于坚硬岩层 | CZ-30 型<br>CZ-22 型<br>CZ-20C 型 | 可用于其它方法难以钻进的卵石、砾石、砂层,孔径较大,可不用冲洗液 | 不能取得完整岩心,仅宜钻直孔 |
| 回转钻探 | 人力 | | 黏性土,砂层 | 螺旋钻,勺钻 | 设备简单,能取芯、取样,成本低 | 劳动强度较大,孔深较浅 |
| | 机械 | 硬合金 | 小于Ⅷ级的沉积岩及部分变质岩、岩浆岩 | XU-300-2A 型<br>XY-100 型<br>XJ-100-1 型<br>DPP-1 型(车装)<br>DPP-3 型(车装) | 岩心采取率较高,孔壁整齐,钻孔弯曲小,孔深大,能钻任何角度的钻孔,便于工程地质试验 | 在坚硬岩层中钻进时钻头磨损大,效率低 |
| | | 钢粒 | Ⅶ～Ⅻ级的坚硬地层 | DPP-4 型(车装)<br>YDC-100 型(车装)<br>SGZ-Ⅰ型<br>SGZ-Ⅲ型<br>SGZ-Ⅳ型 | 广泛应用于可钻性等级高的岩层,可取芯、取样,便于做工程地质试验 | 钻孔易弯曲,孔壁不太平整,钻孔角度不应小于 75°,岩心采取率较低 |
| | | 金刚石 | Ⅸ级以上的最坚硬岩层最有效 | | 钻进效率高,钻孔质量好,弯曲度小,岩心采取率高,可以是最坚硬的地层,机具设备较轻,消耗功率小,钻具磨损较少,钻进程序较简单 | 在较软和破碎裂隙发育地层中不适用,孔径较小,不便于做工程地质试验 |
| 冲击回转钻探 | | | 各种岩土层 | SH30-2 型 | 钻进适应性强 | 孔深较浅 |
| 振动钻探 | | | 黏性土,砂土,大块碎石土,卵砾石层及风化基岩 | M-68 型汽车式,工农-11 型拖拉机式 | 效率高,成本低 | 孔深较浅 |
| 冲击回转振动钻探 | | | 以各类土层为主 | G-1 型<br>G-2 型<br>G-3 型<br>GYC-J50 型(车装)<br>GJD-2 型(车装) | 钻进适应性强,效率高,轻便,成本低 | 孔深较浅,结构较复杂 |

由表 12-5 可知：不同的钻探方法各有定型的钻具,分别适用于不同的地层。它们各有
优缺点,应根据地层的情况和工程要求恰当地选择。

（2）钻探中的工程地质工作

在钻探工作中,工程地质人员主要完成三方面的工作：编制作为钻探依据的设计书；在
钻探过程中进行钻孔的观测、编录；钻探结束后进行资料整理。

① 钻探设计书编制　钻探工作开始之前,工程地质人员除编制整个工程地质勘探设计
书外,还应逐个编制钻孔设计书。在设计书中,技术人员主要阐明如下内容：a. 钻孔附近
地形、地质概况；b. 钻孔目的及钻进中应注意的问题；c. 钻孔类型、孔深、孔身结构、钻
进方法、钻进速度及固壁方式等；d. 工程地质要求,主要包括岩心采取率、取样、孔内实
验、观测及止水要求等；e. 钻探结束后,钻孔留做长期观测或封孔等处理意见。另外,工
程地质工作人员应在任务书中编制一份钻孔地质剖面图,以便钻探人员掌握一些重要层位的
位置,加强钻探管理,并据此确定钻孔类型、孔深及孔身结构。

② 钻孔的观测和编录　钻孔观测与编录是钻进过程的详细文字记载，也是岩土工程钻探最基本的原始资料。因此在钻进过程中，工程地质人员应随时做好如下几方面的观测和编录工作。

a. 岩心观察、描述和编录：在钻探过程中，每回次进尺一般为 0.5～0.8m（最多不超过 2m）；岩心钻探的采取率对完整和较完整岩体一般不应低于 80%，较破碎和破碎岩体不应低于 65%；对需重点查明的部位（滑动带、软弱夹层等）应采用双层岩心管连续取芯。应对岩心进行细致的观察、鉴定，确定岩土体名称，进行有关物理性状的描述，不同类型的岩土及其岩性描述内容如表 12-6 所示。

表 12-6　不同类型的岩土及其岩性描述内容

| 岩土类型 | 描　述　内　容 |
| --- | --- |
| 碎石土 | 颗粒级配；粗颗粒形状、母岩成分、风化程度，是否起骨架作用；填充物的成分、性质、填充程度；密实度；层理特征 |
| 砂类土 | 颜色；颗粒级配；颗粒形状和矿物成分；湿度；密实度；层理特征 |
| 粉土和黏性土 | 颜色；稠度状态；包裹物；致密程度；层理特征 |
| 岩石 | 颜色；矿物成分；结构和构造；风化程度及风化表现形式，划分风化带；坚硬程度；节理、裂隙发育情况，裂隙面特征及填充胶结情况，裂隙倾角、间距，进行裂隙统计；必要时作岩心素描 |

每回次取出的岩心应顺序排列，并按有关规定进行编号、装箱和保管，并应注明所取原状土样、岩样的数量和取样深度。通过对岩心的各种统计，可获得岩心采取率、岩心获得率和岩石质量指标（RQD）等定量指标。

岩心采取率是指在一个回次中，所取岩心的总长度与回次进尺的百分比。总长度包括比较完整的岩心和破碎的碎块、碎屑和碎粉物质。

岩心获得率是指在一个回次中，所取比较完整的岩心长度与回次进尺的百分比。它不计入不成形的破碎物质。

岩石质量指标是指采用直径 75mm 的金刚石钻头和双层岩心管在岩石中连续取芯，在回次钻进所取岩心中，长度大于 10cm 的岩心段长度之和与该回次进尺的百分比。

显然，同一回次进尺的岩心采取率最大，岩心获得率次之，而岩石质量指标值则最小。上述三项指标可反映岩石的坚硬和完整程度，数值越大，表示岩石性质越好。但在实际中，比较广泛地使用 RQD 指标进行岩心统计，以评价岩石质量的好坏。

b. 水文地质观测：主要观测钻孔中的地下水位及动态，含水层的水位标高、厚度，地下水水温、水质，钻进中冲洗液消耗量等。

c. 钻进情况记录和描述：在钻进过程中注意换层的深度、回水颜色变化、钻具陷落、孔壁坍塌、卡钻、埋钻和涌沙现象等，结合岩心以判断孔内情况。如果钻进不平稳，孔壁坍塌及卡钻，岩心破碎且采取率又低，就表明岩层裂隙发育或处于构造破碎带中。岩心钻探时，冲洗液消耗量变化一般与岩体完整性有密切关系，当回水很少甚至不回水时，则说明岩体破碎或岩溶发育，也可能揭露了富水性较强的含水层。

③ 钻探资料整理　钻探工作结束后，应进行钻孔资料整理。主要成果资料有：a. 编制钻孔柱状图；b. 填写钻孔操作及水文地质日志；c. 进行岩心素描、说明。这三份资料实质上是前述工作的图表化直观反映，是最终的钻探成果，一定要认真整理、编写，以备存档查用。

### 12.4.1.2　工程地质坑探

坑探工程也叫掘进工程、井巷工程，是由地表向深部挖掘坑槽或坑洞，以便工程地质人

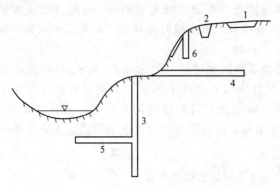

**图 12-1　工程地质常用的坑探类型示意**
1—探槽；2—试坑；3—竖井；4—平硐；
5—石门；6—浅井

员直接深入地下了解有关地质现象或进行实验等。与一般的钻探工程相比较，其特点是：勘察人员能直接观察到地质结构，准确可靠而且便于素描；可不受限制地从中采取原状岩土样和用作大型原位测试。尤其对研究断层破碎带、软弱泥化夹层和滑动面（带）等的空间分布特点及其工程性质等，更具有重要意义。坑探工程的缺点是：使用时往往受到自然地质条件的限制，耗费资金多，而且勘探周期长，尤其是重型坑探工程不可轻易采用。

（1）常用的坑探方法

岩土工程勘探中常用的坑探方法有：探槽、试坑、浅井、竖井（斜井）、平硐和石门（平巷），如图 12-1。其中前三种为轻型坑探工程，主要用于早期勘察阶段；后三种为重型坑探工程，主要用于后期勘察阶段。现将不同坑探工程的特点和适用条件列于表 12-7 中。

**表 12-7　各种坑探工程的特点和适用条件**

| 名　称 | | 特　点 | 适 用 条 件 |
|---|---|---|---|
| 轻型坑探工程 | 探槽 | 长条形槽子，在地表深度 3～5m | 用于早期勘察阶段；剥除地表覆土，揭露基岩，划分地层岩性，研究断层破碎带；探查残坡积层的厚度和物质、结构 |
| | 试坑 | 圆形或方形小坑，铅直的，深度 3～5m | 用于早期勘察阶段；局部剥除覆土，揭露基岩；做载荷试验、渗水试验，取原状土样 |
| | 浅井 | 圆（方）型，铅直的，深度 5～15m，有时需支护 | 用于早期勘察阶段；确定覆盖层及风化层的岩性及厚度；做载荷试验，取原状土样 |
| 重型坑探工程 | 竖井(斜井) | 圆（方）型，铅直的，深度大于 15m，有时需支护 | 了解覆盖层的厚度和性质，确定风化壳分带、软弱夹层分布、断层破碎带及岩溶发育情况，滑坡体结构及滑动面等；布置在地形较平缓、岩层又较缓倾的地段 |
| | 平硐 | 地面有出口的水平坑道，深度较大，有时需支护 | 调查斜坡地质结构，查明河谷地段的地层岩性、软弱夹层、破碎带、风化岩层等；做原位岩体力学试验及地应力测量，取样；布置在地形较陡的山坡地段 |
| | 石门(平巷) | 不出露地面而与竖井相连的水平坑道，石门与岩层走向垂直，平巷与岩层走向平行 | 了解河底及其它深部地质结构，做试验等 |

（2）坑探工程地质工作

坑探工程，尤其是重型坑探工程，在设计、施工中有许多工作要做，如坑探工程设计书的编制，坑探工程的观察、描述，坑探工程展示图的绘制，坑洞的围岩稳定性研究等。

在坑探掘进过程中或成洞后，应详细进行有关地质现象的观察描述，并将所观察到的内容用文字及图表表示出来，即工程地质编录工作。主要内容有：坑洞地质现象的观察、描述工作和坑探工程展视图绘制工作。观察、描述的内容因类型及目的而不同，一般包括：地层岩性的分层和描述；地质构造（包括断层、裂隙、软弱结构面等）特征的观察描述；岩石风化特点描述及分带；地下水渗出点位置及水质水量调查；不良地质现象调查等。

展视图是坑探工程编录的主要内容，也是坑探工程所需提交的主要成果资料。就是沿坑探工程的壁、底面所编制的地质断面图，按一定的制图方法将三维空间的图形展开在平面上。由于它所表示的坑探工程成果一目了然，故在岩土工程勘探中被广泛应用。

① 探槽展视图　首先进行探槽的形态测量。用罗盘确定探槽中心线的方向及其各段的变化，水平（或倾斜）延伸长度、槽底坡度。在槽底或槽壁上用皮尺作一基线（水平或倾斜方向均可），并用小钢尺从零点起逐渐向另一端实测各地质现象，按比例尺绘制于方格纸上。

展视图一般表示槽底和一个侧壁的地质断面，有时将两端壁也绘出。展开的方法有两种。一种是坡度展开法，即槽底坡度的大小，以壁与底的夹角表示。此法的优点是符合实际；缺点是坡度陡且槽长时不美观，各段坡度变化较大时也不易处理。另一种是平行展开法，即壁与底平行展开（图 12-2）。这是经常被采用的一种方法，它对坡较陡的探槽更为合适。

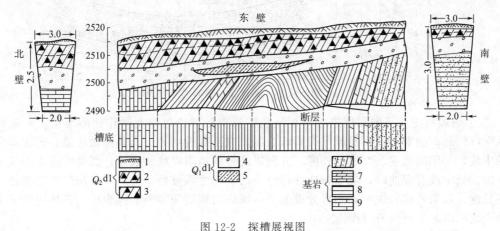

图 12-2　探槽展视图

1—表土层；2—含碎石亚砂土；3—含碎石亚黏土；4—含漂石和卵石的砂土；

5—重亚砂土；6—细粒云母砂岩；7—白云岩；8—页岩；9—灰岩

② 试坑（浅井、竖井）展视图　此类铅直坑探工程的展视图，也应先进行形态测量，然后作四壁和坑（井）底的地质素描，其展开的方法也有两种。一种是四壁辐射展开法，即以坑（井）底为平面，将四壁各自向外翻倒投影而成（图 12-3）。一般适用于作试坑展视图。另一种是四壁平行展开法，即四壁连续平行排列（图 12-4）。它避免了四壁辐射展开法因探井较深导致的缺陷，所以这种展开法一般适用于浅井和竖井。四壁平行展开法的缺点是当探井四壁不直立时，图中无法表示。

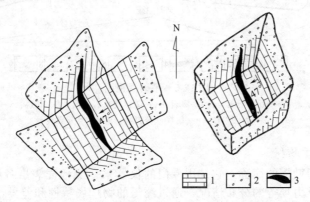

图 12-3　用四壁辐射展开法绘制的试坑展视图

1—石灰岩；2—覆盖层；3—软弱夹层

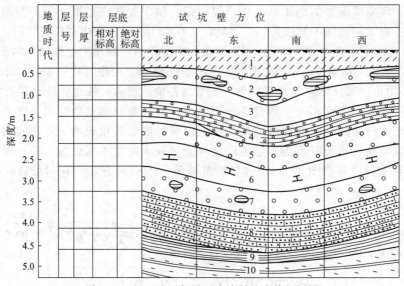

图 12-4 用四壁平行展开法绘制的浅井展视图

③ 平硐展视图 平硐在掘进过程中往往需要支护，所以应及时作地质编录。平硐展视图从硐口作起，随掌子面不断推进而分段绘制，直至掘进结束。其具体做法是：最先画出硐底的中线，平硐的宽度、高度、长度、方向以及各种地质界线和现象，都是以这条中线为准绘出的。当中线有弯曲时，应于弯曲处将位于凸出侧之硐壁裂一叉口，以调整该壁内侧与外侧的长度。如果弯曲较大时，则可分段表示。硐底的坡度用高差曲线表示。该展视图五个硐壁面全面绘出，平行展开（图 12-5）。

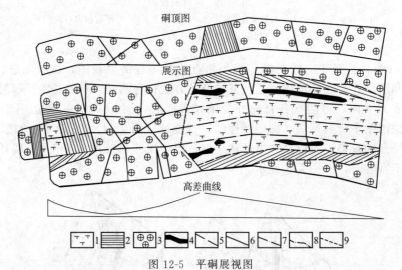

图 12-5 平硐展视图

1—凝灰岩；2—凝灰质页岩；3—斑岩；4—细粒凝灰岩夹层；5—断层；6—节理；
7—硐底中线；8—硐底壁分界线；9—岩层分界线

#### 12.4.1.3 工程地质物探

物探是地球物理勘探的简称，它是用专门的仪器来探测地壳表层各种地质体的物理场，包括电场、磁场、重力场等的分布情况，通过测得的物理场特性和差异，来判明地下各种地质现象，获得某些物理性质参数的一种勘探方法。

物探的优点是：设备轻便、效率高；在地面、空中、水上或钻孔中均能探测；作为钻探的先行手段，易于加大勘探密度、深度和从不同方向铺设勘探线网，构成多方位数据阵，具有立体透视性的特点。但是，这类勘探方法往往受到非探测对象的影响和干扰以及仪器测量精度的限制，成果判释时应考虑多解性，区分有用信息与干扰信号。

物探方法种类较多，如电法勘探、地震勘探、磁法勘探、重力勘探、声波测量、放射性勘探和测井等，目前工程地质常用的物探方法是电法勘探和地震勘探。

（1）电法勘探在工程地质勘察中的应用

电法勘探是利用天然或人工电场（直流或交流）来勘察地下地质现象的物探方法之一。在工程地质勘探中，常用的直流电探测方法为电阻率法。电阻率法是依靠人工建立直流电场，在地表测量某点垂直方向或水平方向的电阻率变化，从而推断地质体性状的方法。它主要可以解决下列地质问题：

① 确定不同的岩性，进行地层岩性的划分；

② 探查褶皱构造形态，寻找断层；

③ 探查覆盖层厚度、基岩起伏及风化壳厚度；

④ 探查含水层的分布情况、埋藏深度及厚度，寻找充水断层及主导充水裂隙方向；

⑤ 探查岩溶发育情况及滑坡体的分布范围；

⑥ 寻找古河道的空间位置。

电阻率法又包括电测深法和电剖面法，它们又各有许多变种，在工程地质勘察中应用最广的是对称四极电测深、环形电测深、对称剖面法和联合剖面法。

为了使电阻率法在岩土工程勘察中发挥较好的作用，须注意它的使用条件：

① 地形比较平缓，具有一定的便于布置极距的范围；

② 被探查地质体的大小、形状、埋深和产状，必须在人工电场可控制的范围之内；而且其电阻率应较稳定，与围岩背景值有较大异常；

③ 场地内应有电性标准层存在。该标准层的电阻率在水平和垂直方向上均保持稳定，且与上下地层的差值较大；有明显的厚度，倾角不大于 20°，埋深不太大；在其上部无屏蔽层存在；

④ 场地内无不可排除的电磁干扰。

（2）地震勘探在工程地质勘察中的应用

地震勘探是通过人工激发的地震波在地壳内传播的特点来探查地质体的一种物探方法。在岩土工程勘察中，运用最多的是高频（200～300Hz）地震波浅层折射法，可以研究深度在 100m 左右的地质体。主要解决下列问题：

① 测定覆盖层的厚度，确定基岩的埋深和起伏变化；

② 追索断层破碎带和裂隙密集带；

③ 研究岩石的弹性性质，测定岩石的动弹性模量和动泊松比；

④ 划分岩体的风化带，测定风化壳厚度和新鲜基岩的起伏变化。

地震勘探的使用条件是：

① 地形起伏较小；

② 地质界面较平坦和断层破碎带少，且界面以上岩石较均一，无明显高阻层屏蔽；

③ 界面上下或两侧地质体有较明显的波速差异。

## 12.4.2　勘探布置的一般原则

勘探工作的布置，涉及手段的选择，时间先后的安排，孔位的位置、深度、间距大小等一系列问题。合理布置勘探工作将会以较少的工作量取得较多的地质资料，达到事半功倍的效果。为此，进行勘探设计时，必须要熟悉勘探区已取得的地质资料，并明确勘探的目的和任务。将每一个勘探工程都布置在关键地点，且发挥其综合效益。

布置勘探工作时，主要遵循以下几条原则。

① 勘探工作应在工程地质测绘基础上进行。通过工程地质测绘，对地下地质情况有一定的判断后，才能明确通过勘探工作需要进一步解决的地质问题，以取得好的勘探效果。

② 无论是勘探的总体布置还是单个勘探点的设计，都要考虑综合利用。既要突出重点，又要照顾全面，点面结合，使各勘探点在总体布置的有机联系下发挥更大的效用。

③ 勘探布置应与勘察阶段相适应。不同的勘察阶段，勘探的总体布置、勘探点的密度和深度、勘探手段的选择及要求等，均有所不同。一般来说，从初期到后期的勘察阶段，勘探总体布置由线状到网状，范围由大到小，勘探点、线距离由稀到密；勘探布置的依据，由以工程地质条件为主过渡到以建筑物的轮廓为主。初期勘察阶段的勘探手段以物探为主，配合少量钻探和轻型坑探工程；而后期勘察阶段则往往以钻探和重型坑探工程为主。

④ 勘探布置应随建筑物的类型和规模而异。道路、隧道、管线等线型工程，多采用勘探线的形式，且沿线隔一定距离布置一垂直于它的勘探剖面。房屋建筑与构筑物应按基础轮廓布置勘探工程，常呈方形、长方形、工字形或丁字形。具体布置勘探工程时，又因不同的基础形式而异。桥基则采用由勘探线渐变为以单个桥墩进行布置的梅花形型式。建筑物规模愈大、愈重要者，勘探点（线）的数量愈多，密度愈大。而同一建筑物的不同部位重要性有所差别，布置勘探工作时应分别对待。

⑤ 勘探布置应考虑地质、地貌、水文地质等条件。一般勘探线应沿着地质条件等变化最大的方向布置。勘探点的密度应视工程地质条件的复杂程度而定，而不是平均分布。为了对场地工程地质条件起到控制作用，还应布置一定数量的基准坑孔（即控制性坑孔），其深度较一般性坑孔要大些。

⑥ 在勘探线、网中的各勘探点，应视具体条件选择不同的勘探手段，以便互相配合，取长补短，有机地联系起来。

总之，勘探工作一定要在工程地质测绘基础上布置。勘探布置主要取决于勘察阶段、建筑物类型和工程地质勘察等级三个重要因素，还应充分发挥勘探工作的综合效益。

### 12.4.3　岩土试样采取

取样是工程地质勘察中必不可少的、经常性的工作。为定量评价工程地质问题而提供室内试验的样品，包括岩土样和水样。试样除了在地面工程地质测绘调查和坑探工程中采取外，主要是在钻孔中采取的。

采取的试样是否具有代表性，直接影响到试验成果是否客观表征实际岩土体性状的问题，应予以足够重视。关于试样的代表性，从取样角度来说，需考虑取样的位置、数量和技术问题。取样的位置在一定的单元体内应确保在不同方向上均匀分布，以反映趋势性的变化；取样的数量则应综合考虑到取样的成本，需要从技术和经济两方面权衡，合理地确定；另外，也是最重要的，为了保证所取试样符合试验要求，以便正确地反映实际的状态，必须采用合适的取样技术。

以下主要讨论钻孔中采取土试样的技术问题，即土试样的质量要求、取样方法、取样器具以及取样效果的评价等问题。

#### 12.4.3.1　土试样质量等级

土试样的质量实质上是土样的扰动问题。土样扰动表现在原位应力状态、含水率、结构和组成成分等方面的变化。它们产生于取样之前、取样之中以及取样之后直至试样制备的全过程。土样扰动对试验成果的影响是多方面的，使之不能客观表征实际的岩土体。从理论上讲，除了应力状态的变化以及由此引起的卸荷回弹是不可避免的之外，其余的都可以通过适当的取样器具和操作方法来克服或减轻。实际上，完全不扰动的真正原状土样是无法取得的。

有的学者从实用观点出发，提出对"不扰动土样"或"原状土样"的基本质量要求是：

① 没有结构扰动；

② 含水率和密度的变化很小；

③ 没有物理成分和化学成分的改变。

并规定了满足上述基本质量要求的具体标准。

《规范》参照国外的经验，对土试样质量级别作了四级划分，并明确规定各级土试样能进行的试验项目（表 12-8）。其中Ⅰ、Ⅱ级土试样相当于"原状土样"，但Ⅰ级土试样比Ⅱ级土试样有更高的要求。

**表 12-8　土试样质量等级**

| 级别 | 扰动程度 | 试验内容 |
|---|---|---|
| Ⅰ | 不扰动 | 土类定名、含水量、密度、强度试验、固结试验 |
| Ⅱ | 轻微扰动 | 土类定名、含水量、密度 |
| Ⅲ | 显著扰动 | 土类定名、含水量 |
| Ⅳ | 完全扰动 | 土类定名 |

岩石试样可利用钻探岩心制作或在探井、探槽、竖井和平洞中采集。毛样尺寸应满足试块加工的要求。

### 12.4.3.2　取样工具和方法

取土器是影响土试样质量的重要因素，对取土器的基本要求是：尽可能使土样不受或少受扰动；能顺利切入土层中，并取上土样；结构简单且使用方便。

试样采取的工具和方法可按表 12-9 选择。

**表 12-9　不同等级土试样的取样工具和方法**

| 土试样质量等级 | 取样工具和方法 | | 适用土类 | | | | | | 粉土 | | | | | 砾砂、碎石土、软岩 |
|---|---|---|---|---|---|---|---|---|---|---|---|---|---|---|
| | | | 黏性土 | | | | | | | 砂土 | | | | |
| | | | 流塑 | 软塑 | 可塑 | 硬塑 | 坚硬 | | 粉砂 | 细砂 | 中砂 | 粗砂 | |
| Ⅰ | 薄壁取土器 | 固定活塞 | ＋＋ | ＋＋ | ＋ | － | － | ＋ | ＋ | － | － | － | － |
| | | 水压固定活塞 | ＋＋ | ＋＋ | ＋ | － | － | ＋ | ＋ | － | － | － | － |
| | | 自由活塞 | － | ＋ | ＋ | － | － | ＋ | ＋ | － | － | － | － |
| | | 敞口 | ＋ | ＋ | ＋ | － | － | ＋ | ＋ | － | － | － | － |
| | 回转取土器 | 单动三重管 | － | ＋ | ＋＋ | ＋＋ | ＋＋ | ＋＋ | ＋＋ | ＋＋ | － | － | － |
| | | 双动三重管 | － | － | － | ＋＋ | ＋＋ | － | － | － | ＋＋ | ＋＋ | ＋ |
| | 探井（槽）中刻取块状土样 | | ＋＋ | ＋＋ | ＋＋ | ＋＋ | ＋＋ | ＋＋ | ＋＋ | ＋＋ | ＋＋ | ＋＋ | ＋＋ |
| Ⅱ | 薄壁取土器 | 水压固定活塞 | ＋＋ | ＋＋ | ＋ | － | － | ＋ | ＋ | － | － | － | － |
| | | 自由活塞 | ＋ | ＋ | ＋ | － | － | ＋ | ＋ | － | － | － | － |
| | | 敞口 | ＋＋ | ＋＋ | ＋ | － | － | ＋ | ＋ | － | － | － | － |
| | 回转取土器 | 单动三重管 | － | ＋ | ＋＋ | ＋＋ | ＋＋ | ＋＋ | ＋＋ | ＋＋ | － | － | － |
| | | 双动三重管 | － | － | － | ＋＋ | ＋＋ | － | － | － | ＋＋ | ＋＋ | ＋＋ |
| | 厚壁敞口取土器 | | ＋ | ＋ | ＋ | ＋ | ＋ | ＋ | ＋ | ＋ | － | － | － |
| Ⅲ | 厚壁敞口取土器 | | ＋＋ | ＋＋ | ＋＋ | ＋＋ | ＋＋ | ＋＋ | ＋＋ | ＋＋ | ＋ | ＋ | ＋ |
| | 标准贯入器 | | ＋＋ | ＋＋ | ＋＋ | ＋＋ | ＋＋ | ＋＋ | ＋＋ | ＋＋ | ＋＋ | ＋＋ | ＋＋ |
| | 螺纹钻头 | | ＋＋ | ＋＋ | ＋＋ | ＋＋ | ＋＋ | ＋ | ＋ | － | － | － | － |
| | 岩心钻头 | | ＋＋ | ＋＋ | ＋＋ | ＋＋ | ＋＋ | ＋ | ＋ | ＋ | ＋ | ＋ | ＋ |
| Ⅳ | 标准贯入器 | | ＋＋ | ＋＋ | ＋＋ | ＋＋ | ＋＋ | ＋＋ | ＋＋ | ＋＋ | ＋＋ | ＋＋ | ＋＋ |
| | 螺纹钻头 | | ＋＋ | ＋＋ | ＋＋ | ＋＋ | ＋＋ | ＋＋ | ＋＋ | ＋＋ | ＋ | ＋ | ＋ |
| | 岩心钻头 | | ＋＋ | ＋＋ | ＋＋ | ＋＋ | ＋＋ | ＋＋ | ＋＋ | ＋＋ | ＋＋ | ＋＋ | ＋＋ |

注：1. "＋＋"代表适用；"＋"代表部分适用；"－"代表不适用。

2. 采取砂土试样应有防止试样失落的补充措施。

3. 有经验时，可用束节式取土器代替薄壁取土器。

12.4.3.3 钻孔取样的操作

土样质量的优劣，不仅取决于取土器具，还取决于取样全过程的各项操作是否恰当。

钻进时应满足一定的钻进要求，力求不扰动或少扰动预计取样处的土层；到达预计取样位置后，在仔细清除孔底浮土情况下平稳、快速、连续地压入取土器，平稳提升取土器；对取出的土样应进行密封保存，并在规定时限内进行试验。

# 12.5 工程地质勘察成果整理

勘察成果整理是在搜集已有资料后，在工程地质测绘、勘探、测试等工作所得各项原始资料和数据的基础上进行的，其主要工作内容是：岩土参数的分析与选定、工程地质分析评价和勘察报告的编写等。

## 12.5.1 岩土参数的分析和选定

12.5.1.1 岩土参数的可靠性和适用性

岩土参数的分析与选定是工程地质分析评价和岩土工程设计的基础。评价是否符合客观实际，设计计算是否可靠，很大程度上取决于岩土参数选定的合理性。

岩土参数可分为两类：一类是评价指标，用以评价岩土的性状，作为划分地层鉴定类别的主要依据；另一类是计算指标，用以设计岩土工程，预测岩土体在载荷和自然因素作用下的力学行为和变化趋势，并指导施工和监测。工程上对这两类岩土参数的基本要求是可靠性和适用性。岩土参数的可靠性和适用性在很大程度上取决于岩土体受到扰动的程度和试验标准。

12.5.1.2 岩土参数的统计分析

由于岩土体的非均质性和各向异性以及参数测定方法、条件与工程原型之间的差异等种种原因，岩土参数是随机变量，变异性较大。故在进行岩土工程设计时，应在正确划分工程地质单元和层位的基础上进行统计分析，了解各项指标的概率系数，确定其标准值和设计值。

12.5.1.3 岩土参数的标准值和设计值

岩土参数的标准值是岩土工程设计时所采用的基本代表值，是岩土参数的可靠性估值。它是在统计学区间估计理论基础上得到的参数母体平均值。

在工程地质勘察成果报告中，应按下列不同情况提供岩土参数值。

① 在一般情况下，应提供岩土参数的平均值、标准差、变异系数、数据分布范围和数据的数量。

② 在承载能力极限状态下，计算所需要的岩土参数标准值，应按式(12-1)、式(12-2)计算；当设计规范另有专门规定的标准值取值方法时，可按有关规范执行。

$$\phi_k = \gamma_s \phi_m \tag{12-1}$$

$$\gamma_s = 1 \pm \left( \frac{1.704}{\sqrt{n}} + \frac{4.678}{n^2} \right) \delta \tag{12-2}$$

式中，$\phi_k$ 为岩土参数的标准值；$\gamma_s$ 为统计修正系数；$\phi_m$ 为岩土参数的平均值；$\delta$ 为岩土参数的变异系数；$n$ 为数据的数量。

## 12.5.2 工程地质勘察报告

勘察报告是工程地质勘察的总结性文件，一般由文字报告和所附图表组成。此项工作是在工程地质勘察过程中所形成的各种原始资料编录的基础上进行的。为了保证勘察报告的质量，原始资料必须真实、系统、完整。因此，对岩土工程分析所依据的一切原始资料，均应及时整编和检查。这里仅对工程地质图及报告书的编制予以介绍。

### 12.5.2.1　工程地质图

工程地质图是地质图的一种类型，它综合表达了对工程规划、设计、施工有意义的所有地质环境要素（通常以反映工程地质条件为主要内容）。工程地质图及报告书是勘察资料的全面、综合性总结，提供给设计、施工单位使用。工程地质图可以按不同比例尺把所要表达的内容直接展示在图面上，使用者一目了然，得到较深刻的理解和印象。它兼有报告书的作用，但比报告书更直观。

工程地质图不像一般地质图那样完全是根据测绘资料编制的，它是以测绘资料为基础，综合勘探、试验成果编制而成的。不但反映测绘区地面地质特征，还以适当的方式反映深部的地质现象，兼顾定性、定量描述和实用性于一体。常常以编制工程地质平面图为主，适当配以地层综合柱状图、工程地质剖面图、立体投影图、分区特征说明表、岩土物理力学性质成果表等一系列附件。要使诸多内容在图件上得到充分表达，充分反映客观实际条件，并不失直观、实用性，就必须采用合适的表达形式和方法，合理选择表达的内容等。虽然国内外许多学者在研究地质体的三维可视化技术上，也取得了一定的成果，但仍然未能很好地解决上述问题。

工程地质图是以工程地质勘察原始底图为主要依据编制的，图上拟编内容目前还没有统一规定，原则上要视其编图的目的合理选择。一般而言，大比例尺工程地质图，采用较小尺度划分地质单元，图上表示的内容要详细、具体，要能较充分地反映出地质体的工程地质性质。

### 12.5.2.2　工程地质报告书

工程地质勘察报告应对岩土利用、整治和改造的方案进行分析论证，提出建议；对工程施工和使用期间可能发生的岩土工程问题进行预测，提出监控和预防措施的建议。

勘察报告书的内容，应根据任务要求、勘察阶段、地质条件、工程特点等情况确定。原则上要简明扼要，切合主题，结构严密，分析得体。重点阐明工程地质条件，并对工程地质问题作出中肯评价。鉴于勘察的类型、规模各不相同，目的要求、工程特点和自然地质条件等差别很大，因此只能提出报告的基本内容。一般应包括下列各项：

① 委托单位、场地位置、拟建工程概况，勘察的目的、要求和任务，以往的勘察工作及已有资料情况，依据的技术标准；

② 勘察方法及勘察工作量布置，包括各项勘察工作的数量布置及依据，工程地质测绘、勘探、取样、室内试验、原位测试等方法的必要说明；

③ 场地工程地质条件分析，包括地形地貌、地层、地质构造、岩土性质及其均匀性；

④ 各项岩土性质指标，岩土的强度参数、变形参数、地基承载力的建议值；

⑤ 地下水埋藏情况、类型、水位及其变化；

⑥ 土和水对建筑材料的腐蚀性；

⑦ 可能影响工程稳定的不良地质作用的描述和对工程危害程度的评价；

⑧ 场地稳定性和适应性的评价。

最后需要指出的是，勘察报告的内容可根据工程地质勘察等级酌情简化或加强。例如，对丙级工程地质勘察可适当简化，以图表为主，辅以必要的文字说明；而对甲级工程地质勘察，除编写综合性勘察报告外，尚可对专门性的工程地质问题提交研究报告或监测报告。

# 思考题

1. 工程地质测绘与一般测绘的异同是什么？
2. 勘察等级如何确定？
3. 工程地质勘察任务设计如何编制？
4. 工程地质测绘的主要内容是什么？
5. 工程地质勘探有哪些主要手段？
6. 原状样与扰动样的异同是什么？
7. 勘察中如何采取岩土试样？
8. 确定岩土参数的方法与技术有哪些？
9. 工程地质勘察报告的基本内容是什么？
10. 结合新一轮科技革命思考工程地质勘察的发展方向。

# 参考文献

[1] 廖振鹏. 地震小区划理论与实践 [M]. 北京：地震出版社，1989.

[2] 林在贯，等. 岩土工程手册 [M]. 北京：中国建筑出版社，1994.

[3] 林宗元，等. 岩土工程勘察设计手册 [M]. 沈阳：辽宁科学技术出版社，1996.

[4] 张喜发. 岩土工程勘察与评价 [M]. 长春：吉林科学技术出版社，1995.

[5] GB 50021—2009. 岩土工程勘察规范.

[6] GB/T 50279—2014. 岩土工程基本术语标准.

[7] GB 50218—2014. 工程岩体分级标准.

[8] GB 50287—2008. 水利水电工程地质勘察规范.

[9] 《工程地质手册》编委会. 工程地质手册 [M]. 5 版. 北京：中国建筑工业出版社，2018.

[10] YS/T 5206—2020. 工程地质测绘规程.

[11] JGJ/T 87—2012. 建筑工程地质勘探与取样技术规程.

# 第 13 章　工程地质测试与试验

## 13.1　概　述

　　工程地质测试与试验工作在工程地质勘察中占有重要地位，是工程地质勘察的重要手段。工程地质定量评价和计算的数据资料，包括岩土体的物理力学性质指标、地下水运动和渗流参数、地应力等，都需要通过工程地质测试与试验工作获得。通过工程地质测试与试验确定准确的岩土体力学参数，结合研究区工程地质条件与工程实际情况，分析评价主要工程地质问题，有针对性地提出防治措施建议。在学习与实践过程中，需发扬"艰苦朴素，求真务实"的校训精神，为工程地质勘察理论与技术方法研究奠定基础。我国自 1954 年由陈宗基教授自荷兰引进机械式静探仪后，王钟琦等独立成功地研制出我国第一台电测式单桥触探仪，并很快得到推广应用。同时，一些新型测试与试验技术在国外得到发展，例如，Campanella 等研发了双电极静力触探技术，日本发展了一种静力触探与动力触探相结合的测试方法。当前，越来越多学者注重开展现代工程地质测试与试验技术研究，形成具有自主知识产权的工程地质测试与试验装备体系将成为未来的发展趋势。

　　工程地质测试的对象——地质体，是由岩、土和水等组成的，具有一定的结构，赋存于一定的地质环境中，具有很大的不确定性。就岩土材料来说，由于它在建造和改造过程中具有与成因有关的特征，一定尺寸的岩土体往往组成成分是不均一的，同时还与环境因素密切相关。环境因素常常是多变的，从而导致地质材料的成分也常常具有多变的特点。在工程地质测试与试验中，不论取样测试还是原位测试，其样品的代表性多数情况下不是唯一的，就其结构来说，在多次反复地质改造作用下变得十分复杂和不均一，并具有明显的尺寸效应。不同级序的结构面混杂在一起，使其结构更趋复杂化。

　　工程地质测试与试验主要包括原位测试和室内试验。原位测试是在现场制备试件，模拟工程作用对岩体施加外载荷，进而求取岩土体力学参数的试验方法。原位测试的最大优点是对岩土体扰动小，尽可能地保持了它的天然结构和环境状态，使测出的岩土体力学参数直观、准确；其缺点是试验设备笨重、操作复杂、工期长、费用高。室内试验使用时间较长，技术较成熟，在我国应用较广。但是由于样品与实际环境脱离，尺寸又比较小，仅凭借室内试验获取的参数，并不能精准地用于工程实践。因此，大型工程一般总要进行一定数量的大型原位测试，以便与室内试验互相配合，经济合理地取得可资应用的参数。总的来说，工程地质测试与试验工作费用较为昂贵，工期较长，必须在工程地质测绘和勘探工作指导与配合下，有目的、有计划地确定试验的项目、样品的数量、取样或制样（原位测试）的部位和试验方法等。限于篇幅，本章以原位测试的基本原理和方法为主进行讨论。

　　工程地质测试的主要内容包括岩土体物理力学性质测试、地应力测试和地下水测试等。岩土体物理力学性质测试包括岩土体物理、水理性质指标（粒度、成分、密度、稠度、可塑性、孔隙性和渗透性等），岩土体力学性质指标（变形参数、强度参数等）。地应力测试包括地应力大小、方向等。地下水测试包括岩土体渗透性、地下水水位、水质和孔隙水压力等。

工程地质测试与试验一般应遵循以下程序进行。

① 试验方案制订和试验大纲编写。这是工程地质测试工作中最重要的一环。其基本原则是尽量使试验条件符合工程岩土体的实际情况。因此，应在充分了解岩土体工程地质特征及工程设计要求的基础上，根据国家有关规范、规程和标准要求制订试验方案和编写试验大纲。试验大纲应对试验项目、组数，试验点布置，试件数量、尺寸、制备要求及试验内容、要求、步骤和资料整理方法作出具体规定，以作为整个试验工作中贯彻执行的技术规程。

② 试验。包括试验准备、试验及原始资料检查、校核等项工作。这是原位试验最繁重和重要的工作。整个试验应遵循试验大纲中规定的内容、要求和步骤逐项实施并取得最基本的原始数据和资料。

③ 试验资料整理与综合分析。试验所取得的各种原始数据，需经数理统计、回归分析等方法进行处理，并且综合各方面数据（如经验数据、室内试验数据、经验估算数据及反算数据等）和工程地质条件提出计算参数的建议值，提交试验报告。

# 13.2 地应力测试

地应力是工程岩体稳定性分析及工程设计的重要参数，目前主要靠实测求得，特别是构造活动较强烈及地形起伏复杂的地区。由于应力不能直接测得，只能通过测量应力变化引起的诸如位移、应变等物理量的变化值，然后基于某种假设反算出应力值。因此，目前国内外使用的所有应力测量方法，都是在平硐壁面或地表露头面上打钻孔或刻槽，引起应力扰动，然后用探头测量由应力扰动而产生的各种物理量变化值的方法来实现。常用的应力测量方法主要有应力解除法、应力恢复法和水压致裂法等。这些方法的理论基础是弹性力学。因此，地应力测试均视岩体为均质、连续、各向同性的线弹性介质。

### 13.2.1 应力解除法

#### 13.2.1.1 基本原理

应力解除法的基本原理是：岩体在应力作用下产生变形（或应变）。当需测定岩体中某点的应力时，可将该点一定范围内的岩体与基岩分离，使该点岩体上所受应力解除。这时由应力产生的变形（或应变）恢复。通过一定的测量元件和仪器测量出应力解除后的变形值，即可由确定的应力与应变关系求得相应应力值。应力解除法根据测量方法不同可分为表面应力解除法、孔底应力解除法和孔壁应力解除法三种，各种方法根据测量元件不同又可细分为各种不同的方法。本节仅介绍孔壁应力解除法（或称钻孔套芯应力解除法）。

孔壁应力解除法的基本原理是在钻孔中安装变形元件，测量套芯应力解除前、后钻孔半径变化值（径向位移），用该孔径变化值来确定地应力值。目前常用的变形测量元件有门塞式应变计、光弹性应变计、钢环式钻孔变形计、压磁式钻孔应力计和空心包体式应力计等。

假定钻孔轴与岩体中某一应力分量平行，根据弹性理论，垂直于孔轴平面内钻孔壁的径向位移（$U_\theta$）与地应力的关系（图 13-1）为：

$$U_\theta = \frac{R_0}{E_m} [\sigma_1 + \sigma_3 + 2(\sigma_1 - \sigma_3)\cos 2\theta] \tag{13-1}$$

式中，$U_\theta$ 为与 $\sigma_1$ 作用方向成 $\theta$ 角处孔壁一点的径向位移（图 13-1）；$\sigma_1$、$\sigma_3$ 分别为垂

直于孔轴平面内的地应力；$E_m$ 为岩体的弹性模量；$R_0$ 为钻孔半径。

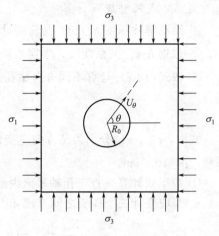

由式(13-1) 可知：在钻孔中安装三个以上互成一定角度的测量元件，分别测得应力解除后孔壁在这些方向上的径向位移。然后联立方程求解，即可求得 $\sigma_1$、$\sigma_3$ 和 $\theta$ 这三个值。

### 13.2.1.2 试点选择与地质描述

在平硐壁或地表露头面上选择代表性测点，用 $\phi130\text{mm}$ 岩心钻头打一钻孔至测量点，其深度应超过开挖扰动区；在平硐内进行测试时，其深度应超过硐室直径的 2 倍；同时使测点一定范围内岩性均匀，无大的裂隙通过。

图 13-1  应力解除法原理

地质描述内容包括：岩石名称、结构及主要矿物成分；结构面类型、产状、宽度、填充物情况、钻孔岩心形状及 RQD 值等。同时提交测点剖面图及钻孔柱状图等。

### 13.2.1.3 仪器设备

仪器设备包括：①钻孔及配套的钻头、钻杆；②钻孔应变计，使用前应进行率定；③应变仪及其配套仪表、电线等；④其它：包括安装工具等。

### 13.2.1.4 试验要点（图 13-2）

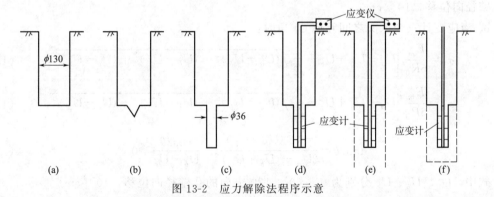

图 13-2  应力解除法程序示意

① 用 $\phi130\text{mm}$ 的岩心钻头钻进至预定测量深度，然后用同径实心钻头将孔底磨平，并冲洗干净。并用 $\phi130\text{mm}$ 的锥形钻头打一锥形导向孔。

② 用 $\phi36\text{mm}$ 的金刚石钻头打测量孔，深度约 50cm，并进行冲洗 ［图 13-2(c)］。如采用不同型号的应变计时，测量孔尺寸应与应变计尺寸相适应。要求测量孔与解除孔同心，孔壁光滑平直，岩心完整。

③ 安装应变计。将应变计准确地安装在测量孔内，并用电线与应变仪连接 ［图 13-2 (d)］。然后向孔内注水并测读稳定初始读数。读数稳定标准为：每隔 10min 测读一次，连续三次读数之差不超过 $5\mu\varepsilon$（$\mu\varepsilon$ 表示微应变）时，即认为稳定。

④ 套钻解除。用 $\phi130\text{mm}$ 的岩心钻头进行同心套钻，使应力逐步解除 ［图 13-2(e)］。在解除过程中，每钻进 $2\sim3\text{cm}$ 读数一次，并随时监视读数变化，直至应力完全解除、读数稳定为止，读数稳定标准同步骤③。

⑤ 折断并取出带应变计的岩心，在实验室测定岩石的密度及弹性模量等参数。

### 13.2.1.5 成果整理及计算

① 绘制解除深度 $h$(cm) 与应变计读数 $\varepsilon_{ni}$($\mu\varepsilon$) 的关系曲线。

② 根据 $h$-$\varepsilon_{ni}$ 关系曲线，参照地质条件和试验情况，确定最终读数 $\varepsilon_{ni}$($\mu\varepsilon$)。

③ 按式(13-2) 计算不同方向钻孔孔壁的径向位移 $U_{\theta i}$($10^{-4}$ cm)：

$$U_{\theta i}=\frac{\varepsilon_{ni}-\varepsilon_{0i}}{K} \tag{13-2}$$

式中，$\varepsilon_{0i}$、$\varepsilon_{ni}$ 分别为某方向应变计的初始读数和最终应变读数，$\mu\varepsilon$；$K$ 为应变计率定系数，$\mu\varepsilon/10^{-4}$ cm。

④ 按下式计算垂直于孔轴平面内最大、最小主应力及方位。

a. 当应变计三个探头之间互成 45°时：

$$\sigma_1=\frac{E_m}{4R_0}\left[U_a+U_c+\frac{1}{\sqrt{2}}\sqrt{(U_a-U_b)^2+(U_b-U_c)^2}\right] \tag{13-3}$$

$$\sigma_3=\frac{E_m}{4R_0}\left[U_a+U_c-\frac{1}{\sqrt{2}}\sqrt{(U_a-U_b)^2+(U_b-U_c)^2}\right] \tag{13-4}$$

$$\tan2\theta=\frac{2U_b-U_a-U_c}{U_a-U_c}, \quad \frac{\cos2\theta}{U_a-U_c}>0 \tag{13-5}$$

式中，$\sigma_1$、$\sigma_3$ 分别为垂直于孔轴平面内的最大、最小主应力，MPa；$\theta$ 为 $U_a$ 与 $\sigma_1$ 的夹角，当 $\cos2\theta/(U_a-U_c)<0$ 时，为 $U_a$ 与 $\sigma_3$ 的夹角；$U_a$、$U_b$、$U_c$ 分别为 0°、45°、90°方向的孔壁径向位移，$10^{-4}$ cm。

b. 当应变计三个探头之间互成 60°角时：

$$\sigma_1=\frac{E_m}{6R_0}\left[U_a+U_b+U_c+\frac{1}{\sqrt{2}}\sqrt{(U_a-U_b)^2+(U_b-U_c)^2+(U_c-U_a)^2}\right] \tag{13-6}$$

$$\sigma_2=\frac{E_m}{6R_0}\left[U_a+U_b+U_c-\frac{1}{\sqrt{2}}\sqrt{(U_a-U_b)^2+(U_b-U_c)^2+(U_c-U_a)^2}\right] \tag{13-7}$$

$$\tan2\theta=\frac{-\sqrt{3}(U_b-U_c)}{2U_a-(U_b+U_c)}, \quad \frac{\cos2\theta}{U_b-U_c}>0 \tag{13-8}$$

式中，$U_a$、$U_b$、$U_c$ 分别为 0°、60°、120°方向的孔壁径向位移，$10^{-4}$ cm。

## 13.2.2 水压致裂法

### 13.2.2.1 基本原理

水压致裂法是利用橡胶栓塞封堵一段钻孔，然后通过水泵将高压水压入其中，当水压达到一定值时，孔壁岩体将产生拉破裂。假定铅直钻孔孔轴平行于某一岩体应力分量时，典型情况下的水泵压力随时间变化的关系如图 13-3 所示。压力从 $p_0$ 开始增加，到峰值 $p_{c1}$ 时，孔壁某特定部位将产生拉破裂，压力也随之降低，并稳定于 $p_s$，这一压力称为封井压力（或称关闭压力）。这时若人为地降低水压力，则孔壁拉裂隙在岩体应力作用下将闭合。当再次升压时，裂隙将再次张开，压力达到峰值 $p_{c2}$ 后，再次降低并稳定在 $p_s$ 值附近。利用测得的几个特征压力 $p_{c1}$、$p_{c2}$、$p_s$ 及拉裂隙方位等数据，根据弹性力学中圆形孔洞周边应力公式，即可求得垂直孔轴平面的两个地应力值，而铅直应力可大致等于 $\rho gh$。另外，大量的试验资料表明，孔壁的初始破裂通常是铅直的，且沿最大水平主应力方向发展（图 13-4），借此可判断岩体中水平应力的方向。

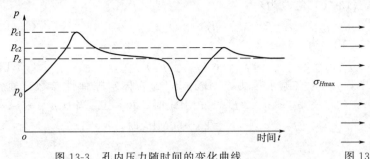

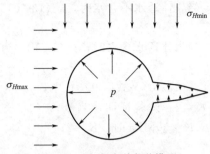

图 13-3　孔内压力随时间的变化曲线　　　　图 13-4　孔壁破裂力学模型

水压致裂法的主要优点是：①测量深度不受限制、代表性好。目前，世界上实测最大深度已达 5105m（美国，Heimson，1978），我国也已达 3958m（天津）。②试验设备简单，操作方便，测量结果直观，精度高。主要缺点是主应力方向难以准确确定。

### 13.2.2.2　主要仪器设备

① 岩心钻机，包括起吊设备、足够长度的钻杆、钻头、扫孔器、定位器和花杆等。②水泵，最高扬程应相当于试验最高压力水头的 1.3～1.5 倍。③精密压力表。④封堵橡胶栓塞一套。⑤其它，安装工具等。

### 13.2.2.3　试验要点

① 选择代表性测点，用岩心钻头钻进至预定测量深度，钻孔深度可视工程需要及岩体条件而定。要求钻孔铅直，孔壁平直。

② 用井下电视及摄影技术进行井下观察与详细描述，记录并提交相应的图件。观察记录内容主要包括：岩性及其变化情况，结构面发育位置、类型、延伸方位、张开度与填充等情况，特别是在预定试验段内应详细观察记录。

③ 试验设备安装。用橡胶栓塞套上花杆，将预定试验段封堵隔离，并将钻杆与水泵、压力表连接。

④ 加压。通过水泵向试验段加水压，在加压过程中，测记水泵压力随时间的变化值，在压力突变时段应加密记录，以求取得完整的 $p\text{-}t$ 关系曲线。当压力第一次出现峰值 $p_{c1}$ 和压力降时，说明孔壁岩体已产生破裂，这时可关闭水泵，测得封井压力 $p_s$。然后，人为地降低压力后再次加压，测量裂隙再次开启时的峰值压力 $p_{c2}$ 和稳定压力 $p_s$，一定时间后即可停止试验。

⑤ 拆除设备，取出橡胶塞，观察栓塞印痕情况，并用井下电视观察裂隙延伸情况，测定其延伸方位。

### 13.2.2.4　成果整理与计算

① 绘制水泵压力 $p$ 随时间变化的关系曲线。

② 根据 $p\text{-}t$ 曲线结合试验情况，确定各特征压力值。

③ 按下式计算岩体的平均抗拉强度 $\sigma_t$：

$$\sigma_t = p_{c1} - p_{c2} \tag{13-9}$$

式中，$p_{c1}$ 为岩体出现拉裂隙的峰值压力，MPa；$p_{c2}$ 为裂隙再次开启时的峰值压力，MPa。

④ 计算岩体应力。

当岩体不透水时，岩体中的最大、最小水平主应力 $\sigma_{H\max}$、$\sigma_{H\min}$ 可按下式计算：

$$\sigma_{H\max} = \sigma_t + 3\sigma_{H\min} - p_{c1} \tag{13-10}$$

$$\sigma_{H\min} = p_s \tag{13-11}$$

当岩体透水不含水时，式(13-10) 应改为：

$$\sigma_{H\max} = \sigma_t + 3\sigma_{H\min} - Kp_{c1} \tag{13-12}$$

当岩体透水含水时，式(13-10) 为：

$$\sigma_{H\max} = \sigma_t + 3\sigma_{H\min} - 2p_0 - K(p_{c1} - p_0) \tag{13-13}$$

式(13-10)～式(13-13) 中，$p_0$ 为空隙水压力，MPa；$K$ 为岩体空隙弹性参数，通常 $1 < K < 2$。试验证明，当 $0 < (p_{c1} - p_0 - \sigma_t)/K < 25$MPa 时，$K \approx 1$；当 $(p_{c1} - p_0 - \sigma_t)/K > 50$MPa 时，$K = 2$；当 $(p_{c1} - p_0 - \sigma_t)/K = 25 \sim 50$MPa 时，$K = 1.5$。

# 13.3　岩土体物理力学性质测试

岩土体物理力学性质测试的内容包括岩体和土体物理、水理及力学性质指标测试等，测试方法可分为室内测试和原位测试。室内测试开展较早，技术较成熟，主要以测试岩土材料物理、水理及力学性质指标为目的，包括岩石常规物理力学性质，如岩石密度、孔隙性、吸水性、变形与强度性质及特殊力学试验，如流变、三轴剪切等；室内土工试验包括土常规试验及高压固结、三轴剪切、渗透与流变等。原位测试技术近年来随着工程建设的飞速发展取得了长足的进展，不但测试种类增多，而且测试精度、可靠性及自动化水平也在不断提高。目前工程中常用的原位测试主要有：土体载荷试验、触探试验、十字板剪切试验、旁压试验、岩体变形试验、岩体强度试验、声波测试等。本节主要介绍国内外常用的原位测试方法。

### 13.3.1　土体载荷试验

平板静力载荷试验（plate load test，PLT），简称载荷试验（图 13-5）。其方法是保持地基土的天然状态下，在一定面积的承压板上向地基土逐级施加载荷，并观测每级载荷下地基土的变形特性。测试所反映的是承压板以下大约 1.5～2 倍承压板宽的深度内土层的应力-应变-时间关系的综合性状。载荷试验的主要优点是对地基土不产生扰动，利用其成果确定的地基承载力可靠性和代表性好，可直接用于工程设计。因此，在对大型工程、重要建筑物的地基勘测中，载荷试验一般是必不可少的。

载荷试验按试验深度分为浅层和深层；按承压板形状有平板与螺旋板之分；按用途可分为一般载荷试验和桩载荷试验；按载荷性质又可分为静力和动力载荷试验等。本节主要讨论浅层平板静力载荷试验。

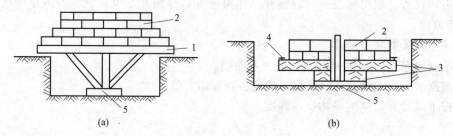

图 13-5　载荷台式加压装置

(a) 木质或铁质载荷台；(b) 低重心载荷台

1—载荷台；2—钢锭；3—混凝土平台；4—测点；5—承压板

#### 13.3.1.1　仪器设备

载荷试验的设备由承压板、加载装置及沉降观测装置等部件组合而成。目前，组合形式多样，成套的定形设备已应用多年。

① 承压板。一般为圆形或方形钢制板，也可采用现浇或预制混凝土板，须有足够刚度，在加荷过程中承压板本身的变形要小，且其中心和边缘不能产生弯曲和翘起；土的浅层平板载荷试验承压板的面积不应小于 $0.25m^2$，对于软土和粒径较大的填土不应小于 $0.5m^2$；对于含碎石的土类，承压板宽度应为最大碎石直径的 10~20 倍，加固后复合地基宜采用大型载荷试验；土的深层平板载荷试验承压板面积宜选用 $0.5m^2$，紧靠承压板周围外侧的土层高度不应少于 80cm。

② 加载装置，包括压力源、载荷台架或反力构架。加荷方式有两种，即重物加荷和千斤顶反力加荷。重物加荷法，即在载荷台上放置重物，如钢锭等（图 13-5）。该方法的优点是载荷稳定，在大型工地常用。千斤顶反力加荷法用地锚提供反力（图 13-6）。此法加荷方便，劳动强度相对较小，已被广泛采用。

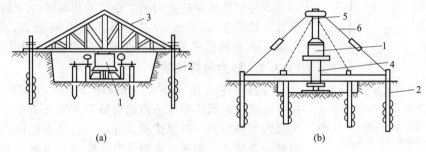

图 13-6　千斤顶式加压装置

（a）钢桁架式装置；（b）拉杆式装置

1—千斤顶；2—地锚；3—桁架；4—立柱；5—分立柱；6—拉杆

③ 沉降观测装置。沉降观测仪表有百分表、沉降传感器或水准仪等，用于承压板的沉降量测量。

### 13.3.1.2　试验要点

① 在基础底面标高上选择代表性地点挖试坑，坑底的宽度应不小于承压板宽度（或直径）的 3 倍，以消除侧向土自重引起的超载影响，同时应保持地基土的天然湿度与原状结构。

② 设备安装，参考图 13-5 或图 13-6。

③ 分级加荷。第一级载荷，应将设备的重量计入，且宜接近所卸除土的自重，以后每级载荷增量，一般取预估测试土层极限压力的 1/12~1/10。

④ 观测每级载荷下的沉降。a. 沉降观测时间间隔。加荷开始后，第一个 30min 内，每 10min 观测沉降一次；第二个 30min 内，每 15min 观测一次；以后每 30min 进行一次。b. 沉降相对稳定标准。连续四次观测的沉降量，当每小时累计不大于 0.1mm 时，方可施加下一级载荷。

⑤ 尽可能使最终载荷达到地基土的极限承载力。当测试出现下列情况之一时，即认为地基土已达极限状态，可终止试验：a. 承压板周围土体出现裂缝或隆起；b. 在载荷不变的情况下，沉降加速或接近一常数，压力-沉降量曲线出现明显拐点；c. 总沉降量等于或大于承压板宽度（或直径）的 0.06；d. 在某一载荷下，24h 内沉降速率不能达到稳定标准。如达不到极限载荷，则最大压力应达到预期设计压力的两倍或超过第一拐点至少三级载荷。

### 13.3.1.3　试验成果整理及应用

① 绘制压力-沉降量关系曲线。原始数据经检查和校对后，整理出载荷与沉降量、时间与沉降量汇总表。然后，绘制压力-沉降量（$p$-$S$）关系曲线（图 13-7）。

② 在 $p$-$S$ 曲线上确定比例界限（$p_0$）和极限界限值（$p_L$）（图 13-7）。比例界限点和极限界限点把 $p$-$S$ 曲线分为三段，反映了地基土逐级受压至破坏的三个变形（直线变形、塑

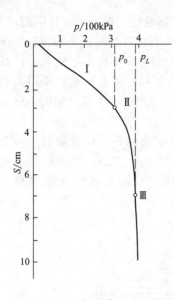

图 13-7 压力与沉降量关系曲线

$p_0$—比例界限；$p_L$—极限界限；

Ⅰ—压密阶段；Ⅱ—塑性变形阶段；

Ⅲ—整体剪切破坏阶段

性变形、整体剪切破坏）阶段。比例界限点前的直线变形段，地基土主要产生压密变形，地基处于稳定状态。直线段端点所对应的压力即为 $p_0$，一般可作为地基土的允许承载力或承载力基本值 $f_0$。

③ 当曲线无明显直线段及转折点时，可采用如下方法确定比例界限：a. 在某一级载荷压力下，其沉降增量 $\Delta S_n$ 超过前一级载荷压力下的沉降增量 $\Delta S_{n-1}$ 的两倍（即 $\Delta S_n \geqslant 2\Delta S_{n-1}$）的点所对应的压力，即为比例界限；b. 绘制 $\lg p$-$\lg S$（或 $p$-$\Delta S/\Delta p$）曲线，曲线上的转折点所对应的压力即为比例界限，其中 $\Delta p$ 为载荷增量，$\Delta S$ 为相应的沉降增量。

载荷试验成果的应用主要在如下几方面：a. 确定地基土承载力基本值 $f_0$；b. 计算地基土变形模量 $E_0$ 等。此外，利用 $p$-$S$ 曲线还可确定湿陷性黄土的湿陷起始压力。

### 13.3.2 静力触探试验

静力触探试验（cone penetration test，CPT），是把具有一定规格的圆锥形探头借助机械匀速压入土中，以测定探头阻力等参数的一种原位测试方法。它分为机械式和电测式两种。机械式采用压力表测量贯入阻力，电测式则采用传感器和电子测试仪表测量贯入阻力。我国采用的是电测式。

#### 13.3.2.1 仪器设备

① 触探主机和反力装置。触探主机按传动方式不同可分为机械式和液压式。机械式贯入力一般小于 5t，比较轻便，便于人工搬运；而液压式贯入力大，如静力触探车贯入力一般大于 10t，贯入深度大、效率高，适用于交通方便的地区。静力触探一般是利用车辆自重或地锚作为反力装置。

② 测量与记录显示装置。测量与记录显示装置一般可分为两种，电阻应变仪和计算机自动记录装置。前者间断测记、人工绘图，后者可连续测记，计算机绘图和处理数据。

③ 探头。一般分为圆锥形的端部和其后的圆柱形摩擦筒两部分。目前国内外使用的探头可分为三种形式（图 13-8、表 13-1）：a. 单用（桥）探头，只能测量一个参数，即比贯入阻力 $p_s$，分辨率（精度）较低；b. 双用（桥）探头，可以同时测量锥尖阻力 $q_c$ 和侧壁摩阻力 $f_s$ 两个参数的探头，分辨率较高；c. 多用（孔压）探头，它是在双用探头内再安装一种可测触探时所产生的超孔隙水压力的传感器和透水滤器，分辨率最高，在地下水位较浅地区应优先采用。

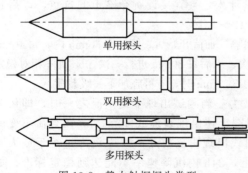

单用探头

双用探头

多用探头

图 13-8 静力触探探头类型

**表 13-1 常用探头规格**

| 探头种类 | 型号 | 锥头 | | | 摩擦筒（或套筒） | | 标准 |
| | | 顶角/(°) | 直径/mm | 底面积/cm² | 长度/mm | 表面积/cm² | |
| 单用 | I-1 | 60 | 35.7 | 10 | 57 | | 我国独有 |
| | I-2 | 60 | 43.7 | 15 | 70 | | |
| | I-3 | 60 | 50.4 | 20 | 81 | | |

| 探头种类 | 型号 | 锥 头 | | | 摩擦筒(或套筒) | | 标 准 |
|---|---|---|---|---|---|---|---|
| | | 顶角/(°) | 直径/mm | 底面积/cm² | 长度/mm | 表面积/cm² | |
| 双用 | II-0 | 60 | 35.7 | 10 | 133.7 | 150 | 国际标准 |
| | II-1 | 60 | 35.7 | 10 | 179 | 200 | |
| | II-2 | 60 | 43.7 | 15 | 219 | 300 | |
| 多用<br>(孔压) | | 60 | 35.7 | 10 | 133.7 | 150 | 国际标准 |
| | | 60 | 43.7 | 15 | 179 | 200 | |

④ 探杆，探杆是将机械力传递给探头以使探头贯入的装置。它有两种规格，即探杆直径与锥头底面直径相同（同径）和小于锥头底面直径两种，每根探杆长度为1m。

#### 13.3.2.2　试验要点

① 率定探头，求出地层阻力和仪表读数之间的关系，以得到探头率定系数，一般在室内进行。新探头或使用一个月后的探头都应及时进行率定。

② 现场测试前应先平整场地，放平压入主机，以便使探头与地面垂直；下好地锚，以便固定压入主机。

③ 将电缆线穿入探杆，接通电路，调整好仪器。

④ 边贯入，边测记，贯入速率控制在 1.5～2.5cm/s 之间。此外，孔压触探还可进行超孔隙水压力消散试验，即在某一土层停止触探，记录触探时所产生的超孔隙水压力随时间变化（减小）情况，以求得土层固结系数等。

#### 13.3.2.3　试验成果整理及应用

① 对原始数据进行检查与校正，如深度和零漂校正。

② 按下列公式分别计算比贯入阻力 $p_s$、锥尖阻力 $q_c$，侧壁摩擦力 $f_s$，摩阻比 $F_R$ 及孔隙水压力 $U$：

$$p_s = K_p \varepsilon_p \tag{13-14}$$

$$q_c = K_c \varepsilon_c \tag{13-15}$$

$$f_s = K_f \varepsilon_f \tag{13-16}$$

$$F_R = \frac{f_s}{q_c} \times 100\% \tag{13-17}$$

$$U = K_u \varepsilon_u \tag{13-18}$$

以上各式中，$K_p$、$K_c$、$K_u$、$K_f$ 分别为单用探头、双用探头、多用探头锥头的有关传感器及摩擦筒的率定系数；$\varepsilon_p$、$\varepsilon_c$、$\varepsilon_u$、$\varepsilon_f$ 为相对应的应变量（微应变）。

③ 绘制 $q_c$、$f_s$、$p_s$、$F_R$、$U$ 随深度（纵坐标）的变化曲线，如图 13-9 所示。上述各种曲线的纵坐标（深度）比例尺应一致，横坐标为各种测试成果，其比例尺应根据数值大小而定。

静力触探成果应用很广，主要可归纳为以下两方面：划分土层及土类判别（图 13-10）；求土层的工程性质指标。其中，土层的工程性质指标包括：a. 判断土的潮湿程度及密度；b. 土的抗剪强度参数；c. 求地基土基本承载力 $f_0$ 和确定单桩承载力；d. 求饱和土层固结系数及渗透系数；e. 求土层压缩模量 $E_s$ 与变形模量 $E_0$；f. 确定桩端持力层层位、厚度、埋深等。

### 13.3.3　动力触探试验

动力触探（dynamic penetration test，DPT）技术在国内外应用极为广泛，目前，世界

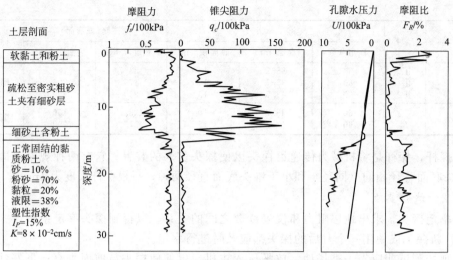

图 13-9　静力触探成果曲线及其相应土层剖面

（加拿大温哥华）

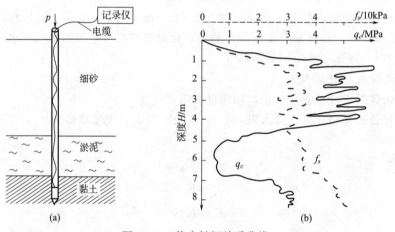

图 13-10　静力触探关系曲线

上大多数国家都采用动力触探测试技术进行土工勘测。它是利用一定的锤击动能，将一定规格的探头打入土中，根据每打入土中一定深度的锤击数（或以能量表示）来判定土的性质，并对土进行粗略的力学分层的一种原位测试方法。

动力触探的优点是：设备简单且坚固耐用；操作及测试方法简便；适应性广，砂土、粉土、砾石土、软岩、强风化岩石及黏性土均可；快速、经济，能连续测试土层等。

动力触探试验方法可分为两大类，即圆锥动力触探试验和标准贯入试验（表 13-2）。本节仅介绍标准贯入试验的原理与方法。

**表 13-2　常用动力触探类型及规格表**

| 类型 | | 锤重 /kg | 落距 /cm | 探头（圆锥头）规格 | | 探杆外径 /mm | 触探指标（贯入一定深度的锤击数） | 备注 |
|---|---|---|---|---|---|---|---|---|
| | | | | 锥角/(°) | 底面积/cm² | | | |
| 圆锥动力触探 | 轻型 | 10 | 50 | 60 | 12.6 | 25 | 贯入 30cm 锤击数 $N_{10}$ | 建筑地基基础设计规范 |
| | | 10 | 30 | 45 | 4.9 | 12 | 贯入 10cm 锤击数 $N_{10}$ | 英国 BS 规程推荐 |
| | 重型 | 63.5 | 76 | 60 | 43 | 42 | 贯入 10cm 锤击数 $N_{63.5}$ | 岩土工程勘察规范推荐 |
| | 超重型 | 120 | 100 | 60 | 43 | 60 | 贯入 10cm 锤击数 $N_{120}$ | 岩土工程勘察规范、水电部土工试验规程推荐 |

续表

| 类型 | 锤重/kg | 落距/cm | 探头（圆锥头）规格 | | 探杆外径/mm | 触探指标（贯入一定深度的锤击数） | 备　注 |
| --- | --- | --- | --- | --- | --- | --- | --- |
| | | | 锥角/(°) | 底面积/cm² | | | |
| 标准贯入 | 63.5 | 76 | 对开管式贯入器，外径为 51mm，内径为 35mm，长 760mm，刃角为 18°~20° | | 42 | 贯入 30cm 的锤击数 $N$ | 国际通用，简称 SPT |

　　标准贯入试验简称标贯（英文缩写 SPT），是动力触探测试方法最常用的一种，其设备规格和测试程序在国际上已趋于统一。它和圆锥动力触探试验的区别是探头和测试方法不同。标贯探头（图 13-11）是空心圆柱形的，试验是间断贯入的，每次测试只能按要求贯入 0.45m，然后换上钻头钻进至下一试验深度重新试验，试验只计贯入 0.30m 的锤击数 $N$。另外此试验只宜用在黏性土、粉土和砂土中。圆锥动力触探是连续贯入和连续分段计锤击数的。

　　标贯的穿心锤质量为 63.5kg，自由落距 76m。其动力设备要有钻机配合。

### 13.3.3.1　标准贯入试验要点

　　① 先用钻具钻至试验土层标高以上 0.15m 处，清除残土。清孔时，应避免试验土层受到扰动。当在地下水位以下土层中进行试验时，应使孔内水位保持高于地下水位，以免出现涌砂和塌孔；必要时，应下套管或用泥浆护壁。

　　② 将贯入器放入孔内，注意保持贯入器、钻杆、导向杆连接后的垂直度。孔口宜加导向器，以保证穿心锤中心施力。

　　③ 将贯入器以每分钟击打 15~30 次的频率，先打入土中 0.15m，不计锤击数；然后开始记录每打入 0.10m 及累计 0.30m 的锤击数 $N$，并记录贯入深度与试验情况。若遇密实土层，锤击数超过 50 击时，停止试验并记录 50 击的贯入深度。

　　④ 旋转钻杆，然后提出贯入器，取贯入器中的土样进行鉴别、描述记录，并测量其长度。将需要保存的土样仔细包装、编号，以备试验之用。

　　⑤ 重复步骤①~④，进行下一深度的标贯测试，直至所需深度。一般每隔 1m 进行一次标贯试验。

### 13.3.3.2　标贯测试成果整理

　　① 求锤击数 $N$。如土层不太硬，并贯穿 0.30m 试验段，则取贯入 0.30m 的锤击数 $N$；如土层很硬，不宜强行打入时，可用下式换算相应于贯入 0.30m 的锤击数 $N$：

$$N = \frac{0.3n}{\Delta L} \tag{13-19}$$

　　式中，$n$ 为所选取的贯入深度的锤击数；$\Delta L$ 为对应锤击数 $n$ 的贯入深度，m。

　　② 绘制标贯锤击数-深度（$N$-$H$）关系曲线。

　　③ 求桩基承载力和确定桩基持力层。

　　④ 确定砂土密实度及液化势。

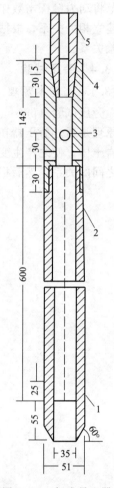

图 13-11　标准贯入器
（单位：mm）

1—贯入器靴；2—贯入器身；
3—排水孔；4—贯入器头；
5—探（钻）杆接头

⑤ 确定黏性土稠度及 $c$、$\varphi$ 值。

由于动力触探试验具有简易及适应性广等突出优点，特别是用静力触探不能勘测的碎石类土，动力触探则大有用武之地。动力触探已被列入多种勘察规范中，在勘察实践中应用较广，主要应用于以下几方面。

① 划分土类，即依据动力触探击数可粗略划分土类，并应用于划分土层和绘制土层剖面图。

② 确定地基土承载力，目前国家标准《建筑地基基础设计规范》（GB J7—89）等多种规范将动力触探击数作为地基承载力标准值指标之一，其方法是将锤击数与地基承载力标准值建立相关关系，根据经验关系式来求取地基承载力标准值。我国有不少地区建立了这样的经验关系。

### 13.3.4　旁压试验

#### 13.3.4.1　基本原理

旁压试验（pressure meter test，PMT）实质上是一种利用钻孔做的原位横向载荷试验。其原理是通过旁压器在竖直的孔内加压，使旁压膜膨胀，由旁压膜（或护套）将压力传给周围岩土体，使之产生变形直至破坏（图 13-12），并通过测量装置测出施加的压力和岩土变形之间的关系，然后根据这种关系对孔周围所测岩土体的承载力、变形性质等进行评价。

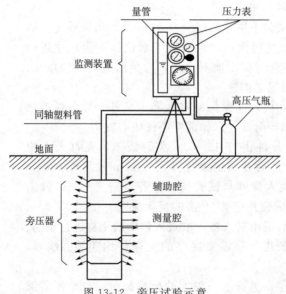

图 13-12　旁压试验示意

旁压试验的优点是和静力载荷试验比较而显现出来的。它可在不同深度上进行测试，特别是可用于地下水位以下的土层，所求地基承载力值和平板载荷试验所求的相近，精度高。预钻式设备轻便，测试时间短。其缺点是受成孔质量影响大，在软土中测试精度不高。

#### 13.3.4.2　仪器设备

国内常用的旁压仪，主要由以下四部分组成。

① 旁压器，由圆形金属架和包在其外的橡皮膜组成。旁压器一般为三腔式，中间为主腔（也称测试腔），上、下为护腔（也称为辅助腔）。主腔和护腔互不相通，而护腔之间则相通，把主腔夹在中间。通过旁压器橡皮膜受压膨胀向旁边的土体施加压力，主腔周围土体变形就可以作为平面应变问题来处理。在含有角砾土层中进行测试时，应用带金属铠甲装护套的旁压器。旁压器在使用前应进行旁压器弹性膜约束力和旁压器综合变形的率定。

② 压力和体积控制箱，包括加压稳压装置和变形测量装置两大部分。加压稳压装置包

括高压氮气瓶或人工打气筒、储气罐、调压阀和相应的压力表。变形测量装置由测管、水箱等组成，孔壁土体受压后相应的变形值由测管水位下降或水体积的消耗量表示。控制箱与旁压器之间用管路系统连接。

③ 管路系统，由连接旁压器和各部分的管路系统组成，其作用是将压力和水从控制箱送到旁压器。

④ 成孔工具等配件，用于预先成孔。

**13.3.4.3　测试要点**

① 试验前，应平整试验场地，必要时可先钻 1～2 个孔，以了解土层的分布情况。

② 将水箱注满蒸馏水或干净水，在整个试验过程中最好将水箱安全阀一直打开，然后接通管路。

③ 向旁压器和变形测量系统注水，为了注水顺畅，应向水箱稍加压力（0.01～0.02MPa）；同时，摇晃旁压器和拍打尼龙管，排除滞留在旁压器和管道内的空气。待测管和辅管中的水位上升到 15cm 时，应设法缓慢注水。要求水位到达零刻度处或稍高于零位时，关闭注水阀和中腔注水阀，停止注水。

④ 成孔，要求如下：a. 钻孔直径比旁压器外径大 2～6mm，孔壁土体稳定性好的土层，孔径不宜过大；b. 尽量避免对孔壁土体的扰动，保持孔壁土体的天然含水量；c. 孔呈规整的圆形，孔壁应垂直光滑；d. 在取过原状土样或进行过标贯试验的孔段以及横跨不同性质土层的孔段，不宜进行旁压试验；e. 最小试验深度、连续试验深度的间隔、离取原状土钻孔或其它原位测试孔的间距，以及试验孔的水平距离等均不宜小于 1m；f. 钻孔深度应比预定的试验深度深 35cm。

⑤ 调零和放置旁压器。把旁压器垂直举起，使旁压器中点与测管零刻度相水平；打开调零阀，把水位调到零位后，立即关闭调零阀、测管阀和辅管阀；然后把旁压器放入钻孔预定测试深度处；此时，旁压器中腔不受静水压力，弹性膜处于不膨胀状态。

⑥ 进行测试：a. 打开测管和辅管阀，此时，旁压器内产生静水压力，该压力即为第一级压力，稳定后，读出测管水位下降值；b. 可采用高压打气筒加压和氮气加压两种方式逐级加压，并测记各级压力下的测管水位下降值；c. 加压等级宜取预估极限压力 $p_L$ 的 1/7～1/5，以使旁压 $p$-$S$ 曲线上有 10 个点左右，方能保证测试资料的真实性，另外，在旁压曲线首曲线段和尾曲线段的加压等级应小一些，以便准确测定 $p_0$ 和 $p_f$（图 13-13）；d. 测记测管水位下降值 $S$（或体积 $V$）。

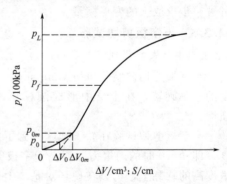

图 13-13　预钻式旁压曲线及特征值

⑦ 终止试验，取出旁压器。

⑧ 试验记录，应在现场作好记录。其内容包括工程名称、试验孔号、深度、所用旁压器型号、弹性膜编号及其率定结果、成孔工具、土层描述、地下水位、试验时的各级压力及相应的测管水位下降值等。

**13.3.4.4　试验成果整理及应用**

① 数据校正。在绘制 $p$-$S$ 曲线之前，按下式对试验记录中的各级压力（$p$）及其相应的测管水位下降值（$S$）进行校正：

$$p = p_m + p_w - p_i \tag{13-20}$$

式中，$p$ 为校正后压力，kPa；$p_m$ 为压力表读数，kPa；$p_w$ 为静水压力，kPa；$p_i$ 为弹性膜约束力曲线上与测管水位下降值对应的弹性膜约束力，kPa。孔中无地下水时，$p_w = (h_0 + Z)\gamma_w$；孔中有地下水时，$p_w = (h_0 + h_w)\gamma_w$，式中 $h_0$ 为测管水面离孔口的高度，m；$Z$ 为地面至旁压器中腔中点的距离，m；$h_w$ 为地下水位离孔口的距离，m；$\gamma_w$ 为水的重度，kN/m³。

$$S = S_m - (p_m + p_w)\alpha \tag{13-21}$$

式中，$S$ 为校正后的测管水位下降值，cm；$S_m$ 为实测测管水位下降值，cm；$\alpha$ 为仪器综合变形校正系数，cm/kPa；其它符号意义同前。

② 绘制 $p$-$S$ 曲线。以 $p$ 为纵坐标，$S$ 为横坐标绘制 $p$-$S$ 曲线。

③ 曲线特征值的确定和计算。旁压试验常见的 $p$-$S$ 曲线如图 13-13，各特征值的确定方法如下。

a. 静止侧压力 $p_0$。可用计算法由式（13-22）求出，也可从旁压曲线上求出。

$$p_0 = \xi(\gamma h - u) + u \tag{13-22}$$

式中，$\xi$ 为静止土侧压力系数，砂土、粉土取 0.5，黏性土取 0.6，淤泥取 0.7；$\gamma$ 为土的重度，地下水位以下为饱和重度，kN/m³；$h$ 为测试点深度，m；$u$ 为测试点的孔隙压力，kPa。

b. 临塑压力 $p_f$。可按下列方法之一确定：其一，直线段的终点所对应的压力为临塑压力 $p_f$；其二，可按各级压力的 30s 到 60s 的测管水位下降增量 $\Delta S_{60\sim30}$（或体积 $\Delta V_{60\sim30}$），用压力 $p$ 的关系曲线辅助分析确定，即 $p$-$\Delta S_{60\sim30}$ 的曲线拐点对应的压力即为临塑压力 $p_f$。

c. 极限压力 $p_L$。按下列方法确定，即凭眼力将曲线用曲线板加以延伸，延伸的曲线应与实测曲线光滑而自然地连接，并呈趋向与 $S$（或 $\Delta V$）轴平行的渐近线时，其渐近线与 $p$ 轴的交点即为极限压力 $p_L$。

旁压试验与载荷试验在加压方式、变形观测、曲线形状等方面都有类似之处，其应用也基本相同，主要有：a. 确定地基承载力标准值 $f_k$；b. 计算地基土的旁压模量 $E_m$，由 $E_m$ 可进一步求取土的变形模量。

### 13.3.5 十字板剪切试验

#### 13.3.5.1 基本原理

十字板剪切试验（field vane shear test，FVST）是用插入软黏土中的十字板头，以一定的速率旋转，在土层中形成圆柱形破坏面，测出土的抵抗力矩，然后换算成土的抗剪强度。

十字板剪切试验在软土地区得到了广泛应用，主要用其测定饱水软黏土的不排水抗剪强度，即 $\Phi = 0$ 时的内聚力 $c$ 值。十字板剪切的优点是：①不用取样，特别是对难以取样的灵敏度高的软黏土，可以在现场对基本上处于天然应力状态下的土层进行扭剪，所求软土抗剪强度指标比其它方法可靠；②野外测试设备轻便，容易操作；③测试速度较快，效率高，成果整理简单。

#### 13.3.5.2 仪器设备

野外十字板剪切试验的仪器为十字板剪切仪，目前国内有三种：开口钢环式、轻便式和电测式。方法分为钻孔式和压入式两种。开口钢环式是利用蜗轮旋转将十字板头插入土层中，借开口钢环测出抵抗力矩，计算出土的抗剪强度，要配用钻机打孔。电测式测力设备是在十字板头上方连接一贴有电阻应变片的受扭力柱的传感器，在地面用电子仪器直接测量十字板头的剪切扭力，不必进行钻杆和轴杆校正。它主要由以下几部分组成。

① 压入主机（图 13-14）；

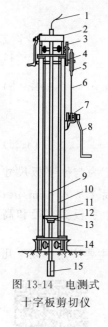

图 13-14　电测式
十字板剪切仪

1—电缆；2—施加
扭力装置；3—大
齿轮；4—小齿轮；
5—大链轮；6—链
条；7—小链轮；
8—摇把；9—钻
杆；10—链条；
11—支架立杆；
12—山形板；13—
垫压块；14—槽
钢；15—十字板头

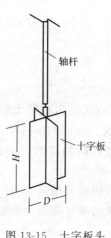

图 13-15　十字板头

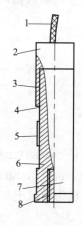

图 13-16　电测式十字板扭力传感器
1—电缆；2—钻杆接头；3—固定护套螺
丝；4—引线孔；5—电阻应变片；6—受
扭力柱；7—护套；8—接十字板头丝扣

② 十字板头（图 13-15），直径 $D=50\text{mm}$，高 $H=100\text{mm}$，板厚 2mm，刃口角度 60°，轴杆直径为 13mm，轴杆长度为 50mm；

③ 扭力传感器（图 13-16），传感器（电阻式）应具有良好的密封和绝缘性能，对地绝缘电阻不应小于 200MΩ，传感器应事先率定；

④ 测量扭力仪表，静态电阻应变仪（精度为 $5\mu\varepsilon$）或数字测力仪（精度 1～2N）；

⑤ 施加扭力装置，由蜗轮蜗杆、变速齿轮、钻杆夹具和手柄等组成。手摇柄转动一圈正好使钻杆转动一度；

⑥ 其它：钻杆、水平尺和管钳等。

#### 13.3.5.3　试验要点

① 安装及调平电测式十字板剪切仪机架，用地锚固定，并安装好施加扭力的装置。

② 将十字板头接在传感器上拧紧，将其所附电缆及插头与穿入钻杆内的电缆及插座连接，并进行防水处理。接通测量仪器。

③ 将十字板头垂直压入土中至预定深度，并用卡盘卡住钻杆，使十字板头固定在同一深度上进行扭剪。在扭剪前，应读取初始读数或将仪器调零。

④ 匀速转动手摇柄，摇柄每转一圈，十字板头旋转一度。每 5～10s 使摇柄转动一圈，每转动一圈测记应变读数一次。当读数出现峰值或稳定值后，再继续测记 1min。十字板头插入预定深度后需静置 2～5min 后才能开始扭剪，并应在 2min 内测得峰值强度。

⑤ 松开钻杆夹具，用手或管钳快速将探杆顺时针方向旋转 6 圈，使十字板头周围的土充分扰动后，立即拧紧钻杆夹具，重复步骤④，测记重塑土剪切破坏时的应变仪或测力仪的读数。注意事项为要设法防止电缆与十字板接头处被拧断，故此项宜每层土只进行一两次。

⑥ 完成一次试验后，松开钻杆夹具。根据需要，继续将十字板头压下一个试验深度，重复③至⑤步骤。

#### 13.3.5.4　试验成果整理与应用

电测十字板剪切试验中的数据可分为两类：第一类是原位剪切所测的原状土剪切破坏时的读数 $R_y$ 和重塑土剪切破坏时的读数 $R_e$ 等；第二类是传感器率定系数及十字板头直径与

高度。据上述试验数据，按下列公式计算土的抗剪强度及土的灵敏度（$S_t$）：

$$C_u = 10K\alpha R_y \tag{13-23}$$

$$C_u' = 10K\alpha R_e \tag{13-24}$$

$$K = \frac{2}{\pi D^2 H \left(1 + \dfrac{D}{3H}\right)} \qquad \left(\text{一般 } H = 2D\text{，则 } K = \frac{6}{7\pi D^3}\right) \tag{13-25}$$

$$S_t = \frac{C_u}{C_u'} \tag{13-26}$$

式中，$C_u$ 为原状土抗剪强度，kPa；$C_u'$ 为重塑土抗剪强度，kPa；$K$ 为与十字板尺寸有关的常数，$\text{cm}^{-3}$，如 $D = 5\text{cm}$，则 $K = 0.00218\text{cm}^{-3}$；$\alpha$ 为传感器率定系数，$\text{N} \cdot \text{cm}/\mu\varepsilon$；$R_y$、$R_e$ 分别为原状土和重塑土剪切破坏时的读数，$\mu\varepsilon$；$D$、$H$ 分别为十字板头直径和高度，cm。

在软土地基勘察中，野外十字板剪切试验用途十分广泛，其测试成果主要应用于以下几个方面：①估算地基允许承载力；②预估极限端阻力和极限侧摩阻力等。

### 13.3.6 岩体变形试验

岩体变形参数测试方法有静力法和动力法两种。静力法的基本原理是：在选定的岩体表面、槽壁或钻孔壁面上施加一定的载荷，并测定其变形；然后绘制出压力-变形曲线，计算岩体的变形参数。据其方法不同，静力法又可分为承压板法、狭缝法、钻孔变形法及水压法等。本节仅介绍承压板法。

#### 13.3.6.1 承压板法基本原理

承压板法又分为刚性承压板法和柔性承压板法，我国多采用刚性承压板法。该方法的优点是简便、直观，能较好地模拟建筑物基础的受力状态和变形特征。除常规的承压板法外，还有一种承压板下中心孔变形测试的方法，即在承压板下试体中心打一测量孔，采用多点位移计测定岩体不同深度处的变形值。此外，国际岩石力学学会测试委员会还推荐了一种现场孔底承压板法变形试验。刚性承压板法是通过刚性承压板对半无限空间岩体表面施加压力并测量各级压力下岩体的变形，按弹性理论公式计算岩体变形参数的方法。

刚性承压板法试验一般在试验平硐或井巷中进行。在露天进行试验时，其反力装置可利用地锚或重压法，但必须注意试验时的环境温度变化对试验结果的影响。

#### 13.3.6.2 承压板法的试件制备与描述

（1）试件制备

根据工程需要和工程地质条件选择代表性试验地段和试验点位置，在预定的试验点部位制备试件，要求试件面积不小于 $2500\text{cm}^2$。

（2）试件地质描述

内容包括：①试硐编号、位置、硐底高程、方位、硐深、断面形状及尺寸、开挖方式等；②试件编号、层位、尺寸及制备方法等；③岩性和风化程度、地下水和岩体结构面类型、产状、性质、隙宽、延伸性、密度及填充物性质等情况；④地质描述应提交的图件包括试段地质素描图、裂隙统计图表及相应的照片，试段地质纵横剖面图，试件地质素描图等。

#### 13.3.6.3 承压板法仪器设备及其安装调试

（1）仪器设备

① 加压系统：液压千斤顶或液压枕、油泵等。

② 传力系统：承压板（应具有足够的刚度，厚度 3cm，面积为 2000～2500cm²），传力柱（应有足够的刚度和强度）及钢垫板若干块。

③ 测量系统：测表支架和百分表。

（2）仪器设备的安装调试（图 13-17）

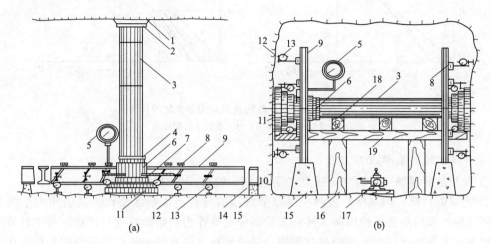

图 13-17　刚性承压板法试验安装示意

(a) 钻直方向加荷；(b) 水平方向加荷

1—砂浆顶板；2—垫板；3—传力柱；4—圆垫板；5—标准压力表；6—液压千斤顶；7—高压管（接油泵）；
8—磁性表架；9—工字钢梁；10—钢板；11—刚性承压板；12—标点；13—千分表；14—滚轴；
15—混凝土支墩；16—木柱；17—油泵（接千斤顶）；18—木垫；19—木梁

① 传力系统安装：a. 在制备的试件表面抹一层加有速凝剂的高标号（不低于 400♯）水泥砂浆，其厚度以填平岩面起伏为准，然后放上承压板，并使承压板与岩面紧密接触；b. 依次放上千斤顶、传力柱及钢垫板等，安装时应注意使整个系统所有部件保持在同一轴线上且与加压方向一致；c. 顶板用加速凝剂的高标号水泥砂浆浇成，浇好后起动液压千斤顶，使整个传力系统各部位接合紧密，并经一定时间的养护备用。

② 测量系统安装：将测表支架固定在试验影响范围以外的稳定岩体上，然后在测表支架上安装测表（百分表），测表安装时应注意测表表腿与承压板或岩面标点垂直且伸缩自如。

13.3.6.4　承压板法的试验要点

① 准备工作：a. 按设计压力的 1.2 倍确定最大试验压力；b. 根据千斤顶（或液压枕）的率定曲线及承压板面积计算出施加压力与压力表读数关系的加压表；c. 测读各测表的初始读数，加压前每 10min 读数一次，连续三次读数不变，即可开始加压。

② 加压：a. 将确定的最大压力分为 5 级并分级施加压力；加压方式一般采用逐级一次循环加压法，必要时可采用逐级多次循环法（图 13-18）；b. 加压后立即读数一次，此后每隔 10min 读一次数，直到变形稳定；卸压过程中的读数要求与加压相同；c. 某级压力加完后卸压，卸压时应注意除最后一级压力卸至零外，其它各级压力均应保留接触压力（0.05～0.1MPa），以保证操作安全。

③ 重复加压，第一级压力卸完后，接着加下一级压力，如此反复直至最后一级压力，各级压力下的读数要求与稳定标准相同。

④ 在试验过程中，应认真填写试验记录表格并观察试件变形破坏情况，最好是边读数、边记录、边点绘承压板上代表性测表的压力-变形关系曲线，发现问题及时纠正处理。

⑤ 试验设备拆卸。试验完毕后，应及时拆除试验装置，其步骤与安装步骤相反。

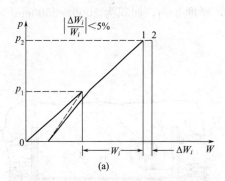
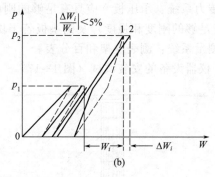

图 13-18 压力-变形曲线及相对变形变化的计算

(a) 逐级一次循环法；(b) 逐级多次循环法

#### 13.3.6.5 试验成果整理与应用

① 参照试验现场点绘的测表压力-变形曲线，检查、核对试验数据。

② 变形值计算。调（换）表前一律以某级读数与初始读数之差作为某级压力下的变形值；调（换）表后的变形值用调（换）表后的稳定值作为初始读数进行计算；两次计算所得值之和为该表在某级压力下所测总变形值。以承压板上各有效表的总变形值的平均值作为总变形值。

③ 以压力 $p(\mathrm{MPa})$ 为纵坐标、变形值 $W(10^{-4}\mathrm{cm})$ 为横坐标，绘制 $p$-$W$ 关系曲线。在曲线上求取某压力下岩体的弹性变形、塑性变形及总变形值。

④ 按下式计算岩体的变形模量或弹性模量：

$$E_0 = \frac{m(1-\mu^2)pd}{W} \tag{13-27}$$

式中，$E_0$ 为岩体的变形模量或弹性模量，MPa，当 $W$ 为总变形量（cm）代入式中计算时为变形模量，当 $W$ 以弹性变形量代入式中计算时为弹性模量；$m$ 为承压板形状系数，圆形板 $m=\pi/4=0.785$，方形板 $m=0.886$；$\mu$ 为岩体的泊松比；$p$ 为按承压板单位面积计算的压力，MPa；$d$ 为承压板的直径（圆形板）或边长（方形板），cm。

承压板变形试验的主要成果是 $p$-$W$ 曲线及由此计算得到的变形模量。这些成果可应用于分析研究岩体的变形机理和变形特征，同时，岩体的变形模量等参数也是工程岩体力学数值计算中不可缺少的参数。

### 13.3.7 岩体强度试验

岩体的强度参数是工程岩体破坏机理分析及稳定性计算不可缺少的参数，由于原位岩体试验考虑了岩体结构及其结构面的影响，因此其试验成果较室内岩块试验更符合实际。目前主要依据现场岩体力学试验求得，特别是在一些大型工程的详勘阶段，大型岩体力学试验占有很重要的地位，是主要的勘察手段。原位岩体强度试验主要有直剪试验（包括结构面剪切）、单轴和三轴抗压试验等。本节主要介绍直剪试验的原理与方法。

#### 13.3.7.1 直剪试验的基本原理

岩体原位直剪试验是岩体力学试验中常用的方法，它又可分为剪断岩体、沿结构面及岩体与混凝土接触面剪切三种。每种试验又可细分为抗剪断试验、摩擦试验。抗剪断试验是试件在一定的法向应力作用下沿某一剪切面剪切破坏的试验，所求得的强度为试件沿该剪切面的抗剪断强度；摩擦试验是试件剪断后沿剪切面继续剪切的试验，所求得的强度为试件沿该剪切面的残余剪切强度。

直剪试验一般在平硐中进行，如在试坑或大口径钻孔内进行，需设置反力装置。图 13-19 为常见的直剪试验布置方案，当剪切面水平或近水平时，采用图 (a)～(d) 方案，其中图 (a)～(c) 为平推法，图 (d) 为斜推法，当剪切面为陡倾时采用图 (e)、(f) 所示的方案。图 (a) 施加剪切载荷时有一力矩 $e_1$ 存在，使剪切面的剪应力及法向应力分布不均匀。图 (b) 使法向载荷产生的偏心力矩 $e_2$ 与剪切载荷产生的力矩平衡，改善了剪切面上的应力分布，但法向载荷的偏心力矩较难控制。图 (c) 剪切面上的应力分布均匀，但试体加工有一定难度。图 (d) 法向载荷与斜向载荷均通过剪切面的中心，$\alpha$ 一般为 15°左右，但在试验过程中为保持剪切面上的法向应力不变，需同步降低由于斜向载荷增加的那一部分法向载荷。图 (e) 适用于剪切面上法向应力较大的情况。图 (f) 适用于剪切面上应力较小的情况。

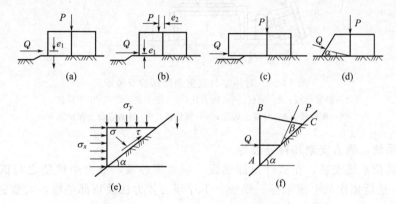

图 13-19　岩体现场直剪试验布置方案

(a)、(b)、(c) 平推法；(d) 斜推法；(e)、(f) 沿倾斜软弱面剪切的楔形体

$P$—垂直（法向）载荷；$Q$—剪切载荷；$\sigma_x$、$\sigma_y$—均布应力；$\tau$—剪应力；$\sigma$—法向应力；$e_1$、$e_2$—偏心距

另外，岩体直剪试验一般需制备多个试件在不同的法向应力作用下进行试验，这时由于试件之间的地质差异，将导致试验结果十分离散，影响成果整理与取值。因此，工程界还提出了一种叫单点法的直剪试验，即利用一个试件在多级法向应力下反复剪切，但除最后一级法向应力下将试件剪断外，其余各级均不剪断试件，只将剪应力加至临近剪断状态后即卸荷。具体方法可参考有关文献。

### 13.3.7.2　试件制备与地质描述

① 试件制备　在选定的试验部位，切割出方柱形试件，要求每组试件不少于 5 块；每块试件面积不小于 $2500cm^2$，最小边长不小于 50cm，高度为最小边长的 1/2，试件之间的距离应大于最小边长的 1.5 倍。

② 地质描述　内容与要求如下：a. 试验及开挖、试件制备的方法及其情况；b. 岩石类型、结构构造及主要矿物成分；c. 岩体结构面类型、产状、宽度、延伸性、密度及填充物性质等；d. 试验段岩体风化程度及地下水情况；e. 应提交的图件为试验地段工程地质图及试件展视图、照片等。

### 13.3.7.3　仪器设备及安装调试（图 13-20）

① 加压系统，液压千斤顶或液压枕、油泵及压力表等。

② 传力系统，传力柱、钢垫板和滚轴排（尺寸与试件面积匹配，有足够的刚度与强度）。

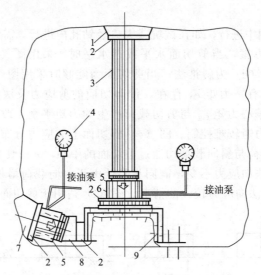

图 13-20 岩体本身抗剪强度试验安装示意
1—砂浆顶板；2—钢板；3—传力柱；4—压力表；5—液压千斤顶；
6—滚轴排；7—混凝土后座；8—斜垫板；9—钢筋混凝土保护罩

③ 测量系统，测表支架和百分表等。

④ 法向载荷系统安装，在试件顶部铺设一层水泥砂浆，放上垫块使之与试件密合且平行于剪切面；然后依次放上滚轴排、垫板、千斤顶、传力柱及顶部垫板，安装完毕后起动千斤顶稍加压力，使整个系统结合紧密。

⑤ 剪切载荷系统安装，方法要求与法向载荷系统安装相同。

⑥ 测量系统安装，将测表支架固定在试验影响范围以外稳定岩体上，然后在测表支架上安装测表（百分表），安装时应注意测表表腿与承压板或岩面标点垂直且伸缩自如。

### 13.3.7.4　试验要点

① 按预定的法向应力对试件分级施加法向载荷，一般应分为 4～5 级，每隔 5min 加一级，并测读每级载荷下的法向位移。在加到最后一级载荷时，要求测读稳定法向位移值。

② 法向位移稳定后，即可施加剪切载荷直至试件剪切破坏。试件剪断后，继续测记在大致相等的剪应力作用下，不断发生大位移（1～1.5cm 以上）的残余强度。然后分 4～5 级卸除剪切载荷至零，观测回弹变形。试验结束后，根据需要调整设备和测表，按上述同样方法进行摩擦试验。采用斜推法分级施加斜向载荷时，应保持法向载荷始终为一常数。为此需同步降低由斜向载荷而增加的法向分载荷。这时施加在试件上的法向载荷 $p$ 可按下式计算：

$$p = p' - Q\sin\alpha \tag{13-28}$$

式中，$p'$ 为预定的法向载荷，N；$Q$ 为斜向载荷，N；$\alpha$ 为斜向载荷作用线与剪切面的夹角。

③ 拆除设备及描述试件破坏情况。试验完毕后，按设备安装相反的顺序拆除试验设备。然后翻转试件，对试件破坏情况进行详细描述，内容包括破坏形式、剪切面起伏情况、剪断岩体面积、擦痕分布范围及方向等，并进行素描和拍照。

④ 以不同的法向载荷重复步骤①～③，对其余试件进行试验，取得相应的资料。

### 13.3.7.5　试验成果整理

① 按下列方法计算各级载荷作用下剪切面上的应力。

平推法：

$$\sigma = \frac{p}{A} \tag{13-29}$$

$$\tau = \frac{Q}{A} \tag{13-30}$$

斜推法：

$$\sigma = \frac{p}{A} + \frac{Q}{A}\sin\alpha \tag{13-31}$$

$$\tau = \frac{Q}{A}\cos\alpha \tag{13-32}$$

以上四式中，$\sigma$、$\tau$ 为分别为作用于剪切面上的法向应力和剪应力，MPa；$A$ 为剪切面面积，$mm^2$。

② 绘制各法向应力下的剪应力（$\tau$）与剪位移关系曲线。根据曲线特征，确定岩体的比例极限、屈服强度、峰值强度及残余强度等数据。

③ 绘制法向应力与比例极限、屈服强度、峰值强度及残余强度关系曲线，并按库仑表达式确定相应的 $c$、$\varphi$ 值。

如果试验是沿结构面剪切或沿岩体与混凝土的接触面剪切，则所求的 $c$、$\varphi$ 值为结构面或岩体与混凝土接触面的 $c$、$\varphi$ 值，其试验方法和资料整理方法相同。在工程岩体稳定性分析中，可根据岩体性质、工程特点，并结合地区经验等对试验成果进行综合分析，选取适当的岩体抗剪强度参数。

### 13.3.8　岩体声波测试

#### 13.3.8.1　基本原理

岩体声波测试技术是一项比较新的测试技术，它与传统的静载测试相比，具有独特的优点：轻便简易、快速经济、测试内容多且精度易于控制，因此具有广阔的发展前景。

据波动理论，传播于连续、各向同性弹性介质中的纵波速度（$v_p$）和横波速度（$v_s$）为：

$$v_p = \sqrt{\frac{E_d}{2\rho(1+\mu_d)(1-2\mu_d)}} \tag{13-33}$$

$$v_s = \sqrt{\frac{E_d}{2\rho(1+\mu_d)}} \tag{13-34}$$

式中，$E_d$ 为介质动弹性模量；$\mu_d$ 为介质动泊松比；$\rho$ 为介质密度。

由式(13-33) 和式(13-34) 可知：弹性波的传播速度与 $\rho$、$E_d$ 和 $\mu_d$ 有关，这样可通过测定岩体中的 $v_{pm}$ 和 $v_{sm}$ 来确定岩体的动力学性质。

工程声波测试通常是通过声波仪发生的电脉冲（或电火花）激发声波，并测定其在岩体中的传播速度，据上述波动理论求取岩体动力学参数。声波测试又分为单孔法、跨孔法和表面测试法几种，本节主要介绍表面测试法。

#### 13.3.8.2　测线（点）选择与地质描述

在平硐、钻孔或地表露头上选择代表性测线和测点。测线应按直线布置，各向异性岩体应按平行与垂直主要结构面布置测线。相邻两测点的距离，可据声波激发方式确定，换能器激发为 1～3m，电火花激发为 10～30m，锤击激发应大于 3m。

测点地质描述内容包括岩石名称、颜色、矿物成分、结构构造、胶结物性质与风化程度；主要结构面产状、宽度、长度、粗糙程度和填充物性质及其与测线的关系等；提交测点平面展示图、剖面图及钻孔柱状图等图件。

### 13.3.8.3　仪器设备（参见图 13-21）

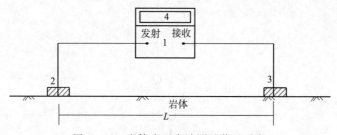

图 13-21　岩体表面声波测试装置示意

1—声波仪；2—发射换能器；3—接收换能器；4—显示器及计时装置

仪器设备包括声波岩体参数测定仪；换能器，包括发射与接收换能器，要求规格齐全，能适应不同方法测试；其它：黄油、凡士林、铝箔或铜箔纸等。

### 13.3.8.4　试验要点

① 准备工作，安装好仪器设备后开机预热 3～5min。

② 测定零延时 $t_{op}$、$t_{os}$ 值。将加耦合剂的发射、接收换能器（纵波或横波换能器）对接，旋动"扫描延时"旋钮至波形曲线起始点，打开仪器，读零延时 $t_{op}$、$t_{os}$ 值。

③ 测定纵波、横波在岩体中传播的时间。擦净测点表面，换能器放置在测点表面压紧。然后将"扫描延时"旋扭旋至纵波（或横波）初到位置，读纵波（或横波）的传播时间 $t_p$（或 $t_s$）。要求每一对测点读数 3 次，读数之差应不大于 3%。

④ 测量发射与接收换能器之间的距离 $L$，测距相对误差应小于 1%。

⑤ 取代表岩块试件在室内测定岩石的密度（$\rho$）和纵、横波速度 $v_{pr}$ 和 $v_{sr}$（方法同上）。

### 13.3.8.5　成果整理与应用

① 按下式计算岩体的纵、横波速度 $v_{pm}$、$v_{sm}$（km/s）：

$$v_{pm} = \frac{L}{t_p - t_{op}} \tag{13-35}$$

$$v_{sm} = \frac{L}{t_s - t_{os}} \tag{13-36}$$

式中，$L$ 为换能器间的距离，km；$t_p$、$t_s$ 分别为纵、横波走时读数，s；$t_{op}$、$t_{os}$ 分别为纵、横波零延时初始读数，s。

② 按下列公式计算岩体动弹性参数：

$$E_d = v_{pm}^2 \rho \frac{(1+\mu_d)(1-2\mu_d)}{1-\mu_d} \tag{13-37}$$

或

$$E_d = 2v_{sm}^2 \rho (1+\mu_d) \tag{13-38}$$

$$\mu_d = \frac{v_{pm}^2 - 2v_{sm}^2}{2(v_{pm}^2 - v_{sm}^2)} \tag{13-39}$$

$$G_d = \frac{E_d}{2(1+\mu_d)} = v_{sm}^2 \rho \tag{13-40}$$

式中，$E_d$ 为岩体的动弹性模量，GPa；$\mu_d$ 为岩体的动泊松比；$G_d$ 为岩体的剪切模量，GPa。

③ 按下式计算岩体的声学参数：

$$\eta = \frac{v_{pm//}}{v_{pm\perp}} \tag{13-41}$$

$$k_v = \left(\frac{v_{pm}}{v_{pr}}\right)^2 \tag{13-42}$$

式中，$\eta$ 为岩体的各向异性系数；$v_{pm//}$ 为平行结构面方向的纵波速度；$v_{pm\perp}$ 为垂直结构面方向的纵波速度；$k_v$ 为岩体的完整性系数；$v_{pr}$ 为岩块的纵波速度。

大量试验资料（表 13-3）表明：不论是岩体还是岩块，其动弹性模量都普遍大于静弹性模量，两者的比值 $E_d/E_{me}$，对坚硬完整岩体为 1.2～2.0；而对风化及裂隙发育的岩体和软弱岩体，$E_d/E_{me}$ 较大，一般为 1.5～10.0，大者可超过 20.0。

**表 13-3　岩体动、静弹性模量比较表**

| 岩石名称 | 静弹性模量 $E_{me}/\text{GPa}$ | 动弹性模量 $E_d/\text{GPa}$ | $E_d/E_{me}$ | 岩石名称 | 静弹性模量 $E_{me}/\text{GPa}$ | 动弹性模量 $E_d/\text{GPa}$ | $E_d/E_{me}$ |
|---|---|---|---|---|---|---|---|
| 花岗岩 | 25.0～40.0 | 33.0～65.0 | 1.32～1.63 | 大理岩 | 26.2 | 47.2～66.9 | 1.77～2.59 |
| 玄武岩 | 3.7～38.0 | 6.1～38.0 | 1.0～1.65 | 石灰岩 | 3.93～39.6 | 31.6～54.8 | 1.38～8.04 |
| 辉绿岩 | 14.8 | 49.0～74.0 | 3.31～5.00 | 砂岩 | 0.95～19.2 | 20.6～44.0 | 2.29～21.68 |
| 闪长岩 | 1.5～60.0 | 8.0～76.0 | 1.27～5.33 | 细粒砂 | 1.3～3.6 | 20.9～36.5 | 10.0～16.07 |
| 石英片岩 | 24.0～47.0 | 66.0～89.0 | 1.89～2.75 | 页岩 | 0.66～5.00 | 6.75～7.14 | 1.43～10.2 |
| 片麻岩 | 13.0～40.0 | 22.0～35.4 | 0.89～1.69 | 千枚岩 | 9.80～14.5 | 28.0～47.0 | 2.86～3.2 |

利用以上各种指标可以评价岩体的力学性质、岩体质量、风化程度及其各向异性特征。此外，还可以利用波速指标进行岩体风化分带、岩体分类和确定地下硐室围岩松弛带等。

# 13.4　地下水测试

地下水测试是工程地质勘察的重要工作，其内容包括岩土体渗透性、地下水水位、流向、水质、孔隙水压力及其动态变化等。其中岩土体渗透性测试是地下水测试最常见的内容。

地下水在一定的水力梯度作用下流过不同的岩土体时渗透流速和流量相差很大，这是因为不同的岩土体介质对水流的阻力不同，即渗透性不同。岩土体能被地下水透过的能力称为透水性，常用渗透系数表示。在野外岩土体渗透系数常用抽水试验、压水试验及注水试验等方法进行测试。

### 13.4.1　抽水试验

#### 13.4.1.1　基本原理

抽水试验的目的是获取含水岩土体的渗透系数、给水度及地下水流向等水文地质参数。它是在现场打钻孔并下抽水管，自孔中抽水使地下水位下降，并在一定范围内形成降落漏斗（图 13-22）。当孔中水位稳定不变后，降落漏斗渐趋稳定。此时漏斗所达到的范围，即为抽水影响范围。井壁至影响范围边界的距离，称为影响半径。根据抽水试验所观测到的水位与水量等数据，按地下水动力学公式即可计算含水岩土体的

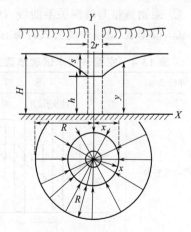

图 13-22　抽水试验

渗透系数等水文地质参数。抽水试验适应于求取地下水位以下含水层渗透系数的情况，不适应于地下水位以上和不含水岩土体的情况。

　　抽水试验按布孔方式、试验方法与要求可分为单孔抽水、多孔抽水及简易抽水；按抽水孔进入含水层深浅及过滤器工作部分长度不同可分为完整井抽水和非完整井抽水；按抽水孔水位、水量与抽水时间的关系可分为稳定流抽水和非稳定流抽水等。本节主要介绍完整井稳定流抽水试验的原理与方法。

### 13.4.1.2　主要仪器设备

　　主要仪器设备包括过滤器；抽水设备，如水泵、空压机等，若为简易抽水试验也可用提桶等作为抽水设备；测量用具，包括流量、水位等测量工具；记录工具等。

### 13.4.1.3　试验要点

　　① 准备工作　在选择好的试验场打抽水孔并揭穿含水层，下过滤器和测管，并安装好抽水设备；然后按要求进行洗孔和试抽水，检查各种仪器设备运行情况是否正常，为正式抽水作准备。

　　② 抽水　一般进行三个水位降深的抽水，每次降深的差值以大于 1m 为宜；在抽水过程中应按规定观测水位和流量，如有观测孔，则抽水孔和观测孔同时进行观测，直至水位和流量稳定为止。

　　③ 静止水位与恢复水位观测　试验前对自然地下水位每小时测定一次，三次所测水位值相同，或 4h 内水位差不超过 2cm 者，即为静止水位；在抽水试验结束后或中途因故停抽时，均应进行恢复水位观测，通常以 1min、3min、5min、10min、15min、30min……按顺序观测，直至完全恢复为止，观测精度要求同静止水位的观测，水位逐渐恢复后，观测时间间隔可适当延长。

　　④ 动水位和水量的观测　动水位和水量在开泵后每 5～10min 观测一次，然后视稳定趋势改为每 15min 或 30min 观测一次。

### 13.4.1.4　试验资料整理

　　(1) 现场初步整理

　　在抽水过程中，应根据所测得的资料及时进行现场整理，绘制 $Q$-$s$、$Q$-$t$、$q$-$s$ 曲线、$s$-$t$ 历时曲线，以便了解试验情况，检查有无反常现象并及时纠正处理。

　　(2) 室内整理计算

　　① 绘制流量、降深历时曲线（$Q$-$t$、$s$-$t$ 曲线）；

　　② 绘制流量与降深关系曲线（$Q$-$s$ 曲线），确定稳定流量（$Q$）与稳定降深（$s$）值；

　　③ 根据表 13-4 中的公式计算含水层的渗透系数（$K$）；

**表 13-4　完整井抽水试验渗透系数计算方法表**［引自《工程地质手册》（第三版）］

| 井的类型 | 图　形 | 计算公式 | 适用条件与说明 |
|---|---|---|---|
| 潜水完整井 | | $K = \dfrac{0.732Q}{(2H-s)s} \lg \dfrac{R}{r}$ | 单孔（井）抽水 |

续表

| 井的类型 | 图　形 | 计　算　公　式 | 适用条件与说明 |
|---|---|---|---|
| 承压水完整井 | 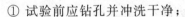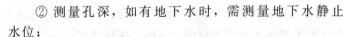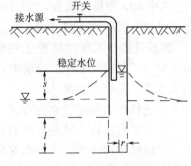 | $K=\dfrac{0.366Q}{Ms}\lg\dfrac{R}{r}$ | 装布依单孔(井)抽水 |

注：$K$ 为渗透系数；$Q$ 为稳定流量；$R$ 为影响半径；$r$ 为孔间距；$M$ 为含水层厚度；$s$ 为稳定降深。

④ 试验报告除文字说明外，还需附钻孔平面位置图、钻孔地质柱状图、抽水试验成果表和水质分析成果表等。

### 13.4.2　钻孔注水试验

注水试验一般在钻孔中进行，是野外测定岩土体渗透性的一种简单的方法。其原理同抽水试验，只是以注水代替抽水。通常用于地下水埋藏深，抽水试验有困难或为求得包气带岩土层的渗透系数等情况。注水试验装置如图 13-23 所示，试验步骤如下。

① 试验前应钻孔并冲洗干净；

② 测量孔深，如有地下水时，需测量地下水静止水位；

③ 注水，开始应由小到大不断供水，当孔内水位升到预定高度后，应控制供水量，使孔内水位稳定，水量不变，形成稳定的倒置漏斗。

图 13-23　钻孔注水试验示意

在厚且水平分布较宽的含水层作常流量注水试验时（图 13-23），可按下式计算渗透系数 $K$ 值。

当 $L\leqslant 4r$ 时，

$$K=\frac{0.08Q}{rs\sqrt{\dfrac{L}{2r}+\dfrac{1}{4}}} \tag{13-43}$$

当 $L>4r$ 时，

$$K=\frac{0.366Q}{Ls}\lg\frac{2L}{r} \tag{13-44}$$

式中，$L$ 为试验段或过滤器长度，m；$Q$ 为稳定注水量，$m^3/d$；$s$ 为孔中水头高度，m；$r$ 为钻孔半径或过滤器半径，m。

如含水层具有多层结构，用两次试验可确定各层的渗透系数值：一次单层试验得 $K_1$，另一次混合试验得 $K$，而 $KL=K_1L_1+K_2L_2$，故 $K_2=(KL-K_1L_1)/L_2$。

在包气带岩土层中注水时，如试验段高出地下水位很多，介质各向同性，且 $50<h/r<200$，孔中水柱高 $h\leqslant L$ 时，可按下式计算渗透系数 $K$ 值：

$$K=0.423\frac{Q}{h^2}\lg\frac{2h}{r} \tag{13-45}$$

### 13.4.3 渗水试验

#### 13.4.3.1 基本原理

渗水试验（或称试坑渗水试验）是野外测定包气带非饱和岩（土）层渗透系数的简易方

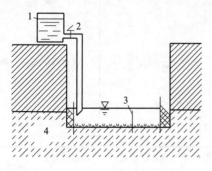

图 13-24 单环渗水试验装置
1—供水桶；2—供水管夹；3—小标尺；4—渗水环

法，试验所依据的基本原理是达西定律。根据达西定律，岩（土）层的渗透系数 $K$ 是指水力梯度为 1 时的渗透流速。工程中常用的方法是单环法。

单环法（图 13-24）是在地表干土层中挖试坑，坑底要离潜水位 3～5m 以上。试坑底嵌入一无底铁环（渗水环）。试验时向铁环内注水，并使水位始终保持在 10cm 高度上，一直到渗入水量 $Q$ 稳定不变为止，这时可按式（13-46）计算渗透系数 $K$（cm/s）：

$$K = Q/F \qquad (13\text{-}46)$$

式中，$Q$ 为稳定流量，$cm^3/s$；$F$ 为铁环面积，$cm^2$。

#### 13.4.3.2 试验设备与工具

试验设备与工具包括挖土用铁锹；无底铁环（高为 20cm，直径为 37.75cm，面积为 1000$cm^2$）；水桶及量杯；记录本；直尺等。

#### 13.4.3.3 试验方法要点

① 选择代表性试验点，在岩（土）中挖一试坑，直径 37.75cm，深 30～50cm；

② 在试坑底嵌入铁环，然后在坑底铺设约 2cm 厚的砂砾石层作为缓冲层；

③ 向铁环内注水，使环内水位保持在 10cm 高度，同时记录单位时间（如 1min、5min 为单位等）向环内注入的水量 $Q$，直至注入的水量恒定并延续 2～4h，试验结束；

④ 按式（13-46）计算岩（土）层的渗透系数；

⑤ 试验成果包括：试验点岩（土）层描述（岩性定名、裂隙情况等）；注水流量随时间变化曲线及渗透系数计算结果。

本试验一般应进行两个平行试验。

# 思考题

1. 水压致裂法的基本原理是什么？有哪些优点？
2. 确定地基承载力的原位试验方法有哪些？
3. 静力触探试验的成果主要应用在哪些方面？
4. 圆锥动力触探试验与标准贯入试验的区别与联系分别是什么？
5. 十字板剪切试验的适用范围是什么？优点有哪些？
6. 声波测试的方法有哪些？有何应用？
7. 地下水测试中抽水试验的试验要点有哪些？
8. 工程地质测试与试验研究的未来发展趋势和主要挑战有哪些？

# 参考文献

[1]　刘佑荣，唐辉明．岩体力学 [M]．北京：化学工业出版社，2009．

[2]　项伟，唐辉明．岩土工程勘察 [M]．北京：化学工业出版社，2012．

[3]　张咸恭，王思敬，李智毅．工程地质学概论 [M]．北京：地震出版社，2005．

[4]　王思敬，黄鼎成．中国工程地质学世纪成就 [M]．北京：地质出版社，2004．

[5]　张咸恭，王思敬，张倬元．中国工程地质学 [M]．北京：科学出版社，2000．

[6]　孟高头．土体原位测试机理方法及其工程应用 [M]．北京：地质出版社，1997．

[7]　蔡美峰．岩石力学与工程 [M]．北京：科学出版社，2004．

[8]　孙广忠．岩体力学基础 [M]．北京：科学出版社，1988．

[9]　GB/T 50266—2013．工程岩体试验方法标准．

[10]　王思敬．中国岩石力学与工程世纪成就 [M]．南京：河海大学出版社，2004．

[11]　林宗元．岩土工程试验监测手册 [M]．北京：中国建筑工业出版社，2005．

[12]　[GB 50021—2001（2009 年版）]．岩土工程勘察规范．

[13]　《岩土工程手册》编写组．岩土工程手册 [M]．北京：中国建筑工业出版社，1994．

[14]　常士骠．工程地质手册 [M]．北京：中国建筑工业出版社，2018．

[15]　GB/T 50123—2019．土工试验方法标准．

[16]　SL/T 264—2020．水利水电工程岩石试验规程．

[17]　林宗元．中国岩土工程技术发展展望 [J]．西部探矿工程，2000，(1)：3．

[18]　刘康和，段伟．岩体原位测试技术及其应用 [J]．水文地质工程地质，1994，21 (2)：3．

[19]　戴一鸣．岩土工程新技术发展概述 [J]．福建建筑，2005，(1)：4．

[20]　李雄威，蒋刚，朱定华，等．扁铲侧胀原位测试的应用与探讨 [J]．岩石力学与工程，2004，23 (12)：2118-2122．

[21]　《供水水文地质手册》编写组．供水水文地质手册 [M]．北京：地质出版社，1990．

[22]　张忠苗．工程地质学 [M]．北京：中国建筑工业出版社，2007．

[23]　张咸恭，李智毅，郑达辉，等．专门工程地质学 [M]．北京：地质出版社，1986．

# 第 14 章　工程地质监测与预测

## 14.1　概　述

工程地质监测是采用各种定位与测量技术，跟踪观测岩土体的变形与相关地质环境变化，为相应工程地质问题评价和地质灾害防治提供依据。随着工程地质监测技术的不断进步，监测仪器的更新换代，监测成本不断下降；特别是监测成果在预防工程事故和地质灾害方面成功应用实例的积累，复杂工程地质条件的大型、特大型工程的增多，使工程地质监测日益受到重视。

工程岩土体是具有复杂自然结构和物理力学性质的地质体。从系统的观点看，它是一种复杂的巨系统。工程岩土体处于复杂的地应力场和渗流场中，在工程施工期和运营期，工程岩土体不断地与外界交换着物质、能量和信息，因此它是一种开放的系统。

根据系统论，仅仅依靠理论分析的手段来预测为工程设计所用的工程岩土体的变形破坏过程是不可能的。此过程可采用工程地质力学综合集成的方法论（即 EGMS）。该方法论由理论分析、专家群体经验和现场监测三大部分组成。工程地质监测是其重要的组成部分。

利用工程地质监测成果可进行两大方面的工作：第一，工程施工期及运行期安全预报，为工程设计变更和信息化施工服务；第二，工程岩土体某些力学参数反分析。

工程地质监测具有服务对象广泛、技术手段多样等特点。如既有单体建（构）筑物的沉降、倾斜监测和地下硐室、基坑的变形、水位和水压监测；也有地面沉降、库岸稳定的大范围监测；其手段既有 GPS、InSAR、D-InSAR（差分干涉测量技术）、PS-InSAR（永久散射体技术）、SBAS-InSAR（小基线集技术）、分布式光纤传感技术等现代化的监测手段，也有表面裂缝的简单人工观测、水准测量等。大量的工程实践和理论研究均表明，工程地质监测的关键是对监测目标的科学认识，明确监测的目的、监测对象的核心地质条件，选择合理的监测技术手段，保证技术上可行，经济合理。

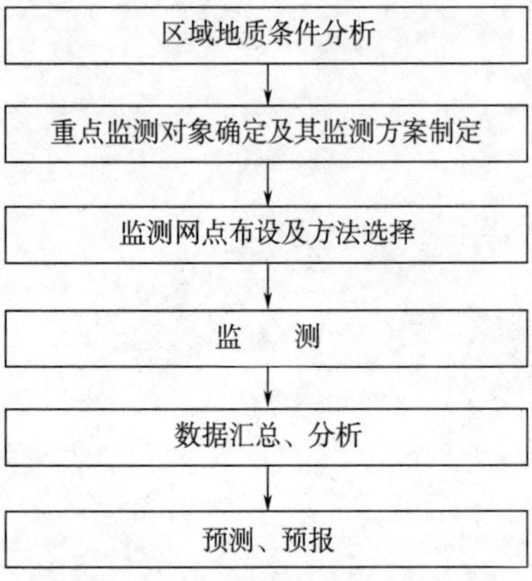

通过监测可掌握地质体的变形特征和演变规律以及它的规模、边界条件、变形主方向和失稳方式等，为评价与预测预报提供信息，同时为防治工程决策和设计施工提供依据和资料。

依据监测数据可进行数学建模和分析计算，进行预警、预报；检验工程效果及信息化施工；并可进行反分析，即通过反分析原理确定地质灾害的边界条件和力学参数，这是近年来岩土工程、工程地质领域中最重要的进展之一。

工程地质监测的技术路线如图 14-1 所示。在该技术路线中，监测网点的布设及方法选择是保证工程地质

区域地质条件分析

重点监测对象确定及其监测方案制定

监测网点布设及方法选择

监　测

数据汇总、分析

预测、预报

图 14-1　工程地质监测技术路线

监测质量的重要一环。应针对不同地段、不同工程地质类型布置其监测网点，选择适当的监测方法确定监测内容。

本章主要介绍工程地质监测的内容与技术手段、工程地质监测系统设计及工程地质监测预报三个方面的内容。

# 14.2 工程地质监测技术

## 14.2.1 监测主要内容及技术

### 14.2.1.1 监测主要内容

根据工程地质的研究目的，工程地质监测范围涉及空天地全域空间，监测内容涵盖地质基本场、位移场、渗流场、应力应变场、温度场、化学场、声场等。根据监测对象和监测技术特点，从工程破坏和地质灾害的防灾、减灾等方面的实际应用角度看，常用的工程地质监测技术大致可分为位移监测、加固体和支挡结构监测、振动与破裂监测、水的监测和巡检五个主要类型（表 14-1）。

**表 14-1 工程地质监测的主要类型及相应监测仪器**

| 主 要 类 型 | 亚 类 | 主 要 监 测 仪 器 |
|---|---|---|
| 工程岩土体的<br>位移监测 | 伸长计监测 | 并联式钻孔伸长计、串联式钻孔伸长计、沟埋式伸长计、Sliding Micrometer 等 |
| | 倾斜仪监测 | 垂直钻孔倾斜仪、水平钻孔倾斜仪、Trivec Measuring Set、水平杆式倾斜仪、倾斜盘、溢流式水管倾斜仪、垂线坐标仪、引张线仪等 |
| | 测缝计监测 | 单向测缝计、三向测缝计、测距计等 |
| | 收敛计监测 | 带式收敛计、丝式收敛计和杆式收敛计等 |
| | 光学仪器监测 | 经纬仪、水准仪、全站仪、摄像监测、SAR 图像等 |
| | 脆性材料的<br>位移监测 | 砂浆条带、玻璃、石膏等 |
| | 卫星定位<br>系统监测 | GPS、GNSS、北斗卫星导航系统等 |
| 加固体的支<br>挡物监测 | 应力监测 | 钢筋计、锚杆（索）测力计等 |
| | 应变监测 | 混凝土应变计等 |
| | 位移监测 | 抗滑桩的倾斜监测技术等 |
| 爆破振动测量和<br>岩体破裂监测 | 爆破振动测量 | 测振仪等 |
| | 声发射监测 | 声发射仪等 |
| | 微震监测 | 滚筒式微震仪、磁带记录式微震仪等 |
| 水的监测 | 降雨监测 | 雨强、雨量监测仪等 |
| | 地表水监测 | 量水堰等 |
| | 地下水监测 | 钻孔水位量测仪、渗压计、量水堰、孔隙水压计（振弦式和差阻式）、张力计等 |
| 巡检 | 不同种类的监测 | 携带式小型仪器（包括携带式测缝计、倾斜仪等） |

对于地下工程、边坡工程、坝基工程三类主要岩土工程的监测，可根据其特性选择适当的监测内容和方法。

### 14.2.1.2 监测主要技术介绍

（1）伸长计监测技术

多点伸长计是用于测量测线方向上两点相对位移的一类重要监测仪器。它既可以用于地下工程监测，也可用于边坡等工程的监测。一般而言，多点伸长计分为钻孔多点伸长计和沟埋式多点伸长计两类。

按测读原理分类，多点伸长计有电测和机测两类。前者又可分为电感式、钢弦式、电阻式等多种；后者采用百分表、测深尺、游标卡尺等测读方式。按测点埋设方式分类，有由金属加工而成的涨壳式、簧片式、整体注浆式等；按测读方式分类，有接触测读、近距离有线测量和远距离无线遥测，也可用望远镜观测固定于钻孔口的百分表盘面进行读数；按连接测点的接杆（或连接钢丝）的排列方式分类，有并联式和串联式等；按测点的连接方法分类，有杆式、丝式和带式三种；如按测点的个数分类，则有单点式、两点式和多点式等。

这里仅对几种有代表性的钻孔多点伸长计作简要介绍。

① 并联式多点伸长计　其测点排列方式的特点是：测读元件通常集中布置在钻孔口附近（图 14-2），借助于位移传递杆（或丝）将测读元件与分布在孔内的各测点连接起来。并联式仪器的优点是仪器无须特殊设计，安装和测读比较方便，不便之处则是对钻孔孔径大小要求较高，因为钻孔必须容得下与测点数目一样多的位移传递杆（或丝）。

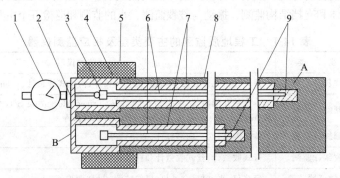

图 14-2　ME-2 型两点式伸长计结构示意
1—配测托的手持式大量程百分表；2—测量面板；3—测头；4—测筒；
5—岩体；6—位移传递杆；7—保护套；8—固定砂浆；9—锚头

图 14-2 是中国科学院地质与地球物理研究所工程地质力学重点实验室研制的 ME-2 型机械式伸长计，给出了两点式伸长计的工作原理。对于 4 点式仪器，只要在所需部位按"并联"方式另加两点。

该仪器有两大特点：第一，测点由注浆固定；第二，测读采用配测托的手持式大量程百分表。当测点不可达时，可考虑将百分表改为电测（如采用电感频率式位移传感器等进行测读）。

据测试结果分析，该仪器的精度约为 0.03mm；量程为 50mm，也可通过接杆并采用两次读数法，使量程扩大到 100mm。

② 串联式多点伸长计　串联式钻孔多点伸长计，基本上都采用电测方法测读，但测点的现场安装不很方便，所以在边坡工程中应用较少。

DPW-Ⅱ型电感式多点位移计由中国科学院地质与地球物理研究所研制，它由若干个电感频率式位移传感器串联组成，图 14-3 为其传感器的结构示意图。经室内标定，可得到该种传感器的位移-频率关系曲线（图 14-4），据此，可通过实测得到的频率值查取相应的位移值。在实验室标定的情况下，这种电感频率式位移传感器的分辨率通常可高达 0.02mm，比同类型法国产品的精度略高。

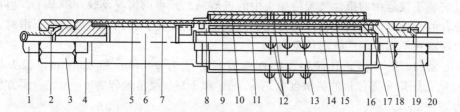

图 14-3　DPW-Ⅱ型电感频率式多点位移计中传感器部分结构原理
1—连接杆；2,19—垫圈；3,20—螺帽；4,8,18—接头；5,14—保护套；
6—振荡电路板；7—屏蔽筒；9—振荡线圈；10—弹簧片；11—线圈；
12—螺钉；13—线圈骨架；15—锚固铜环；16—绑绳；17—橡胶环
（据董万里）

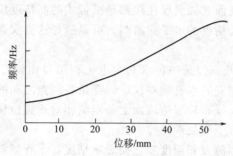

图 14-4　电感频率式位移传感器的位移-频率关系标定曲线

③ 沟埋式伸长计　当需要对船闸边墙与边坡之间填渣的变形情况，或对深基坑近地表处向基坑方向的水平位移等进行监测时，由于较难打水平钻孔或者不需要打孔等原因，可考虑采用沟埋式伸长计。其工作原理和量测方法为：在指定的地方向下挖一水平或近水平的沟，将沟底的虚渣除去并整平，再将伸长计连同其内、外保护套，内、外套管及测读部件等按一定关系安装于沟中，并用土填实后即可采用手持式百分表和电测探头进行测读。当埋设较浅且有交通道横穿沟埋式伸长计时，通常需要在通道上加盖板以横跨埋设沟。

技术指标与所选用的测量方法和测量技术有关。当采用百分表测读时，技术指标分两种情况。

情况一：如两测点距离较远，则精度较高。其主要技术指标为：精度约为 0.03～0.04mm；量程为 50mm，也可采用接杆和两次读数法，使量程扩大到 100mm。

情况二：如两测点彼此靠近，则精度较低。其主要技术指标为：精度约为 0.08～0.20mm；量程为 50mm（通过接杆也可将量程扩大到 100mm）。

（2）倾斜仪监测技术

倾斜仪在工程监测中用途很广，可分为钻孔倾斜仪、水平表面式倾斜仪和水管倾斜仪等类型。另外，也将测扭仪划归为倾斜仪一类。针对深部大变形长周期连续监测的难题，中国地质大学（武汉）研发了多点分布式柔性测斜技术和变形耦合管道轨迹惯性测量技术，可实现深部大变形监测。

① 垂直钻孔倾斜仪　垂直钻孔倾斜仪可以用于存在着倾角不很大的滑动面而造成的顺层滑坡的监测，也可用于地下工程高边墙、井工程井壁等的外鼓监测。

CX-45 和 CX-56 型高精度垂直钻孔倾斜仪由武汉勘察研究院电子仪器研究所研制。它的测读部分是通过一定技术将一气泡置于探头空腔所保持的液体中。当安装于垂直钻孔中的套管随着钻孔的倾斜而发生倾斜时，气泡将偏离空腔的顶点，其偏离程度与钻孔的倾斜角有关。通过安装于仪器中的摄像装置将探头中的气泡偏离顶点的情况反映在屏幕上，再由屏幕上气泡位置的变化可以得到钻孔倾斜方位和倾斜角度的变化。当探头沿着套管下滑时，就可取得不同深度在不同时刻的倾斜信息。

CX-45 型和 CX-56 型钻孔倾斜仪的探头直径分别为 $\phi 45mm$ 和 $\phi 56mm$，探头长度为 548mm；钻孔倾角和方位角的灵敏度分别为 $\pm 10'$ 和 $\pm 1'$；倾角量程为 $0° \sim 10°$，而方位角的量程则为 $0° \sim 360°$。

② 水平钻孔倾斜仪　当边坡较陡，或作为被监测对象的主要滑动面的倾角较陡时，采用水平钻孔倾斜仪进行监测通常比采用上述的垂直钻孔倾斜仪进行监测更为有利。目前，国产水平钻孔倾斜仪尚少，使用较多者有意大利和瑞士的产品。

③ 水平表面式倾斜仪　水平表面式倾斜仪是指用来测量可达的边坡岩体或构筑物的水平表面倾斜量的仪器。如坡顶、运输道路和平台等部位。水平表面式倾斜仪通常有杆式和盘式等类型。由于各种水平表面式倾斜仪往往都是携带式的高精度仪器，所以用一台仪器就可对边坡等多处进行快速而高精度的水平面监测。可以选择这类仪器作为辅助监测手段，也可为巡检人员使用。

④ 水管倾斜仪　水管倾斜仪是一种水利水电工程用得比较广泛的仪器。例如可利用开挖于边坡中的水平地质探洞安装水管倾斜仪，以测量各测点之间的相对沉降量。并可用于坝顶的相对沉降监测或沿等高线布置于边坡面上各点的相对垂直位移监测。此外，也可用于地下工程的常规监测或大塌方工程处理的监测。

为了防止流动的液体因蒸发和温度变化而影响精度，水管倾斜仪通常采用封闭式。某些种类的水管倾斜仪的精度可高于 0.01mm，但这类仪器因对使用条件的要求高和造价贵而难以在边坡上广泛使用。中国科学院地质与地球物理研究所研制了更适合于岩土工程监测的、监测经费较少的 FOI-2 型溢流式水管倾斜仪，并曾取得实用新型专利。

其原理如下：设想把两个面积相同的容器用连通管连接起来并注入一定的液体。如果不考虑蒸发、气压差异和温度变化等问题，则两个容器的液面高度将彼此相同。如图 14-5 所示，若两个容器的横截面积完全相同，并假设其中一个容器下降 $x$，则该容器的液面将相对上升 $x/2$，而另一个容器的液面将下降 $x/2$。因此，根据容器液面变化的测值可监测这两个容器的相对下沉。但在实施中却必须考虑在适应边坡位移监测要求的条件下如何巧妙地解决蒸发和温度变化等影响测读精度的问题，使测试经费远低于传统的封闭式仪器，并让操作（安装和测读）尽可能简单。为此，提出了"溢流"这一研究思路：在向容器补充相同的液体后，由于高出溢流筒的溢流口的液体从溢流口流出，所以所有容器的液面高度都应当与该溢流口的液面相同。可设各筒底面都处于一条水平线上，即 $AB$。若以溢流筒作为相对不动点，则可采用装有专门设计零件的大量程百分表来测量各容器某固定点离该容器的液面之间

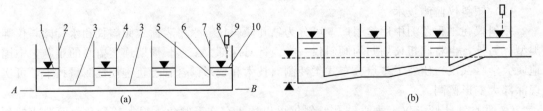

图 14-5　FOI-2 型溢流式水管倾斜仪的原理示意

（a）测量筒下降之前的情况；（b）测量筒下降之后的情况

1—1 号测量筒的液面；2—1 号测量筒；3—连通管；4—其它测量筒；5—从溢流口中溢出的滴水；6—溢流口；7—溢流筒；8—加入的滴水；9—加水滴嘴；10—溢流筒水面

的距离 $S_B$、$S_C$ 等。在 1 号测量筒相对于溢流筒下沉 $h_1$ 时，该容器的液体将上升 $h_1$。这样，通过这些测值可以确定测量筒相对于溢流筒 $A$ 的沉降量。

对于边坡监测来说，这种仪器可以设在地质探硐和排水洞中。在保证仪器不受人为破坏的条件下，也可用于边坡面的测量。如果经过特殊设计也可以改成携带式仪器（即将容器和水管都改成携带式的，现场仅埋设测座），以求进一步降低监测成本和提高仪器保护的效果。

FOI-2 型溢流式水管倾斜仪测点间下沉量的量程为 $\pm 25$mm，在可调的情况下可达 $\pm 50$mm；灵敏度为 0.02mm；精度估计为 0.04mm。应当指出，两测点的间距（包括溢流筒与其中一个测点之间的间距）通常远大于上述下沉量的量程，所以所测的倾角实际上是很小的。

（3）TDR 监测技术

时域反射（time-domain reflectometry，TDR）技术是一种监测边坡、坝体位移的新技术，始于 20 世纪 90 年代，可以对边坡工程进行在线监测和实现动态分析。TDR 监测系统主要由电脉冲信号发射器、传输线（同轴电缆）、信号接收器三部分组成，具有以下优点：①相对于钻孔测斜仪，能够节省预算；②读取数据仅仅需要几分钟，用时短；③可以自动采集数据。在埋设时，在待监测边坡上钻孔，将钻孔底部封好防止水入渗，然后把同轴电缆置于钻孔中，顶端与 TDR 测试仪相连，并以砂浆填充电缆与钻孔之间的空隙，确保同轴电缆与边坡岩土体同步变形。其工作原理是电缆测试仪发射电子脉冲到钻孔中的同轴电缆上，脉冲信号随着电缆的变形或破裂发生反射。脉冲反射在波形上表现为一个波峰信号，这样，相对位移变化量和变化速率、潜在滑动带的位置都将被瞬时监测出来，波峰信号会随着变形量增加而增大。

（4）SAA 监测技术

SAA（shape accel array）是一种可以被放置在一个钻孔或嵌入结构内的变形监测传感器。由多段连续节（每节一般为 30cm 或 50cm）串接而成，内部由微电子机械系统加速度计组成。该技术通过检测各部分的重力场，计算出各段轴之间的弯曲角度 $\theta$，从而得出每段 SAA 的变形 $\Delta x$，即 $\Delta x = \theta L$，$L$ 为各段轴长度，再对各段算术求和，可得到距固定端点任意长度的变形量。此监测方法 32m 累积误差为 $\pm 1.5$mm，具有高精度、高稳定性、可重复性、大量程（可保证 20cm 的变形量程）、数据采集多样化和较完善的数据处理平台的特点。可以应用在桥梁、隧道、路基以及边坡、滑坡等需要监测变形的地方。

（5）光纤故障定位监测技术

20 世纪 70 年代，光纤故障定位监测技术随着光导纤维及光纤通信技术的发展而迅速发展起来，被广泛应用于电缆故障监测、大坝变形监测、边坡变形监测等领域。例如基于光纤故障定位技术的边坡监测预警的应用，该方法通过在边坡体上预先埋置多路分布式光纤，运用光时域反射（optical time-domain reflection，OTDR）原理，检测光纤宏观变形或断裂、破坏等故障事件，定位边坡岩土体的变形破坏位置，通过报警门限设置，实现边坡安全自动监测报警。这种技术把传统的分散式监测改变为分布式监测，分布式光纤既是传感器又是传输线，具有布设灵活、成本低廉、操作简单、直观可靠和便于实时远程自动监测报警等优点，而且突破了以往监测报警手段只能对重点边坡的重要部位布控的局限，特别适用于对大量边坡进行全面安全管控，是边坡安全监测报警技术的一个重要创新和突破，其在边坡变形监测中的定位精度一般可达到 $\pm 1$ m，从而可用于准确定位边坡安全故障位置。

（6）三维激光扫描技术

三维激光扫描技术，又称为"实景复制技术"，是一种通过激光扫描快速建立物体三维影像模型的全新技术手段。它利用高速激光大面积、高分辨率、快速地获取物体表面各个点的坐标（点云）、反射率、颜色等信息。"点云"图中的每一个点代表三维空间坐标，点的密度可达到 5～10mm 的分辨率，进而反映了地物的三维细微形态特征，测量距离可达 200m，最后利用后期处理软件对数据进行处理分析。该方法突破了传统的单点测量方法，具有全天候、高效率、高精度等优势，并大量应用于变形监测、地形测量、工程开挖、数字地形建模、地质调查、减灾防害等领域。例如其在边坡变形监测中的应用，该方法采用激光测量单元对边坡进行全自动高精度步进测量，进而得到全面、连续、关联的全景点坐标数据，也叫"点云"。之后对点云数据进行着色、修剪与封装，并以所监测坡面的初始状态面作为基准面，采用 Geomatic qualify 与 Polywords 软件中的 IMinspect 模块实现面与面之间的点云比较或获取某单个监测点的时间-位移曲线。

### 14.2.2 监测方法

监测方法，归纳起来大致可分为五种：宏观地质观测法、简易观测法、设站观测法、仪表观测法和自动遥测法。

#### 14.2.2.1 宏观地质观测法

人工观测地表裂缝。主要观测地面鼓胀、沉降、坍塌，建筑物变形特征（发生、发展的位置、规模、形态、时间等）及地下水异变，动物异常等现象。

#### 14.2.2.2 简易观测法

设置跨缝式简易测桩和标尺、简易玻璃条和水泥砂浆带，用钢卷尺等量具直接测量裂缝相对张开、闭合、下沉、位错变化。

#### 14.2.2.3 设站观测法

设置观测点、站、线、网，常采用大地测量法（交会法、几何水准法、小角法、测距法、视准线法）、近景摄影法与全球定位系统（GPS）法等监测危岩、滑坡地面的变形和位移。

#### 14.2.2.4 仪表观测法

主要有测缝法、测斜法、重锤法、沉降观测法、电感/电阻式位移法、电桥测量法、压磁电感法、应力应变测量法、地声法、声波法等机测、电测仪表，监测变形位移、应力应变、地声变化等。

#### 14.2.2.5 自动遥测法

采用自动化程度高的远距离遥控监测警报系统或空间技术——卫星遥测，自动采集、存储、打印和显示变形观测数据，绘制各种变化曲线、图表。

以滑坡、崩塌为例，各种监测方法的使用范围见表 14-2。

**表 14-2 各种监测方法使用范围一览表**

| 序号 | 方法 | 主要监测内容 | 基本特点 | 使用条件 |
|---|---|---|---|---|
| 1 | 宏观地质观测法 | 地表周界裂缝发生、扩展，地面鼓胀、沉降、坍塌及建筑物变形与地下水、动物异常等 | 监测内容丰富、面广，获取的前兆信息直观、可信度高，监测方法简易经济、实用性强 | 适用于各种崩塌、滑坡监测，便于普及推广应用，群测群防 |
| 2 | 简易观测法 | 滑坡地表周界裂缝及建（构）筑物变形特征 | 操作简单、直观性强、观测数据可靠，可测定裂缝变化速率；监测内容单一，精度相对低 | 适用于崩塌或滑坡处于速变、临滑状态时裂缝变化监测及交通不便、经济困难的山区普及推广应用，群测群防 |
| 3 | 设站观测法 | 崩滑体地表三维 $(X,Y,Z)$ 位移变化 | 技术成熟、监控面广、精度较高，成果资料可靠，可测定位移方向及变形速率，受地形通视及气象条件的影响 | 适用于不同类型崩塌或滑坡及其发展演变过程中三维位移变化的长期监测 |

续表

| 序号 | 方法 | 主要监测内容 | 基本特点 | 使用条件 |
|---|---|---|---|---|
| 4 | 仪表观测法 | 崩滑体地表及深部的位移、倾斜变化、裂缝变化及地声、应力、应变等物理参数与环境因素 | 监测内容丰富、精度高,仪器便于携带,机测仪表简易直观、资料可靠;电测仪表使用方便,可定时巡回检测,省时省力,资料基本可靠;后者仪器长期稳定性差,传感器易受潮锈蚀 | 精度高的仪表适用于崩滑体初期变形监测;精度相对低的仪表适合于速变及临滑状态时的监测;机测仪表适合于长期监测;电测仪表适合于短期或中期监测 |
| 5 | 自动遥测法 | 基本同上 | 监测内容丰富,自动化程度高,可全天候连续观测,自动采集、存储、打印和显示观测值;远距离传输,省时省力;受外界因素干扰传感器、仪器易出故障,长期稳定性差;观测资料需其它监测手段校核后使用 | 适合于崩滑变形体处于速变及临崩临滑状态时的短、中期监测及防治施工安全监测 |

### 14.2.3　空天地一体化监测技术

#### 14.2.3.1　空天地一体化监测技术简介

空天地一体化技术是以空天地一体化网络提供的通信系统为基础,实现空、天、地三个角度的数据分析,为相关管理工作提供支持。

空天地一体化网络的本质是将原本独立的地面网络、空基网络和天基网络进行有机融合,实现空天地一体化,充分利用不同网络在不同空间维度上的优势,建立可靠、灵活、高效的融合网络架构,为用户提供泛在的通信服务。

"空"指基于卫星获得数据资料,以卫星通信网系统为基础,打造一体化应急通信系统,实现"天地一网"。

"天"主要指借助飞行器获得的数据资料,无人机在态势感知方面具有很高的效率,利用其替代人的功能,提高公共安全管理及资源管理的效率与质量。

"地"主要指地面建立由激光雷达、无线传感网络及物联网等组成的地基节点网获得的地面监测信息。

"空""天""地"技术各有优势与不足,地面监测往往使用传感器,只能监测点状局部,虽然数据准确,尤其是人工勘察时针对性最强,但因费时费力或数据量极大等原因难以全区域开展;卫星遥感图像能够实现大范围覆盖,可以提供大量基础数据,但其反映的主要是平面影像,无法精确反映监测区域的立面精度,并且图像受云层干扰等影响很大;无人机测量作业时间、地点机动,数据现实性好、精度高,但无法进行更细致的土壤含水量、表面侵蚀量等参数的测量。因此需要打造完善的"空天地"一体化监测系统,为各行各业的监控工作提供技术支持。

#### 14.2.3.2　空天地一体化监测技术在工程地质领域的应用

（1）地质灾害防治

通过建立的空天地一体化多源观测体系,能够实现针对地质灾害的不同层次、不同时间以及空间,使用不同手段的综合多方位观测,下面将讲述空天地一体化监测技术在地质灾害防治领域的应用。

① 滑坡　目前,遥感大数据是滑坡灾害分析应用最广泛的技术,众多研究人员运用地面雷达与 GB-In SAR（ground-based interferometric synthetic aperture radar）监测地表位移数据,来确定其潜在不确定性。其中 InSAR 技术既能探测大面积潜在的不稳定斜坡,还可以监测单个滑坡的地表位移,与二维数值模拟方法整合设计滑坡早期预警系统。

② 泥石流 遥感技术对泥石流的周围环境进行监测，能够有效预测泥石流活动。2010年8月8日舟曲发生特大泥石流，利用无人机、航空遥感图像确定泥石流受灾区域，划分泥石流区域。建立区域内遥感图像解释，能有效监测泥石流区域以及土地利用情况，为灾后救援工作提供技术支持。研究人员还基于多源遥感信息制作了研究区卫星图像，根据地质和生态环境资料，建立三维模型，识别区域内泥石流进行风险评估，并基于遥感图像，利用 GIS 技术对泥石流扇的面积、空间分布、坡度以及平面形态进行了详细分析。

③ 崩塌 在险要地形将卫星图像信息与地面遥感数据进行结合，建立监测系统，并采用物联网和机器学习技术，对陡坡上的岩体进行实时监测、崩塌预测。

（2）地面变形

作为一种逐渐累积的变化过程，地面变形危害严重且不易监测，多种遥感技术、物联网的集成传感器为建立地面变形监测以及预测预警系统上提供了技术支持，能够实时反馈数据信息，减少灾害发生。

# 14.3  工程地质监测系统设计

为了进行有效的监测，必须建立由监测技术组成的监测系统。监测系统不是各种监测仪器的简单堆积，而是从实际条件出发，经过精心设计和精心施工而建成的，因此必须遵守一定的设计原则。

目前，工程地质监测系统设计重视空天地一体化的监测，以保证实时获取地质体和工程结构的多场信息，为工程地质分析评价与预测提供多场多源信息支持。

### 14.3.1  监测系统设计原则

总结相关研究和工程实践经验，可以归纳出工程地质监测系统设计原则。

① 可靠性原则：这是建立监测系统的首要要求。

② 以地质条件为基础的设计原则：在工程建设和运营中，施工和管理的重要对象——工程岩土体，都是地质体。所以，它们在工程力作用下所表现出的变形破坏规律将取决于相关地质条件。换言之，只有在搞清地质条件的基础上才能进行合理的岩土力学研究和工程设计。

③ 以位移为主的监测原则：在工程地质监测中，有众多的变化量可成为监测对象，如工程岩土体的位移、应力、应变、声发射等（表 14-1）。但从可靠性和易测性角度看，工程地质监测应以位移为主。

④ 多层次监测原则：工程地质监测须采用多种手段进行监测，以便互相补充和校核，同时考虑地表和地下相结合组成立体监测系统。

⑤ 从工程实际条件出发的监测仪器选型原则：监测系统所用的监测仪器包括仪器种类、型号、精度、量程等，但仪器的选择应从实际工程的地质条件、地形、监测目的、监测经费与实际条件出发。

⑥ 简便实用原则：仪器的安装和测读应尽可能简便、快捷。

⑦ 高效信息反馈的原则：高效的信息反馈是实现可变更设计和信息化施工的保证，对信息反馈的任何延误都将降低监测的价值。

⑧ 无干扰和少干扰的设计原则：要求尽量避免或减少施工与监测之间的互相干扰。

⑨ 地质信息、开裂信息和仪器监测信息并重的设计原则：从信息论角度看，在施工和运营过程中任何新出现的现象都应看作信息。事实上，除采用仪器测得的数据外，新发现的

地质信息、出现在过程岩土体中或构筑物上的裂缝等对工程设计也都是很有用的。

⑩ 有利于仪器保护的设计原则：无论在施工期还是运营期，都应将仪器置于较易保护的地方，并采取有力的保护措施，以延长仪器使用的寿命。

⑪ 经济合理的设计原则：监测系统并非越复杂越好，监测仪器也并非越先进、越昂贵越好，必须充分考虑监测系统的经济合理性。

### 14.3.2　监测系统的主要设计方法

监测系统设计方案要依据上述原则，结合工程特点、地质条件和技术条件进行。在具体问题具体分析的前提下，方案可允许以类比法拟定。监测系统的设计主要按以下流程进行。

#### 14.3.2.1　监测地质分析

监测的对象和主体是地质体，监测的内容是地质体形成条件、机制、动力。上述这些是地质灾害的基本地质属性和地质内涵，必须通过对地质体的综合分析，才能有较深刻的认识，才能有针对性地进行监测工程设计，才能较好地完成监测工作。

不同类型的地质体的形成发展有着各自不同的固有内在规律，因此，监测工作应首先进行地质分析，对不同类型的地质灾害采用不同的适宜性的监测方案和监测方法，具体问题具体分析。此外，由于地质灾害发展过程具有时域上的阶段性，针对不同阶段的地质灾害应采取不同的监测手段，突出某项监测重点以把握整体。

#### 14.3.2.2　监测对象确定

监测对象的选择包括对地质体的选择以及地质体内部重要部位和重要监测点位的选择。对监测块体及其以下的监测对象的选择，属于重点监测对象的选择。其选定的基本依据是：不稳定块段、起始变形块段、初始变形块段、破坏初始块段、易产生变形部位、控制变形部位。

监测对象除崩滑体自身外，应包括对影响因素、动力和相关因素（如降水、地表水冲蚀、人工开采等）的选择。

#### 14.3.2.3　监测项目和监测内容的选择

监测项目和监测内容服务于监测目的，即对地质体的稳定性、危险性、致灾因素及变形破坏的方式、方向、规模、时间及成灾状况进行监测预报，应据此选择并确定监测项目和内容。

根据不同类型的变形破坏方式选择。根据不同的变形破坏方式突出监测重点，针对其主要变形破坏特征确定监测内容。对滑坡，若以顺层滑移为主，则不宜选择地面倾斜监测，若以倾倒和角变位为主，则应重视倾斜监测。

监测项目和监测内容的选择还必须考虑岩土体的变形阶段和变形量。如崩塌体处于匀速变形阶段，则可不进行声发射监测，而深部钻孔倾斜监测则在急剧变形阶段不宜投入。

应注意根据地质体赋存条件及相关因素选择监测内容，如对地表水、地下水、降雨、人类活动的监测。如降雨型土质崩塌滑坡，应重点监测降水和地下水；降雨型岩质崩滑体，除监测上述内容外，还应重点监测裂缝充水情况及充水高度。

监测内容的选择还要结合稳定性分析评价的需要和预报模型及判据的需要。

#### 14.3.2.4　监测方法的选择

不同类型地质体监测方法的确定，应以各种监测方法的基本特点、功能及适用条件为依据，充分考虑各种监测方法的有机结合，互相补充、校核。

监测方法的确定，应充分考虑地质体的地形地质条件及监测环境，做到仪器监测和宏观监测相结合，人工直接监测和自动监测相结合。

对监测仪器的选择，要做到电子仪表和机械仪表相结合，以互相补充、校核，提高监测成果资料的可靠度；仪表精度高、低相结合，不片面追求高、精、尖。长期监测的仪器一般应适应较大的变形，而且应符合3R原则，即符合精度（resolution）、可靠度（reliability）、牢固度（ruggedness）3项要求。在地质体的不同部位、不同变形阶段，变形监测有不同的精度要求，监测的重点也需要作必要的调整。

### 14.3.2.5 监测精度和监测周期的确定

地质体监测精度和监测周期应根据变形发展阶段加以确定。

在地质体缓慢变形和变形发展阶段，由于位移速度小，需要有很高的监测精度和较长的监测周期。在此阶段应根据所用的监测仪器和方法，首先分析确定在技术经济许可的条件下实际所能达到的最高监测精度，按此最高精度进行监测。然后，根据所确定的最高监测精度和位移速度确定复测周期。

在变形加剧和急剧变形阶段，由于位移速度大，应缩短监测周期、加密监测次数，而精度可适当放宽，以及时捕捉到临破坏特征信息，为预测预报提供可靠的数据。因此，在此阶段确定监测精度和复测周期的先后顺序应与上述阶段情况相反，即先根据有关影响因素确定复测周期，再根据所确定的复测周期和位移速度确定相应的监测精度。

总之，工程地质监测系统设计应在分析掌握地质体演变过程的基础上，根据需要选择合理的监测方法、监测精度和监测周期，才能真正做到及时提供准确可靠的信息，保障人民生命财产的安全。

# 14.4 滑坡工程地质监测案例

## 14.4.1 黄土坡滑坡基本特征

黄土坡滑坡位于三峡库区长江右岸，距离三峡大坝约60km。所处区域为长江三峡中段西陵峡与巫峡之间的过渡带，属构造侵蚀中低山峡谷地貌。黄土坡滑坡发育于三叠系中统巴东组第二段和第三段地层中（$T_2b_2$ 和 $T_2b_3$），该段地层主要由泥岩、粉砂岩和泥质灰岩组成。滑坡区总体呈近东西向展布，为一个南高北低的顺向斜坡。滑坡后缘高程600m，前缘高程在50～90m，目前坡脚已被长江水常年覆盖。黄土坡滑坡覆盖面积达1.35km$^2$，体积近$7.00\times10^7 m^3$，是三峡库区体积最大滑坡之一。黄土坡滑坡地质结构复杂，从滑坡前缘西部顺时针至后缘西部分别由临江1号滑坡、临江2号滑坡、变电站滑坡和园艺场滑坡四个次级滑坡组成（图14-6）。

临江1号滑坡和临江2号滑坡的前缘位于175m水位以下，以三道沟梁分界，两者滑坡方量分别为$2.25\times10^7 m^3$ 和 $1.99\times10^7 m^3$，是形成黄土坡滑坡的主体，两者约占滑坡总方量的61%；变电站滑坡位于临江1号和临江2号滑坡后部，其前缘高程集中在160～210m，后缘高程600m左右，滑坡方量约$1.33\times10^7 m^3$；园艺场滑坡前缘北东侧覆盖于变电站前部而北西侧位于临江1号滑坡上，前缘高程集中在220～240m，后缘高程约520m，滑坡方量约$1.35\times10^7 m^3$。黄土坡滑坡堆积体形态复杂、土体结构不均一，物质组成上以碎石土和块石土为主。

## 14.4.2 监测系统目标

瞄准大型水库滑坡地质灾害防治领域的理论与技术瓶颈，构建天-空-地一体化的多物理场连续观测系统，开展水库滑坡演化全过程长期科学观测，获取天空地一体化全面、系统、高精度的连续监测数据，为水库长期运行条件下多场演化机理、精准预测预报、科学高效防

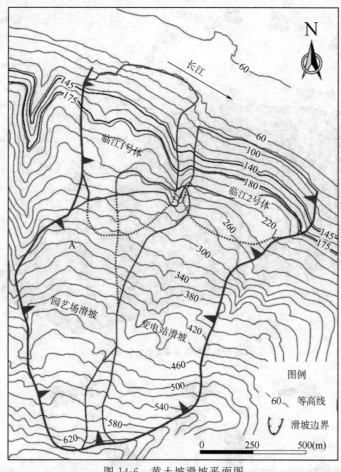

图 14-6　黄土坡滑坡平面图

治等水库滑坡灾害防控前沿科学问题研究提供坚实数据基础。

### 14.4.3　监测系统构成

围绕黄土坡滑坡多场特征参量关联监测目标，构建了全方位的多参量监测系统，监测范围涉及空天地全域空间，监测内容涵盖地质基本场、位移场、渗流场、应力应变场、温度场、化学场、声场等（图 14-7），系统主要由常规监测设备、自主研发深部大位移监测仪器和物联网平台构成。

（1）常规监测设备

黄土坡滑坡监测系统集成了大量现有成熟应用的多种类传感器和设备，完成了空-天-地及部分地下空间常规参量监测。主要监测设备有 GNSS 变形监测系统、地基合成孔径雷达干涉测量平台及区域卫星遥感等地表变形观测设备；三维激光扫描仪、全自动测量机器人、分布式光纤应变仪、裂缝计等局部岩土体变形观测设备；多点位移沉降监测系统、钻孔倾斜监测系统等深部变形观测设备；降雨地下水库水位观测系统、地表水水文监测站等水文地质观测设备；抗滑桩监测系统等地质灾害防治结构观测设备；A-10 绝对重力仪、便携式潮汐重力仪、三分量宽频数字地震仪、地震次声阵列信号采集与处理系统、GMS-07 电磁观测系统等地球物理观测设备；地下水水位水质监测系统、总磷总氮在线监测仪器等地质环境观测设备。

（2）深部大变形监测技术与仪器

针对黄土坡滑坡演化过程深部大变形长周期连续监测难题，研发了多点分布式柔性测斜

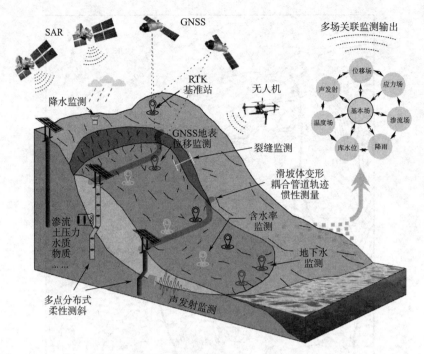

(a)滑坡多场特征参量关联监测系统结构

(b)黄土坡滑坡综合监测系统结构

图 14-7 黄土坡滑坡监测系统构成

技术和变形耦合管道轨迹惯性测量技术，将之融合于黄土坡滑坡综合监测系统，弥补了滑坡深部监测短板。基于 MEMS 重力分量感应原理研发的多点分布式柔性测斜技术，适用于滑坡深部大变形多演化阶段连续实时监测，解决滑坡演化过程深部大变形监测的时空连续性问题，基于该技术拟研制的柔性测斜仪单点测量精度优于 $0.02°$，探头每 10m 可承受侧向变形量可达 2m。基于变形耦合管道轨迹分时惯性测量原理研发的滑坡体内部变形分布式监测技术，突破了滑坡深部变形测量中受测线布设方向限制的缺陷，实现任意测线方向大变形分布监测，测量过程不受外部因素干扰，适用于坡体横向测线上变形分布监测，与多点分布式柔性测斜技术配合应用，可突破现有滑坡体全剖面连续监测能力欠缺的不足。

（3）滑坡监测物联平台

滑坡监测物联平台将监测设备、数据库、网络服务器及展示平台有机衔接，实现黄土坡滑坡远程自动化监测与结果分析展示。基于 MQTT 物联网通讯协议和 MongoDB 非关系型数据库，构建滑坡监测数据存储与分发系统，主要功能模块包含设备通讯管理模块、数据存储模块和数据分发模块，实现野外监测设备实时通讯和控制，滑坡多源监测数据存储，海量滑坡监测数据的存储、备份及数据推送与共享等功能。基于 Web 技术开发了终端数据分析与预警系统，包括数据库服务器 API 对接、数据分析处理、预报信息预处理等功能，Web 交互展示平台包含工作台、设备管理、凭证管理、用户管理、数据报表等。

### 14.4.4　监测内容

巴东野外综合试验场多场监测内容（表 14-3）包括地表变形监测、深部变形监测、水文气象环境监测和地球物理环境监测四部分。地表变形监测设备主要包括北斗监测系统、GPS 监测系统、地基合成孔径雷达系统 IBIS-FL 和无人机等，可获得 GPS 及北斗监测数据、星载地基合成孔径雷达（GB-SAR）数据、星载合成孔径雷达（InSAR）数据、黄土坡滑坡前缘支护结构变形分布式光纤数据、无人机地表宏观变形监测数据；深部变形监测设备主要包括钻孔测斜仪、柔性测斜仪、管道轨迹仪、时域反射仪 TDR 监测系统、静力水准仪、分布式光纤、裂缝计和拉绳位移计，可获取钻孔测斜数据、地下硐室群滑带变形监测数据、地下硐室内壁微变形分布式光纤监测数据、地下硐室地面轴线整体位移监测数据和深部变形声发射微震监测数据；水文气象环境监测设备包括气象站、库水位观测仪、地下水位监测仪、巴歇尔槽流量计、土壤含水量传感器和水化学传感器，可获得降雨及库水位监测数据、地下水位监测数据、地表水与地下水流量及水质监测数据；地球物理环境监测设备包括宽频地震仪和 A10 绝对重力观测仪，可进行天然地震观测与记录以及高精度绝对重力值的测量。主要监测设施布设如图 14-8 所示。

表 14-3　巴东黄土坡野外综合试验场监测内容

| 监测分类 | | 监测设施/系统 |
| --- | --- | --- |
| 变形监测 | 地表变形监测 | 北斗监测系统 |
| | | GPS 监测系统 |
| | | 地基合成孔径雷达系统 IBIS-FL |
| | | 无人机 |
| | 深部变形监测 | 钻孔测斜仪 |
| | | 柔性测斜仪 |
| | | 管道轨迹仪 |
| | | 时域反射仪 TDR 监测系统 |
| | | 静力水准仪 |
| | | 分布式光纤 |
| | | 裂缝计 |
| | | 拉绳位移计 |

续表

| 监测分类 | | 监测设施/系统 |
| --- | --- | --- |
| 环境监测 | 水文气象环境监测 | 气象站 |
| | | 库水位观测仪 |
| | | 地下水位监测仪 |
| | | 巴歇尔槽流量计 |
| | | 土壤含水量传感器 |
| | | 水化学传感器 |
| | 地球物理环境监测 | 宽频地震仪 |
| | | A10绝对重力观测仪 |

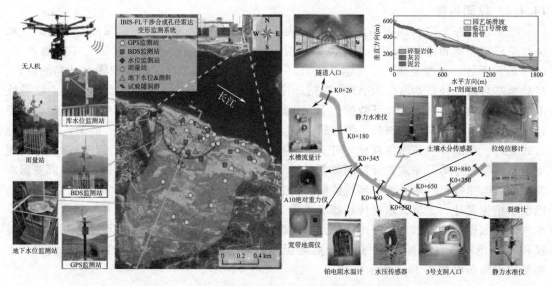

图 14-8　巴东野外综合试验场多场监测设施布置

### 14.4.5　监测成果分析

　　基于所建立观测系统，开展了黄土坡滑坡地表变形与降雨等气象水文实时观测，获取滑坡变形及气象水文监测数据，为降雨与库水位联合作用下黄土坡滑坡演化过程分析提供了数据支撑。图 14-9 显示，黄土坡滑坡临江 1 号体各区域变形具有明显的差异性，滑坡变形主要集中于临江 1 号体东部，截至 2021 年 7 月 P2、P3、P5、P6、P8、P9 监测点位累积变形量均已达到 50mm，2020 年 7 月以前的平均累积变形为 39.4mm，2020 年 7 月以后的平均累计变形为 57.9mm，其中，P3 监测点位累计变形量最大达 80.6mm，该处变形最为严重，该部位滑坡处于欠稳定状态；而黄土坡滑坡临江 1 号体其它部位变形相对较小，2020 年 7 月以前的平均累计变形为 25.1mm，2020 年 7 月以后的平均累计变形为 33.9mm，为滑坡最大变形位置的 2/5，该部位较为稳定。此外，监测结果还显示，黄土坡滑坡临江 1 号体变形具有明显的间歇性特点：1～5 月期间，滑坡变形较小，累计位移曲线呈平缓状态；从 5 月初开始，滑坡变形开始加剧，滑坡变形速度增大，累计位移曲线变陡；10 月之后，滑坡变形又放缓，进入缓慢变形阶段。

　　图 14-10 显示，2019 年 10 月开始对黄土坡滑坡临江 2 号开展地表位移监测。临江 2 号

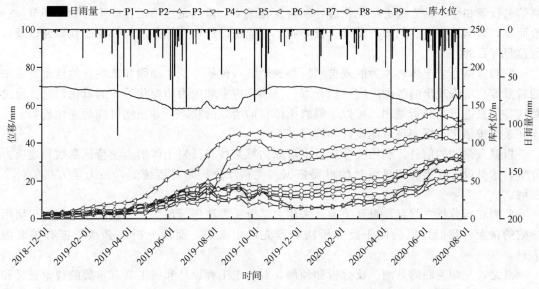

图 14-9 基于北斗监测系统的黄土坡滑坡临江 1 号体 2018—2021 年度变形观测

体各区域变形呈现出缓慢上升的趋势，变形主要集中于临江 2 号中部（P11、P14），截至 2021 年 7 月平均累计变形为 36.7mm；其它部位截至 2021 年 7 月平均累计变形为 19.2mm。临江 2 号滑坡变形规律与临江 1 号具有相似性，变形具有明显的间歇性特点：1～5 月期间，滑坡变形较小，累计位移曲线呈平缓状态；从 5 月初开始，滑坡变形开始加剧，滑坡变形速度增大，累计位移曲线变陡；10 月之后，滑坡变形又放缓，进入缓慢变形阶段。

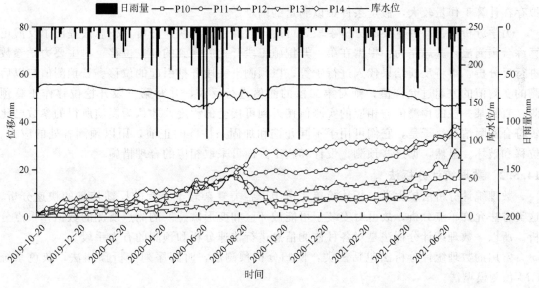

图 14-10 基于北斗监测系统的黄土坡滑坡临江 2 号体 2019—2021 年度变形观测

# 14.5 工程地质预测

岩土体是一个开放的、动态变化着的复杂巨系统，应采用理论分析、专家群体经验和监测信息反馈相结合的方法进行优化设计和信息化施工。监测是这项工作必不可少的环节。一般而言，监测通常应达到修改设计、指导施工、验证设计和计算方法、作专题性研究以及运行监督等目的。

监测数据是岩土体对人为的或自然所加的影响（包括开挖、加固和某些自然现象所带来的后果等）所表现出的各种反应（如开裂、位移、应变和应力的变化等）的量化信息。通过对这些信息进行的分析处理，可以了解岩土体目前所处的状态，并预测可能的变化趋势。可保证系统按预定目标实现最优设计和施工。

根据观测到的信息，利用反分析技术可以估算某些表征岩土体的力学特征参数和地应力分量，这是设计变更和信息设计的重要依据。位移反分析是对传统的岩石力学方法的一个发展。

监测和反分析之间存在重要关系。采用力学分析方法进行预测，其精度往往取决于所用参数的精度。我们可以借助于反分析法来预先确定参数，而反分析法必须依据有关监测信息。

总之，互相关联的监测、反分析和预测，对岩土工程设计和施工具有重要的理论意义和实用价值。

依据监测数据，对信息作快速分析，对岩土体的稳定状态及其发展趋势作出快速判断，并以此为基础迅速修改设计和制定新的处理措施，对于工程安全是十分重要的。

预测方法主要有力学分析法、统计分析法、非线性预测法和经验判断法等。

### 14.5.1 力学分析法

力学分析法的种类较多，其使用前提是合理确定力学模型、边界条件和各种计算参数。除条件简单的块体滑动问题可以用极限平衡方法解决外，一般均需进行数值模拟。但数值模拟存在计算工作量较大，假定条件难以满足的困难。

力学分析法是一种重要的分析手段，可用于监测信息的快速分析。杨志法提出了反演正算综合预测法，其思路为：根据在第一开挖施工段开挖后测到的开挖位移，对主要力学参数进行反分析，再将反演结果代入进行正算，以预测下一段开挖引起的位移。若预测值与以后测的实测值的差超过允许值，则对第二段的测值进行反演，并对第三段开挖位移作正算预测，直到某一段的预测值与相应的实测值接近到可接受的程度，才认为反演所得的参数已比较符合实际情况。于是，它们可用于不同开挖和加固条件下的正演，用以预测各处的应力、位移和破坏。显然，据这些预测，设计和施工方面可采取相应的合理措施。

### 14.5.2 数理统计分析法

数理统计分析法较力学分析法简单，适用于各类复杂岩土工程的反馈信息的快速分析。这类方法允许单点分析，故可对安装于可能破坏区和变形敏感区的测点所测的数据作重点分析。所以，数理统计分析法是对各种监测信息进行快速分析和预测的有力手段。

常用的数理统计分析法包括三类：回归分析预测法，时间序列分析预测法，灰色系统 GM 预测模型法。

#### 14.5.2.1 回归分析预测法

回归分析是"黑箱"建模预测的常用方法，对位移或其它系数与时间的一组观测值，拟合回归出最佳的预测函数 $f(x)$ 模型。常用的回归分析模型有一元回归模型和多元回归模型两类。

#### 14.5.2.2 时间序列分析预测法

对中长期预报，滤波分析是一种常用的时间序列方法。滤波分析法本质上是根据监测数据序列的滑动平均处理,借以突出其趋势性内在规律并滤除随机干扰。随机干扰属于噪声,是高频项,指某点的噪声与相邻点噪声不相关,故将相邻点的值叠加并求取平均值,可使噪声相互抵消或削弱;趋势信号属于低频项,指某点的信号与相邻点信号是自相关的。当监测数据并非完全由随机干扰信号组成而有趋势项存在时,将某点的监测值与前后几个点的监测值加起来求平均值时,其结果向趋势信号值集中。对滑坡预测预报,滤波分析是通过某些动态因素(主要是降雨)的时间序列观测值,考察这个观测系列与区域滑坡活动状况之间的关系。当观测系列的高值区间与滑坡活跃期相对应时,即可根据具体的观测时间系列进行区域性的滑坡活动中长期预测预报。

### 14.5.2.3　灰色系统 GM 预测模型法

邓聚龙教授创立的灰色系统理论,将一切随机变量看作是在一定范围内变化的灰色量,对灰色量不是从统计规律的角度通过大样本来进行研究,而是通过数据生成的方法将杂乱无章的原始数据整理成规律性较强的生成数据进行研究。因此,从理论上看,灰色系统模型比较适合位移数据建模预测预报。目前比较常用的是等间距或非等间距灰色 GM(1.1) 模型。

## 14.5.3　非线性预测法

近年来,非线性科学的理论及方法在地球科学领域得到了广泛的应用。岩土体系统及其时空演变过程是一个复杂的开放系统,是一个非线性的不确定系统。现代非线性科学特别是分形理论、非线性动力学理论和神经网络理论的发展,为我们探索这种复杂性过程的动力学本质特征带来了全新的希望,进一步开拓了地质体预测预报的思路和方法。

### 14.5.3.1　非线性动力学预测模型

根据滑坡系统的长期监测资料,可以反演建立滑坡孕育过程的非线性动力学方程组,在此基础上,就可以对滑坡进行时间预报。

非线性动力学预测模型实际应用的困难主要是滑坡非线性动力学方程的具体表现形式有待进一步的深入研究。尽管如此,非线性动力学理论将滑坡预报从经验统计预报带入到物理预报,这是一种观念上的更新,无论是在滑坡预测的理论研究和实际应用上,均具有重要的意义。

### 14.5.3.2　突变理论预测模型

突变理论是近十多年来基于动态拓扑理论而发展起来的分析各种突变事件的数学理论,特别适用于描述系统作用力的渐变导致状态突变的性质。滑坡活动的动态演变过程是一个典型的渐变-突变过程。突变理论可与模糊数学及灰色理论结合进行时间预测预报工作。

突变理论用于时间预报工作是一种新的尝试,其优点是物理意义明确,既具有稳定分析的作用,又包含时间预报的效能。

### 14.5.3.3　分形理论预测方法

分形理论由美籍法国数学家 B. B. Mandelbro 在 20 世纪 70 年代中期所创立,它的主体内容是系统的自相似性,其研究对象是非线性复杂系统中产生的不光滑和不可微的几何形体,对应的定量描述参数是分维。

分形理论目前在滑坡时间预测预报中应用广泛,要求滑坡位移变形监测资料要有较长的时间长度,且连续性好。

### 14.5.3.4　神经网络预测方法

近年来,人工神经网络的研究受到人们的关注,它是模拟人的智能的一种方法。神经网络系统是一种自适应的高度非线性动力系统,其内部连接的自组织结构具有对数据的高度自适应能力,由计算机直接从实例中学习且获取知识,探求解决问题的办法,自动建立起复杂系统的控制规律及其认知模型。因此，神经网络对时间预报十分有效。

### 14.5.4　经验判断法

专家经验和工程本身总结出来的经验是对岩土工程所处的状态作出正确判断的重要基础。在实际工作中，主要分析对象为变形速率、月变形量和变形总量等，以及这些量与岩性、构造、开挖情况之间的关系。根据曲线的变化，作出快速预测和判断。

这类方法的优点在于分析判断快，丰富经验的、由多专业专家进行的分析往往获得成功。

# 思考题

1. 工程地质监测的主要目的和思路是什么？
2. 工程地质监测的主要内容有哪些？
3. 工程地质监测系统设计的主要原则和流程是什么？
4. 工程地质预测方法包括哪些主要类型？
5. 工程地质监测与工程地质预测有何关系？
6. 结合工程案例说明工程地质空-天-地多场监测有哪些主要技术方法？哪些新技术可以用于工程地质监测？

# 参考文献

[1]　王思敬，黄鼎成. 中国工程地质世纪成就 [M]. 北京：地质出版社，2004.
[2]　张咸恭，王思敬，张倬元. 中国工程地质学 [M]. 北京：科学出版社，2000.
[3]　杨志法. 工程地质力学综合集成理论及其应用 [J]. 中国学术期刊文摘，1995.
[4]　钱学森，于景元，戴汝为. 一个科学新领域-开放的复杂巨系统及其方法论 [J]. 自然杂志，1990，13 (1)：3-5.
[5]　黄仁福，吴铭江. 地下硐室原位观测 [M]. 北京：水利电力出版社，1990.
[6]　杨志法，刘大安，刘英，等. 边坡监测系统建立及监测信息分析方法 [J]. 全国山区地基基础学术会议论文集. 重庆：重庆大学出版社，1997：1-13.
[7]　佘小年. 崩塌滑坡地质灾害监测现状综述 [J]. 铁道工程学报，2007，104 (5)：6-11，23.
[8]　黄今，苏华友，骆循. 微地震监测技术在 TBM 隧道施工中的应用 [J]. 矿山机械，2007，35：21-22.
[9]　黄小雪，罗麟，程香菊. 遥感技术在灾害监测中的应用 [J]. 四川环境，2004，23 (6)：102-106.
[10]　肖林萍，赵玉光，李永树. 单拱大跨隧道信息化施工监控量测技术研究 [J]. 中国公路学报，2005，18 (4)：62-66.
[11]　周科平. GPS 和 GIS 在矿山工程地质灾害监测中的应用 [J]. 采矿技术，2003，3 (2)：5-9.
[12]　李远宁，冯晓亮. GPS 在三峡水库区云阳县滑坡监测中的应用 [J]. 中国地质灾害与防治学报，2007，18 (1)：124-127.
[13]　陈敦云. 变形监测应用技术 [J]. 福建地质，2006，(4)：219-223.
[14]　林水通. 滑坡灾害监测方法综述 [J]. 福建建筑，2006，101 (5)：73-74.
[15]　胡新丽，唐辉明. 水库滑坡-抗滑桩体系多场演化试验与监测技术 [M]. 北京：科学出版社，2020.
[16]　许强，董秀军，李为乐. 基于天-空-地一体化的重大地质灾害隐患早期识别与监测预警 [J]. 武汉大学学报（信息科学版），2019，44 (07)：957-966.
[17]　张勤，赵超英，丁晓利，等. 利用 GPS 与 InSAR 研究西安现今地面沉降与地裂缝时空演化特征 [J]. 地球物理学报，2009，52 (05)：1214-1222.
[18]　李振洪，宋闯，余琛，等. 卫星雷达遥感在滑坡灾害探测和监测中的应用：挑战与对策 [J]. 武汉大

学学报（信息科学版），2019，44（07）：967-979.

[19]　徐靓，程刚，朱鸿鹄．基于空天地内一体化的滑坡监测技术研究［J］．激光与光电子学进展，2021，58（09）：98-111.

[20]　张晓凯，郭道省，张邦宁．空天地一体化网络研究现状与新技术的应用展望［J］．天地一体化信息网络，2021，2（04）：19-26.

[21]　李德仁．论空天地一体化对地观测网络［J］．地球信息科学学报，2012，14（04）：419-425.

[22]　魏少伟．线性工程地质灾害监测新技术及发展趋势［J］．铁道建筑，2019，59（02）：57-63.

[23]　薛天祥，沈春勇，陈润泽．地面沉降的监测技术及治理措施［J］．工程建设与设计，2021（22）：20-22.

[24]　Alessandro Ferretti，Claudio Prati，Fabio Rocca．Nonlinear subsidence rate estimation using permanent scatterers in differential SAR interferometry．［J］．IEEE Trans．Geoscience and Remote Sensing，2000，38（5）：2202-2212.

[25]　Berardino P.，Fornaro G.，Lanari R.，et al．A new algorithm for surface deformation monitoring based on small baseline differential SAR interferograms［J］．IEEE Transactions on Geoscience and Remote Sensing，2002，40（11）：2375-2383.

[26]　Hu X.，Tan F.，Tang H.，et al．In-situ monitoring platform and preliminary analysis of monitoring data of Majiagou landslide with stabilizing piles［J］．Engineering Geology，2017，228：323-336.

[27]　Zhang Y.，Hu X.，Tannant D. D.，et al．Field monitoring and deformation characteristics of a landslide with piles in the Three Gorges Reservoir area［J］．Landslides，2018，15（3）：581-592.

[28]　陈继伟，曾琪明，焦健，等．Sentinel-1A 卫星 TOPS 模式数据的 SBAS 时序分析方法——以黄河三角洲地区为例［J］．国土资源遥感，2017，29（04）：82-87.

[29]　陈云敏，陈赟，陈仁朋，等．滑坡监测 TDR 技术的试验研究［J］．岩石力学与工程学报，2004（16）：2748-2755.

# 第 15 章　工程地质信息技术

## 15.1　概　述

　　信息技术是应用信息科学的原理和方法扩展人类信息器官功能的技术。它集通信、计算机和控制技术于一体，国外又称为"3C"技术。内容包括信息接受技术、信息传递技术、信息处理技术及信息控制技术。信息传递技术和信息处理技术是信息技术的核心，而信息接受技术、信息控制技术是与外部世界的接口，从而构成一个完整的功能体系，并与人的信息器官及其功能系统相对应。其内容互相综合，已形成多项应用开发技术，包括遥感、地理信息系统与全球定位系统的 3S 系统集成，甚至包括 3S＋2G（地球物理、地质力学）的集成。集成技术主要包括数据库及其管理技术、信息的融合技术、数据的表达与显示技术、数据挖掘和知识发现技术、虚拟现实技术、人工智能、专家系统、遥感技术、地理信息系统、全球定位系统、计算机辅助决策系统、自动控制技术、多媒体技术和计算机网络技术等。

　　海量的数据对人们提出更高的要求，即如何从海量数据中提取信息为决策服务。

　　数据挖掘从 20 世纪 60 年代以来，发展速度很快。数据挖掘就是从海量的数据中挖掘出可能有潜在价值的信息的技术。这些信息是可能有潜在价值的，可以为企业带来利益，或者为科学研究寻找突破口。数据挖掘综合了多种学科技术，有分类、聚类、预测、偏差检测、关联规则和序列模式的发现等很多的功能。数据挖掘所要处理的问题，就是在庞大的数据库中找出有价值的隐藏事件，并且加以分析，获取有意义的信息，归纳出有用的结构。

　　人工智能（artificial intelligence，AI）是计算机学科的一个分支，20 世纪 70 年代以来被称为世界三大尖端技术（空间技术、能源技术、人工智能）之一，也被认为是 21 世纪三大尖端技术（基因工程、纳米科学、人工智能）之一。专家系统是人工智能的一个分支，它是在特定的领域内具有相应的知识和经验的程序系统，它应用人工智能技术来模拟人类专家解决问题时的思维过程，求解该领域内的各种问题，专家系统是人工智能研究中开展较早、最活跃、成效最多的领域，广泛应用于工程地质应用研究的各个方面。决策支持技术是人工智能的又一新的分支，它以专家系统为基础，强调智能化的人机交互环境，为解决复杂的决策问题提供新技术支持。

　　由于工程中地质结构的复杂性，为了保证重大工程建筑物的安全，必须建立大型监测系统。与工程地质最为密切的监测是变形、地应力、地震与地下水位监测。监测信息的分析、处理与预测极为重要，已成为一种独特的信息处理技术。信息的及时监测和及时反馈十分重要，对信息进行快速的整理和分析也十分重要，主要方法包括统计分析方法、灰色系统方法、黄金分割法、时间序列分析、BP 人工神经网络模型、非线性理论方法。

　　三维地质建模是运用计算机技术，在三维环境下将空间信息管理、地质解译、空间分析和预测、地学统计、实体内容分析以及图形可视化等工具结合起来，并用于地质问题分析。三维虚拟漫游与信息查询是一种效果非常好的展现平台，它可以提供具有三维真实感的实时浏览和查询环境，实现场区三维地质体的虚拟现实漫游与信息查询，动态展示场区的三维地质模型及其相关的重要工程勘察研究成果。三维地质模型结合虚拟现实技术和信息系统技术构成综合地质信息系统，集三维地质模型的显示、信息管理和查询以及虚拟现实浏览为一体，可以更大地发挥三维地质模型的优势，为工程和生产服务。

虚拟现实（virtual reality，VR）又称灵境，是一种在计算机图形学、计算机仿真、传感技术、显示技术等多种学科交叉融合的基础上发展起来的计算机技术。它主要提供一种模拟或虚拟现实的操作环境，使用户具有仿佛置身于现实世界一样的真实感；同时，可以通过人机对话工具交互地操作虚拟现实中的物体。这样不仅可以使用户置于虚拟现实环境中，还可以查询、浏览以及分析虚拟现实中的物体，如地形、地物、资源环境状况等，辅助用户进行分析、评价、规划或决策。虚拟现实技术作为一种理想的数据分析、知识挖掘、规划设计、协同工作、风险评估和决策支持工具，已经广泛地应用于许多行业中。虚拟现实技术在工程地质中的应用才刚起步。虚拟现实技术可与工程地质信息系统结合构成综合地质信息系统，它是以工程地质为基础，利用计算机技术对勘探资料进行有效管理、合理利用和可视化表达分析的一种新型岩土工程设计方法，它对工程决策、地质分析预测、提高制图效率以及增强展示效果起到了非常重要的作用。综合地质信息系统主要由工程勘测数据库、地质体三维建模模块、虚拟漫游与信息管理模块、自动成图模块和数据分析模块构成。

本章主要介绍 GIS 技术和遥感信息技术在工程地质学领域的研究与应用。

# 15.2 地理信息系统技术

地理信息系统（geographic information system，GIS）是以采集、存储、管理、描述和分析与地球表面及空间地理分布有关的数据的信息系统。它是以地球空间数据为基础，在计算机硬件、软件环境支持下，对空间相关数据进行采集、管理、操作、分析、模拟和显示，并采用地理模型分析方法，适时提供多种空间和动态的地理信息，为地理研究、综合评价、管理、定量分析和决策服务。

地理信息系统的技术基础包括地图制图技术、数据库技术、软件工程技术、图形图像技术、网络技术和人工智能技术等。除地图制图外，均属于信息技术（IT）。

## 15.2.1 地理信息系统简介

在地理信息系统中，有关空间目标实体的描述数据可分为两类：空间特征数据和属性特征数据。两类数据统称为空间数据（或地理数据）。空间特征数据记录的是空间实体的位置、拓扑关系和几何特征。实体的空间位置是以经纬度或带有局部原点的坐标来表示的，实体的几何特征用点、线、面和体四种类型表示。在地图上，通常将地理数据抽象为点、线、面三类元素，总之，空间特征数据是以地图形式表达的。属性特征数据是描述空间目标实体所具有各种性质的文本数据，如工程地质岩组、坡度等，在地理信息系统内，该类数据采用属性库（数据库）技术存储。

地理信息系统采用的空间数据结构，主要有两大类：矢量结构和栅格结构。现代的地理信息系统也有采用矢量与栅格一体化的数据结构。

GIS 数据库的数据组织是核心问题。传统的数据库管理系统通常使用三种方法：层次方法、网状方法、关系方法，对数据构成三种不同的数据库结构。

GIS 系统的属性数据模型主要有三种，即层次模型、网状模型和关系模型。

GIS 主要有以下五方面的基本功能：①数据输入功能；②编辑、转换修饰功能；③数据存储与管理功能；④空间查询、空间分析功能；⑤数据输出与表达的功能。

GIS空间分析功能是GIS区别于其它计算机系统的标志。GIS空间分析包括以下几个大的方面：叠加分析、缓冲区分析、空间集合分析、地学分析。

叠加分析是指为确定空间实体间的空间关系，将不同数据层的特征叠加，产生具有新特征的数据层。

缓冲区分析是根据数据库的点、线、面实体，自动建立其周围一定宽度范围的缓冲区多边形。

空间集合分析主要有逻辑交运算、逻辑并运算、逻辑差运算。

地学分析是用来描述地理系统中各地学要素间相互关系和客观规律信息的方法，包括数字高程模型、地形分析和地学专题分析。

① 数字地面模型（digital terrain model，DTM）是描述地面诸特性空间分布的有序数值。

若所记地面特性是高程，DTM也称为数字高程模型（digital elevation model，DEM）。

② 地形分析就是在DEM基础上，自动提取坡度和坡向、地表粗糙度、曲率、高程变异系数等定量化信息。

③ 地学专题分析。GIS地学专题分析模型，依据所表达的关系，可分为三类：一是纯理论模型；二是基于实践经验的经验模型；三是广泛应用于地学领域的基本原理和经验的混合模型，如信息量模型、神经网络模型等。

### 15.2.2 工程地质数据的特点

工程地质数据是典型的多源空间数据，包括空间位置、拓扑关系和属性三个方面的内容，它们形式多样、量纲不一，有定量数据，也有定性文本信息。总的来讲，数据分为两大类：一是空间数据；二是属性数据。

对于空间地质实体，可以抽象为点、线、面三种基本要素来表示它们的位置、形状、大小等。点（0维），具有至少一个属性和一对（$x$，$y$）坐标，逻辑上不可分。点实体如取样点。线（1维），是由一个（$x$，$y$）坐标对序列表示的具有相同属性的点轨迹。线地质实体如断层、地层界线等。面（2维）是以（$x$，$y$）坐标对的集合表示的具有相同属性的点轨迹，面的形状不受点坐标对排列顺序的影响。面地质体如断层面、滑动等。若把平面位置与高程结合，构成体元素，如各种岩体等，它是三个基本地形要素的外延。总之，从几何上，人们正是通过上述基本要素完成了对各种实体的认识。

各种地质实体还有各自的属性数据，这类数据较复杂，可分为四种类型。

① 名义型数据：如描述岩性破碎程度的"松散""完整"等。

② 有序型数据：如结构面的分级1～10级。

③ 间隔型数据：如高差等，其另一特点是没有自然0值。

④ 比例型数据：它有绝对值0值的间隔型数据，如岩体厚度值等。

前两类为"定性数"，后两类为"定量数据"。

工程地质数据是典型空间多源数据，而GIS的研究对象及内容正是这种空间数据；且工程地质的区域预测评价方法与GIS特有的空间分析功能（叠加分析、缓冲区分析等），与斜坡空间预测分析的基本原理是一致的，因此，利用GIS技术进行工程地质具有现实性。

由于工程地质工作的专业特殊需要，GIS的应用不是简单地使用GIS空间分析功能，而是利用GIS空间分析功能函数，开发相应的专业分析模块，建立专用的GIS系统。

### 15.2.3 地理信息系统的开发工具

目前的GIS系统专业开发工具，可以归纳为集成式GIS、模块化GIS、组件式GIS和网络 GIS 等几个主要类别。

### 15.2.3.1　集成式 GIS

集成式 GIS 指集合各种功能模块的大型 GIS 系统软件包。集成式 GIS 系统的优势是各项功能已形成独立的完整系统，提供了强大的数据输入输出功能、空间分析功能、良好的图形平台和可靠性能，缺点是系统复杂、庞大和成本较高，并且难于与其它应用系统集成。

### 15.2.3.2　模块化 GIS

模块化 GIS 系统是把 GIS 系统按功能划分成一系列模块，运行于统一的基础环境中。模块化 GIS 系统具有较强的工程针对性，便于开发和应用。

### 15.2.3.3　组件式 GIS

组件式 GIS 是随着近年来计算机软件技术的发展而产生的，代表了 GIS 系统的发展潮流。组件式 GIS 具有标准的组件式平台，各个组件不但可以进行自由、灵活的重组，而且具有可视化的界面和使用方便的标准接口。组件式 GIS 平台的核心技术是 Microsoft 的组件对象模型（component object model，COM）技术，新一代组件式 GIS 大都是采用 ActiveX 控件技术来实现的。这类 GIS 系统提供了为完成 GIS 系统而推出的各种标准 ActiveX 控件和类型库（type library），使 GIS 系统开发者不必掌握专门的 GIS 系统开发语言，只需熟悉基于 Windows 平台并且支持 ActiveX 控件技术的通用集成开发环境，了解组件式 GIS 各个控件（包括对象）的属性、方法和事件，就可以实现 GIS 系统。所以，组件式 GIS 在系统的无缝集成和灵活方面具有优势，从一定意义上讲，它代表了 GIS 系统的发展方向。

### 15.2.3.4　网络 GIS(Web GIS)

进入 20 世纪 90 年代后期，信息技术迅猛发展，新的信息技术层出不穷。随着电信网、有线电视网、Internet 三网融合步伐的加快和第二代 Internet 技术的日趋成熟，Internet 正日益成为信息化社会人们联系、交流、获取信息的重要工具。Internet 技术改变着世界。戈尔所倡导的"数字地球"概念引起了人们广泛的关注，Internet 环境下的空间信息处理技术也愈来愈受到重视，它把多维虚拟现实技术、计算技术、遥感技术（RS）、地理信息系统（GIS）、全球定位系统（GPS）、网络技术等作为主要的技术支撑系统。GIS 的网络化应用趋势已成为必然。Web GIS 是指基于 Internet 平台的地理信息系统，又称为因特网 GIS（Internet GIS）。Internet 技术的发展，使地理信息系统发生了质的飞跃，对传统意义上的 GIS 带来了极大的冲击，导致了 Web GIS 时代的开始。以单机或局域网为操作平台的工作模式终将被 Internet 操作平台所取代。

## 15.2.4　地理信息系统在工程地质中的应用

GIS 在工程地质方面的应用开始于 20 世纪 70 年代后期，80 年代后，特别是进入 90 年代以来其应用日趋广泛。GIS 在工程地质中的主要应用有以下三个方面。

### 15.2.4.1　信息管理

信息管理是指利用 GIS 强大的资料存储、维护、更新、查询、检索功能以及可视化查询和显示功能、空间数据库功能，通过数字化处理存入数据库管理系统，并以一定的时间和空间序列组织这些资料。在此基础上进行历史数据的条件查询、地质现象发生的时间和空间规律分析。

### 15.2.4.2　地质环境灾害评价与危险性区划

地质灾害是灾害孕育环境与触发因子共同作用的结果，灾害及其影响因素都与空间位置密切相关，因此利用 GIS 技术可以从不同空间和时间尺度上，通过对滑坡空间分布及其环境背景数据的 GIS 图层操作，获得滑坡与影响因素综合数据库，在此基础上利用 GIS 的统计分析功能对数据库属性项进行统计分析，获得灾害发生频率与各影响因子的统计图，即灾害发生与环境因素之间的统计关系，进而可据此对地质环境条件进行综合分析，确定出影响灾害发生的主要因素。

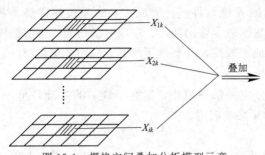

图 15-1 栅格空间叠加分析模型示意

在此基础上，利用 GIS 空间分析技术与各种评价模型相结合，完成灾害评价预测因素的空间叠加，进行灾害预测，得到灾害预测分区和敏感性分区图。

（1）基本原理

基于 GIS 的斜坡区域稳定性预测分析方法的理论基础是 GIS 的空间栅格叠加分析模型（图 15-1）。栅格数据结构类似于矩阵，其叠加操作为矩阵行列位置上对应属性值的函数运算 ［式(15-1)］。图层 1 的 $X_{1k}$ 单元、图层 2 的 $X_{2k}$ 单元……图层 $i$ 的 $X_{ik}$ 单元，这些单元尺寸和空间位置相同的单元进行函数运算，用于评价。

$$Y = f(X_1, X_2, \cdots, X_m) \tag{15-1}$$

式中，$Y$ 为稳定性等级；$f$ 为评价预测数据模型；$X_i$ 为某一评价因素图层的特征属性集；$m$ 为参与评价的评价预测因素的个数。

可以得出，基于 GIS 的斜坡区域稳定性预测模型的分析方法的实质是：针对各预测评价因素图层的某种函数运算，叠加计算成果即斜坡区域稳定性预测成果图。

（2）预测评价单元

① 不规则自然单元　该类单元适用于传统斜坡评价预测方法，同时，也可用于基于 GIS 的空间矢量分析。该类单元的优点在于评价单元数量相对较少，划分方便，针对性强；缺点是该类单元划分受人为因素干扰较多，精度较低。

不规则自然单元划分原则是：a. 以岩性边界为单元边界；b. 以地形相对突变边界（山脊、河谷、坡度突变边界）为单元边界；c. 以地质灾害范围边界为单元边界；d. 以岸坡类型相对变化边界为单元边界。针对具体研究区情况，可具体情况具体分析，对原则进行补充修改，以获得实用的预测单元。

② 规则网格单元　规则网格单元又称为方格网或栅格（grid）。网格单元的面积相同。网格单元的面积反映了空间对象的分辨率及空间对象内在的规律。因此，在进行栅格化时，即确定网格单元大小时，应依据以下原则：a. 栅格化应使单元精度能充分反映出一定比例尺下地质实体的空间分布及其属性特征，满足该比例尺下地质体的实际精度；b. 栅格化应充分考虑计算机处理能力，在保证一定的栅格化精度的情况下，尽可能保证计算机运行的快速；c. 栅格化应综合考虑各评价层的精度。总之，栅格化方案的确定应全面考虑地质体的精度及计算机的运算速度，以保证预测成果的准确性及精度。栅格化单元已成为目前计算机支持下的预测模型的主要评价单元了。

（3）常用的预测模型　用于区域预测评价的函数关系，即预测评价模型，分为两大类：第一类是利用 GIS 本身空间分析功能即可进行的简单分析模型，主要包括简单叠加分析、图层权重叠加分析方法；第二类是专业模型，例如，数量化理论方法、信息量法、模糊综合评判、专家系统、神经网格法等。专业模型具有较严密的理论基础，其优点在于改进了简单分析模型的线性叠加性质，其中神经网络法还能够模拟地质实体的非线性特征。

15.2.4.3　地质灾害风险评估与预测管理

在地质灾害评价预测的基础上，从影响地质灾害风险的因素出发，利用 GIS 空间分析功能进行因素叠加，进行风险评估。

同时，利用数据库监测数据与专业预测模型结合，对地质灾害进行时间预测。借此为决策部门提供依据，并向公众发布预警信息。

### 15.2.5　工程地质 GIS 的开发

现有的 GIS 平台，由于缺乏专业模型，很难满足工程地质专业的需要，因此，很多部门和行业已进行了专业 GIS 的开发。工程地质专业 GIS 开发应考虑以下几个方面的问题。

#### 15.2.5.1　系统信息标准化

为达到资源共享，必须进行统一协调，制定全国统一的信息标准。信息标准制定时，一是要注意基础标准的制定，即全国地理标准化，使跨行业、跨部门或跨国家能达到信息共享；二是在专业标准的制定，应依据基础标准，提供统一的信息转换或数据标准交换，以达到信息共享的目的。

信息标准化工作包括两部分内容：一是建立行业的预测评价指标体系；二是数据标准化。

合理和规范的评价指标体系，是保证复杂系统预测评价合理性、客观性的前提，其必须具备三个条件：①指标之间具可比性，即指标是根据统一的原则和标准选取的；②指标表达形式简单，对指标进行简化处理，同时保持最大信息量；③指标之间具有联系性，需要进行指标产生机理的研究，将指标统一在一个综合框架中。

指标体系构建须遵循以下原则。

① 指标选择应具科学性、通用性、系统性、综合性——在充分地进行地质调查的基础上，分析区域斜坡系统的特点，选择合理的影响因素作为评价指标，将有关指标有机组合联系起来，并根据指标之间因果、包容关系，建立一个目标明确、层次分明、结构清晰的综合性指标体系。以便正确地确定各指标权重这一事关评价成败的问题。

② 指标选择应具有时域性、可比性——各层次指标能反映空间变化，即在进行不同区域斜坡评价时，可动态地选择不同指标；同时可充分反映时间变化，便于不同地区和不同时段的对比。尽管地质条件具有显著的区域性，但在建立评价指标时，应尽量考虑区域差异对比。应相对规范和通用，包括术语表达、指标内容界定和描述标准等。使指标具有区域可比性、时序可比性。

③ 指标体系具可操作性——指标含义明确，多寡适中，信息数据便于获取，便于分析和模型评价。

④ 充分体现斜坡地质灾害特点，便于决策体系的操作。决策体系包括评价区域社会经济的易灾性、减灾能力。

以斜坡区域预测地质灾害为例说明指标体系的建立与分级。影响斜坡稳定性的因素指标可分为以下两大类。

① 静态因素：又称孕灾环境因素，指确定一个地区斜坡地质灾害发生的背景因素，主要包括地形因素（坡度、坡高等）、地层岩性特征、地质构造、边坡结构类型、水文地质条件、已有地质灾害发育分布状况、植被状况等。

② 动态因素：又称诱发因素，指诱发（或触发）斜坡系统向失稳方向发展的各种内外动力和人类工程活动因素，主要包括降水、地震、人工卸荷与填方等。

通过对复杂斜坡系统进行分解，根据拟解决问题的特征，采用层次分析方法建立评价指标体系（图 15-2），即将目标分解，直到子目标能够成为满足评价要求，可用定量或定性的独立指示描述为止。最高层次的目标：斜坡地质灾害稳定性预测，是由系统的目的决定的，其下一层的子目标是根据斜坡地质灾害影响因素的分类决定的，所以称为类目标；最基础层的是对类目标的再次细化至满足要求的独立指标为止。

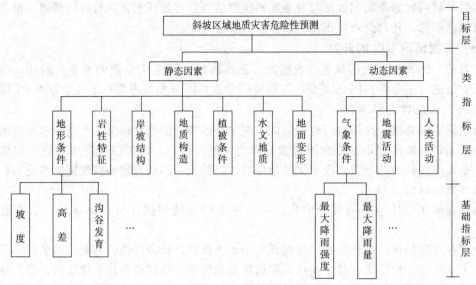

图 15-2　评价指标体系结构

对于类指标及基础评价指标的选取和确定，采用德尔菲法（Delphi method），又称专家调查法，是一种定性预测方法，是通过反复征求专家意见确定系统评价的指标体系。

区域斜坡稳定性评价可据破坏概率分为四级，即不危险、轻度危险、中度危险和极危险。该指标体系是通过数据库方式进行动态管理的，即可通过更新维护，对评价指标体系进行修改、提取、筛选等操作。

指标分两类：一类是定量指标；另一类是定性指标。各指标在预测评价模型中作为地质变量，须进行量化。原因在于：①定量数据单位不一致，每个指标变量的表现力不同，有时可能有夸大变量作用的现象；②定性数据很难进行实数域的运算。

指标的量化首先应建立一个评价指标的分级划分标准，然后根据某项指标在各种不同情况下对斜坡地质灾害产生的相对贡献，对各因素中各种状况进行评分。

常用的指标定量方法有德尔菲法、统计分析法、模糊数学的隶数度函数法及信息量法。

危险等级：指标体系中的各指标对斜坡地质灾害产生的影响程度不尽相同，因此，在确定指标标度值后，还应确定各因素指标在综合体系中的相对地位和相对影响，也就是所占的权重。

确定评价指标的权重具有两方面的意义：①依据权重，可进行具体评价指标的筛选和优化；②权重是预测评价的基础，除信息量模型等外，其它模型特别是模糊综合评判法都是以指标度量值和权重乘积相加来进行综合评价的。

确定权重的方法目前常用的有工程地质类比法、德尔菲法与层次分析法、主因素分析法、相对系数法等。

**15.2.5.2　空间数据信息的标准化**

空间数据分为图形数据（空间特征数据）和属性数据（属性特征数据）两种类型。图形数据用于描述空间实体的地理位置、拓扑关系和几何特征。为快速、方便地建立非空间数据（属性）库和图形库，最终实现横向、纵向的信息交换及信息共享，必须在入库前进行数据的标准化。

（1）标准化工作内容

数据库系统的标准化工作主要包括建立统一的指标体系、名词术语代码标准、数据录入格式、输出图表标准化等，具体内容为：数据文件内容、编码、格式标准化工作；数据采集、录入格式标准化工作；数据文件及其数据项描述标准化工作；数据代码词典标准化工作。

工程地质数据分为以下五种类型。

① 数值型数据：此类数据所占比例较大，是数据库的主要内容，如土的含水量、地下水位等。

② 代码型数据：此种数据是用一简单的代号来表示复杂的特征描述，如滑坡类型、钻孔类型、地下水类型等。

③ 文本型数据，即文字描述，如地点、名称等。

④ 文件名型数据：此种数据存放的是一文件的文件名，分为文档文件名、图像文件名、图形文件名。

⑤ 声像型数据：此种数据存放的是图像和声音资料，如滑坡照片、录音资料等。

此外，根据各类数据的相互关系，对不同类型的数据进行确定名称、排列顺序，合理地将有直接关联的数据项合成若干个数据文件。并对各数据项明确含义、进行录入说明及确定名称代码，根据数值型数据的自身特点、研究程度和计量单位等，对其长度、精度和单位作出定量标准。根据上述数据文件格式，建立数据词典数据库，把所需数据项及其含义输入代码词典库中。

根据分析待入库图形的特点及 GIS 图形库管理的特点，图形库数字化方案的基本原则是以专题图区分工程文件，图形分层原则是在点、线、区（面）分大类的基础上，根据地质工程的实际需要，再进一步分层，将空间数据分解为单一性质的基本要素图层。例如，地形等高线图、岩性分布图层、构造图层等；这些具有不同属性结构的图层用不同的文件进行管理。对于某些在分析过程中不便于直接应用的基础资料，需进一步加工处理，例如，某研究区各气象站观测的降雨强度，基础数据是点数据，实际分析时，可以将其转换成降雨强度分区，即对区进行分析。

（2）图层划分应据基础 GIS 软件特点

图形库的形式有两种，包括①综合图形库：包括各种不同属性结构的点、线、面图。②专题图形库：同一研究区、同一属性结构的图件的集合。两者在使用时各有千秋。图形库、文件、图层及工程文件之间的关系如图 15-3。

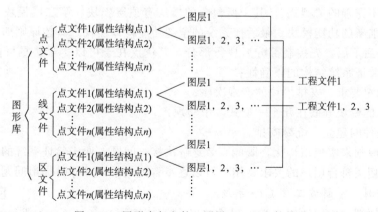

图 15-3　图形库与文件、图层、工程文件关系

参考《数字化地质图图层及属性文件格式》（DZ/T 0197—1997）工作标准，可确定图层划分原则为：

① 按图幅内容划分若干层；
② 相同逻辑内容空间信息尽量放在同一层；
③ 根据预测指标体系作进一步划分。

中国地质大学开发的斜坡工程系统中的图层结构如表 15-1。

表 15-1 斜坡工程系统中的图层结构

| 项 目 | 库 | 文 件 | 图 层 | 图层属性 |
|---|---|---|---|---|
| 斜坡地质灾害 | 基础信息图形库 | 地形图1 | 等高线 | 高程 |
| | | 地形图2 | 水系、交通等 | 名称… |
| | | 岩性分布图 | 岩性 | 岩性… |
| | | ⋮ | ⋮ | ⋮ |
| 预测评价系统 | 现状图库 | … | … | … |
| | 评价预测图库 | … | … | … |

数字化图以图幅为单位进行管理，划分的图层在不同图幅中都是一致的，建立的图形库以图层为单位进行管理。为保证多幅图拼接后每个图形信息及相应属性信息的独立性，避免图层名重复出现，图层各编码结构如图 15-3。

图例选取按中华人民共和国国家标准：《综合工程地质图图例及色标》（GB 12328—1990）

### 15.2.5.3 系统开发方法与原则

（1）从顶层向下逐步分叉

对于数量巨大的编程工作，应采用从顶向下逐步分叉的结构化实现方法，这种方法主张先调试顶层模块及各个接口，然后逐层向下，层层展开，最后调试最底层模块。下层模块所需调用的公共模块，需要与上层模块同时编写。在实现上层模块时，下层未实现的模块作为树桩模块出现，即只留模块的名字、输入参数、输出参数，其具体实现挂空，集中精力实现上层模块。

（2）结构化实现的型式划分

从顶向下，并不意味着必须逐层实现，更不是说要逐层全部实现，而是根据各方面的因素，将整个实现方案分成若干个"型式"（version），即首先实现一个只反映系统的骨架，而实际功能尚不完善的"型式"。其中所包含的模块有顶层模块、第二层模块等，然后在此基础上不断添加新的功能模块，最后使系统的全部功能得以实现。具体原则如下：

① 先上层后下层，先控制部分后执行部分，其优点在于可以尽早、尽可能多地测试模块间的接口，验证系统结构的正确性；
② 根据用户要求，安排模块的实现次序；
③ 较复杂的模块分散在几个"型式"中实现；
④ 结合文件的建立，统筹安排。

根据这些原则来实现结构化，既能有效地解决接口问题，便于验证系统的正确性，还有利于保证系统切实符合用户的要求，用户可以逐步看到成果，并即时提出问题及要求。

### 15.2.5.4 实例——斜坡工程 GIS 系统

依据上述原则，中国地质大学工程学院以 MAPGIS 及 AutoCAD 为平台，研究开发了斜坡工程 GIS。该系统将斜坡工程地质信息数据库与图形库、方法库紧密结合；将斜坡地质灾害区域预测与单体斜坡稳定性预测评价有机联系成一体；将预测评价与治理设计集于一体；提出斜坡工程信息化设计与施工的研究思路，并建立各种常用斜坡治理优化设计模型。系统既可以用作大范围宏观决策，又可以为单体斜坡防治提供必要资料。依据信息化优化设计的思路，可利用系统提供的各种优化设计模型，快速合理地完成治理方案的设计及制图工作。系统设计框架如图 15-4，程序界面见图 15-5。

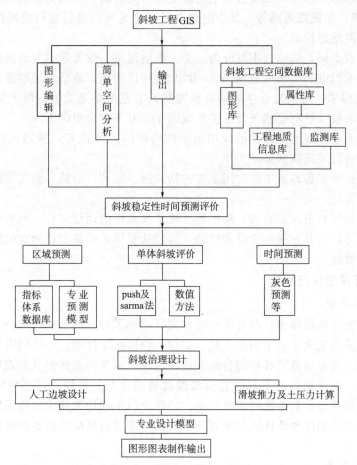

图 15-4　斜坡工程 GIS 框图

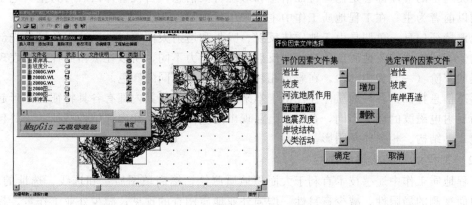

图 15-5　斜坡稳定性区域预测主界面

# 15.3 遥感技术

遥感是指遥远感知事物，主要包括电磁波遥感（光、热、无线电波）、力场遥感（重力、磁力）、声波遥感、地震波遥感等，其中电磁波遥感技术可以将信息转换成图像。现代遥感技术主要指电磁波遥感技术。

根据遥感平台不同，遥感技术可分为三类：航空遥感、航天遥感与地面遥感。

我国遥感技术引进和发展可追溯到 20 世纪 50 年代初期，最早引进的是常规航空摄影技术，70 年代中期以来，特别是近年来随着我国航天事业的迅速发展，航天遥感技术在我国正处于迅速发展阶段。航空遥感飞行已覆盖我国 412 万平方公里国土。

我国遥感技术在工程地质方面的应用始于铁路部门。1955 年，铁路部门利用航测方法对兰州—新疆线进行了选线和勘测工作。

遥感技术在各种工程调查中的应用主要包括铁路、水利、公路、油气管道、电力和港口等工程的选线、选址。

遥感图像（航片和卫片）真实、集中地反映了大范围的地层岩性、地质构造、地貌形态和物理地质现象等，与其它勘察手段相结合，可以从整体上提高工程勘察的质量，因而具有明显的技术经济效益。

## 15.3.1 遥感解译原理与标志

### 15.3.1.1 解译原理

卫片、航片或陆地摄影像片都是按一定比例尺缩小了的自然景观的综合影像图。各种不同的地质体或地质现象由于有不同的产状、结构、物理化学性质，并受到内外营力的不同形式和程度的改造，而形成各式各样的自然景观，这些自然景观虽然都是表观现象，却都包含一定的地质内容。而这些自然景观的直接映像就是相片上的色调、形态特征各具特点的影像，因此影像中也就包含着丰富的地质信息。能区分出不同地质体或地质现象间地质信息的差别，就能在图上区别出地质体或地质现象。所以，带有地质信息的各种影像特征也就是解译标志。

### 15.3.1.2 解译标志

两类基本的解译标志是色调特征信息和形态特征信息。目视解译以后者为主，电子仪器解译则以前者为主。在工程地质工作中主要采用目视解译法。

色调特征信息：色调是由于地质体反射、吸收和透射太阳辐射电磁波中的可见光部分所造成的。不同地质体或地质现象吸收、反射和透射能力不同，所以在黑白照片上就表现为深浅不同的灰阶（一般为 10 级），在彩色相片上就表现为不同的颜色。

形态信息特征：各种地质体往往由于本来颜色不同，或其内部有各具特征的地形起伏变化，而反射电磁波的能量不同，在影像上显现出地质体的外形和内部结构特征。主要包括形状、型式、结构、相关体及阴影。

## 15.3.2 工程地质遥感解译内容

工程地质工作中遥感技术有利于大面积地质测绘，提高填图质量和选线、选址的质量；克服地面观测的局限性，减少盲目性。增强外业地质调查的预见；减少外业工作量，提高了测绘效率。

应用遥感技术可获取地貌、地层（岩性）、地质构造、水文地质、不良地质等信息。对工程影响较大的滑坡、崩塌、错落、岩堆、坠石、泥石流、岩溶、沙丘、沼泽、盐渍土、河岸冲刷、水库坍岸、冲沟、人工坑洞、地震地质等不良地质现象，判释效果更好。

利用陆地卫星遥感图像一般可编制 1∶50000～1∶200000 的有关图件；利用航空遥感图像可编制 1∶500～1∶50000 的有关图件。上述不同比例尺图件的编制可满足工程勘察编制图件的需要。应注意，工程勘察中所采用的遥感图像比例尺因不同阶段而有所不同。

### 15.3.2.1 遥感图像类型与工程地质条件解译关系

遥感技术可以解决或帮助了解测绘地区的工程地质条件（表 15-2）。在工程地质实践工作中，应注意不同类型遥感图像的适用性。

**表 15-2　遥感在工程地质测绘中的应用**

| 工程地质测绘内容 | 遥感类型 | | | | |
|---|---|---|---|---|---|
| | 航空摄影 | 航空雷达 | 航空红外线 | 航天航空多波段 | 航天摄影 |
| **1. 地形、地貌：** | | | | | |
| (1)主要类型地形地貌划分 | 1 | 1 | 3 | 1 | 1 |
| (2)确定地形地貌成因类型 | 2 | 2 | 3 | 2 | 2 |
| (3)地形地貌形态相对时代 | 1 | 3 | 2 | 2 | 2 |
| (4)地形地貌与地质构造关系 | 2 | 2 | 1 | 2 | 2 |
| **2. 地质构造：** | | | | | |
| (1)新构造活动 | 1 | 2 | 3 | 2 | 2 |
| (2)区域构造位置 | 2 | 1 | 3 | 1 | 1 |
| (3)大型构造地段、区域断裂、环状构造 | 2 | 1 | 2 | 1 | 1 |
| (4)构造与断裂关系总体情况 | 2 | 1 | 3 | 1 | 1 |
| (5)一般断裂及形态 | 1 | 2 | 3 | 2 | 3 |
| (6)断裂移动方向及幅度 | 3 | 3 | 3 | 3 | 3 |
| (7)重要断裂发展的主要阶段 | 3 | 3 | 3 | 3 | 0 |
| (8)断裂中掩埋的填充 | 3 | 3 | 3 | 3 | 3 |
| (9)褶皱的形态 | 1 | 3 | 0 | 2 | 2 |
| (10)褶皱与断裂成因 | 3 | 3 | 3 | 3 | 3 |
| (11)断裂对岩浆、矿床和矿点的控制 | 3 | 3 | 3 | 3 | 3 |
| **3. 地层、建造、岩性：** | | | | | |
| (1)地层的展布、厚度 | 2 | 3 | 3 | 3 | 3 |
| (2)地层及下伏和上覆岩层的关系分析 | 3 | 3 | 0 | 3 | 3 |
| (3)划分标志层与含矿层 | 2 | 3 | 3 | 3 | 3 |
| (4)第四纪沉积物划分 | 2 | 3 | 3 | 3 | 3 |
| (5)侵入体的形态 | 2 | 3 | 3 | 3 | 3 |
| (6)侵入体的内部结构 | 2 | 3 | 3 | 3 | 3 |
| (7)划分个别的火山岩相 | 2 | 3 | 3 | 3 | 3 |
| (8)火山喷发中心及构造的关系 | 3 | 3 | 2 | 3 | 3 |
| (9)概略岩相图,古地理、古火山图 | 3 | 3 | 3 | 3 | 3 |
| **4. 水文地质：** | | | | | |
| (1)含水层的分布特征 | 3 | 3 | 3 | 3 | 0 |
| (2)含水层的富水性 | 3 | 3 | 3 | 3 | 0 |

注:1—主要用遥感方法来解决;2—利用遥感方法取得资料;3—解决任务中要参考遥感技术;0——一般不采用遥感方法。

### 15.3.2.2　工程地质遥感解译的主要内容和方法

**（1）地层岩性**

地层岩性是目视解译的主要内容，可识别不同的岩性（或岩性组合）和圈定其界线；推断各岩层的时代和产状，分析各种岩性在空间上的变化、相互关系以及与其它地质体的关系。

地层岩性的影像特征，主要表现为色调（色彩）和图形两个方面。前者反映了不同岩类的波谱特征，后者是区分不同岩类的主要形态标志。不同颜色、成分和结构构造的岩性，由于反射光谱的能力不同，其波谱特征就有差异。同一岩性遭受风化情况不同，它的波谱特征也有一定变化。不同岩类的空间产状形态和构造类型各有特色，并在遥感图像上表现为不同类型和不同规模的图形特征。因此也就可以依据图形特征识别不同的岩类。

岩性地层目视解译前，首先要将解译地区的第四系松散沉积物圈出来，然后划分三大岩类的界线，最后详细解译各种岩性地层。利用航片识别第四系松散沉积物的成因类型，并确定其与基岩的分界线是比较容易的，详细划分可以结合地形地貌形态。沉积岩类的解译标志是层理所造成的图像，一般都具有直线的或曲线的条带状图形特征，其岩性差异则可以通过不同的色调反映出来。岩浆岩类的波谱特征有明显规律可循。超基性、基性岩浆岩反射率低，在遥感图像上多呈深色调或深色彩；中性、酸性岩浆岩反射率中等至偏高，图像色调或色彩较浅。岩浆岩的色调较为均匀一致。侵入岩常反映出各种形状的封闭曲线；喷出岩的图形特征较复杂，喷发年代新的火山熔岩流很容易辨认，老的火山熔岩解译程度就低。变质岩种类繁杂，图形特征比较复杂，解译时应慎重分辨。

（2）地质构造

利用遥感图像解译和分析地质构造效果较好。一般来说，利用卫片可观察到巨型构造的形象，而在航片解译中，小型构造形迹效果较好。

地质构造目视解译的内容，主要包括岩层产状、褶皱和断裂构造、火山机制、隐伏构造、活动构造、线性构造和环状构造等的解译以及区域构造的分析。

由沉积岩组成的褶皱构造，在遥感图像上表现为色调不一的平行条带状色带，或是圆形、椭圆形及不规则环带状的色环，水平岩层和季节性干涸的湖泊边缘有时也会出现圈闭的环形图像，解译时需注意区别。水平岩层显露的轮廓线与地形轮廓线相似，呈现花瓣状纹理，水系常呈放射状，色调多为深浅相间的环带形。倾斜岩层的地表露头线服从"V"字形法则，其尖端愈尖，倾角愈平缓。背斜两翼分水岭上岩层"V"字形尖端相对；向斜两翼分水岭上岩层"V"字形尖端相背。倒转背斜两翼"V"字形尖端指向同一方向。在构造变动强烈的地区，需借助于其它的解译标志。由新构造活动引起的大面积穹状隆起的平缓褶皱，可利用水系分析标志解译。

断裂构造是一种线性构造。在遥感图像上影像愈明显的断裂，其年代可能愈新，所以在航（卫）片上可以直接解译活动断裂。

断裂构造也主要借助于图形和色调两类标志来解译。识别标志分为直接标志和间接标志两种。在遥感图像上地质体被切断、沉积岩层重复或缺失以及破碎带的直接出露等，为直接解译标志。间接解译标志则有线性负地形、岩层产状突变、两种截然不同的地貌单元相接、地貌要素错开、水系变异、泉水（温泉）和不良地质现象呈线性分布等。区域性大断裂还出现山地与平原截然相接的现象。利用红外扫描图像可较容易地判释出显著的大断层，发现隐伏大断裂。活动断裂都是控制和改造构造地貌和水系格局的，根据构造地貌和水系格局及其演变形迹，可揭示活动断裂。松散沉积物掩盖的隐伏断裂也可通过此方法来识别。

（3）水文地质

水文地质解译内容主要包括控制水文地质条件的岩性、构造和地貌要素，以及植被、地表水和地下水天然露头等现象。

进行解译时，如果能利用不同比例尺的遥感图像研究对比，可以取得较好的效果。尤其是大的褶皱和断裂构造，应先进行卫片和小比例尺航片的解译，然后进行大比例尺航片的解译。进行水文地质解译的航片以采用旱季摄影的为好。

利用航片进行地下水天然露头（泉、沼泽等）解译，所编制的地下水露头分布图效果较好，用途较大。据此图可确定地下水出露位置，描述附近的地形地貌特征、地下水出露条件、涌水状况及大致估测涌水量大小，并可进一步推断测绘区含水层的分布、地下水类型及其埋藏条件。

实践证明：红外摄影和热红外扫描图像对水文地质解译效用独特。由于水的热容量大，保温作用强，因此有地下水与周围无地下水的地段，地下水埋藏较浅与周围地下水埋藏较深的地段，都存在温度差别（季节温差及昼夜温差）。红外扫描图像对浅层地下水的存在具有一定的"透视"能力，含水丰富的土在白天的图像上显示为冷异常，呈黑色；在夜间和凌晨的图像上则显示热异常，呈白色。利用红外摄影和红外扫描对温度的高分辨率（0.01～0.1℃），可以寻找浅埋地下水的储水构造场所（如充水断层、古河道潜水），探查岩溶区的暗河管道、库坝区的集中渗漏通道等。此外，利用红外摄影和热红外扫描图像还可探查地下水受污染的范围。

多波段陆地卫星影像对解译大范围的水文地质现象，如松散沉积物掩盖区大型隐伏构造以及平原区挽近地质时期凹陷和隆起区的地下水分布状况，也具有较好的作用。

（4）地貌和不良地质现象

在工程地质测绘中，一般采用大比例尺卫片（1∶250000）和航片来解译地貌和不良地质现象。地貌和不良地质现象的遥感图像解译，可以揭示其与地层岩性、地质构造的内在联系。地貌解译应与第四系松散沉积物解译结合进行。通过地貌解译还可提供地下水分布的有关资料。从工程实用观点讲，地貌和不良地质现象的解译可直接为工程选址、地质灾害防治等提供依据。

各类物理地质现象在各种外动力的"修饰"下有其特定的地貌特征，而各种地貌又有不同的影像。例如，斜坡变形破坏类地质灾害，是重力作用下的产物。重力地貌是航空照片上识别地质灾害的第一因素；再配合相关地形地质资料，可解译灾害类型、形态、范围、堆积方量，以及与地质灾害密切相关的地质、地貌背景，植被覆盖情况及人类活动迹象等。

① 崩塌影像特征：在航空照片上一般均存在色调深灰（相对年代较老）或灰白（新近产生）的崖壁（崩裂壁），其走向受坡体中裂隙的控制。若坡体中发育有一组裂隙，则崖壁在平面上呈直线状；若坡体中发育有两组及以上裂隙，则平面上呈参差不齐的锯齿状。崖壁之后的坡体中，往往发育有与崖壁走向平行的较密集的地裂缝（拉张裂隙）。崖壁破坏后多构成坡体的坡肩，其下有大小不等、杂乱无章、影像结构粗糙的堆积体，并多呈倒石堆形态。

② 滑坡影像特征：按物质组分差异及其反映出来的典型地貌特征，在遥感解译过程中，将滑坡分为覆盖层滑坡及基岩滑坡两类。覆盖层滑坡的滑坡周界呈较圆滑的弧形，仅因滑体厚度不同或滑移面是否利用了先期存在的软弱结构面而表现出不同曲率，形成马蹄形、舌形、匙形、箕形或铲形等影像。基岩滑坡的平面形态多呈折线状，是滑坡后壁、侧壁在发育过程中常利用岩层中先存裂隙发育的缘故。当坡体中发育有两组裂隙时，周界多呈角状、"门"字形等形状；若坡体中发育多组裂隙，亦可呈弧形或半圆形，但周界呈锯齿状。基岩滑坡的滑坡壁不仅比堆积层的滑坡壁高，且滑坡壁的角度受岩层中先期发育的裂隙的倾角控制，一般在60°以上。有时在滑坡壁上缘的坡体中可见地裂缝，通常有后壁拉张地裂缝和侧壁剪切地裂缝两类。滑坡体的微地貌特征及构造特征，因其变形而明显有别于其四周的地貌及正常地层结构及构造，这也是识别基岩滑坡特征的解译标志。

③ 泥石流影像特征：按照泥石流流体特征，可将其分为黏性泥石流和稀性泥石流（泥石洪流）两种，前者为泥砂石块与水充分混合形成的一种块体流，其瞬间破坏力较大，堆积体通常为舌状、"冰川状"；后者是固体物质以水为介质形成的一种泥砂与水的混合流体，其

对斜坡的破坏以面蚀和沟蚀为主,堆积物通常是呈扇体堆积于沟口。泥石流的分布、规模以及形成过程也可通过像片判释加以研究。通过像片判释了解泥石流的分区界限和形成区岩屑泥土的堆聚情况,为进一步工程地质评价工作服务。

此外,遥感区域研究可以看出滑坡分布规律,发现主要控制因素。还可根据滑坡形态的保留情况、色调和水系等判释滑坡稳定性。处于稳定状态的老滑坡呈深色调且较均匀,两侧沟深切,形成双沟同源。处于稳定或暂时稳定的新滑坡呈均匀的灰色或浅灰色色调,沿周界有较明显的色差。刚发生的仍在活动的滑坡呈现灰白色、白色色调相间"色斑",地形破碎起伏不平,周界棱角清晰,裂缝可见。

像片判释对沙丘的分布范围、规模、成因类型及发展过程和趋势的研究,效果特别显著。可用于工程选线和制定工程防护措施。

### 15.3.3 工程地质遥感工作的程序

遥感地质作为一种先进的地质调查工作方法,其具体工作大致可划分为准备工作、初步解译、野外调查、室内综合研究、成图与编写报告等阶段。现将各阶段工作内容和方法简要论述如下。

(1) 准备工作阶段

本阶段的主要任务,是做好遥感地质调查的各项准备工作和制定工作计划。主要的工作内容是搜集工作区各类遥感图像资料和地质、气象、水文、土壤、植被、森林以及不同比例尺的地形图等各种资料。搜集的遥感图像数量,同一地区应有 2～3 套,一套制作镶嵌略图,一套用于野外调绘,一套用于室内清绘。应准备好有关的仪器、设备和工具。制定具体工作计划时,选定工作重点区,提出完成任务的具体措施。

(2) 初步解译阶段

遥感图像初步解译是遥感地质调查的基础。室内的初步解译要依据解译标志,结合前人地质资料等,编制解译地质略图。并可利用光学增强技术来处理遥感图像以提高解译效果。解译地质略图是本阶段的工作成果,利用它来选择野外踏勘路线和实测剖面位置,并提出重点研究地段。

(3) 野外调查阶段

此阶段的主要工作是踏勘和现场检验。踏勘工作应先期进行,其目的是了解工作区的自然地理、经济条件和地质概况。踏勘时携带遥感图像,以核实各典型地质体和地质现象在相片上的位置,并建立它们的解译标志。需选择一些地段进行重点研究,并实测地层剖面。现场检验工作的主要内容是全面检验和检查解译成果,在一定间距内穿越一些路线,采集必要的岩土样和水样。此期间一定要加强室内整理。本阶段工作可与工程地质测绘野外作业同时进行,遥感解译的现场检验地质观测点数,宜为工程地质测绘观测点数的 1/3～1/2。

(4) 室内综合研究、成图与编写报告阶段

这一阶段的任务是完成各种正式图件,编写遥感地质调查报告,全面总结测区内各地质体和地质现象的解译标志、遥感地质调查的效果及工作经验等。应将初步解译、野外调查和其它方法所取得的资料,集中转绘到地形图上,然后进行图面结构分析。对图中存在的问题及图面结构不合理的地段,要进行修正和重新解译,以求得到确切的结果。必要时要野外复验或进行图像光学增强处理等,直至整个图面结构合理为止。经与各项资料核对无误后,便可定稿和清绘图件。最后,根据任务要求编写遥感地质调查报告,附以遥感图像解译说明书和典型相片图册等资料。

### 15.3.4 遥感技术在工程地质工作中的应用

#### 15.3.4.1 工程选线

遥感技术在公路、铁路、调水工程、供水、油气管道及高压线等线状工程的选线中应用

十分广泛，技术方法比较成熟。

（1）铁（公）路选线

铁路遥感技术的应用，始于 20 世纪 70 年代中期，实际上早在 1955 年的兰州—新疆铁路线方案比选中，就已开始应用航空相片进行航测成图和工程地质调查。在公路选线方面，1986 年，公路部门首先在广西的公路勘测中应用遥感技术。

在铁路勘测的各个阶段均可应用遥感技术，但以预可行性研究和可行性研究效果最佳。遥感技术可用于公路预可行性研究阶段，同时遥感技术在岩溶地区公路选线中有独特的优越性。预可行性研究主要应用陆地卫星图像（1：50000～1：200000）和小比例尺航空遥感图像（1：50000 左右）；可行性研究则以大比例尺航空遥感图像（1：5000～1：20000）为主。

在铁（公）路工程地质勘察中，遥感技术主要用于：对线路通过地区宏观地质背景的分析和评价；铁路工程地质分区及线路方案工程地质条件评价；铁路沿线地貌、地层岩性、地质构造、不良地质、水文地质等的判释；特别是对不良地质，除能确定其类别及规模外，还可对其分布规律、产生原因、发展趋势、危害程度等进行深入研究；进行砂石料产地调查和评估；隧道弃渣场地的调查与选取；长隧道、特大桥、大型水源地等的位置选择等。

利用遥感技术进行上述各种地质调查，可以编制出所需的 1：500～1：200000 的各种地质图件或专题图件。

遥感图像片种的应用，从开始只用全色黑白航片发展到应用卫星图像和各种航空遥感图像；判释方法从目视判释、单片种判释、定性判释、静态判释，发展到数字图像、多片种、定量和动态的判释，使判释效果有了明显的提高，同时应用了三维透视地质图。

（2）调水工程选线

调水工程需要跨越不同流域、不同地形地貌、不同地质构造单元甚至不同气候区。目前国家重大调水工程中均应用了遥感技术。

遥感图像在调水选址中的应用方法：利用不同比例遥感图像进行地貌单元划分；利用不同时期遥感图像进行河流演化史的确定；利用多波段卫星图像判定水文工程地质问题；利用遥感与地球物理资料综合分析水系发育特点。

（3）油气管道选线

在油气管道选线方面，1985 年我国首次利用遥感技术为西北地区 5 条管道进行选线，此后，在多条国家重大跨省、跨国的输油、输气管道工程选线中应用。油气管道选线中遥感技术应用的内容包括：

① 管道沿线遥感地质判释，包括地形地貌分析、区域地质背景分析、管道环境及地质灾害分析、重难点工程地段的地质分析；

② 管道沿线遥感判释图像（信息图像）的编制，该图的宽度为管道两侧各 20km 范围。

其它包括城市供水系统选线、输电线路选线的工作方法和内容与上述工作类似。

**15.3.4.2　区域稳定性评价与坝址选择**

20 世纪 50 年代中期，水电部门就应用航空方法进行水电站的选址地质调查。在一系列大型水利水电工程等的区域稳定性评价、坝址选择工作中遥感技术起到了十分重要的作用。

区域稳定性评价与工程选址工作要求依据遥感图像解译以下内容：岩石地层、断裂构造、不良地质现象（滑坡、崩塌、泥石流、采空区等）、地貌、植被。解译完成后必须对地层岩性、断裂构造、不良地质现象进行野外调查验证。

重点对断裂破碎带和活动断裂带进行详细的解译，利用遥感图像判释断层的分布及其活动性，发现一些隐伏断层，结合断层的年龄测试成果，可以解决深大断裂的活动性，为论证区域稳定性提供较为可靠的依据，为坝址选择服务。

雅砻江二滩水电站曾利用这种方法对西昌、攀枝花地区深断裂系统进行分析，为研究区域地壳稳定性提供了基础资料（图15-6）。

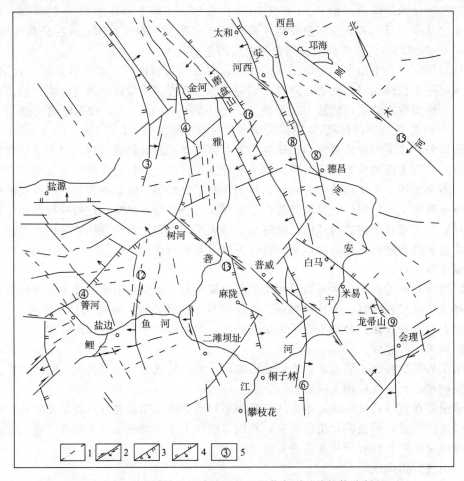

图15-6 西昌攀枝花区域陆地卫星图像断裂及线性构造判释

1—线形构造；2—平移断层；3—正断层；4—逆或逆掩断层；5—断裂编号；③—平川断裂；④—金箐断裂；⑥—昔格达断裂；⑧—安宁河断裂；⑨—会理断裂；⑫—西番田断裂；⑬—树河断裂；⑮—则木河断裂；⑯—磨盘山断裂

1981年长江水利委员会综合勘测局及水利部长江勘测技术研究所利用大比例尺航空相片进行航空遥感地质成图，后经可行性研究，最后确定了水布垭坝址。

### 15.3.4.3 地质灾害调查与评价

遥感技术应用于地质灾害调查，可追溯到20世纪70年代末期。在国外，开展得较好的有日本、美国、欧共体等。我国利用遥感技术开展地质灾害调查起步较晚，但进展较快。经初步统计，迄今大约已覆盖了超过80万平方公里的国土。

滑坡、泥石流等地质灾害遥感调查方法为：利用遥感信息源，以目视解译为主，计算机图像处理为辅，并将重点区遥感解译成果与现场验证相结合，同时结合其它非遥感资料，综合分析，多方验证。

地质灾害遥感技术主要用于地质灾害孕灾环境条件调查、地质灾害现状调查与区划及地质灾害动态监测预警三个方面。

（1）孕灾背景调查与研究

地质灾害的孕灾背景主要有如下八种因素：①时、日降水量；②多年平均降水量；③地面坡度；④松散堆积物厚度及分布；⑤构造发育程度；⑥植被发育状况；⑦岩土体结构；⑧人类工程活动程度。气象卫星可以实时监测降水强度与降水量，陆地资源卫星不仅具有全面系统调查地表地物的能力，其红外波段及微波波段还具有调查分析地下浅部地物特征的作用。因此，八种因素的孕灾背景中的第①与第②种因素可通过气象卫星与地面水文观测站予以调查统计，其它因素可通过陆地资源卫星结合实地踏勘资料得以查明。利用遥感技术有效地调查研究地质灾害孕灾背景是地质灾害调查中最基础、最重要的工作内容。

（2）地质灾害现状调查与区划

地质灾害作为一种特殊的不良地质现象，其在遥感图像上呈现的形态、色调、影纹结构等均与周围背景存在一定的区别。地质灾害规模、形态特征及孕育特征，均能从遥感影像上直接判读圈定。通过解译，对目标区域内已发生的地质灾害点或隐患点进行系统全面调查，在此基础上进行地质灾害区划，评价易发程度，为防治地质灾害隐患，建立监测网络提供基础资料。

（3）地质灾害动态监测与预警

地质灾害的发生是从量变到质变的过程。通常地质灾害体的蠕动速率很小且稳定，一旦突然增大则预示灾害即将到来。

采用不同时期的遥感图像进行对比研究，可以对其演变过程及发展趋势以及对工程的不良影响程度作初步的预测与评价。

结合精度达毫米级的全球卫星定位系统（GPS），能全过程进行地质灾害动态监测，从而有效地进行预测、预报。

此外利用遥感技术还可进行灾情实时调查和损失评估。利用遥感技术进行地质灾害调查，除人员与牲畜伤亡难以统计外，对工程设施及自然资源毁坏情况均可进行实时或准实时的调查与评估，为抢灾救灾工作提供准确依据。

# 15.4　大数据与人工智能技术

### 15.4.1　大数据与人工智能概述

#### 15.4.1.1　大数据

大数据（big data）是对大量数据进行处理的一种技术，数据量级通常是 PB 级以上规模。这里的数据量级不单指代数据的体量，还包括数据种类和数据源个数。大数据由 NASA 阿姆斯研究中心的大卫·埃尔斯沃斯和迈克尔·考克斯于 1997 年首次提出，2011 年开始，随着 IBM 公司研制出超级计算机，直至今日，都属于大数据的兴盛时期，各种技术不断进步，在各个领域应用广泛，大数据发展如火如荼（图 15-7）。

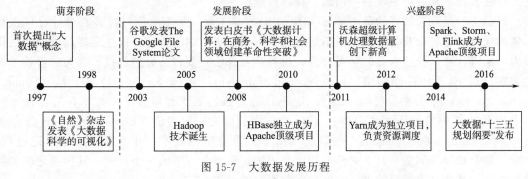

图 15-7　大数据发展历程

（刘汉龙等，2021）

大数据主要包含以下四个特征。

① 体量大（volume） 代表数据信息规模巨大。截至当前，数据信息存储单位早已达到 PB 级甚者 EB 级。

② 数据多样性（variety） 数据多样性表示数据的类型多、来源广、数据之间关联性强。这些数据可为从不同数据源所获取的结构化数据和非结构化数据，例如图像、文档、音频、视频、日志、监测数据等。这些数据具有异构性和多样性。

③ 价值密度低（value） 大数据中包含大量不相关的信息，使其价值密度相对较低。因此需要学者们研究数据处理算法来有效地提炼大数据中有价值的信息。

④ 数据高速性（velocity） 大数据通常为实时动态的流数据，就需要对其进行快速、实时处理，而非传统的批处理分析。这也是大数据分析不同于传统数据分析最显著的特征之一。

工程地质信息数据具备上述大数据的四个特征，迫切需要采用人工智能方法进行数据分析，提取有效信息，对工程地质问题进行科学预测评价。

在大数据分析技术逐步发展的今天，在研究学者的努力下大数据已形成了一套完善的处理流程，大数据分析技术的处理流程如下：

① 数据抽取 数据抽取指从多种数据源中获取到研究所需数据的过程。根据数据源的不同可以使用一些工具来获得研究需要用到的数据。如 sqoop 可对海量结构化数据进行抽取，编写爬虫可获取 web 页面数据。

② 数据预处理 数据预处理是对获取到的原始"脏数据"进行处理，这些"脏数据"不具有很好的分析价值，因此需要对其进行清洗、去噪、标准化等操作，保证大数据分析结果具有一定的实际价值。

③ 数据分析 数据分析是大数据分析技术中最关键的应用环节。研究人员需要根据大数据的应用场景，选择合适的分析算法，分析提炼出海量数据中有价值的信息。常用的数据挖掘分析方法有聚类、关联规则、分类、回归、机器学习和神经网络等方法。

④ 大数据可视化 大数据可视化是指将数据分析中提炼出的有价值信息以图形的形式展现给用户的过程。大数据可视化效果的好坏一定程度上决定了大数据分析可用性和易于理解性。目前有很多成熟的大数据可视化工具，如 Echarts、High-charts、Grafana 等，开发者可根据其提供的详细开发文档进行二次开发。

### 15.4.1.2 人工智能

2018 年 9 月，世界人工智能大会发表了《世界人工智能产业发展蓝皮书》，蓝皮书将智能化定义为"第四次工业革命"，成为人工智能发展的一座里程碑（图 15-8）。人工智能这一概念于 1956 年夏的达特茅斯学院会议上被麦卡锡、明斯基等科学家提出，它是一个涉及多学科知识的复杂学科。人工智能具体是指研究开发能够模拟、延伸和扩展人类智能的理论、方法、技术及应用系统的一门新的技术科学。

机器学习是人工智能的核心部分（图 15-9），其主要是基于示例与经验教会计算机执行具体的任务，通过新获得的信息不断对机器学习模型进行训练优化，以达到提高模型的泛化能力，使得计算机模拟人类的学习行为。机器学习算法主要包括有监督技术和无监督技术两个类别，其中，BP 神经网络（back propagation neural network）、支持向量机（support vector machine）、朴素贝叶斯（naive Bayes）等算法均属于有监督学习技术，适合在已知输出数据结果的情形下采用，解决了分类和回归问题；k 均值（k-means）、主成分分析（principal component analysis）等算法则属于无监督学习技术，并不需要数据标记过程，解决了聚类和降维问题。时下火热的深度学习则是机器学习下的一个分支，其所搭建的多层神经网络，其实是由最早的神经元模型演化而来的（图 15-9）。

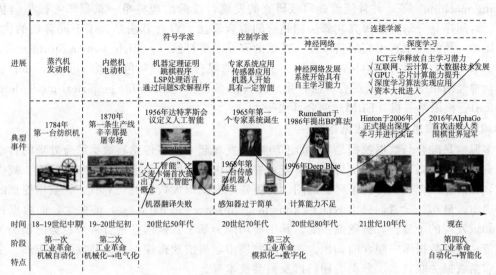

图 15-8　工业革命与人工智能发展历程

（据 2018 世界智能大会）

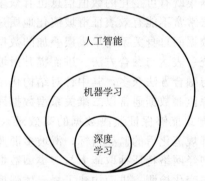

图 15-9　人工智能、机器学习与深度学习之间关系

### 15.4.1.3　大数据与人工智能

在《英国发展人工智能产业》中对于大数据和人工智能的关系，用一句话进行了简要概括：数据是为了开发人工智能，人工智能是为了管理数据（"data for developing AI, AI for managing data"）。该报告指出正是数据的快速增长催生了人工智能，获取大量数据和特定数据是成功训练机器学习算法的关键。一方面人工智能需要大量的数据作为"思考"和"决策"的基础，另一方面大数据也需要人工智能技术进行数据价值化操作，这是因为大数据存在复杂、高维、多变等特性，迫切需要从真实、凌乱、无模式和复杂的大数据中挖掘出人类感兴趣的知识。其中机器学习就是数据分析的常用方式。在大数据价值的两个主要体现当中，数据应用的主要渠道之一就是智能体（人工智能产品），为智能体提供的数据量越大，智能体运行的效果就会越好，因为智能体通常需要大量的数据进行"训练"和"验证"，从而保障运行的可靠性和稳定性。

大数据环境下的机器学习算法主要有：大数据分治策略与抽样、大数据特征选择、大数据分类、大数据聚类、大数据关联分析和大数据并行算法。

人工智能中的机器学习算法因其非线性映射功能在滑坡位移预测和易发性预测中得到了广泛的应用。如 BP 神经网络（BPNN）、径向基神经网络（radial basis function neural network）、支持向量机（SVM）、高斯过程模型（gaussian processes）、极限学习机（extreme learning machine）等。并且随着此领域研究的发展，逐渐出现将单一机器学习模型与优化算法、时间序列分解算法等其它算法相结合的混合算法。混合算法结合了不同算法的优点，通常比单一预测模型有更高的精准度。常见的有粒子群算法（particle swarm optimization）、最小二乘支持向量机算法（least squares SVM）的混合算法；灰色模型（grey model）、反向传播神经网络（BPNN）混合算法；集成经验模态分解（ensemble empirical mode decomposition）、极限学习机（ELM）融合算法等。

### 15.4.2 多源信息融合与数据挖掘

多源信息融合与数据挖掘是 20 世纪 70 年代发展起来的多传感器数据综合处理的自动化技术。多源信息融合突出的优势是能够显著提高系统可靠性与稳定性、增加可信度、减少模糊性，目前在多个领域得到了广泛应用。为更好地发掘出大数据的"Value"，数据挖掘的技术被提出。最初，学者们提出 KDD（knowledge discover in database）的概念，而数据挖掘作为知识发现的子过程，被逐渐接受。其主要功能为基于数据信息进行未来趋势的预测和科学决策，发现数据库中隐含的知识。在不断发展中，当前数据挖掘理论基础逐渐成形，主要技术包括数据关联技术、分类、回归以及聚类技术等。

鉴于滑坡监测数据具有多源异构、跨尺度、多模态等特性，以及监测数据量纲不一致性和表现形式多样化，多源数据集既有可量化的数值信息也有众多不可直接量化的描述性文字信息，现有多源数据融合方法常常不能有效表征滑坡演化地质过程。此外，当前的滑坡多源数据融合仍主要停留在基于数据间自身关系简单表层叠加的数据驱动层面。亟须结合滑坡地质过程建立多源监测数据的统一表达与融合方法，进而提升滑坡预测预报的准确性。

滑坡多源监测数据挖掘与融合方法众多，其中针对结构化多源监测数据的挖掘和融合研究起步较早。初期，滑坡多源监测数据通常以二维关系型数据库系统存储，对滑坡监测数据进行结构化与连续化的处理方式能够保证监测数据的高效录入、快速读取、修改与统计需求。基于二维关系数据库内部规范化后的监测指标，滑坡多源监测数据挖掘和融合研究层出不穷。例如，部分学者利用神经网络特征抽取能力与多类型数据联合学习能力等对滑坡地质灾害多源数据进行联合解译与变化检测，进而构建了岩土体强度与滑坡稳定性等数据融合模型。也有部分学者利用关联规则挖掘了多源数据大数量集间的关联性，进而建立了岩土体强度和滑坡变形演化与外动力因素之间的关联规则。上述的研究成果为认知滑坡地质体变形演化规律、挖掘数据模式、发现新知识提供了一条行之有效的途径。

得益于对地观测、雷达卫星、影像成像以及三维制图等技术的发展，以及各类新型传感器的研发与应用，滑坡多源监测信息属性日益丰富、时空分辨率逐步提高，滑坡监测数据多源异构、跨尺度、多模态等特点日益突出。除结构化数据外，滑坡预测预报多源监测数据还涉及众多非结构化数据。数据层级也由大比例尺低精度逐步发展到小比例尺高精度。由于数据规格与信息传输的差异性，滑坡多源监测数据存在多类型模态，如 CAD、BIM、GIS、工程模型、表格、数据库、文档、实时和历史物联网数据流、图像以及点云等。现阶段针对滑坡多源异构监测数据融合主要是基于特征的融合方法和基于语义的融合方法。当前滑坡多场监测数据融合主要集中于影像数据的时空融合、空谱融合和时空谱融合层面。人工智能的发展对滑坡多源监测数据融合起到了巨大推动作用。人工智能技术以其强大的泛化与表征能力被广泛应用于多模态数据特征共享与模态网络融合，有助于实现跨模态数据的融合分析。

综上所述，结构化与非结构化数据融合方法解决了滑坡海量监测数据处理难题，为认知滑坡物理力学过程和演化规律与经验模式挖掘提供了一条行之有效的途径。但现有的滑坡多源监测数据融合方法多停留在基于监测数据间自身关系简单表层叠加的数据驱动层面，未能深入结合滑坡演化过程和物理力学机制，未能解决多源异构监测数据存在的模态间语义鸿沟深、尺度差异大、面向任务广等难题。

### 15.4.3　大数据人工智能技术在工程地质领域的应用

#### 15.4.3.1　地质灾害风险防控

围绕当前地质灾害风险防控的迫切需求和关键科技问题，以已经成熟的规则、传统机器学习、表达学习技术为主，同时采用多源信息融合与数据挖掘技术，开展地质灾害风险防控等技术研发，重点研发精准探测和早期识别的智能机器人，建立超算中心，快速获取并智能处理多源异构的大数据，实现智能防灾减灾（图 15-10）。

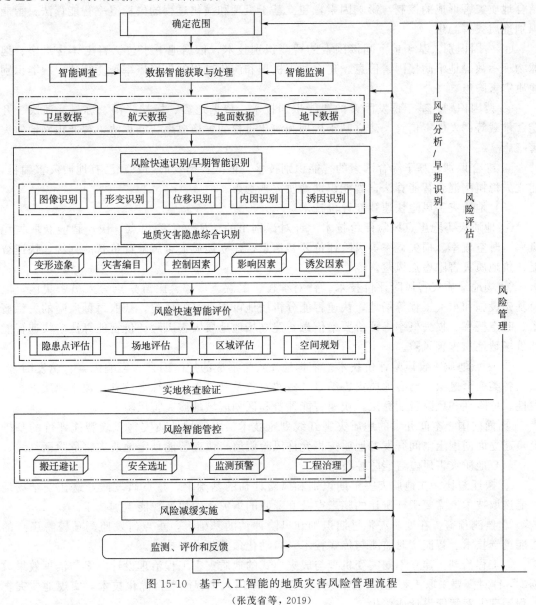

图 15-10　基于人工智能的地质灾害风险管理流程

（张茂省等，2019）

（1）数据自动化获取与智能处理技术

主要包括卫星遥感数据自动化获取与智能处理技术、航空遥感数据自动化获取与智能处理技术、地面数据自动化和机器人智能获取与智能处理技术、地下数据自动化获取与智能处理技术等。

（2）地质灾害隐患快速智能识别技术

① 图像识别。基于多期高光谱遥感影像图像差异的智能识别技术，包括已有地质灾害识别和地质灾害隐患识别两类，建立失稳概率智能算法，智能识别地质灾害隐患。

② 形变识别。基于地表形变的智能识别技术，依据各类手段获取的 InSAR、DEM 斜坡参数，裂缝、沉降、鼓胀、植被变化等地表形变信息，建立基于机理和演化过程的失稳概率智能算法，智能识别地质灾害隐患。

③ 位移识别。基于地下位移的智能识别技术，依据钻孔倾斜、位移等地下位移信息，结合地质灾害形成的控制与影响因素，建立基于机理和演化过程的失稳概率智能算法，智能识别地质灾害隐患。

④ 内因识别。基于地下间接因素的智能识别技术，依据地下水位、岩土体含水率、地球物理参数等地下间接因素信息，建立基于机理和演化过程的失稳概率智能算法，智能识别地质灾害隐患。

⑤ 诱因识别。基于诱发因素的智能识别技术，依据地震、极端降雨、冻融、溃决、开挖、堆载等诱发因素信息，建立基于机理和演化过程的失稳概率智能算法，智能识别地质灾害隐患。

⑥ 综合识别。基于综合因素的智能识别技术，依据各类变形迹象、已有地质灾害编目，建立失稳概率混合智能算法，智能识别地质灾害隐患。

（3）地质灾害风险快速智能评价技术

① 地质灾害隐患点风险评价技术。针对识别出的地质灾害隐患点，快速智能获取失稳概率、时空概率、损失概率等风险评价要素信息，建立地质灾害风险评价智能算法，快速智能评价地质灾害隐患点风险。

② 场地地质灾害风险评价技术。针对学校、医院、厂矿、旅游景点等人员密集区，以及基础设施和重大工程等场地，快速智能分析场地可能遭受的风险，获取每种风险的失稳概率、时空概率、损失概率等评价要素信息，建立场地地质灾害风险评价智能算法，快速智能评价场地地质灾害风险。

③ 区域地质灾害风险评价技术。依据地质灾害形成的控制因素、影响因素、诱发因素，以及各类变形迹象、已有地质灾害编目、威胁对象及其易损性等综合信息，建立地质灾害易发性、危险性和风险智能算法，快速智能评价和区划区域地质灾害风险。

④ 面向国土空间开发的地质灾害红线划定技术。在区域地质灾害风险智能评价的基础上，建立面向国土空间开发的地质灾害允许风险阈值，快速智能划定地质灾害危险区红线。

（4）地质灾害风险智能防控技术

① 搬迁避让。在地质灾害早期识别和风险评估的基础上，重点研发搬迁避让安全场址智能选取技术、需要搬迁避让的隐患点及其威胁的承灾体的快速智能识别技术。

② 监测预警。在地质灾害早期识别和风险评估的基础上，重点研发监测预警隐患点的智能遴选技术、智能实时监测与传输技术、自动化预警与发布技术。

③ 工程治理。建立不同灾变机理与成灾模式的地质灾害工程治理设计方案与治理效果数据库，针对需要采取工程治理的地质灾害隐患，采用人工智能混合优化技术，实现地质灾害工程治理方案智能设计或优化。

### 15.4.3.2　工程选址

随着信息技术的发展，工程选址所涉及的数据量越来越大，要从海量数据中进行工程选址，需要寻找一个更快速、更合适方法，而数据挖掘技术对于海量数据的处理具有重要的意义，下面将简要介绍机器学习在工程选址中数据挖掘的应用步骤。

(1) 数据选择

首先要选取影响工程选址的主要因素作为试验数据，比如：岩土类型、不良地质、土地覆被、地形地貌等。根据各影响因素对工程选址的影响进行分类：岩土类型可分为松土、普通土、硬土、软岩、次坚硬岩、坚硬岩；不良地质主要包括崩塌、滑坡、泥石流、断裂等，分为有和无两类；土地覆被分为水域、耕地林地草地（简称耕林草地）、城乡工矿居民用地（简称城矿居地）、未利用地；这里地形地貌主要指坡度，划分为＜30°、30°～45°、＞45°三类。

(2) 数据挖掘库建立及准备

根据数据挖掘的侧重点不同，主要对岩土类型表、不良地质表、土地覆被表、地形地貌表等进行操作。

上文中已经列出影响工程选址的因素，并将其进行了分类。对于岩土类型中的松土不符合工程选址的要求，其它岩土类型则适合不同作业的工程选址，如坚硬岩主要考虑进行盾构作业的工程选址等；对于不良地质，一般情况下，只要存在，则不建议进行工程选址；对于土地覆被，一般为水域时，不进行工程选址；对于地形地貌，进行盾构作业时工程选址地域要求坡度＞45°，机械作业只能在≤30°的区域进行工程选址，而人工作业和爆破作业可以在＜45°的区域进行工程选址。

(3) 选取合适的机器学习算法建立模型

训练和测试数据挖掘模型需要把数据至少分成两个部分：一个用于模型训练，另一个用于模型测试。然后根据需要选择合适的机器学习算法。

(4) 模型测试

用上述基于机器学习算法所得模型生成的规则来预测测试集中的未知数据属于哪一分类，然后通过该模型的测试结果与实际情况进行对比分析，用其相吻合的程度来判断该算法是否有效。

# 思考题

1. 哪些信息技术可以应用于工程地质领域？
2. 地理信息系统在工程地质领域的应用主要包括哪些方面？
3. 专用的工程地质 GIS 应用系统开发应包括哪些内容？
4. 遥感技术主要应用于工程地质的哪些方面？
5. 工程地质遥感解译的主要内容和方法有哪些？
6. 查阅文献，总结当前有哪些新的遥感技术、遥感数据信息精度特征？分析其在工程地质领域的应用前景如何。
7. 工程地质大数据有何特点？
8. 大数据人工智能技术在工程地质领域的应用主要包括哪些方面？

# 参考文献

[1] 王思敬，黄鼎成.中国工程地质世纪成就 [M].北京：地质出版社，2004.
[2] 胡新丽，唐辉明.斜坡工程 GIS 系统研究与应用 [M].武汉：中国地质大学出版社，2005.

[3] 张咸恭，王思敬，张倬元．中国工程地质学［M］．北京：科学出版社，2000．

[4] 李智毅，唐辉明．岩土工程勘察［M］．武汉：中国地质大学出版社，2000．

[5] 朱瑞庚，刘波．GIS 技术在长江流域岩土工程中的应用［J］．岩石力学与工程学报，2005，24（增刊2）：5580-5584．

[6] 苏天赟，刘保华，梁瑞才，等．GIS 技术在海洋工程地质勘探中的应用［J］．高技术通讯，2004，（11）：98-100．

[7] 毕硕本，王桥，徐秀华．GIS 技术在油田工程勘察中的应用［J］．工程勘察，2003，（3）：49-52．

[8] 高改萍，杨建宏．GIS 在地质灾害研究中的应用［J］．人民长江，2003，34（6）：32-33．

[9] 郭明．GIS 在岩土工程领域的应用［J］．西部探矿工程，2006，7．

[10] 周科平．GPS 和 GIS 在矿山工程地质灾害监测中的应用［J］．采矿技术，2003，3（2）：5-9．

[11] 曾耀昌，林健，罗亮，等．地理信息技术在地铁工程地质勘察中的应用［J］．土建技术，2006，19（5）：66-70．

[12] 曾忠平，汪华斌，张志，等．地理信息系统/遥感技术支持下三峡库区青干河流域滑坡危险性评价［J］．岩石力学与工程学报，2006，25（增刊1）：2777-2784．

[13] 丛威青，潘懋，李铁锋，等．基于 GIS 的滑坡、泥石流灾害危险性区划关键问题研究［J］．地学前缘［中国地质大学（北京）；北京大学］，2006，13（1）：185-190．

[14] 汤翠莲，唐湘川，任宏旭．基于 GIS 的乌东德水利工程三维辅助设计系统［J］．地理空间信息，2007，5（1）：52-54．

[15] 高克昌，崔鹏，赵纯勇，等．基于地理信息系统和信息量模型的滑坡危险性评价—以重庆万州为例［J］．岩石力学与工程学报，2006，25（5）：991-996．

[16] 李远华，姜琦刚．基于遥感调查与 GIS 分析的林芝地区地质灾害评价［J］．国土资源遥感，2006，（2）：57-60．

[17] 陈佰成，陈家旺，阙金声．面向地质工程的 GIS 系统分析［J］．西部探矿工程，2004，（11）：104-106．

[18] 刘卫平，卢薇，唐光良，等．浅议"3S"技术在地质灾害防治中的应用［J］．西部探矿工程，2006，（11）：277-278．

[19] 侯清波．数据挖掘技术在工程地质 GIS 数据库中的应用［J］．河南水利与南水北调，2007，（1）：51-53．

[20] 朱子豪，齐士峥，杨乃夷，等．应用地理信息系统辅助山坡地潜在崩山灾害评估模式之建立［J］．国土资源遥感，2001，（4）：13-19．

[21] 佘小年．崩塌、滑坡地质灾害监测现状综述［J］．铁道工程学报，2007，（5）：6-11．

[22] 刘成，徐刚，黄彦．基于"3S"技术的重庆市北碚区地质灾害评估预测系统［J］．地质灾害与环境保护，2006，17（1）：108-112．

[23] 李邵军，冯夏庭，杨成祥，等．基于三维地理信息的滑坡监测及变形预测智能分析［J］．石力学与工程学报，2004，23（21）：3673-3678．

[24] 李春雨．计算机在石油地质工程中的应用［J］．石油工业计算机应用，2006，14（2）：17-19．

[25] 王旭春．三峡库区滑坡预测预报 3S 系统关键问题研究［J］．隧道建设，2001，7（1）：23．

[26] 侯春红．公路地质灾害调查中的遥感技术［J］．中国减灾，2007，（3）：32-33．

[27] 李学东，周鹏海，但新惠．公路工程遥感的应用特点和趋势［J］．公路，2000，（8）：23-27．

[28] 李远华，姜琦刚．基于遥感调查与 GIS 分析的林芝地区地质灾害评价［J］．国土资源遥感，2006，（2）：57-60．

[29] 余波，陈占恒．水电工程地质灾害调查中的遥感技术应用［J］．贵州水利发电，2004，18：134-136．

[30] 刘珺，贾琇明．浅谈遥感技术在地质灾害调查中的应用［J］．科技情报开发与经济，2005，15（5）：170-171．

[31] 钟颐，余德清．遥感在地质灾害调查中的应用及前景探讨［J］．中国地质灾害与防治学报，2004，15（1）：134-136．

[32] 卓宝熙．遥感技术在工程勘测中的应用［J］．工程勘察，2004，（3）：43-45．

[33] 余凤先，汪友明．遥感技术在送电线路选线中的应用研究［J］．四川地质学报，2007，27（2）：139-141．

[34] 黄小雪，罗麟，程香菊．遥感技术在灾害监测中的应用［J］．四川环境，2004，23（6）：102-106．

[35] 李端有，王志旺．滑坡危险度区划研究初探［J］．长江科学院院，2005，22（4）：41-44．

[36] 宋杨，范湘涛，陆现彩．利用多时相遥感影像与 DEM 数据的滑坡灾害调查［J］．安徽师范大学学报，2006，29（3）：277-280．

[37] 国务院．促进大数据发展行动纲要［M］．北京：人民出版社，2015．

[38] 项伟，唐辉明. 岩土工程勘察 [M]. 北京：化学工业出版社，2012.

[39] 张倬元，王仕天，王兰生，等. 工程地质分析原理. 4 版 [M]. 北京：地质出版社，2016.

[40] 王思敬，黄鼎成. 中国工程地质世纪成就 [M]. 北京：地质出版社，2004.

[41] 文成林，周东华. 多尺度估计理论及其应用 [M]. 北京：清华大学出版社，2002.

[42] 李德仁，王树良，李德毅. 空间数据挖掘理论与应用 [M]. 北京：科学出版社，2013.

[43] 李秀红. 生态环境监测系统 [M]. 北京：中国环境出版集团，2020.

[44] 邵峰晶，于忠清. 数据挖掘原理与算法 [M]. 北京：中国水利水电出版社，2003.

[45] 王永庆. 人工智能原理与方法 [M]. 西安：西安交通大学出版社，1998.

[46] 刘军旗，黄长青. 工程地质信息处理技术与方法概论 [M]. 武汉：中国地质大学出版社，2015.

[47] 杨良斌. 信息分析方法与实践 [M]. 长春：东北师范大学出版社，2017.

[48] 翟明国，杨树锋，陈宁华，等. 大数据时代：地质学的挑战与机遇 [J]. 中国科学院院刊，2018，33 (08)：825-831.

[49] 彭建兵，兰恒星，钱会，等. 宜居黄河科学构想 [J]. 工程地质学报，2020，28 (02)：189-201.

[50] 李清泉，李德仁. 大数据 GIS [J]. 武汉大学学报（信息科学版），2014，39 (06)：641-644＋666.

[51] 张茂省，贾俊，王毅，等. 基于人工智能（AI）的地质灾害防控体系建设 [J]. 西北地质，2019，52 (02)：103-116.

[52] 冯夏庭，马平波. 基于数据挖掘的地下硐室围岩稳定性判别 [J]. 岩石力学与工程学报，2001，(03)：306-309.

[53] Miranda T，Correia AG，Santos M，et al. New Models for strength and deformability parameter calculation in rock masses using data-mining techniques [J]. International Journal of Geomechanics，2011，11 (1)：44-58.

[54] Martins FF，Miranda TFS. Estimation of the rock deformation modulus and RMR based on data mining techniques [J]. Geotechnical and Geological Engineering，2012，30 (4)：787-801.

[55] 杨骏堂，刘元雪，郑颖人，等. 剪胀型土剪胀特性的大数据深度挖掘与模型研究 [J]. 岩土工程学报，2020，42 (03)：513-522.

[56] 王树良，王新洲，曾旭平，等. 滑坡监测数据挖掘视角 [J]. 武汉大学学报（信息科学版），2004，29 (7)：608-610.

[57] 罗文强，冀雅楠，王淳越，等. 多监测点滑坡变形预测的似乎不相关模型研究 [J]. 岩石力学与工程学报，2016，35 (A01)：3051-3056.

[58] 张勤，黄观文，杨成生. 地质灾害监测预警中的精密空间对地观测技术 [J]. 测绘学报，2017，46 (10)：1300-1307.

[59] 汪华斌，吴树仁，汪微波. 滑坡灾害空间智能预测展望 [J]. 地质科技情报，2008，(02)：17-20.

[60] 谢和平，许唯临，刘超，等. 山区河流水灾害问题及应对 [J]. 工程科学与技术，2018，50 (03)：1-14.

[61] 何清，李宁，罗文娟，等. 大数据下的机器学习算法综述 [J]. 模式识别与人工智能，2014，27 (04)：327-336.

[62] 张继贤. 多源遥感数据融合的发展趋势 [J]. 地理信息世界，2011，9 (02)：18-20.

[63] X. Otazu，M. Gonzalez-Audicana，O. Fors，et al. Introduction of sensor spectral response into image fusion methods. Application to wavelet-based methods [J]. IEEE Transactions on Geoscience and Remote Sensing，2005，43 (10)：2376-2385.

[64] 黄波，赵涌泉. 多源卫星遥感影像时空融合研究的现状及展望 [J]. 测绘学报，2017，46 (10)：1492-1499.

[65] Krizhevsky A，Sutskever I，Hinton GE. Imagenet classification with deep convolutional neural networks [C]. Advances in Neural Information Processing Systems，2012：1097-1105.

[66] 黄健，巨能攀，何朝阳，等. 基于新一代信息技术的地质灾害监测预警系统建设 [J]. 工程地质学报，2015，23 (01)：140-147.

[67] 刘汉龙，马彦彬，仉文岗. 大数据技术在地质灾害防治中的应用综述 [J]. 防灾减灾工程学报，2021，41 (04)：710-722.

[68] 张茂省，贾俊，王毅，等. 基于人工智能（AI）的地质灾害防控体系建设 [J]. 西北地质，2019，52 (02)：103-116.